矩阵理论

张子叶　王向华　朱见广　武　波　主　编

電子工業出版社
Publishing House of Electronics Industry
北京 · BEIJING

内 容 简 介

本书共 7 章，分别介绍了矩阵理论基础、线性空间与线性变换、范数理论、矩阵的 Jordan 标准型、矩阵分析、矩阵分解、矩阵的广义逆。各章后面均配有一定数量的习题。本书内容由浅入深，选材上力求做到科学严谨、简洁明晰，以使读者在较短时间内能够掌握矩阵理论的相关基本内容。阅读本书最好有理工科“线性代数”课程的基础。

本书可作为普通高等院校理工科硕士研究生和高年级本科生的教材，也可作为有关专业的教师和工程技术人员的参考书。

图书在版编目（CIP）数据

矩阵理论 / 张子叶等主编. —北京：电子工业出版社，2024.2

ISBN 978-7-121-47738-6

Ⅰ. ①矩… Ⅱ. ①张… Ⅲ. ①矩阵论 Ⅳ. ①O151.21

中国国家版本馆 CIP 数据核字（2024）第 080083 号

责任编辑：杜　军
印　　刷：河北鑫兆源印刷有限公司
装　　订：河北鑫兆源印刷有限公司
出版发行：电子工业出版社
　　　　　北京市海淀区万寿路 173 信箱　　　邮编：100036
开　　本：787×1092　1/16　印张：12.25　　字数：329 千字
版　　次：2024 年 2 月第 1 版
印　　次：2024 年 2 月第 1 次印刷
定　　价：42.00 元

凡所购买电子工业出版社图书有缺损问题，请向购买书店调换。若书店售缺，请与本社发行部联系，联系及邮购电话：（010）88254888，88258888。

质量投诉请发邮件至 zlts@phei.com.cn，盗版侵权举报请发邮件至 dbqq@phei.com.cn。

本书咨询联系方式：dujun@phei.com.cn。

前 言

矩阵是数学中一个重要的基本概念，是代数学的一个主要研究对象，也是数学研究和应用的一个重要工具。作为一个独立的数学分支，矩阵理论已广泛应用于现代科技的各个领域。例如，在数值分析、最优化理论、概率统计、运筹学、控制理论、力学、电学、信息科学、管理科学与工程等学科领域，矩阵理论和方法发挥着十分重要的作用。因此，对高等院校理工科硕士研究生来说，矩阵理论和方法已成为必备的数学基础。

编者多年来在山东科技大学为理工科硕士研究生讲授“矩阵理论”课程。2022 年年底，编者有幸承担了山东省“矩阵理论（双语）”优质研究生课程建设项目。借此机会，编者把出版一本矩阵理论教材作为该项目的主要工作之一。

本书以大学通用的理工科“线性代数”课程为预备基础，共 7 章，第 1～3 章由张子叶和王向华编写，第 4、5 章由武波编写，第 6、7 章由朱见广编写。第 1 章介绍矩阵理论基础，包括矩阵的初等变换、分块矩阵、矩阵的特殊乘积、矩阵的特征值与特征向量及矩阵可对角化的条件，主要对前期线性代数部分内容进行回顾并为后续章节的学习做准备；第 2 章介绍线性空间与线性变换，这部分内容为线性代数知识的推广和深化；第 3 章介绍范数理论，这是矩阵分析有关内容的重要基础；第 4～6 章分别介绍矩阵的 Jordan 标准型、矩阵分析及矩阵分解，这些内容是高等院校理工科硕士研究生和科技人员在矩阵理论研究、矩阵计算及应用中大量用到的工具与手段；第 7 章介绍矩阵的广义逆。每章均配有一定数量的习题，供读者选用。

在本书的编写过程中，编者参考了许多教材，在此谨向教材作者表示衷心的感谢。由于编者水平有限，加之成书时间较紧，书中难免存在不当之处，敬请读者批评指正。

编者

2024 年 1 月

目 录

第 1 章　矩阵理论基础

线性代数中有许多矩阵的基础知识，在矩阵理论中，这些知识也是必需的．为了不与线性代数过多重复，又能保证本书内容顺利呈现，本章从矩阵的初等变换、分块矩阵、矩阵的特殊乘积、矩阵的特征值与特征向量、矩阵可对角化的条件 5 方面简要介绍矩阵的基础知识．

1.1　矩阵的初等变换

1.1.1　矩阵的初等变换的概念

定义 1.1　如下 3 种变换称为矩阵的初等变换．

（1）将第 i 行（列）与第 j 行（列）交换位置，用 $r_i \leftrightarrow r_j$（$c_i \leftrightarrow c_j$）表示．

（2）用非零数 k 乘以矩阵第 i 行（列）的所有元素，用 $kr_i(kc_i)$ 表示．

（3）将第 j 行（列）的所有元素乘以数 k 后加到第 i 行（列）的对应元素上，用 $r_i + kr_j(c_i + kc_j)$ 表示．

定义 1.2　一个矩阵 $\boldsymbol{A}$ 经过有限次初等变换后变为矩阵 $\boldsymbol{B}$，称矩阵 $\boldsymbol{A}$ 与 $\boldsymbol{B}$ 等价．记为 $\boldsymbol{A} \cong \boldsymbol{B}$．

易知等价关系具有以下性质．

（1）反身性：$\boldsymbol{A} \cong \boldsymbol{A}$．

（2）对称性：若 $\boldsymbol{A} \cong \boldsymbol{B}$，则 $\boldsymbol{B} \cong \boldsymbol{A}$．

（3）传递性：若 $\boldsymbol{A} \cong \boldsymbol{B}$，$\boldsymbol{B} \cong \boldsymbol{C}$，则 $\boldsymbol{A} \cong \boldsymbol{C}$．

定义 1.3　若矩阵的每一行从左边开始，第一个非零元素下方的元素全为零，则称这样的矩阵为行阶梯形矩阵；若矩阵的每一行从左边开始，第一个非零元素为 1，并且其所在列的其他元素全为零，则称这样的矩阵为行最简形矩阵．

由定义 1.3 可知，矩阵

$$\begin{pmatrix} 3 & 2 & 1 \\ 0 & 2 & 5 \\ 0 & 0 & 0 \end{pmatrix}, \quad \begin{pmatrix} 0 & 1 & 3 & 2 \\ 0 & 0 & 0 & 3 \\ 0 & 0 & 0 & 0 \end{pmatrix}, \quad \begin{pmatrix} 1 & 0 & 0 & 0 & 2 \\ 0 & 1 & 0 & 0 & 3 \\ 0 & 0 & 0 & 1 & 4 \end{pmatrix}$$

都是行阶梯形矩阵，其中第 3 个矩阵是行最简形矩阵．

定理 1.1　任何一个矩阵 $\boldsymbol{A}$ 经过有限次初等行变换都可化为行阶梯形矩阵或行最简形矩阵．

例 1.1　将如下矩阵 $\boldsymbol{A}$ 化为行阶梯形矩阵和行最简形矩阵：

$$\boldsymbol{A} = \begin{pmatrix} 1 & 3 & 3 & -2 & 1 & 3 \\ 2 & 6 & 1 & -3 & 0 & 2 \\ 1 & 3 & -2 & -1 & -1 & -1 \\ 3 & 9 & 4 & -5 & 1 & 5 \end{pmatrix}$$

解　对矩阵 $\boldsymbol{A}$ 依次进行一系列初等行变换可得

$$A=\begin{pmatrix}1&3&3&-2&1&3\\2&6&1&-3&0&2\\1&3&-2&-1&-1&-1\\3&9&4&-5&1&5\end{pmatrix}\overset{r_2-2r_1,r_3-r_1}{\underset{r_4-3r_1}{\sim}}\begin{pmatrix}1&3&3&-2&1&3\\0&0&-5&1&-2&-4\\0&0&-5&1&-2&-4\\0&0&-5&1&-2&-4\end{pmatrix}$$

$$\overset{r_3-r_2}{\underset{r_4-r_2}{\sim}}\begin{pmatrix}1&3&3&-2&1&3\\0&0&-5&1&-2&-4\\0&0&0&0&0&0\\0&0&0&0&0&0\end{pmatrix}\overset{-\frac{1}{5}r_2}{\underset{r_1-3r_2}{\sim}}\begin{pmatrix}1&3&0&-\frac{7}{5}&-\frac{1}{5}&\frac{3}{5}\\0&0&1&-\frac{1}{5}&\frac{2}{5}&4\\0&0&0&0&0&0\\0&0&0&0&0&0\end{pmatrix}$$

于是矩阵 A 的行阶梯形矩阵和行最简形矩阵分别为

$$\begin{pmatrix}1&3&3&-2&1&3\\0&0&-5&1&-2&-4\\0&0&0&0&0&0\\0&0&0&0&0&0\end{pmatrix},\quad\begin{pmatrix}1&3&0&-\frac{7}{5}&-\frac{1}{5}&\frac{3}{5}\\0&0&1&-\frac{1}{5}&\frac{2}{5}&4\\0&0&0&0&0&0\\0&0&0&0&0&0\end{pmatrix}$$

1.1.2 初等矩阵

定义 1.4 单位矩阵 E 经过一次初等变换得到的矩阵称为初等矩阵.

3 种初等变换对应 3 种初等矩阵.

（1）交换单位矩阵 E 的第 i 行（列）和第 j 行（列）得到的初等矩阵记为

$$E(i,j)=\begin{pmatrix}1&&&&&&&&\\&\ddots&&&&&&&\\&&1&&&&&&\\&&&0&\cdots&1&&&\\&&&&1&&&&\\&&&\vdots&\ddots&\vdots&&&\\&&&&&1&&&\\&&&1&\cdots&0&&&\\&&&&&&1&&\\&&&&&&&\ddots&\\&&&&&&&&1\end{pmatrix}\begin{matrix}\\\\\\\text{第}i\text{行}\\\\\\\\\text{第}j\text{行}\\\\\\\\\end{matrix}$$

（2）用非零数 k 乘以单位矩阵 E 的第 i 行（列）得到的初等矩阵记为

$$E(i(k))=\begin{pmatrix}1&&&&&&\\&\ddots&&&&&\\&&1&&&&\\&&&k&&&\\&&&&1&&\\&&&&&\ddots&\\&&&&&&1\end{pmatrix}\begin{matrix}\\\\\\\text{第}i\text{行}\\\\\\\\\end{matrix}$$

（3）将单位矩阵 $\boldsymbol{E}$ 的第 j 行的 k 倍加到第 i 行（$\boldsymbol{E}$ 的第 i 列的 k 倍加到第 j 列）上得到的初等矩阵记为

$$\boldsymbol{E}(i,j(k))=\begin{pmatrix}1 & & & & & & \\ & \ddots & & & & & \\ & & 1 & \cdots & k & & \\ & & & \ddots & \vdots & & \\ & & & & 1 & & \\ & & & & & \ddots & \\ & & & & & & 1\end{pmatrix}\begin{matrix}\\ \\ 第i行 \\ \\ 第j行 \\ \\ \\ \end{matrix}$$

易知初等矩阵皆为可逆矩阵，即

$$\boldsymbol{E}(i,j)^{-1}=\boldsymbol{E}(i,j)，\ \boldsymbol{E}(i(k))^{-1}=\boldsymbol{E}(i(k^{-1}))，\ \boldsymbol{E}(i,j(k))^{-1}=\boldsymbol{E}(i,j(-k))$$

利用矩阵乘法和初等矩阵的定义即可得到下述重要定理.

定理 1.2　设 $\boldsymbol{A}$ 是一个 $m\times n$ 矩阵，则对矩阵 $\boldsymbol{A}$ 进行一次初等行变换相当于在 $\boldsymbol{A}$ 的左边乘以相应的 m 阶初等矩阵；对 $\boldsymbol{A}$ 进行一次初等列变换相当于在 $\boldsymbol{A}$ 的右边乘以相应的 n 阶初等矩阵.

例如，$\boldsymbol{E}(i,j)$ 左（右）乘 $\boldsymbol{A}$ 等于互换 $\boldsymbol{A}$ 的第 i 行（列）和第 j 行（列），$\boldsymbol{E}(i(k))$ 左（右）乘 $\boldsymbol{A}$ 等于非零数 k 乘以 $\boldsymbol{A}$ 的第 i 行（列），$\boldsymbol{E}(i,j(k))$ 左乘 $\boldsymbol{A}$ 等于 $\boldsymbol{A}$ 的第 j 行的 k 倍加到第 i 行上，$\boldsymbol{E}(i,j(k))$ 右乘 $\boldsymbol{A}$ 等于 $\boldsymbol{A}$ 的第 j 列的 k 倍加到第 i 列上.

例 1.2　设 $\boldsymbol{A}$ 为 3×4 矩阵，交换 $\boldsymbol{A}$ 的第 1 行和第 3 行得到矩阵 $\boldsymbol{B}$，将矩阵 $\boldsymbol{B}$ 的第 3 列的 2 倍加到第 1 列上得到矩阵 $\boldsymbol{C}$，若记 $\boldsymbol{P}=\begin{pmatrix}0&0&1\\0&1&0\\1&0&0\end{pmatrix}$，$\boldsymbol{Q}=\begin{pmatrix}1&0&0&0\\0&1&0&0\\2&0&1&0\\0&0&0&1\end{pmatrix}$，则 $\boldsymbol{C}=\boldsymbol{PAQ}$.

1.1.3　利用初等变换求矩阵逆的方法

对可逆矩阵 $\boldsymbol{A}=(a_{ij})_{n\times n}$ 进行 m 次初等行变换得到单位矩阵 $\boldsymbol{E}$，等于 $\boldsymbol{A}$ 依次左乘初等矩阵 $\boldsymbol{P}_1,\boldsymbol{P}_2,\cdots,\boldsymbol{P}_m$ 得到单位矩阵 $\boldsymbol{E}$，设 $\boldsymbol{P}=\boldsymbol{P}_m\boldsymbol{P}_{m-1}\cdots\boldsymbol{P}_1$，则

$$\boldsymbol{PA}=\boldsymbol{E}$$

两边同时右乘 $\boldsymbol{A}^{-1}$ 可得

$$\boldsymbol{PAA}^{-1}=\boldsymbol{EA}^{-1}$$

即

$$\boldsymbol{PE}=\boldsymbol{A}^{-1}$$

表明对 $\boldsymbol{E}$ 实施前述一系列初等行变换就得到 $\boldsymbol{A}^{-1}$. 于是，得到如下求可逆矩阵逆的方法.

第一步，把 $\boldsymbol{A}$ 和 $\boldsymbol{E}$ 放在一起排成一个 $n\times 2n$ 矩阵 $(\boldsymbol{A},\boldsymbol{E})$，即

$$(\boldsymbol{A},\boldsymbol{E})=\begin{pmatrix}a_{11} & a_{12} & \cdots & a_{1n} & 1 & 0 & \cdots & 0\\ a_{21} & a_{22} & \cdots & a_{2n} & 0 & 1 & \cdots & 0\\ \vdots & \vdots & & \vdots & \vdots & \vdots & & \vdots\\ a_{n1} & a_{n2} & \cdots & a_{nn} & 0 & 0 & \cdots & 1\end{pmatrix}$$

第二步，对矩阵 $(\boldsymbol{A},\boldsymbol{E})$ 实施初等行变换，使其变为 $(\boldsymbol{E},\boldsymbol{B})$，即

$$(\boldsymbol{E},\boldsymbol{B})=\begin{pmatrix}1&0&\cdots&0&b_{11}&b_{12}&\cdots&b_{1n}\\0&1&\cdots&0&b_{21}&b_{22}&\cdots&b_{2n}\\\vdots&\vdots&&\vdots&\vdots&\vdots&&\vdots\\0&0&\cdots&1&b_{n1}&b_{n2}&\cdots&b_{nn}\end{pmatrix}$$

则 $\boldsymbol{B}=\boldsymbol{A}^{-1}$.

同理，将 $\boldsymbol{A}$ 排在上部、$\boldsymbol{E}$ 排在下部，对所得矩阵进行初等列变换，将上部变为单位矩阵，下部即 $\boldsymbol{A}^{-1}$.

例 1.3 用初等变换求如下矩阵 $\boldsymbol{A}$ 的逆矩阵：

$$\boldsymbol{A}=\begin{pmatrix}1&2&-1\\3&1&0\\-1&0&-2\end{pmatrix}$$

解 对矩阵 $(\boldsymbol{A},\boldsymbol{E})$ 做如下一系列初等行变换：

$$(\boldsymbol{A},\boldsymbol{E})=\left(\begin{array}{ccc|ccc}1&2&-1&1&0&0\\3&1&0&0&1&0\\-1&0&-2&0&0&1\end{array}\right)\begin{array}{c}r_2-3r_1\\\sim\\r_3+r_1\end{array}\left(\begin{array}{ccc|ccc}1&2&-1&1&0&0\\0&-5&3&-3&1&0\\0&2&-3&1&0&1\end{array}\right)$$

$$\begin{array}{c}r_1-r_3\\\sim\\r_3+\frac{2}{5}r_2\end{array}\left(\begin{array}{ccc|ccc}1&0&2&0&0&-1\\0&-5&3&-3&1&0\\0&0&-\frac{9}{5}&-\frac{1}{5}&\frac{2}{5}&1\end{array}\right)\begin{array}{c}r_1+\frac{10}{9}r_3\\\sim\\r_2+\frac{5}{3}r_3\end{array}\left(\begin{array}{ccc|ccc}1&0&0&-\frac{2}{9}&\frac{4}{9}&\frac{1}{9}\\0&-5&0&-\frac{10}{3}&\frac{5}{3}&\frac{5}{3}\\0&0&-\frac{9}{5}&-\frac{1}{5}&\frac{2}{5}&1\end{array}\right)$$

$$\begin{array}{c}-\frac{1}{5}r_2\\\sim\\-\frac{5}{9}r_3\end{array}\left(\begin{array}{ccc|ccc}1&0&0&-\frac{2}{9}&\frac{4}{9}&\frac{1}{9}\\0&1&0&\frac{2}{3}&-\frac{1}{3}&-\frac{1}{3}\\0&0&1&\frac{1}{9}&-\frac{2}{9}&-\frac{5}{9}\end{array}\right)$$

于是

$$\boldsymbol{A}^{-1}=\begin{pmatrix}-\frac{2}{9}&\frac{4}{9}&\frac{1}{9}\\\frac{2}{3}&-\frac{1}{3}&-\frac{1}{3}\\\frac{1}{9}&-\frac{2}{9}&-\frac{5}{9}\end{pmatrix}$$

相似地，可以利用初等变换求解矩阵方程 $\boldsymbol{AX}=\boldsymbol{B}$.

例 1.4 求矩阵 $\boldsymbol{X}$，使得 $\boldsymbol{AX}=\boldsymbol{B}$，其中

$$\boldsymbol{A}=\begin{pmatrix}1&2&3\\2&2&1\\3&4&3\end{pmatrix},\quad\boldsymbol{B}=\begin{pmatrix}2&5&3\\3&1&4\\4&3&1\end{pmatrix}$$

解 对矩阵 $(\boldsymbol{A},\boldsymbol{B})$ 做如下一系列初等行变换：

$$(\boldsymbol{A},\boldsymbol{B})=\left(\begin{array}{ccc|ccc}1&2&3&2&5&3\\2&2&1&3&1&4\\3&4&3&4&3&1\end{array}\right)\underset{r_3-3r_1}{\overset{r_2-2r_1}{\sim}}\left(\begin{array}{ccc|ccc}1&2&3&2&5&3\\0&-2&-5&-1&-9&-2\\0&-2&-6&-2&-12&-8\end{array}\right)$$

$$\underset{r_3-r_2}{\overset{r_1+r_2}{\sim}}\left(\begin{array}{ccc|ccc}1&0&-2&1&-4&1\\0&-2&-5&-1&-9&-2\\0&0&-1&-1&-3&-6\end{array}\right)\underset{r_2-5r_3}{\overset{r_1-2r_3}{\sim}}\left(\begin{array}{ccc|ccc}1&0&0&3&2&13\\0&-2&0&4&6&28\\0&0&-1&-1&-3&-6\end{array}\right)$$

$$\underset{-1\times r_3}{\overset{-\frac{1}{2}r_2}{\sim}}\left(\begin{array}{ccc|ccc}1&0&0&3&2&13\\0&1&0&-2&-3&-14\\0&0&1&1&3&6\end{array}\right)$$

于是

$$\boldsymbol{X}=\begin{pmatrix}3&2&13\\-2&-3&-14\\1&3&6\end{pmatrix}$$

1.2　分块矩阵

分块矩阵理论是矩阵理论中的重要组成部分．在理论研究和实际应用中，常常会遇到行数和列数较大的矩阵，为了表示方便和运算简便，常对矩阵采用分块的方法．

1.2.1　分块矩阵的概念

定义 1.5　用水平和垂直的直线对矩阵进行分割，得到的“以矩阵为元素的矩阵”称为分块矩阵，称这些作为元素的矩阵为矩阵的子块．

例如，设矩阵

$$\boldsymbol{A}=\left(\begin{array}{ccc|cc}2&1&-3&0&0\\1&0&4&0&0\\\hline-2&3&1&1&0\\3&1&2&0&1\end{array}\right)$$

若令 $\boldsymbol{A}_1=\begin{pmatrix}2&1&-3\\1&0&4\end{pmatrix}$，$\boldsymbol{A}_2=\begin{pmatrix}-2&3&1\\3&1&2\end{pmatrix}$，$\boldsymbol{O}=\begin{pmatrix}0&0\\0&0\end{pmatrix}$，$\boldsymbol{E}=\begin{pmatrix}1&0\\0&1\end{pmatrix}$，则矩阵 $\boldsymbol{A}$ 可用分块矩阵表示为 $\boldsymbol{A}=\begin{pmatrix}\boldsymbol{A}_1&\boldsymbol{O}\\\boldsymbol{A}_2&\boldsymbol{E}\end{pmatrix}$.

一般地，可将一个矩阵 $\boldsymbol{A}$ 分块成有 s 个块行和 t 个块列的分块矩阵：

$$\boldsymbol{A}=\begin{pmatrix}\boldsymbol{A}_{11}&\boldsymbol{A}_{12}&\cdots&\boldsymbol{A}_{1t}\\\boldsymbol{A}_{21}&\boldsymbol{A}_{22}&\cdots&\boldsymbol{A}_{2t}\\\vdots&\vdots&&\vdots\\\boldsymbol{A}_{s1}&\boldsymbol{A}_{s2}&\cdots&\boldsymbol{A}_{st}\end{pmatrix}\tag{1.1}$$

简记为 $\boldsymbol{A}=(\boldsymbol{A}_{ij})_{s\times t}$，通常 $\boldsymbol{A}=(\boldsymbol{A}_{ij})_{s\times t}$ 称为 $s\times t$ 分块矩阵．

常用的分块矩阵有以下两种形式．

（1）按行分块：

$$A=\begin{pmatrix} a_{11} & a_{12} & \cdots & a_{1n} \\ a_{21} & a_{22} & \cdots & a_{2n} \\ \vdots & \vdots & & \vdots \\ a_{m1} & a_{m2} & \cdots & a_{mn} \end{pmatrix}=\begin{pmatrix} A_1 \\ A_2 \\ \vdots \\ A_m \end{pmatrix}$$

其中，$A_i=(a_{i1},a_{i2},\cdots,a_{in})$为矩阵$A$的第$i$行（$i=1,2,\cdots,m$）；$A_1,A_2,\cdots,A_m$为矩阵$A$的$m$个行向量.

（2）按列分块：

$$A=\begin{pmatrix} a_{11} & a_{12} & \cdots & a_{1n} \\ a_{21} & a_{22} & \cdots & a_{2n} \\ \vdots & \vdots & & \vdots \\ a_{m1} & a_{m2} & \cdots & a_{mn} \end{pmatrix}=(B_1,B_2,\cdots,B_n)$$

其中，$B_j=(a_{1j},a_{2j},\cdots,a_{mj})^{\mathrm{T}}$为矩阵$A$的第$j$列（$j=1,2,\cdots,n$）；$B_1,B_2,\cdots,B_n$为矩阵$A$的$n$个列向量.

1.2.2 分块矩阵的运算

分块矩阵同样可以进行加法、数乘和矩阵间的乘法运算．在可以进行运算的前提下，其运算规律与普通矩阵的运算规律无异．可以进行运算指的是加法必须在同阶矩阵间进行，乘法必须是前一矩阵的列数与后一矩阵的行数相等.

（1）分块矩阵的加（减）法.

设矩阵A和B是同型矩阵，且采用相同的分块方法，即

$$A=\begin{pmatrix} A_{11} & A_{12} & \cdots & A_{1t} \\ A_{21} & A_{22} & \cdots & A_{2t} \\ \vdots & \vdots & & \vdots \\ A_{s1} & A_{s2} & \cdots & A_{st} \end{pmatrix},\quad B=\begin{pmatrix} B_{11} & B_{12} & \cdots & B_{1t} \\ B_{21} & B_{22} & \cdots & B_{2t} \\ \vdots & \vdots & & \vdots \\ B_{s1} & B_{s2} & \cdots & B_{st} \end{pmatrix}$$

则有

$$A\pm B=\begin{pmatrix} A_{11}+B_{11} & A_{12}+B_{12} & \cdots & A_{1t}+B_{1t} \\ A_{21}+B_{21} & A_{22}+B_{22} & \cdots & A_{2t}+B_{2t} \\ \vdots & \vdots & & \vdots \\ A_{s1}+B_{s1} & A_{s2}+B_{s2} & \cdots & A_{st}+B_{st} \end{pmatrix}$$

（2）分块矩阵的数乘.

若$A=\begin{pmatrix} A_{11} & A_{12} & \cdots & A_{1t} \\ A_{21} & A_{22} & \cdots & A_{2t} \\ \vdots & \vdots & & \vdots \\ A_{s1} & A_{s2} & \cdots & A_{st} \end{pmatrix}$、$\lambda$是数，则有

$$\lambda A=\begin{pmatrix} \lambda A_{11} & \lambda A_{12} & \cdots & \lambda A_{1t} \\ \lambda A_{21} & \lambda A_{22} & \cdots & \lambda A_{2t} \\ \vdots & \vdots & & \vdots \\ \lambda A_{s1} & \lambda A_{s2} & \cdots & \lambda A_{st} \end{pmatrix}$$

（3）分块矩阵的乘法.

设 $\boldsymbol{A}$ 为 $m\times l$ 矩阵，$\boldsymbol{B}$ 为 $l\times n$ 矩阵，且两者的分块形式分别为

$$\boldsymbol{A}=\begin{pmatrix}\boldsymbol{A}_{11} & \boldsymbol{A}_{12} & \cdots & \boldsymbol{A}_{1t}\\ \boldsymbol{A}_{21} & \boldsymbol{A}_{22} & \cdots & \boldsymbol{A}_{2t}\\ \vdots & \vdots & & \vdots\\ \boldsymbol{A}_{s1} & \boldsymbol{A}_{s2} & \cdots & \boldsymbol{A}_{st}\end{pmatrix}=\left(\boldsymbol{A}_{ij}\right)_{s\times t},\quad \boldsymbol{B}=\begin{pmatrix}\boldsymbol{B}_{11} & \boldsymbol{B}_{12} & \cdots & \boldsymbol{B}_{1p}\\ \boldsymbol{B}_{21} & \boldsymbol{B}_{22} & \cdots & \boldsymbol{B}_{2p}\\ \vdots & \vdots & & \vdots\\ \boldsymbol{B}_{t1} & \boldsymbol{B}_{t2} & \cdots & \boldsymbol{B}_{tp}\end{pmatrix}=\left(\boldsymbol{B}_{ij}\right)_{t\times p}$$

其中，$\boldsymbol{A}_{i1},\boldsymbol{A}_{i2},\cdots,\boldsymbol{A}_{it}$ 的列数分别等于 $\boldsymbol{B}_{1j},\boldsymbol{B}_{2j},\cdots,\boldsymbol{B}_{tj}$ 的行数（$i=1,2,\cdots,s$；$j=1,2,\cdots,p$），则

$$\boldsymbol{AB}=\begin{pmatrix}\boldsymbol{A}_{11} & \boldsymbol{A}_{12} & \cdots & \boldsymbol{A}_{1t}\\ \boldsymbol{A}_{21} & \boldsymbol{A}_{22} & \cdots & \boldsymbol{A}_{2t}\\ \vdots & \vdots & & \vdots\\ \boldsymbol{A}_{s1} & \boldsymbol{A}_{s2} & \cdots & \boldsymbol{A}_{st}\end{pmatrix}\begin{pmatrix}\boldsymbol{B}_{11} & \boldsymbol{B}_{12} & \cdots & \boldsymbol{B}_{1p}\\ \boldsymbol{B}_{21} & \boldsymbol{B}_{22} & \cdots & \boldsymbol{B}_{2p}\\ \vdots & \vdots & & \vdots\\ \boldsymbol{B}_{t1} & \boldsymbol{B}_{t2} & \cdots & \boldsymbol{B}_{tp}\end{pmatrix}=\begin{pmatrix}\boldsymbol{C}_{11} & \boldsymbol{C}_{12} & \cdots & \boldsymbol{C}_{1p}\\ \boldsymbol{C}_{21} & \boldsymbol{C}_{22} & \cdots & \boldsymbol{C}_{2p}\\ \vdots & \vdots & & \vdots\\ \boldsymbol{C}_{s1} & \boldsymbol{C}_{s2} & \cdots & \boldsymbol{C}_{sp}\end{pmatrix}$$

其中，$\boldsymbol{C}_{ij}=\sum_{k=1}^{t}\boldsymbol{A}_{ik}\boldsymbol{B}_{kj}$（$i=1,2,\cdots,s$；$j=1,2,\cdots,p$）.

（4）分块矩阵的转置.

设 $\boldsymbol{A}=\begin{pmatrix}\boldsymbol{A}_{11} & \boldsymbol{A}_{12} & \cdots & \boldsymbol{A}_{1t}\\ \boldsymbol{A}_{21} & \boldsymbol{A}_{22} & \cdots & \boldsymbol{A}_{2t}\\ \vdots & \vdots & & \vdots\\ \boldsymbol{A}_{s1} & \boldsymbol{A}_{s2} & \cdots & \boldsymbol{A}_{st}\end{pmatrix}$，则有 $\boldsymbol{A}^{\mathrm{T}}=\begin{pmatrix}\boldsymbol{A}_{11}^{\mathrm{T}} & \boldsymbol{A}_{21}^{\mathrm{T}} & \cdots & \boldsymbol{A}_{s1}^{\mathrm{T}}\\ \boldsymbol{A}_{12}^{\mathrm{T}} & \boldsymbol{A}_{22}^{\mathrm{T}} & \cdots & \boldsymbol{A}_{s2}^{\mathrm{T}}\\ \vdots & \vdots & & \vdots\\ \boldsymbol{A}_{1t}^{\mathrm{T}} & \boldsymbol{A}_{2t}^{\mathrm{T}} & \cdots & \boldsymbol{A}_{st}^{\mathrm{T}}\end{pmatrix}$.

注：分块矩阵不但在形式上进行转置，而且每个子块也进行转置.

1.2.3　分块对角矩阵

定义 1.6　当 n 阶矩阵 $\boldsymbol{A}$ 的分块矩阵只有主对角线上有非零子块，而其余子块均为零矩阵，且非零子块都为方阵时，即

$$\boldsymbol{A}=\begin{pmatrix}\boldsymbol{A}_1 & \boldsymbol{O} & \cdots & \boldsymbol{O}\\ \boldsymbol{O} & \boldsymbol{A}_2 & \cdots & \boldsymbol{O}\\ \vdots & \vdots & & \vdots\\ \boldsymbol{O} & \boldsymbol{O} & \cdots & \boldsymbol{A}_m\end{pmatrix}\tag{1.2}$$

则称矩阵 $\boldsymbol{A}$ 为分块对角矩阵（也称准对角矩阵），记为 $\boldsymbol{A}=\mathrm{diag}(\boldsymbol{A}_1,\boldsymbol{A}_2,\cdots,\boldsymbol{A}_m)$，其中 $\boldsymbol{A}_i$ 是 n_i 阶方阵（$i=1,2,\cdots,m$；$\sum_{i=1}^{m}n_i=n$）.

分块对角矩阵 $\boldsymbol{A}=\mathrm{diag}(\boldsymbol{A}_1,\boldsymbol{A}_2,\cdots,\boldsymbol{A}_m)$ 有以下几个常用的性质.

（1）若 $\boldsymbol{A}=\begin{pmatrix}\boldsymbol{A}_1 & & & \\ & \boldsymbol{A}_2 & & \\ & & \ddots & \\ & & & \boldsymbol{A}_m\end{pmatrix}$，$\boldsymbol{B}=\begin{pmatrix}\boldsymbol{B}_1 & & & \\ & \boldsymbol{B}_2 & & \\ & & \ddots & \\ & & & \boldsymbol{B}_m\end{pmatrix}$，且 $\boldsymbol{A}_i$ 和 $\boldsymbol{B}_i$（$i=1,2,\cdots,m$）为同阶方阵，则

$$A \pm B = \begin{pmatrix} A_1 \pm B_1 & & & \\ & A_2 \pm B_2 & & \\ & & \ddots & \\ & & & A_m \pm B_m \end{pmatrix}$$

$$\lambda A = \begin{pmatrix} \lambda A_1 & & & \\ & \lambda A_2 & & \\ & & \ddots & \\ & & & \lambda A_s \end{pmatrix}$$

$$A^{\mathrm{T}} = \begin{pmatrix} A_1^{\mathrm{T}} & & & \\ & A_2^{\mathrm{T}} & & \\ & & \ddots & \\ & & & A_m^{\mathrm{T}} \end{pmatrix}$$

$$AB = \begin{pmatrix} A_1B_1 & & & \\ & A_2B_2 & & \\ & & \ddots & \\ & & & A_mB_m \end{pmatrix}$$

（2）$\det(\mathrm{diag}(A_1, A_2, \cdots, A_m)) = \prod_{i=1}^{m} \det A_i$.

（3）若 $\det A_i \neq 0$（$i = 1, 2, \cdots, m$），则 $\det A \neq 0$ ，即 A 可逆，且

$$A^{-1} = \mathrm{diag}(A_1^{-1}, A_2^{-1}, \cdots, A_m^{-1})$$

例 1.5 设 $A = \begin{pmatrix} 2 & 1 & 0 & 0 & 0 \\ 3 & 2 & 0 & 0 & 0 \\ 0 & 0 & 3 & 1 & 0 \\ 0 & 0 & 2 & 1 & 0 \\ 0 & 0 & 0 & 0 & 5 \end{pmatrix}$，求 A^{-1} .

解 设 $A_1 = \begin{pmatrix} 2 & 1 \\ 3 & 2 \end{pmatrix}$，$A_2 = \begin{pmatrix} 3 & 1 \\ 2 & 1 \end{pmatrix}$，$A_3 = (5)$，则 $A = \begin{pmatrix} A_1 & & \\ & A_2 & \\ & & A_3 \end{pmatrix}$，且易知

$$A_1^{-1} = \begin{pmatrix} 2 & -1 \\ -3 & 2 \end{pmatrix},\quad A_2^{-1} = \begin{pmatrix} 1 & -1 \\ -2 & 3 \end{pmatrix},\quad A_3^{-1} = \begin{pmatrix} \frac{1}{5} \end{pmatrix}$$

因此，由分块对角矩阵的性质可得

$$A^{-1} = \begin{pmatrix} A_1^{-1} & & \\ & A_2^{-1} & \\ & & A_3^{-1} \end{pmatrix} = \begin{pmatrix} 2 & -1 & 0 & 0 & 0 \\ -3 & 2 & 0 & 0 & 0 \\ 0 & 0 & 1 & -1 & 0 \\ 0 & 0 & -2 & 3 & 0 \\ 0 & 0 & 0 & 0 & \frac{1}{5} \end{pmatrix}$$

1.3　矩阵的特殊乘积

矩阵的 Kronecker（克罗内克）积是一种重要的矩阵乘积，它不但在矩阵理论的研究中有着广泛的应用，而且在工程领域中也是一种基本的数学工具．本节主要介绍 Kronecker 积的定义及基本性质，进而介绍矩阵的另一种特殊乘积——Hadamard（哈达玛）积．

1.3.1　Kronecker 积

定义 1.7 设 $\boldsymbol{A}=(a_{ij})_{m\times n}$，$\boldsymbol{B}=(b_{ij})_{p\times q}$，称分块矩阵

$$\boldsymbol{A}\otimes\boldsymbol{B}=\begin{pmatrix} a_{11}\boldsymbol{B} & a_{12}\boldsymbol{B} & \cdots & a_{1n}\boldsymbol{B} \\ a_{21}\boldsymbol{B} & a_{22}\boldsymbol{B} & \cdots & a_{2n}\boldsymbol{B} \\ \vdots & \vdots & & \vdots \\ a_{m1}\boldsymbol{B} & a_{m2}\boldsymbol{B} & \cdots & a_{mn}\boldsymbol{B} \end{pmatrix} \tag{1.3}$$

为 $\boldsymbol{A}$ 与 $\boldsymbol{B}$ 的 Kronecker 积，也称直积或张量积，记为 $\boldsymbol{A}\otimes\boldsymbol{B}$．

由定义 1.7 可知，$\boldsymbol{A}\otimes\boldsymbol{B}$ 是 $(mp)\times(nq)$ 矩阵，它是以 $a_{ij}\boldsymbol{B}$ 为子块的分块矩阵．另外，$\boldsymbol{B}\otimes\boldsymbol{A}=b_{ij}\boldsymbol{A}$ 是 $(pm)\times(qn)$ 矩阵，它是以 $b_{ij}\boldsymbol{A}$ 为子块的分块矩阵．易见 $\boldsymbol{A}\otimes\boldsymbol{B}$ 与 $\boldsymbol{B}\otimes\boldsymbol{A}$ 是同型矩阵，但一般来说，$\boldsymbol{A}\otimes\boldsymbol{B}\neq\boldsymbol{B}\otimes\boldsymbol{A}$，即矩阵的 Kronecker 积不满足交换律．

例 1.6 设 $\boldsymbol{A}=\begin{pmatrix}1 & 2\\ 3 & 4\end{pmatrix}$，$\boldsymbol{B}=(-1,1)$，求 $\boldsymbol{A}\otimes\boldsymbol{B}$ 与 $\boldsymbol{B}\otimes\boldsymbol{A}$．

解

$$\boldsymbol{A}\otimes\boldsymbol{B}=\begin{pmatrix}\boldsymbol{B} & 2\boldsymbol{B}\\ 3\boldsymbol{B} & 4\boldsymbol{B}\end{pmatrix}=\begin{pmatrix}-1 & 1 & -2 & 2\\ -3 & 3 & -4 & 4\end{pmatrix}$$

$$\boldsymbol{B}\otimes\boldsymbol{A}=\begin{pmatrix}-\boldsymbol{A} & \boldsymbol{A}\end{pmatrix}=\begin{pmatrix}-1 & -2 & 1 & 2\\ -3 & -4 & 3 & 4\end{pmatrix}$$

显然，$\boldsymbol{A}\otimes\boldsymbol{B}$ 与 $\boldsymbol{B}\otimes\boldsymbol{A}$ 是同型矩阵，但 $\boldsymbol{A}\otimes\boldsymbol{B}\neq\boldsymbol{B}\otimes\boldsymbol{A}$．不过，对于单位矩阵 $\boldsymbol{E}_m$和$\boldsymbol{E}_n$，有 $\boldsymbol{E}_m\otimes\boldsymbol{E}_n=\boldsymbol{E}_n\otimes\boldsymbol{E}_m=\boldsymbol{E}_{mn}$．

定理 1.3 矩阵的 Kronecker 积具有下列基本性质．

（1）设 k 为常数，则 $k(\boldsymbol{A}\otimes\boldsymbol{B})=(k\boldsymbol{A})\otimes\boldsymbol{B}=\boldsymbol{A}\otimes(k\boldsymbol{B})$．

（2）矩阵的 Kronecker 积满足结合律，即

$$(\boldsymbol{A}\otimes\boldsymbol{B})\otimes\boldsymbol{C}=\boldsymbol{A}\otimes(\boldsymbol{B}\otimes\boldsymbol{C})$$

（3）设 $\boldsymbol{A}_1$ 与 $\boldsymbol{A}_2$ 为同阶矩阵，则

$$(\boldsymbol{A}_1+\boldsymbol{A}_2)\otimes\boldsymbol{B}=\boldsymbol{A}_1\otimes\boldsymbol{B}+\boldsymbol{A}_2\otimes\boldsymbol{B}$$
$$\boldsymbol{B}\otimes(\boldsymbol{A}_1+\boldsymbol{A}_2)=\boldsymbol{B}\otimes\boldsymbol{A}_1+\boldsymbol{B}\otimes\boldsymbol{A}_2$$

（4）$(\boldsymbol{A}\otimes\boldsymbol{B})^{\mathrm{T}}=\boldsymbol{A}^{\mathrm{T}}\otimes\boldsymbol{B}^{\mathrm{T}}$，$(\boldsymbol{A}\otimes\boldsymbol{B})^{\mathrm{H}}=\boldsymbol{A}^{\mathrm{H}}\otimes\boldsymbol{B}^{\mathrm{H}}$．

（5）设 $\boldsymbol{A}=(a_{ij})_{m\times n}$，$\boldsymbol{B}=(b_{ij})_{p\times q}$，$\boldsymbol{C}=(c_{ij})_{n\times s}$，$\boldsymbol{D}=(d_{ij})_{q\times t}$，则

$$(\boldsymbol{A}\otimes\boldsymbol{B})(\boldsymbol{C}\otimes\boldsymbol{D})=(\boldsymbol{AC})\otimes(\boldsymbol{BD})$$

（6）设 $\boldsymbol{A}\in\mathbf{C}^{m\times m}$ 与 $\boldsymbol{B}\in\mathbf{C}^{n\times n}$ 都是可逆矩阵，则 $\boldsymbol{A}\otimes\boldsymbol{B}$ 也可逆，且有

$$(\boldsymbol{A}\otimes\boldsymbol{B})^{-1}=\boldsymbol{A}^{-1}\otimes\boldsymbol{B}^{-1}$$

（7）设 $\boldsymbol{A}\in\mathbf{C}^{m\times m}$ 与 $\boldsymbol{B}\in\mathbf{C}^{n\times n}$ 都是酉矩阵（1.5.2 节会介绍酉矩阵的概念），则 $\boldsymbol{A}\otimes\boldsymbol{B}\in\mathbf{C}^{mn\times mn}$

也是酉矩阵.

证 由定义 1.7 可直接证明性质（1）～性质（4）. 例如，性质（2）的证明如下：

$$
\begin{aligned}
(\boldsymbol{A}\otimes\boldsymbol{B})\otimes\boldsymbol{C} &= \begin{pmatrix} a_{11}\boldsymbol{B} & a_{12}\boldsymbol{B} & \cdots & a_{1n}\boldsymbol{B} \\ a_{21}\boldsymbol{B} & a_{22}\boldsymbol{B} & \cdots & a_{2n}\boldsymbol{B} \\ \vdots & \vdots & & \vdots \\ a_{m1}\boldsymbol{B} & a_{m2}\boldsymbol{B} & \cdots & a_{mn}\boldsymbol{B} \end{pmatrix}\otimes\boldsymbol{C} \\
&= \begin{pmatrix} (a_{11}\boldsymbol{B})\otimes\boldsymbol{C} & (a_{12}\boldsymbol{B})\otimes\boldsymbol{C} & \cdots & (a_{1n}\boldsymbol{B})\otimes\boldsymbol{C} \\ (a_{21}\boldsymbol{B})\otimes\boldsymbol{C} & (a_{22}\boldsymbol{B})\otimes\boldsymbol{C} & \cdots & (a_{2n}\boldsymbol{B})\otimes\boldsymbol{C} \\ \vdots & \vdots & & \vdots \\ (a_{m1}\boldsymbol{B})\otimes\boldsymbol{C} & (a_{m2}\boldsymbol{B})\otimes\boldsymbol{C} & \cdots & (a_{mn}\boldsymbol{B})\otimes\boldsymbol{C} \end{pmatrix} \\
&= \begin{pmatrix} a_{11}(\boldsymbol{B}\otimes\boldsymbol{C}) & a_{12}(\boldsymbol{B}\otimes\boldsymbol{C}) & \cdots & a_{1n}(\boldsymbol{B}\otimes\boldsymbol{C}) \\ a_{21}(\boldsymbol{B}\otimes\boldsymbol{C}) & a_{22}(\boldsymbol{B}\otimes\boldsymbol{C}) & \cdots & a_{2n}(\boldsymbol{B}\otimes\boldsymbol{C}) \\ \vdots & \vdots & & \vdots \\ a_{m1}(\boldsymbol{B}\otimes\boldsymbol{C}) & a_{m2}(\boldsymbol{B}\otimes\boldsymbol{C}) & \cdots & a_{mn}(\boldsymbol{B}\otimes\boldsymbol{C}) \end{pmatrix} \\
&= \boldsymbol{A}\otimes(\boldsymbol{B}\otimes\boldsymbol{C})
\end{aligned}
$$

再如，性质（4）的第一个式子，即 $(\boldsymbol{A}\otimes\boldsymbol{B})^{\mathrm{T}}=\boldsymbol{A}^{\mathrm{T}}\otimes\boldsymbol{B}^{\mathrm{T}}$ 的证明如下：

$$
\begin{aligned}
(\boldsymbol{A}\otimes\boldsymbol{B})^{\mathrm{T}} &= \begin{pmatrix} a_{11}\boldsymbol{B} & a_{12}\boldsymbol{B} & \cdots & a_{1n}\boldsymbol{B} \\ a_{21}\boldsymbol{B} & a_{22}\boldsymbol{B} & \cdots & a_{2n}\boldsymbol{B} \\ \vdots & \vdots & & \vdots \\ a_{m1}\boldsymbol{B} & a_{m2}\boldsymbol{B} & \cdots & a_{mn}\boldsymbol{B} \end{pmatrix}^{\mathrm{T}} \\
&= \begin{pmatrix} a_{11}\boldsymbol{B}^{\mathrm{T}} & a_{21}\boldsymbol{B}^{\mathrm{T}} & \cdots & a_{m1}\boldsymbol{B}^{\mathrm{T}} \\ a_{12}\boldsymbol{B}^{\mathrm{T}} & a_{22}\boldsymbol{B}^{\mathrm{T}} & \cdots & a_{m2}\boldsymbol{B}^{\mathrm{T}} \\ \vdots & \vdots & & \vdots \\ a_{1n}\boldsymbol{B}^{\mathrm{T}} & a_{2n}\boldsymbol{B}^{\mathrm{T}} & \cdots & a_{mn}\boldsymbol{B}^{\mathrm{T}} \end{pmatrix} \\
&= \begin{pmatrix} a_{11} & a_{21} & \cdots & a_{m1} \\ a_{12} & a_{22} & \cdots & a_{m2} \\ \vdots & \vdots & & \vdots \\ a_{1n} & a_{2n} & \cdots & a_{mn} \end{pmatrix}\otimes\boldsymbol{B}^{\mathrm{T}} \\
&= \boldsymbol{A}^{\mathrm{T}}\otimes\boldsymbol{B}^{\mathrm{T}}
\end{aligned}
$$

性质（5）的证明如下：

$$
\begin{aligned}
(\boldsymbol{A}\otimes\boldsymbol{B})(\boldsymbol{C}\otimes\boldsymbol{D}) &= \begin{pmatrix} \sum\limits_{k=1}^{n}(a_{1k}\boldsymbol{B})(c_{k1}\boldsymbol{D}) & \cdots & \sum\limits_{k=1}^{n}(a_{1k}\boldsymbol{B})(c_{ks}\boldsymbol{D}) \\ \vdots & & \vdots \\ \sum\limits_{k=1}^{n}(a_{mk}\boldsymbol{B})(c_{k1}\boldsymbol{D}) & \cdots & \sum\limits_{k=1}^{n}(a_{mk}\boldsymbol{B})(c_{ks}\boldsymbol{D}) \end{pmatrix} \\
&= \begin{pmatrix} a_{11}\boldsymbol{B} & \cdots & a_{1n}\boldsymbol{B} \\ \vdots & & \vdots \\ a_{m1}\boldsymbol{B} & \cdots & a_{mn}\boldsymbol{B} \end{pmatrix}\begin{pmatrix} c_{11}\boldsymbol{D} & \cdots & c_{1s}\boldsymbol{D} \\ \vdots & & \vdots \\ c_{n1}\boldsymbol{D} & \cdots & c_{ns}\boldsymbol{D} \end{pmatrix}
\end{aligned}
$$

$$
=\begin{pmatrix} \sum_{k=1}^{n} a_{1k}c_{k1}(\boldsymbol{BD}) & \cdots & \sum_{k=1}^{n} a_{1k}c_{ks}(\boldsymbol{BD}) \\ \vdots & & \vdots \\ \sum_{k=1}^{n} a_{mk}c_{k1}(\boldsymbol{BD}) & \cdots & \sum_{k=1}^{n} a_{mk}c_{ks}(\boldsymbol{BD}) \end{pmatrix}
$$

$$
=\begin{pmatrix} \sum_{k=1}^{n} a_{1k}c_{k1} & \cdots & \sum_{k=1}^{n} a_{1k}c_{ks} \\ \vdots & & \vdots \\ \sum_{k=1}^{n} a_{mk}c_{k1} & \cdots & \sum_{k=1}^{n} a_{mk}c_{ks} \end{pmatrix} \otimes (\boldsymbol{BD})
$$

$$
=(\boldsymbol{AC})\otimes(\boldsymbol{BD})
$$

对于性质（6）的证明，由性质（5）可知

$$
(\boldsymbol{A}\otimes\boldsymbol{B})(\boldsymbol{A}^{-1}\otimes\boldsymbol{B}^{-1})=(\boldsymbol{AA}^{-1})\otimes(\boldsymbol{BB}^{-1})=\boldsymbol{I}_m\otimes\boldsymbol{I}_n=\boldsymbol{I}_{mn}
$$

故 $\boldsymbol{A}\otimes\boldsymbol{B}$ 可逆，且有

$$
\left(\boldsymbol{A}\otimes\boldsymbol{B}\right)^{-1}=\boldsymbol{A}^{-1}\otimes\boldsymbol{B}^{-1}
$$

对于性质（7）的证明，由性质（4）、（5）可知

$$
(\boldsymbol{A}\otimes\boldsymbol{B})(\boldsymbol{A}\otimes\boldsymbol{B})^{\mathrm{H}}=(\boldsymbol{A}\otimes\boldsymbol{B})(\boldsymbol{A}^{\mathrm{H}}\otimes\boldsymbol{B}^{\mathrm{H}})=(\boldsymbol{AA}^{\mathrm{H}})\otimes(\boldsymbol{BB}^{\mathrm{H}})=\boldsymbol{I}_m\otimes\boldsymbol{I}_n=\boldsymbol{I}_{mn}
$$

$$
(\boldsymbol{A}\otimes\boldsymbol{B})^{\mathrm{H}}(\boldsymbol{A}\otimes\boldsymbol{B})=(\boldsymbol{A}^{\mathrm{H}}\otimes\boldsymbol{B}^{\mathrm{H}})(\boldsymbol{A}\otimes\boldsymbol{B})=(\boldsymbol{A}^{\mathrm{H}}\boldsymbol{A})\otimes(\boldsymbol{B}^{\mathrm{H}}\boldsymbol{B})=\boldsymbol{I}_m\otimes\boldsymbol{I}_n=\boldsymbol{I}_{mn}
$$

故

$$
(\boldsymbol{A}\otimes\boldsymbol{B})(\boldsymbol{A}\otimes\boldsymbol{B})^{\mathrm{H}}=(\boldsymbol{A}\otimes\boldsymbol{B})^{\mathrm{H}}(\boldsymbol{A}\otimes\boldsymbol{B})=\boldsymbol{I}_{mn}
$$

即 $\boldsymbol{A}\otimes\boldsymbol{B}\in\mathbf{C}^{mn\times mn}$ 是酉矩阵.

1.3.2　Hadamard 积

定义 1.8 设 $\boldsymbol{A}=(a_{ij})\in\mathbf{C}^{m\times n}$， $\boldsymbol{B}=(b_{ij})\in\mathbf{C}^{m\times n}$ ，称矩阵

$$
\boldsymbol{A}\circ\boldsymbol{B}=\begin{pmatrix} a_{11}b_{11} & a_{12}b_{12} & \cdots & a_{1n}b_{1n} \\ a_{21}b_{21} & a_{22}b_{22} & \cdots & a_{2n}b_{2n} \\ \vdots & \vdots & & \vdots \\ a_{m1}b_{m1} & a_{m2}b_{m2} & \cdots & a_{mn}b_{mn} \end{pmatrix} \tag{1.4}
$$

为 $\boldsymbol{A}$ 和 $\boldsymbol{B}$ 的 Hadamard 积，也称 Schur 积，记为 $\boldsymbol{A}\circ\boldsymbol{B}$.

由定义 1.8 可知，矩阵的 Hadamard 积远比通常的矩阵乘法简单，且可乘条件是两个矩阵同型. Hadamard 积出现在广泛而多样的应用中，如周期函数卷积的三角矩阵、积分方程核的积、偏微分方程中的弱极小原理、概率论中的特征函数、组合论中的结合方案研究、算子理论中关于无限矩阵的 Hadamard 积等.

定理 1.4 矩阵的 Hadamard 积具有如下一些性质.

（1） $\boldsymbol{A}\circ\boldsymbol{B}=\boldsymbol{B}\circ\boldsymbol{A}$， $k(\boldsymbol{A}\circ\boldsymbol{B})=(k\boldsymbol{A})\circ\boldsymbol{B}=\boldsymbol{A}\circ(k\boldsymbol{B})$.

（2） $\boldsymbol{A}\circ(\boldsymbol{B}+\boldsymbol{C})=\boldsymbol{A}\circ\boldsymbol{B}+\boldsymbol{A}\circ\boldsymbol{C}$， $\boldsymbol{A}\circ(\boldsymbol{B}\circ\boldsymbol{C})=(\boldsymbol{A}\circ\boldsymbol{B})\circ\boldsymbol{C}$.

（3） $(\boldsymbol{A}\circ\boldsymbol{B})^{\mathrm{T}}=\boldsymbol{A}^{\mathrm{T}}\circ\boldsymbol{B}^{\mathrm{T}}$， $(\boldsymbol{A}\circ\boldsymbol{B})^{\mathrm{H}}=\boldsymbol{A}^{\mathrm{H}}\circ\boldsymbol{B}^{\mathrm{H}}$.

（4）若 $\boldsymbol{A}$ 和 $\boldsymbol{B}$ 都是对称矩阵，则 $\boldsymbol{A}\circ\boldsymbol{B}$ 也是对称矩阵；若 $\boldsymbol{A}$ 和 $\boldsymbol{B}$ 都是反对称矩阵，则 $\boldsymbol{A}\circ\boldsymbol{B}$

是对称矩阵；若 $\boldsymbol{A}$ 是对称矩阵、$\boldsymbol{B}$ 是反对称矩阵，则 $\boldsymbol{A}\circ\boldsymbol{B}$ 是反对称矩阵.

（5）设 $\boldsymbol{A},\boldsymbol{B}\in\mathbf{C}^{m\times n}$，又设 $\boldsymbol{D}$ 是 m 阶对角矩阵，而 $\boldsymbol{E}$ 是 n 阶对角矩阵，则

$$\boldsymbol{D}(\boldsymbol{A}\circ\boldsymbol{B})\boldsymbol{E}=(\boldsymbol{DAE})\circ\boldsymbol{B}=(\boldsymbol{DA})\circ(\boldsymbol{BE})=(\boldsymbol{AE})\circ(\boldsymbol{DB})=\boldsymbol{A}\circ(\boldsymbol{DBE})$$

（6）设 $\boldsymbol{A},\boldsymbol{B}\in\mathbf{C}^{m\times n}$，又记 $\boldsymbol{X}=\mathrm{diag}(x_1,x_2,\cdots,x_n)$，$\boldsymbol{x}=(x_1,x_2,\cdots,x_n)^{\mathrm{T}}$，则

$$(\boldsymbol{AXB}^{\mathrm{T}})_{ii}=((\boldsymbol{A}\circ\boldsymbol{B})\boldsymbol{x})_i\quad(i=1,2,\cdots,m)$$

其中，等式左边是矩阵的第 i 个对角线元素，等式右边是向量的第 i 个分量.

（7）设 $\boldsymbol{A},\boldsymbol{B},\boldsymbol{C}\in\mathbf{C}^{m\times n}$，则三重混合积 $(\boldsymbol{A}\circ\boldsymbol{B})\boldsymbol{C}^{\mathrm{T}}$ 与 $(\boldsymbol{A}\circ\boldsymbol{C})\boldsymbol{B}^{\mathrm{T}}$ 对应的对角线元素相同，即

$$((\boldsymbol{A}\circ\boldsymbol{B})\boldsymbol{C}^{\mathrm{T}})_{ii}=((\boldsymbol{A}\circ\boldsymbol{C})\boldsymbol{B}^{\mathrm{T}})_{ii}\quad(i=1,2,\cdots,m)$$

证 以上性质可由定义 1.8 直接证出．例如，性质（6）的证明如下：设 $\boldsymbol{A}=(a_{ij})_{m\times n}$，$\boldsymbol{B}=(b_{ij})_{m\times n}$，则

$$(\boldsymbol{AXB}^{\mathrm{T}})_{ii}=\sum_{j=1}^{n}a_{ij}x_jb_{ij}=\sum_{j=1}^{n}a_{ij}b_{ij}x_j=((\boldsymbol{A}\circ\boldsymbol{B})\boldsymbol{x})_i$$

定理 1.5 设 $\boldsymbol{A},\boldsymbol{B}\in\mathbf{C}^{m\times n}$，则

$$\mathrm{rank}(\boldsymbol{A}\circ\boldsymbol{B})\leqslant\mathrm{rank}(\boldsymbol{A})\mathrm{rank}(\boldsymbol{B})$$

证 设 $\mathrm{rank}(\boldsymbol{A})=r_1$，$\mathrm{rank}(\boldsymbol{B})=r_2$，则存在 m 阶可逆矩阵 $\boldsymbol{X}$ 和 n 阶可逆矩阵 $\boldsymbol{Y}$，使得

$$\boldsymbol{XAY}=\begin{pmatrix}\boldsymbol{I}_{r_1}&\boldsymbol{O}\\\boldsymbol{O}&\boldsymbol{O}\end{pmatrix}$$

记 $\boldsymbol{X}^{-1}=(\boldsymbol{x}_1,\boldsymbol{x}_2,\cdots,\boldsymbol{x}_m)$，$\boldsymbol{Y}^{-1}=(\boldsymbol{y}_1,\boldsymbol{y}_2,\cdots,\boldsymbol{y}_n)^{\mathrm{T}}$，其中，$\boldsymbol{x}_i\in\mathbf{C}^m$，$\boldsymbol{y}_i\in\mathbf{C}^n$．由上式得

$$\boldsymbol{A}=\boldsymbol{X}^{-1}\begin{pmatrix}\boldsymbol{I}_{r_1}&\boldsymbol{O}\\\boldsymbol{O}&\boldsymbol{O}\end{pmatrix}\boldsymbol{Y}^{-1}=\sum_{i=1}^{r_1}\boldsymbol{x}_i\boldsymbol{y}_i^{\mathrm{T}}$$

表明矩阵 $\boldsymbol{A}$ 可以写成 r_1 个秩为 1 的矩阵之和，其每个秩为 1 的矩阵可表示成列向量乘行向量的形式．同理，对于矩阵 $\boldsymbol{B}$，存在 $\boldsymbol{u}_i\in\mathbf{C}^m$ 和 $\boldsymbol{v}_i\in\mathbf{C}^n$，使得 $\boldsymbol{B}=\sum_{j=1}^{r_2}\boldsymbol{u}_j\boldsymbol{v}_j^{\mathrm{T}}$．于是，利用 Hadamard 积的性质（2）、（3）可得

$$\boldsymbol{A}\circ\boldsymbol{B}=(\sum_{i=1}^{r_1}\boldsymbol{x}_i\boldsymbol{y}_i^{\mathrm{T}})\circ(\sum_{j=1}^{r_2}\boldsymbol{u}_j\boldsymbol{v}_j^{\mathrm{T}})=\sum_{i=1}^{r_1}\sum_{j=1}^{r_2}(\boldsymbol{x}_i\circ\boldsymbol{u}_j)(\boldsymbol{y}_i\circ\boldsymbol{v}_j)^{\mathrm{T}}$$

表明 $\boldsymbol{A}\circ\boldsymbol{B}$ 至多是 r_1r_2 个秩为 1 的矩阵之和，因此

$$\mathrm{rank}(\boldsymbol{A}\circ\boldsymbol{B})\leqslant r_1r_2=\mathrm{rank}(\boldsymbol{A})\mathrm{rank}(\boldsymbol{B})$$

Hadamard 积和 Kronecker 积有如下关系.

定理 1.6 设 $\boldsymbol{A},\boldsymbol{B}\in\mathbf{C}^{m\times n}$，则

$$\boldsymbol{A}\circ\boldsymbol{B}=(\boldsymbol{A}\otimes\boldsymbol{B})\left[1,m+2,2m+3,\cdots,m^2\mid 1,n+2,2n+3,\cdots,n^2\right]$$

其中，$(\boldsymbol{A}\otimes\boldsymbol{B})\left[1,m+2,2m+3,\cdots,m^2\mid 1,n+2,2n+3,\cdots,n^2\right]$ 表示取矩阵 $\boldsymbol{A}\otimes\boldsymbol{B}$ 的第 $1,m+2,2m+3,\cdots,m^2$ 行和第 $1,n+2,2n+3,\cdots,n^2$ 列构成的子矩阵，即 $\boldsymbol{A}\circ\boldsymbol{B}$ 是 $\boldsymbol{A}\otimes\boldsymbol{B}$ 的一个子矩阵．特别地，当 $m=n$ 时，$\boldsymbol{A}\circ\boldsymbol{B}$ 是 $\boldsymbol{A}\otimes\boldsymbol{B}$ 的一个主子矩阵.

证 检验 $\boldsymbol{A}\otimes\boldsymbol{B}$ 的相应子矩阵的元素即得此结论.

1.4 矩阵的特征值与特征向量

工程技术中的一些问题，如振动问题和稳定性问题常可归结为求一个矩阵的特征值与特征向量．本节主要介绍矩阵的特征值与特征向量的概念、求法及基本性质．

定义 1.9　设 $\boldsymbol{A}\in\mathbf{C}^{n\times n}$，若 $\lambda\in\mathbf{C}$ 和非零向量 $\boldsymbol{x}\in\mathbf{C}^n$ 使得

$$\boldsymbol{Ax}=\lambda\boldsymbol{x} \tag{1.5}$$

成立，则称 λ 为 $\boldsymbol{A}$ 的特征值，$\boldsymbol{x}$ 为 $\boldsymbol{A}$ 的属于（或对应）特征值 λ 的特征向量．

将式（1.5）改写为

$$(\lambda\boldsymbol{E}-\boldsymbol{A})\boldsymbol{x}=\boldsymbol{0}$$

这是含有 n 个未知数的 n 个方程的齐次线性方程组，它有非零解的充要条件是系数行列式 $\det(\lambda\boldsymbol{E}-\boldsymbol{A})=0$，即

$$\det(\lambda\boldsymbol{E}-\boldsymbol{A})=\begin{vmatrix}\lambda-a_{11} & -a_{12} & \cdots & -a_{1n}\\ -a_{21} & \lambda-a_{22} & \cdots & -a_{2n}\\ \vdots & \vdots & & \vdots\\ -a_{n1} & -a_{n2} & \cdots & \lambda-a_{nn}\end{vmatrix}=0$$

这是以 λ 为未知数的一元 n 次方程，其最高次项 λ^n 的系数为 1（称为首一的）．

定义 1.10　设 $\boldsymbol{A}\in\mathbf{C}^{n\times n}$，称 $\lambda\boldsymbol{E}-\boldsymbol{A}$ 为 $\boldsymbol{A}$ 的特征矩阵，$\det(\lambda\boldsymbol{E}-\boldsymbol{A})$ 为 $\boldsymbol{A}$ 的特征多项式，$\det(\lambda\boldsymbol{E}-\boldsymbol{A})=0$ 为 $\boldsymbol{A}$ 的特征方程．

显然，$\boldsymbol{A}$ 的特征值就是特征方程的根．由代数学的知识可知，特征方程在复数范围内恒有解，其个数为方程的次数（重根按重数计算），因此 n 阶矩阵 $\boldsymbol{A}$ 在复数范围内有 n 个特征值．计算 n 阶矩阵 $\boldsymbol{A}$ 的特征值与特征向量可按如下步骤进行．

第一步：求特征方程 $\det(\lambda\boldsymbol{E}-\boldsymbol{A})=0$ 的 n 个根 $\lambda_1,\lambda_2,\cdots,\lambda_n$，即 $\boldsymbol{A}$ 的全部特征值．

第二步：求解齐次方程组 $(\lambda_i\boldsymbol{E}-\boldsymbol{A})\boldsymbol{x}=\boldsymbol{0}$，其非零解向量即 $\boldsymbol{A}$ 的属于特征值 λ_i 的特征向量．

例 1.7　求下列矩阵的特征值与特征向量．

（1）$\boldsymbol{A}=\begin{pmatrix}-1 & 1 & 0\\ -4 & 3 & 0\\ 2 & 0 & 3\end{pmatrix}$　　（2）$\boldsymbol{A}=\begin{pmatrix}1 & -2 & 2\\ -2 & -2 & 4\\ 2 & 4 & -2\end{pmatrix}$

解　（1）$\boldsymbol{A}$ 的特征多项式为

$$\det(\lambda\boldsymbol{E}-\boldsymbol{A})=\begin{vmatrix}\lambda+1 & -1 & 0\\ 4 & \lambda-3 & 0\\ -2 & 0 & \lambda-3\end{vmatrix}=(\lambda-3)(\lambda-1)^2$$

因此 $\boldsymbol{A}$ 的特征值为 $\lambda_1=3$，$\lambda_2=\lambda_3=1$．

当 $\lambda_1=3$ 时，解方程组 $(3\boldsymbol{E}-\boldsymbol{A})\boldsymbol{x}=\boldsymbol{0}$．由

$$3\boldsymbol{E}-\boldsymbol{A}=\begin{pmatrix}4 & -1 & 0\\ 4 & 0 & 0\\ -2 & 0 & 0\end{pmatrix}\sim\begin{pmatrix}0 & 1 & 0\\ 1 & 0 & 0\\ 0 & 0 & 0\end{pmatrix}$$

得基础解系 $\boldsymbol{p}_1=(0,0,1)^{\mathrm{T}}$，因此属于特征值 $\lambda_1=3$ 的全部特征向量为 $k_1\boldsymbol{p}_1$（k_1 为不等于零的任意常数）.

当 $\lambda_2=\lambda_3=1$ 时，解方程组 $(\boldsymbol{E}-\boldsymbol{A})\boldsymbol{x}=\boldsymbol{0}$．由

$$\boldsymbol{E}-\boldsymbol{A}=\begin{pmatrix}2&-1&0\\4&-2&0\\-2&0&-2\end{pmatrix}\sim\begin{pmatrix}1&0&1\\0&1&2\\0&0&0\end{pmatrix}$$

得基础解系 $\boldsymbol{p}_2=(1,2,-1)^{\mathrm{T}}$，因此属于特征值 $\lambda_2=\lambda_3=1$ 的全部特征向量为 $k_2\boldsymbol{p}_2$（k_2 为不等于零的任意常数）.

（2）$\boldsymbol{A}$ 的特征多项式为

$$\det(\lambda\boldsymbol{E}-\boldsymbol{A})=\begin{vmatrix}\lambda-1&2&-2\\2&\lambda+2&-4\\-2&-4&\lambda+2\end{vmatrix}=(\lambda+7)(\lambda-2)^2$$

因此 $\boldsymbol{A}$ 的特征值为 $\lambda_1=-7$，$\lambda_2=\lambda_3=2$.

当 $\lambda_1=-7$ 时，解方程组 $(7\boldsymbol{E}+\boldsymbol{A})\boldsymbol{x}=\boldsymbol{0}$．由

$$7\boldsymbol{E}+\boldsymbol{A}=\begin{pmatrix}8&-2&2\\-2&5&4\\2&4&5\end{pmatrix}\sim\begin{pmatrix}1&0&\dfrac{1}{2}\\0&1&1\\0&0&0\end{pmatrix}$$

得基础解系 $\boldsymbol{p}_1=(1,2,-2)^{\mathrm{T}}$，因此属于特征值 $\lambda_1=-7$ 的全部特征向量为 $k_1\boldsymbol{p}_1$（k_1 为不等于零的任意常数）.

当 $\lambda_2=\lambda_3=2$ 时，解方程组 $(2\boldsymbol{E}-\boldsymbol{A})\boldsymbol{x}=\boldsymbol{0}$．由

$$2\boldsymbol{E}-\boldsymbol{A}=\begin{pmatrix}1&2&-2\\2&4&-4\\-2&-4&4\end{pmatrix}\sim\begin{pmatrix}1&2&-2\\0&0&0\\0&0&0\end{pmatrix}$$

得基础解系 $\boldsymbol{p}_2=(-2,1,0)^{\mathrm{T}}$，$\boldsymbol{p}_3=(2,0,1)^{\mathrm{T}}$，因此属于特征值 $\lambda_2=\lambda_3=2$ 的全部特征向量为 $k_2\boldsymbol{p}_2+k_3\boldsymbol{p}_3$（$k_2$和$k_3$不同时为零）.

定义 1.11　设 $\boldsymbol{A}\in\mathbf{C}^{n\times n}$，$\det(\lambda\boldsymbol{E}-\boldsymbol{A})=(\lambda-\lambda_1)^{n_1}(\lambda-\lambda_2)^{n_2}\cdots(\lambda-\lambda_t)^{n_t}$（$\lambda_1,\lambda_2,\cdots,\lambda_t$ 互不相同，且 $\sum\limits_{i=1}^{t}n_i=n$），称 n_i 为 λ_i 的代数重数，对应 λ_i 的线性无关的特征向量个数 $s_i=n-\operatorname{rank}(\lambda_i\boldsymbol{E}-\boldsymbol{A})$ 为 λ_i 的几何重数.

例如，对于例 1.7 中的第一个矩阵 $\boldsymbol{A}$，特征值 1 的代数重数是 2，几何重数是 1；对于第二个矩阵 $\boldsymbol{A}$，特征值 2 的代数重数是 2，几何重数是 2.

定理 1.7　设 λ_i 是 $\boldsymbol{A}\in\mathbf{C}^{n\times n}$ 的特征值，则其代数重数 n_i 与几何重数 s_i 满足 $1\leqslant s_i\leqslant n_i$.

证　设属于特征值 λ_i 的线性无关的特征向量为 $\boldsymbol{\alpha}_1,\boldsymbol{\alpha}_2,\cdots,\boldsymbol{\alpha}_{s_i}$（显然 $s_i\geqslant1$），由基的扩充定理可找到 $n-s_i$ 个向量 $\boldsymbol{\alpha}_{s_i+1},\boldsymbol{\alpha}_{s_i+2},\cdots,\boldsymbol{\alpha}_n$，使 $\boldsymbol{\alpha}_1,\boldsymbol{\alpha}_2,\cdots,\boldsymbol{\alpha}_n$ 线性无关．令 $\boldsymbol{P}=(\boldsymbol{\alpha}_1,\boldsymbol{\alpha}_2,\cdots,\boldsymbol{\alpha}_n)$，则 $\boldsymbol{P}$

是可逆矩阵，且

$$\begin{cases} A\alpha_1 = \lambda_i\alpha_1 \\ \quad\vdots \\ A\alpha_{s_i} = \lambda_i\alpha_{s_i} \\ A\alpha_{s_i+1} = k_{1s_i}\alpha_1 + k_{2s_i}\alpha_2 + \cdots + k_{ns_i}\alpha_n \\ \quad\vdots \\ A\alpha_{n-1} = k_{1n-1}\alpha_1 + k_{2n-1}\alpha_2 + \cdots + k_{nn-1}\alpha_n \end{cases}$$

即

$$A(\alpha_1,\alpha_2,\cdots,\alpha_n) = (\alpha_1,\alpha_2,\cdots,\alpha_n)\left(\begin{array}{ccc|c} \lambda_i & & & \\ & \ddots & & \times \\ & & \lambda_i & \\ \hline & O & & \times \end{array}\right)$$

$$P^{-1}AP = \left(\begin{array}{c|c} \lambda_i I_{s_i} & \times \\ \hline O & \times \end{array}\right)$$

从而， $\det(\lambda E - A) = \det(\lambda E - P^{-1}AP) = (\lambda - \lambda_i)^{s_i}\cdots$， 故 $s_i \leqslant n_i$.

定义 1.12 设 $f(\lambda)$ 是 λ 的多项式：

$$f(\lambda) = a_s\lambda^s + a_{s-1}\lambda^{s-1} + \cdots + a_1\lambda + a_0$$

对于 $A \in \mathbf{C}^{n\times n}$， 规定

$$f(A) = a_sA^s + a_{s-1}A^{s-1} + \cdots + a_1A + a_0E$$

称 $f(A)$ 为矩阵 A 的多项式.

定理 1.8 设 $A \in \mathbf{C}^{n\times n}$， A 的 n 个特征值为 $\lambda_1,\lambda_2,\cdots,\lambda_n$， 对应的特征向量为 $x_1,x_2,\cdots,x_n$； 又设 $f(\lambda)$ 为一多项式，则 $f(A)$ 的特征值为 $f(\lambda_1),f(\lambda_2),\cdots,f(\lambda_n)$， 对应的特征向量仍为 $x_1,x_2,\cdots,x_n$. 如果 $f(A) = O$， 则 A 的任意一个特征值 λ_i 满足 $f(\lambda_i) = 0$.

证　因为 $Ax_i = \lambda_i x_i$ （$i = 1,2,\cdots,n$），所以，对于正整数 k， 有

$$A^k x_i = A^{k-1}(Ax_i) = \lambda_i A^{k-1}x_i = \cdots = \lambda_i^k x_i$$

故

$$\begin{aligned} f(A)x_i &= (a_sA^s + a_{s-1}A^{s-1} + \cdots + a_1A + a_0E)x_i \\ &= a_sA^s x_i + a_{s-1}A^{s-1}x_i + \cdots + a_1Ax_i + a_0x_i \\ &= (a_s\lambda_i^s + a_{s-1}\lambda_i^{s-1} + \cdots + a_1\lambda_i + a_0)x_i = f(\lambda)x_i \end{aligned}$$

当 $f(A) = O$ 时， $0 = f(A)x_i = f(\lambda)x_i$. 由 $x_i \neq 0$ 可知 $f(\lambda_i) = 0$.

定理 1.9　设 $\lambda_1,\lambda_2,\cdots,\lambda_t$ 是方阵 A 的互不相同的 t 个特征值， $x_1,x_2,\cdots,x_t$ 是分别与之对应的特征向量，则 $x_1,x_2,\cdots,x_t$ 线性无关.

证　利用数学归纳法来证明. 当 $t = 1$ 时， 由于 $x_1 \neq 0$， 因此 x_1 线性无关，即定理成立.

假设对于 $t-1$ 个互不相同的特征值定理成立，下面证明对于 t 个互不相同的特征值定理也成立. 为此，设有常数 $k_1,k_2,\cdots,k_t$， 使

$$k_1x_1 + k_2x_2 + \cdots + k_tx_t = 0$$

用 A 左乘上式，得

$$k_1Ax_1 + k_2Ax_2 + \cdots + k_tAx_t = 0$$

即

$$k_1\lambda_1\boldsymbol{x}_1 + k_2\lambda_2\boldsymbol{x}_2 + \cdots + k_t\lambda_t\boldsymbol{x}_t = \boldsymbol{0}$$

从上面两个等式中消去 $\boldsymbol{x}_t$，得

$$k_1(\lambda_1 - \lambda_t)\boldsymbol{x}_1 + k_2(\lambda_2 - \lambda_t)\boldsymbol{x}_2 + \cdots + k_{t-1}(\lambda_{t-1} - \lambda_t)\boldsymbol{x}_{t-1} = \boldsymbol{0}$$

由假设可知 $\boldsymbol{x}_1,\boldsymbol{x}_2,\cdots,\boldsymbol{x}_{t-1}$ 线性无关，故

$$k_1(\lambda_1 - \lambda_t) = k_2(\lambda_2 - \lambda_t) = \cdots = k_{t-1}(\lambda_{t-1} - \lambda_t) = 0$$

而 $\lambda_1,\lambda_2,\cdots,\lambda_t$ 互不相同，即 $(\lambda_i - \lambda_t) \neq 0$（$i = 1,2,\cdots,t-1$），故 $k_1 = k_2 = \cdots = k_{t-1} = 0$，进而可得 $k_t = 0$．因此 $\boldsymbol{x}_1,\boldsymbol{x}_2,\cdots,\boldsymbol{x}_t$ 线性无关.

定理 1.9 还可以推广为定理 1.10，其证明类似定理 1.9，这里略去.

定理 1.10 设 $\lambda_1,\lambda_2,\cdots,\lambda_t$ 是方阵 $\boldsymbol{A}$ 的互不相同的 t 个特征值，$\boldsymbol{x}_{i1},\boldsymbol{x}_{i2},\cdots,\boldsymbol{x}_{is_i}$ 是对应特征值 $\lambda_i(i=1,2,\cdots,t)$ 的线性无关的特征向量，那么向量组

$$\boldsymbol{x}_{11},\boldsymbol{x}_{12},\cdots,\boldsymbol{x}_{1s_1},\boldsymbol{x}_{21},\boldsymbol{x}_{22},\cdots,\boldsymbol{x}_{2s_2},\cdots,\boldsymbol{x}_{t1},\boldsymbol{x}_{t2},\cdots,\boldsymbol{x}_{ts_t}$$

也线性无关.

定理 1.11 设 n 阶方阵 $\boldsymbol{A} = (a_{ij})_{n\times n}$ 的特征值为 $\lambda_1,\lambda_2,\cdots,\lambda_n$，则有以下结论.

（1）$\sum_{i=1}^{n}\lambda_i = \sum_{i=1}^{n}a_{ii}$ （$\sum_{i=1}^{n}a_{ii}$ 称为矩阵 $\boldsymbol{A}$ 的迹，简记为 $\mathrm{tr}(\boldsymbol{A})$）.

（2）$\det\boldsymbol{A} = \lambda_1\lambda_2\cdots\lambda_n$.

（3）$\boldsymbol{A}^{\mathrm{T}}$ 的特征值是 $\lambda_1,\lambda_2,\cdots,\lambda_n$，$\boldsymbol{A}^{\mathrm{H}} = (\overline{a}_{ji})_{n\times n}$ 的特征值是 $\overline{\lambda}_1,\overline{\lambda}_2,\cdots,\overline{\lambda}_n$.

（4）方阵 $\boldsymbol{A}$ 可逆当且仅当它的特征值全不为 0.

此定理的证明要用到 n 次多项式的根与系数的关系，这里略去.

定理 1.12 设 $\boldsymbol{A},\boldsymbol{B} \in \mathbf{C}^{n\times n}$，则 $\mathrm{tr}(\boldsymbol{AB}) = \mathrm{tr}(\boldsymbol{BA})$.

证 设 $\boldsymbol{A} = (a_{ij})_{n\times n}$，$\boldsymbol{B} = (b_{ij})_{n\times n}$，则 $\boldsymbol{AB}$ 的对角线元素为 $\sum_{k=1}^{n}a_{ik}b_{ki}$（$i=1,2,\cdots,n$），而 $\boldsymbol{BA}$ 的对角线元素为 $\sum_{i=1}^{n}b_{ki}a_{ik}$（$k=1,2,\cdots,n$），于是

$$\mathrm{tr}(\boldsymbol{AB}) = \sum_{i=1}^{n}(\sum_{k=1}^{n}a_{ik}b_{ki}) = \sum_{k=1}^{n}(\sum_{i=1}^{n}b_{ki}a_{ik}) = \mathrm{tr}(\boldsymbol{BA})$$

1.5 矩阵可对角化的条件

1.5.1 相似对角化

定义 1.13 设 $\boldsymbol{A},\boldsymbol{B} \in \mathbf{C}^{n\times n}$，若有可逆矩阵 $\boldsymbol{P}$，使得 $\boldsymbol{P}^{-1}\boldsymbol{AP} = \boldsymbol{B}$，则称矩阵 $\boldsymbol{A}$ 和 $\boldsymbol{B}$ 相似，记为 $\boldsymbol{A} \sim \boldsymbol{B}$；矩阵变换 $\boldsymbol{B} = \boldsymbol{P}^{-1}\boldsymbol{AP}$ 称为相似变换，$\boldsymbol{P}$ 称为把 $\boldsymbol{A}$ 变成 $\boldsymbol{B}$ 的相似变换矩阵．特别地，若矩阵 $\boldsymbol{A}$ 和对角矩阵相似，则称 $\boldsymbol{A}$ 是可（相似）对角化的，也称 $\boldsymbol{A}$ 是单纯矩阵.

相似是矩阵之间一种重要的关系．相似矩阵具有定理 1.13 中陈述的性质.

定理 1.13 设 $\boldsymbol{A},\boldsymbol{B},\boldsymbol{C} \in \mathbf{C}^{n\times n}$，$f(\lambda)$ 是一个多项式.

（1）自反性：$\boldsymbol{A} \sim \boldsymbol{A}$.

（2）对称性：若 $\boldsymbol{A} \sim \boldsymbol{B}$，则 $\boldsymbol{B} \sim \boldsymbol{A}$.

（3）传递性：若 $\boldsymbol{A} \sim \boldsymbol{B}$，$\boldsymbol{B} \sim \boldsymbol{C}$，则 $\boldsymbol{A} \sim \boldsymbol{C}$.

（4）若 $\boldsymbol{A}\sim\boldsymbol{B}$，则 $\operatorname{rank}(\boldsymbol{A})=\operatorname{rank}(\boldsymbol{B})$.

（5）若 $\boldsymbol{A}\sim\boldsymbol{B}$，则 $f(\boldsymbol{A})\sim f(\boldsymbol{B})$.

（6）若 $\boldsymbol{A}\sim\boldsymbol{B}$，则 $\det(\lambda\boldsymbol{E}-\boldsymbol{A})=\det(\lambda\boldsymbol{E}-\boldsymbol{B})$，即 $\boldsymbol{A}$ 与 $\boldsymbol{B}$ 的特征多项式相同，从而其特征值相同.

（7）若 $\boldsymbol{A}\sim\boldsymbol{B}$，则 $\det\boldsymbol{A}=\det\boldsymbol{B}$， $\operatorname{tr}(\boldsymbol{A})=\operatorname{tr}(\boldsymbol{B})$.

证　这里只证明性质（5）、（6）. 设 $f(\lambda)=a_s\lambda^s+a_{s-1}\lambda^{s-1}+\cdots+a_1\lambda+a_0$. 因为 $\boldsymbol{A}\sim\boldsymbol{B}$，所以存在可逆矩阵 $\boldsymbol{P}$，使得 $\boldsymbol{P}^{-1}\boldsymbol{A}\boldsymbol{P}=\boldsymbol{B}$. 于是

$$\begin{aligned}f(\boldsymbol{B})&=a_s\boldsymbol{B}^s+a_{s-1}\boldsymbol{B}^{s-1}+\cdots+a_1\boldsymbol{B}+a_0\boldsymbol{E}\\&=a_s(\boldsymbol{P}^{-1}\boldsymbol{A}\boldsymbol{P})^s+a_{s-1}(\boldsymbol{P}^{-1}\boldsymbol{A}\boldsymbol{P})^{s-1}+\cdots+a_1(\boldsymbol{P}^{-1}\boldsymbol{A}\boldsymbol{P})+a_0\boldsymbol{E}\\&=\boldsymbol{P}^{-1}(a_s\boldsymbol{A}^s+a_{s-1}\boldsymbol{A}^{s-1}+\cdots+a_1\boldsymbol{A}+a_0\boldsymbol{E})\boldsymbol{P}=\boldsymbol{P}^{-1}f(\boldsymbol{A})\boldsymbol{P}\end{aligned}$$

从而， $f(\boldsymbol{A})\sim f(\boldsymbol{B})$. 又有

$$\det(\lambda\boldsymbol{E}-\boldsymbol{B})=\det(\lambda\boldsymbol{E}-\boldsymbol{P}^{-1}\boldsymbol{A}\boldsymbol{P})=\det(\boldsymbol{P}^{-1}(\lambda\boldsymbol{E}-\boldsymbol{A})\boldsymbol{P})=\det(\lambda\boldsymbol{E}-\boldsymbol{A})$$

对角矩阵是较简单的矩阵之一，计算它的乘积、幂、逆矩阵和特征值等都比较方便. 现在的问题是方阵 $\boldsymbol{A}$ 能否相似于一个对角矩阵.

定理 1.14　设 $\boldsymbol{A}\in\mathbf{C}^{n\times n}$，则 $\boldsymbol{A}$ 可对角化的充要条件是 $\boldsymbol{A}$ 有 n 个线性无关的特征向量.

证　设存在可逆矩阵 $\boldsymbol{P}$ 和 n 阶对角矩阵 $\boldsymbol{\varLambda}=\operatorname{diag}(\lambda_1,\lambda_2,\cdots,\lambda_n)$，使得

$$\boldsymbol{P}^{-1}\boldsymbol{A}\boldsymbol{P}=\boldsymbol{\varLambda}=\begin{pmatrix}\lambda_1&&&\\&\lambda_2&&\\&&\ddots&\\&&&\lambda_n\end{pmatrix}$$

则有 $\boldsymbol{A}\boldsymbol{P}=\boldsymbol{P}\boldsymbol{\varLambda}$. 将矩阵 $\boldsymbol{P}$ 按列分块为 $\boldsymbol{P}=(\boldsymbol{\alpha}_1,\boldsymbol{\alpha}_2,\cdots,\boldsymbol{\alpha}_n)$，则 $\boldsymbol{A}\boldsymbol{P}=\boldsymbol{P}\boldsymbol{\varLambda}$ 可写为

$$\boldsymbol{A}(\boldsymbol{\alpha}_1,\boldsymbol{\alpha}_2,\cdots,\boldsymbol{\alpha}_n)=(\boldsymbol{\alpha}_1,\boldsymbol{\alpha}_2,\cdots,\boldsymbol{\alpha}_n)\begin{pmatrix}\lambda_1&&&\\&\lambda_2&&\\&&\ddots&\\&&&\lambda_n\end{pmatrix}$$

即

$$(\boldsymbol{A}\boldsymbol{\alpha}_1,\boldsymbol{A}\boldsymbol{\alpha}_2,\cdots,\boldsymbol{A}\boldsymbol{\alpha}_n)=(\lambda_1\boldsymbol{\alpha}_1,\lambda_2\boldsymbol{\alpha}_2,\cdots,\lambda_n\boldsymbol{\alpha}_n)$$

于是 $\boldsymbol{A}\boldsymbol{\alpha}_i=\lambda_i\boldsymbol{\alpha}_i$（$i=1,2,\cdots,n$）. 说明 $\boldsymbol{A}$ 有 n 个线性无关的特征向量，即 $\boldsymbol{P}$ 的 n 个列向量.

反之，若 $\boldsymbol{A}$ 有 n 个线性无关的特征向量 $\boldsymbol{\alpha}_1,\boldsymbol{\alpha}_2,\cdots,\boldsymbol{\alpha}_n$，对应的特征值分别是 $\lambda_1,\lambda_2,\cdots,\lambda_n$，则 $\boldsymbol{A}\boldsymbol{\alpha}_i=\lambda_i\boldsymbol{\alpha}_i$（$i=1,2,\cdots,n$）. 记 $\boldsymbol{P}=(\boldsymbol{\alpha}_1,\boldsymbol{\alpha}_2,\cdots,\boldsymbol{\alpha}_n)$， $\boldsymbol{P}$ 可逆，并且

$$\begin{aligned}\boldsymbol{A}\boldsymbol{P}&=\boldsymbol{A}(\boldsymbol{\alpha}_1,\boldsymbol{\alpha}_2,\cdots,\boldsymbol{\alpha}_n)=(\boldsymbol{A}\boldsymbol{\alpha}_1,\boldsymbol{A}\boldsymbol{\alpha}_2,\cdots,\boldsymbol{A}\boldsymbol{\alpha}_n)=(\lambda_1\boldsymbol{\alpha}_1,\lambda_2\boldsymbol{\alpha}_2,\cdots,\lambda_n\boldsymbol{\alpha}_n)\\&=(\boldsymbol{\alpha}_1,\boldsymbol{\alpha}_2,\cdots,\boldsymbol{\alpha}_n)\begin{pmatrix}\lambda_1&&&\\&\lambda_2&&\\&&\ddots&\\&&&\lambda_n\end{pmatrix}\\&=\boldsymbol{P}\begin{pmatrix}\lambda_1&&&\\&\lambda_2&&\\&&\ddots&\\&&&\lambda_n\end{pmatrix}\end{aligned}$$

即有 $P^{-1}AP=\begin{pmatrix}\lambda_1 & & & \\ & \lambda_2 & & \\ & & \ddots & \\ & & & \lambda_n\end{pmatrix}$. 故矩阵 A 可对角化.

推论 1.1 如果 n 阶方阵 A 的 n 个特征值互不相同，则 A 可以对角化.

定理 1.15 n 阶方阵 A 可对角化的充要条件是 A 的每个互不相同的特征值的代数重数与几何重数相等.

证 设 A 的所有不同的特征值为 $\lambda_1,\lambda_2,\cdots,\lambda_t$，其代数重数分别是 $n_1,n_2,\cdots,n_t$（$\sum\limits_{i=1}^{t}n_i=n$）.

充分性：假设 λ_i 的代数重数 n_i 等于它的几何重数. 由定理 1.10 可知，把属于 λ_i 的线性无关的特征向量合并后仍是线性无关的，共有 $\sum\limits_{i=1}^{t}n_i=n$ 个；又由定理 1.14 可知，A 可以对角化.

必要性：设 A 可对角化，即存在可逆矩阵 P，使得

$$P^{-1}AP=\mathrm{diag}(\underbrace{\lambda_1,\cdots,\lambda_1}_{n_1},\underbrace{\lambda_2,\cdots,\lambda_2}_{n_2},\cdots,\underbrace{\lambda_t,\cdots,\lambda_t}_{n_t})$$

从而有

$$\begin{aligned}P^{-1}(\lambda_1E-A)P&=\lambda_1E-P^{-1}AP\\&=\mathrm{diag}(0,\cdots,0,\lambda_1-\lambda_2,\cdots,\lambda_1-\lambda_2,\cdots,\lambda_1-\lambda_t,\cdots,\lambda_1-\lambda_t)\end{aligned}$$

上面的对角矩阵的后 $n-n_1$ 个对角线元素非零，因此 $\mathrm{rank}(\lambda_1E-A)=n-n_1$. 故

$$n_1=n-\mathrm{rank}(\lambda_1E-A)=s_1$$

同理，可证 $n_i=n-\mathrm{rank}(\lambda_iE-A)=s_i$（$i=2,3,\cdots,t$）.

例 1.8 判断下列矩阵可否对角化，若可以对角化，求其相似变换矩阵和对角矩阵.

（1）$A=\begin{pmatrix}0 & 1 & 0\\ 0 & 0 & 1\\ -6 & -11 & -6\end{pmatrix}$　（2）$A=\begin{pmatrix}1 & 2 & 2\\ 2 & 1 & 2\\ 2 & 2 & 1\end{pmatrix}$　（3）$A=\begin{pmatrix}3 & 1 & 0\\ -4 & -1 & 0\\ 4 & -8 & -2\end{pmatrix}$

解（1）矩阵 A 的特征多项式为

$$\det(\lambda E-A)=\begin{vmatrix}\lambda & -1 & 0\\ 0 & \lambda & -1\\ 6 & 11 & \lambda+6\end{vmatrix}=(\lambda+1)(\lambda+2)(\lambda+3)$$

因此 A 有 3 个互异特征值，A 可对角化. 可求得对应特征值 $\lambda_1=-1$，$\lambda_2=-2$，$\lambda_3=-3$ 的特征向量分别为

$$p_1=\begin{pmatrix}1\\ -1\\ 1\end{pmatrix},\quad p_2=\begin{pmatrix}1\\ -2\\ 4\end{pmatrix},\quad p_3=\begin{pmatrix}1\\ -3\\ 9\end{pmatrix}$$

故相似变换矩阵 $P=\begin{pmatrix}1 & 1 & 1\\ -1 & -2 & -3\\ 1 & 4 & 9\end{pmatrix}$，对角矩阵 $\Lambda=\begin{pmatrix}-1 & 0 & 0\\ 0 & -2 & 0\\ 0 & 0 & -3\end{pmatrix}$，使得 $P^{-1}AP=\Lambda$.

（2）矩阵 $\boldsymbol{A}$ 的特征多项式为

$$\det(\lambda \boldsymbol{E}-\boldsymbol{A})=\begin{vmatrix} \lambda-1 & -2 & -2 \\ -2 & \lambda-1 & -2 \\ -2 & -2 & \lambda-1 \end{vmatrix}=(\lambda+1)^2(\lambda-5)$$

可求得对应特征值 $\lambda_1=\lambda_2=-1$ 的两个线性无关的特征向量 $\boldsymbol{p}_1$和$\boldsymbol{p}_2$，以及对应特征值 $\lambda_3=5$ 的特征向量 $\boldsymbol{p}_3$ 分别为

$$\boldsymbol{p}_1=\begin{pmatrix} 1 \\ 0 \\ -1 \end{pmatrix},\quad \boldsymbol{p}_2=\begin{pmatrix} 0 \\ 1 \\ -1 \end{pmatrix},\quad \boldsymbol{p}_3=\begin{pmatrix} 1 \\ 1 \\ 1 \end{pmatrix}$$

故 $\boldsymbol{A}$ 可对角化，相似变换矩阵 $\boldsymbol{P}=\begin{pmatrix} 1 & 0 & 1 \\ 0 & 1 & 1 \\ -1 & -1 & 1 \end{pmatrix}$，对角矩阵 $\boldsymbol{\Lambda}=\begin{pmatrix} -1 & 0 & 0 \\ 0 & -1 & 0 \\ 0 & 0 & 5 \end{pmatrix}$，使得 $\boldsymbol{P}^{-1}\boldsymbol{A}\boldsymbol{P}=\boldsymbol{\Lambda}$.

（3）矩阵 $\boldsymbol{A}$ 的特征多项式为

$$\det(\lambda \boldsymbol{E}-\boldsymbol{A})=\begin{vmatrix} \lambda-3 & -1 & 0 \\ 4 & \lambda+1 & 0 \\ -4 & 8 & \lambda+2 \end{vmatrix}=(\lambda-1)^2(\lambda+2)$$

因此特征值是 $\lambda_1=\lambda_2=1$，$\lambda_3=-2$．对于二重特征值 $\lambda_1=\lambda_2=1$，由

$$\text{rank}(\boldsymbol{E}-\boldsymbol{A})=\text{rank}\begin{pmatrix} -2 & -1 & 0 \\ 4 & 2 & 0 \\ -4 & 8 & 3 \end{pmatrix}=2$$

可知其几何重数为 1，显然与代数重数不相等，故 $\boldsymbol{A}$ 不可对角化.

例 1.9　设 $\boldsymbol{A}=\begin{pmatrix} 1 & 2 & 2 \\ 2 & 1 & 2 \\ 2 & 2 & 1 \end{pmatrix}$，求 $\boldsymbol{A}^{100}$.

解　由例 1.8 已求得 $\boldsymbol{P}^{-1}\boldsymbol{A}\boldsymbol{P}=\boldsymbol{\Lambda}$，其中 $\boldsymbol{P}=\begin{pmatrix} 1 & 0 & 1 \\ 0 & 1 & 1 \\ -1 & -1 & 1 \end{pmatrix}$，$\boldsymbol{\Lambda}=\begin{pmatrix} -1 & 0 & 0 \\ 0 & -1 & 0 \\ 0 & 0 & 5 \end{pmatrix}$，于是

$$\begin{aligned}\boldsymbol{A}^{100}&=(\boldsymbol{P}\boldsymbol{\Lambda}\boldsymbol{P}^{-1})^{100}=\boldsymbol{P}\boldsymbol{\Lambda}^{100}\boldsymbol{P}^{-1}\\ &=\begin{pmatrix} 1 & 0 & 1 \\ 0 & 1 & 1 \\ -1 & -1 & 1 \end{pmatrix}\begin{pmatrix} (-1)^{100} & 0 & 0 \\ 0 & (-1)^{100} & 0 \\ 0 & 0 & 5^{100} \end{pmatrix}\times\frac{1}{3}\begin{pmatrix} 2 & -1 & -1 \\ -1 & 2 & -1 \\ 1 & 1 & 1 \end{pmatrix}\\ &=\frac{1}{3}\begin{pmatrix} 2+5^{100} & -1+5^{100} & -1+5^{100} \\ -1+5^{100} & 2+5^{100} & -1+5^{100} \\ -1+5^{100} & -1+5^{100} & 2+5^{100} \end{pmatrix}\end{aligned}$$

例 1.10　求解以下一阶线性常系数微分方程组：

$$\begin{cases} x_1'(t) = x_2 \\ x_2'(t) = x_3 \\ x_3'(t) = -6x_1 - 11x_2 - 6x_3 \end{cases}$$

解 将微分方程组改写成以下向量形式:

$$\frac{\mathrm{d}\boldsymbol{x}}{\mathrm{d}t} = \boldsymbol{A}\boldsymbol{x}$$

其中

$$\boldsymbol{x} = \begin{pmatrix} x_1(t) \\ x_2(t) \\ x_3(t) \end{pmatrix}, \quad \frac{\mathrm{d}\boldsymbol{x}}{\mathrm{d}t} = \begin{pmatrix} x_1'(t) \\ x_2'(t) \\ x_3'(t) \end{pmatrix}, \quad \boldsymbol{A} = \begin{pmatrix} 0 & 1 & 0 \\ 0 & 0 & 1 \\ -6 & -11 & -6 \end{pmatrix}$$

对于矩阵 $\boldsymbol{A}$，由例 1.8 可知

$$\boldsymbol{P}^{-1}\boldsymbol{A}\boldsymbol{P} = \boldsymbol{\Lambda}$$

其中

$$\boldsymbol{P} = \begin{pmatrix} 1 & 1 & 1 \\ -1 & -2 & -3 \\ 1 & 4 & 9 \end{pmatrix}, \quad \boldsymbol{\Lambda} = \begin{pmatrix} -1 & 0 & 0 \\ 0 & -2 & 0 \\ 0 & 0 & -3 \end{pmatrix}$$

令 $\boldsymbol{x} = \boldsymbol{P}\boldsymbol{y}$，其中 $\boldsymbol{y} = \begin{pmatrix} y_1 \\ y_2 \\ y_3 \end{pmatrix}$. 于是

$$\frac{\mathrm{d}\boldsymbol{y}}{\mathrm{d}t} = \boldsymbol{P}^{-1}\frac{\mathrm{d}\boldsymbol{x}}{\mathrm{d}t} = \boldsymbol{P}^{-1}\boldsymbol{A}\boldsymbol{x} = \boldsymbol{P}^{-1}\boldsymbol{A}\boldsymbol{P}\boldsymbol{y} = \boldsymbol{\Lambda}\boldsymbol{y} = \begin{pmatrix} -1 & 0 & 0 \\ 0 & -2 & 0 \\ 0 & 0 & -3 \end{pmatrix}\boldsymbol{y}$$

从而，原方程组化为

$$\frac{\mathrm{d}y_1}{\mathrm{d}t} = -y_1, \quad \frac{\mathrm{d}y_2}{\mathrm{d}t} = -2y_2, \quad \frac{\mathrm{d}y_3}{\mathrm{d}t} = -y_3$$

其一般解分别为

$$y_1 = c_1\mathrm{e}^{-t}, \quad y_2 = c_2\mathrm{e}^{-2t}, \quad y_3 = c_3\mathrm{e}^{-3t}$$

又由 $\boldsymbol{x} = \boldsymbol{P}\boldsymbol{y}$，求得原微分方程组的一般解为

$$\begin{cases} x_1 = c_1\mathrm{e}^{-t} + c_2\mathrm{e}^{-2t} + c_3\mathrm{e}^{-3t} \\ x_2 = -c_1\mathrm{e}^{-t} - 2c_2\mathrm{e}^{-2t} - 3c_3\mathrm{e}^{-3t} \\ x_3 = c_1\mathrm{e}^{-t} + 4c_2\mathrm{e}^{-2t} + 9c_3\mathrm{e}^{-3t} \end{cases}$$

其中，$c_1, c_2, c_3 \in \mathbf{C}$.

1.5.2 酉相似对角化

定义 1.14 设 $\boldsymbol{A} \in \mathbf{C}^{n\times n}$，如果 $\boldsymbol{A}$ 满足等式 $\boldsymbol{A}^{\mathrm{H}}\boldsymbol{A} = \boldsymbol{A}\boldsymbol{A}^{\mathrm{H}}$，则称 $\boldsymbol{A}$ 为正规矩阵.

特别地，如果 $\boldsymbol{A}$ 满足 $\boldsymbol{A}^{\mathrm{H}}\boldsymbol{A} = \boldsymbol{A}\boldsymbol{A}^{\mathrm{H}} = \boldsymbol{E}$，则称 $\boldsymbol{A}$ 为酉矩阵，其等价条件是 $\boldsymbol{A}$ 的列向量组（行向量组）为向量空间 $\mathbf{C}^n$ 中的标准正交基. 正交矩阵是酉矩阵的特例.

另外，容易验证实对称矩阵（$\overline{\boldsymbol{A}} = \boldsymbol{A} = \boldsymbol{A}^{\mathrm{T}}$）、实反对称矩阵（$\overline{\boldsymbol{A}} = \boldsymbol{A} = -\boldsymbol{A}^{\mathrm{T}}$）、Hermite（埃尔米特）矩阵（$\boldsymbol{A}^{\mathrm{H}} = \boldsymbol{A}$）、反 Hermite 矩阵（$\boldsymbol{A}^{\mathrm{H}} = -\boldsymbol{A}$）及对角矩阵等也都是正规矩阵.

虽然不能保证所有矩阵都相似于对角矩阵，但是下面的 Schur 定理（舒尔定理）告诉我们，每个矩阵都相似于一个上三角矩阵，且相似矩阵为酉矩阵.

定理 1.16　设 $\boldsymbol{A}\in\mathbf{C}^{n\times n}$，则存在酉矩阵 $\boldsymbol{U}$，使得

$$\boldsymbol{U}^{\mathrm{H}}\boldsymbol{A}\boldsymbol{U}=\boldsymbol{U}^{-1}\boldsymbol{A}\boldsymbol{U}=\boldsymbol{R}$$

其中，$\boldsymbol{R}$ 为上三角矩阵，其主对角线元素为 $\boldsymbol{A}$ 的特征值，即任何复方阵都与上三角矩阵酉相似.

证　对矩阵的阶数用数学归纳法．当 $n=1$ 时定理显然成立.

设阶数为 $n-1$ 时定理成立，下面证明阶数为 n 时定理也成立．设 $\boldsymbol{A}\in\mathbf{C}^{n\times n}$，$\lambda_1$ 是 $\boldsymbol{A}$ 的一个特征值，对应的单位特征向量为 $\boldsymbol{u}_1$．把 $\boldsymbol{u}_1$ 扩充为向量空间 $\mathbf{C}^n$ 的标准正交基 $\boldsymbol{u}_1,\boldsymbol{u}_2,\cdots,\boldsymbol{u}_n$，即满足

$$\boldsymbol{u}_i^{\mathrm{H}}\boldsymbol{u}_j=\begin{cases}0, & i\neq j\\ 1, & i=j\end{cases}$$

令 $\boldsymbol{U}_0=(\boldsymbol{u}_1,\boldsymbol{u}_2,\cdots,\boldsymbol{u}_n)$，则 $\boldsymbol{U}_0$ 为酉矩阵.

$\boldsymbol{U}_0^{\mathrm{H}}\boldsymbol{A}\boldsymbol{U}_0$ 的第一列元素为

$$\boldsymbol{u}_i^{\mathrm{H}}\boldsymbol{A}\boldsymbol{u}_1=\boldsymbol{u}_i^{\mathrm{H}}\lambda_1\boldsymbol{u}_1=\lambda_1\boldsymbol{u}_i^{\mathrm{H}}\boldsymbol{u}_1=\begin{cases}0, & i\neq 1\\ \lambda_1, & i=1\end{cases}$$

$$\boldsymbol{U}_0^{\mathrm{H}}\boldsymbol{A}\boldsymbol{U}_0=\begin{pmatrix}\lambda_1 & *\\ \boldsymbol{O} & \boldsymbol{A}_1\end{pmatrix}$$

其中，$\boldsymbol{A}_1=(\boldsymbol{u}_2,\boldsymbol{u}_3,\cdots,\boldsymbol{u}_n)^{\mathrm{H}}\boldsymbol{A}(\boldsymbol{u}_2,\boldsymbol{u}_3,\cdots,\boldsymbol{u}_n)$ 是 $n-1$ 阶复方阵．根据归纳假设，存在 $n-1$ 阶酉矩阵 $\boldsymbol{V}_1$ 和上三角矩阵 $\boldsymbol{R}_1$，使得 $\boldsymbol{V}_1^{\mathrm{H}}\boldsymbol{A}_1\boldsymbol{V}_1=\boldsymbol{R}_1$，并且 $\boldsymbol{R}_1$ 的主对角线元素是 $\boldsymbol{A}_1$ 的特征值，也是 $\boldsymbol{A}$ 的特征值．令 $\boldsymbol{U}=\boldsymbol{U}_0\begin{pmatrix}1 & \boldsymbol{O}\\ \boldsymbol{O} & \boldsymbol{V}_1\end{pmatrix}$，则 $\boldsymbol{U}$ 是 n 阶酉矩阵，且

$$\begin{aligned}\boldsymbol{U}^{\mathrm{H}}\boldsymbol{A}\boldsymbol{U}&=\begin{pmatrix}1 & \boldsymbol{O}\\ \boldsymbol{O} & \boldsymbol{V}_1\end{pmatrix}^{\mathrm{H}}\boldsymbol{U}_0^{\mathrm{H}}\boldsymbol{A}\boldsymbol{U}_0\begin{pmatrix}1 & \boldsymbol{O}\\ \boldsymbol{O} & \boldsymbol{V}_1\end{pmatrix}=\begin{pmatrix}1 & \boldsymbol{O}\\ \boldsymbol{O} & \boldsymbol{V}_1\end{pmatrix}^{\mathrm{H}}\begin{pmatrix}\lambda_1 & *\\ \boldsymbol{O} & \boldsymbol{A}_1\end{pmatrix}\begin{pmatrix}1 & \boldsymbol{O}\\ \boldsymbol{O} & \boldsymbol{V}_1\end{pmatrix}\\&=\begin{pmatrix}\lambda_1 & *\\ \boldsymbol{O} & \boldsymbol{V}_1^{\mathrm{H}}\boldsymbol{A}_1\boldsymbol{V}_1\end{pmatrix}=\begin{pmatrix}\lambda_1 & *\\ \boldsymbol{O} & \boldsymbol{R}_1\end{pmatrix}=\boldsymbol{R}\end{aligned}$$

显然，$\boldsymbol{R}$ 为上三角矩阵，其主对角线元素为 $\boldsymbol{A}$ 的特征值.

虽然并不是所有矩阵都可相似于对角矩阵，但是正规矩阵可以酉相似于对角矩阵.

定理 1.17　设 $\boldsymbol{A}\in\mathbf{C}^{n\times n}$，则 $\boldsymbol{A}$ 酉相似于对角矩阵的充要条件是 $\boldsymbol{A}$ 为正规矩阵.

证　必要性：设存在酉矩阵 $\boldsymbol{U}$，使得 $\boldsymbol{U}^{\mathrm{H}}\boldsymbol{A}\boldsymbol{U}=\mathrm{diag}\{\lambda_1,\lambda_2,\cdots,\lambda_n\}=\boldsymbol{\Lambda}$，则

$$\begin{aligned}\boldsymbol{A}^{\mathrm{H}}\boldsymbol{A}&=(\boldsymbol{U}\boldsymbol{\Lambda}\boldsymbol{U}^{\mathrm{H}})^{\mathrm{H}}\boldsymbol{U}\boldsymbol{\Lambda}\boldsymbol{U}^{\mathrm{H}}=\boldsymbol{U}\boldsymbol{\Lambda}^{\mathrm{H}}\boldsymbol{U}^{\mathrm{H}}\boldsymbol{U}\boldsymbol{\Lambda}\boldsymbol{U}^{\mathrm{H}}=\boldsymbol{U}\boldsymbol{\Lambda}^{\mathrm{H}}\boldsymbol{\Lambda}\boldsymbol{U}^{\mathrm{H}}\\&=\boldsymbol{U}\boldsymbol{\Lambda}\boldsymbol{\Lambda}^{\mathrm{H}}\boldsymbol{U}^{\mathrm{H}}=\boldsymbol{U}\boldsymbol{\Lambda}\boldsymbol{U}^{\mathrm{H}}(\boldsymbol{U}\boldsymbol{\Lambda}\boldsymbol{U}^{\mathrm{H}})^{\mathrm{H}}=\boldsymbol{A}\boldsymbol{A}^{\mathrm{H}}\end{aligned}$$

充分性：设 $\boldsymbol{A}$ 是正规矩阵，由 Schur 定理可知，存在酉矩阵 $\boldsymbol{U}$，使得 $\boldsymbol{U}^{\mathrm{H}}\boldsymbol{A}\boldsymbol{U}=\boldsymbol{R}$，其中 $\boldsymbol{R}$ 是上三角矩阵．于是

$$\begin{aligned}\boldsymbol{R}^{\mathrm{H}}\boldsymbol{R}&=(\boldsymbol{U}^{\mathrm{H}}\boldsymbol{A}\boldsymbol{U})^{\mathrm{H}}\boldsymbol{U}^{\mathrm{H}}\boldsymbol{A}\boldsymbol{U}=\boldsymbol{U}^{\mathrm{H}}\boldsymbol{A}^{\mathrm{H}}\boldsymbol{U}\boldsymbol{U}^{\mathrm{H}}\boldsymbol{A}\boldsymbol{U}=\boldsymbol{U}^{\mathrm{H}}\boldsymbol{A}^{\mathrm{H}}\boldsymbol{A}\boldsymbol{U}\\&=\boldsymbol{U}^{\mathrm{H}}\boldsymbol{A}\boldsymbol{A}^{\mathrm{H}}\boldsymbol{U}=\boldsymbol{U}^{\mathrm{H}}\boldsymbol{A}\boldsymbol{U}\boldsymbol{U}^{\mathrm{H}}\boldsymbol{A}^{\mathrm{H}}\boldsymbol{U}=\boldsymbol{U}^{\mathrm{H}}\boldsymbol{A}\boldsymbol{U}(\boldsymbol{U}^{\mathrm{H}}\boldsymbol{A}\boldsymbol{U})^{\mathrm{H}}=\boldsymbol{R}\boldsymbol{R}^{\mathrm{H}}\end{aligned}$$

从而，$\boldsymbol{R}$ 是正规上三角矩阵．设

$$\boldsymbol{R}=\begin{pmatrix}\lambda_1 & t_{12} & \cdots & t_{1n}\\ 0 & \lambda_2 & \cdots & t_{2n}\\ \vdots & \vdots & & \vdots\\ 0 & 0 & \cdots & \lambda_n\end{pmatrix}$$

则

$$\boldsymbol{R}\boldsymbol{R}^{\mathrm{H}}=\begin{pmatrix}|\lambda_1|^2+\sum\limits_{j=2}^{n}|t_{1j}|^2 & & & *\\ & |\lambda_2|^2+\sum\limits_{j=3}^{n}|t_{2j}|^2 & & \\ & & \ddots & \\ * & & & |\lambda_n|^2\end{pmatrix}$$

$$\boldsymbol{R}^{\mathrm{H}}\boldsymbol{R}=\begin{pmatrix}|\lambda_1|^2 & & & *\\ & |\lambda_2|^2+|t_{12}|^2 & & \\ & & \ddots & \\ * & & & |\lambda_n|^2+\sum\limits_{j=1}^{n-1}|t_{jn}|^2\end{pmatrix}$$

由 $\boldsymbol{R}\boldsymbol{R}^{\mathrm{H}}$ 与 $\boldsymbol{R}^{\mathrm{H}}\boldsymbol{R}$ 的主对角线元素相等可得 $t_{12}=0$，$1\leqslant i<j\leqslant n$．因此 $\boldsymbol{R}$ 为对角矩阵．

推论 1.2 Hermite 矩阵的特征值均为实数，反 Hermite 矩阵的特征值为零或纯虚数．

证 设 $\boldsymbol{A}\in\mathbf{C}^{n\times n}$ 是 Hermite 矩阵，则 $\boldsymbol{A}$ 是正规矩阵，于是存在 n 阶酉矩阵 $\boldsymbol{U}$，使得

$$\boldsymbol{U}^{\mathrm{H}}\boldsymbol{A}\boldsymbol{U}=\mathrm{diag}\{\lambda_1,\lambda_2,\cdots,\lambda_n\}=\boldsymbol{\Lambda}$$

而

$$\boldsymbol{\Lambda}^{\mathrm{H}}=(\boldsymbol{U}^{\mathrm{H}}\boldsymbol{A}\boldsymbol{U})^{\mathrm{H}}=\boldsymbol{U}^{\mathrm{H}}\boldsymbol{A}^{\mathrm{H}}\boldsymbol{U}=\boldsymbol{U}^{\mathrm{H}}\boldsymbol{A}\boldsymbol{U}=\boldsymbol{\Lambda}$$

从而

$$\overline{\lambda_i}=\lambda_i\ (i=1,2,\cdots,n)$$

故特征值均为实数．

如果 $\boldsymbol{A}$ 是反 Hermite 矩阵，则同上可推得 $\overline{\lambda_i}=-\lambda_i\,(i=1,2,\cdots,n)$．可见，$\lambda_i$ 为零或纯虚数．

下面将线性代数中有关正定矩阵的概念进行相应的推广．

定义 1.15 设 $\boldsymbol{A}\in\mathbf{C}^{n\times n}$ 是 Hermite 矩阵，$\boldsymbol{x}\in\mathbf{C}^{n}$，则称 $\boldsymbol{x}^{\mathrm{H}}\boldsymbol{A}\boldsymbol{x}$ 为 Hermite 二次型．如果对任意非零向量 $\boldsymbol{x}$，都有

$$\boldsymbol{x}^{\mathrm{H}}\boldsymbol{A}\boldsymbol{x}>0\ (\boldsymbol{x}^{\mathrm{H}}\boldsymbol{A}\boldsymbol{x}\geqslant 0)$$

则称 $\boldsymbol{A}$ 是 Hermite 正定矩阵（半正定矩阵）．

定理 1.18 设 $\boldsymbol{A}\in\mathbf{C}^{n\times n}$ 是 Hermite 矩阵，则下列条件等价．

（1）$\boldsymbol{A}$ 是 Hermite 正定矩阵．

（2）$\boldsymbol{A}$ 的特征值全为正实数．

（3）存在可逆矩阵 $\boldsymbol{P}$，使得 $\boldsymbol{A}=\boldsymbol{P}^{\mathrm{H}}\boldsymbol{P}$．

证 因为 $\boldsymbol{A}^{\mathrm{H}}=\boldsymbol{A}$，所以存在 n 阶酉矩阵 $\boldsymbol{U}$，使得

$$U^{\mathrm{H}}AU=\mathrm{diag}\{\lambda_1,\lambda_2,\cdots,\lambda_n\} \tag{1.6}$$

（1）⇒（2）：设 A 的特征值 λ_i 对应的单位特征向量为 x，即 $Ax=\lambda_i x$ 且 $x^{\mathrm{H}}x=1$，从而，$x^{\mathrm{H}}Ax=\lambda_i x^{\mathrm{H}}x=\lambda_i>0$（$i=1,2,\cdots,n$）.

（2）⇒（3）：由式（1.6）和 $\lambda_i>0$（$i=1,2,\cdots,n$）可得

$$\begin{aligned}A&=U\mathrm{diag}\{\lambda_1,\lambda_2,\cdots,\lambda_n\}U^{\mathrm{H}}\\&=U\mathrm{diag}\{\sqrt{\lambda_1},\sqrt{\lambda_2},\cdots,\sqrt{\lambda_n}\}\mathrm{diag}\{\sqrt{\lambda_1},\sqrt{\lambda_2},\cdots,\sqrt{\lambda_n}\}U^{\mathrm{H}}\end{aligned}$$

令 $P=\mathrm{diag}\{\sqrt{\lambda_1},\sqrt{\lambda_2},\cdots,\sqrt{\lambda_n}\}U^{\mathrm{H}}$，显然，$P$ 可逆，且 $A=P^{\mathrm{H}}P$.

（3）⇒（1）：因为 P 是可逆矩阵，所以对任意非零向量 x，Px 也是非零向量，于是

$$x^{\mathrm{H}}Ax=x^{\mathrm{H}}(P^{\mathrm{H}}P)x=(Px)^{\mathrm{H}}(Px)>0$$

即 A 是正定矩阵.

推论 1.3　Hermite 正定矩阵的行列式大于零.

相应地，有 Hermite 半正定矩阵的如下结论（定理 1.19）.

定理 1.19　设 $A\in\mathbf{C}^{n\times n}$ 是 Hermite 矩阵，则下列条件等价.

（1）A 是 Hermite 半正定矩阵.

（2）A 的特征值全为非负实数.

（3）存在矩阵 $P\in\mathbf{C}^{n\times n}$，使得 $A=P^{\mathrm{H}}P$.

定理 1.20　设 $A\in\mathbf{C}^{m\times n}$，则有以下结论.

（1）$A^{\mathrm{H}}A$ 和 AA^{H} 的特征值全为非负实数.

（2）$A^{\mathrm{H}}A$ 和 AA^{H} 的非零特征值相同.

（3）$\mathrm{rank}(A^{\mathrm{H}}A)=\mathrm{rank}(AA^{\mathrm{H}})=\mathrm{rank}(A)$.

证　（1）因为 $(A^{\mathrm{H}}A)^{\mathrm{H}}=A^{\mathrm{H}}A$，所以 $A^{\mathrm{H}}A$ 是 Hermite 矩阵. 对任意非零向量 $x\in\mathbf{C}^n$，都有

$$x^{\mathrm{H}}(A^{\mathrm{H}}A)x=(Ax)^{\mathrm{H}}(Ax)\geqslant 0$$

从而，$A^{\mathrm{H}}A$ 是 Hermite 半正定矩阵，故其特征值全为非负实数.

同理可证 AA^{H} 的特征值全为非负实数.

（2）设 $A^{\mathrm{H}}Ax=\lambda x$，其中，$\lambda\neq 0$，$x$ 为非零向量，则 $y=Ax$ 也是非零向量，且有

$$AA^{\mathrm{H}}y=AA^{\mathrm{H}}(Ax)=A(\lambda x)=\lambda y$$

表明 λ 是 AA^{H} 的非零特征值. 同理可证 AA^{H} 的非零特征值也是 $A^{\mathrm{H}}A$ 的特征值.

（3）若 $Ax=\mathbf{0}$，则有 $A^{\mathrm{H}}Ax=\mathbf{0}$；反之，若 $A^{\mathrm{H}}Ax=\mathbf{0}$，则有

$$\mathbf{0}=x^{\mathrm{H}}A^{\mathrm{H}}Ax=(Ax)^{\mathrm{H}}(Ax)$$

于是 $Ax=\mathbf{0}$. 这表明方程组 $Ax=\mathbf{0}$ 与 $A^{\mathrm{H}}Ax=\mathbf{0}$ 同解，从而其基础解系所含解向量的个数相等，即

$$n-\mathrm{rank}(A)=n-\mathrm{rank}(A^{\mathrm{H}}A)$$

故 $\mathrm{rank}(A^{\mathrm{H}}A)=\mathrm{rank}(A)$. 又有

$$\mathrm{rank}(AA^{\mathrm{H}})=\mathrm{rank}(A^{\mathrm{H}})=\mathrm{rank}(A)$$

因此 $\mathrm{rank}(A^{\mathrm{H}}A)=\mathrm{rank}(AA^{\mathrm{H}})=\mathrm{rank}(A)$.

习题 1

1. 利用初等变换求下列矩阵的逆矩阵.

（1）$\begin{pmatrix} 1 & 0 & 0 \\ 1 & 1 & 0 \\ 1 & 1 & 1 \end{pmatrix}$　　（2）$\begin{pmatrix} 1 & 1 & 1 & 1 \\ 1 & 1 & -1 & -1 \\ 1 & -1 & 1 & -1 \\ 1 & -1 & -1 & 1 \end{pmatrix}$

2. 用初等变换求解以下矩阵方程:

$$\begin{pmatrix} 1 & 1 & -1 \\ 2 & 1 & 0 \\ 1 & -1 & 1 \end{pmatrix} \boldsymbol{X} = \begin{pmatrix} 1 & 1 & 3 \\ 4 & 3 & 2 \\ 1 & 2 & 5 \end{pmatrix}$$

3. 利用分块矩阵求 $\boldsymbol{A}+\boldsymbol{B}$ 与 $\boldsymbol{AB}$. 其中

$$\boldsymbol{A} = \begin{pmatrix} 1 & 0 & 0 & 0 \\ 0 & 1 & 0 & 0 \\ 0 & 0 & 1 & -1 \\ 1 & 0 & -1 & 0 \end{pmatrix},\ \boldsymbol{B} = \begin{pmatrix} 1 & 0 & 1 & 0 \\ 0 & 0 & 0 & 1 \\ 0 & 0 & 1 & 2 \\ 0 & 0 & 0 & -1 \end{pmatrix}$$

4. 计算 $\boldsymbol{A} \otimes \boldsymbol{B}$ 和 $\boldsymbol{B} \otimes \boldsymbol{A}$.

（1）$\boldsymbol{A} = \begin{pmatrix} 1 & 2 \\ 3 & 4 \end{pmatrix}$，$\boldsymbol{B} = \begin{pmatrix} 0 & 1 \end{pmatrix}$.

（2）$\boldsymbol{A} = \begin{pmatrix} 1 & 0 \\ -1 & 1 \end{pmatrix}$，$\boldsymbol{B} = \begin{pmatrix} 1 & -1 \end{pmatrix}$.

5. 求下列矩阵的特征值与特征向量，以及特征值的代数重数和几何重数.

（1）$\boldsymbol{A} = \begin{pmatrix} 2 & -1 & 2 \\ 5 & -3 & 3 \\ -1 & 0 & -2 \end{pmatrix}$　　（2）$\boldsymbol{A} = \begin{pmatrix} 0 & 1 & 0 \\ -4 & 4 & 0 \\ -2 & 1 & 2 \end{pmatrix}$

6. 设 $\boldsymbol{A} = \begin{pmatrix} -2 & 1 & 1 \\ 0 & 2 & 0 \\ -4 & 1 & 3 \end{pmatrix}$，求 $\boldsymbol{A}^{100}$.

7. 判断下列矩阵是否相似于对角矩阵，如果是，则求出相似变换矩阵和相应的对角矩阵.

（1）$\boldsymbol{A} = \begin{pmatrix} 1 & 0 & 2 \\ 0 & -1 & 0 \\ 0 & 4 & 2 \end{pmatrix}$　　（2）$\boldsymbol{A} = \begin{pmatrix} 2 & 3 & 2 \\ 1 & 4 & 2 \\ 1 & -3 & 1 \end{pmatrix}$　　（3）$\boldsymbol{A} = \begin{pmatrix} 2 & 0 & 0 \\ 1 & 2 & -1 \\ 1 & 0 & 1 \end{pmatrix}$

8. 设 $\boldsymbol{\alpha}_1,\boldsymbol{\alpha}_2,\boldsymbol{\alpha}_3$ 为 3 维列向量，记矩阵

$$\boldsymbol{A} = (\boldsymbol{\alpha}_1,\boldsymbol{\alpha}_2,\boldsymbol{\alpha}_3),\ \boldsymbol{B} = (\boldsymbol{\alpha}_1+\boldsymbol{\alpha}_2+\boldsymbol{\alpha}_3,\boldsymbol{\alpha}_1+2\boldsymbol{\alpha}_2+4\boldsymbol{\alpha}_3,\boldsymbol{\alpha}_1+3\boldsymbol{\alpha}_2+9\boldsymbol{\alpha}_3)$$

若 $|\boldsymbol{A}|=1$，求 $|\boldsymbol{B}|$.

9. 设 $\boldsymbol{A} \in \mathbf{C}^{m\times m}$ 与 $\boldsymbol{B} \in \mathbf{C}^{n\times n}$，证明 $\mathrm{tr}(\boldsymbol{A}\otimes\boldsymbol{B}) = \mathrm{tr}(\boldsymbol{B}\otimes\boldsymbol{A}) = \mathrm{tr}(\boldsymbol{A})\mathrm{tr}(\boldsymbol{B})$.

10. 已知 $\boldsymbol{A}$ 为 n 阶矩阵且 $\boldsymbol{A}^2 = 2\boldsymbol{A}$，求 $\boldsymbol{A}$ 的特征值.

11. 设$\boldsymbol{\alpha}_1$和$\boldsymbol{\alpha}_2$是 n 阶矩阵 $\boldsymbol{A}$ 的属于不同特征值λ_1与λ_2的特征向量，证明$\boldsymbol{\alpha}_1+\boldsymbol{\alpha}_2$不是 $\boldsymbol{A}$ 的特征向量.

12. 已知$\boldsymbol{\alpha}=\begin{pmatrix}1\\-1\\1\end{pmatrix}$是矩阵$\boldsymbol{A}=\begin{pmatrix}2&-1&2\\5&a&3\\-1&b&-2\end{pmatrix}$的一个特征向量，求参数 a、b 及特征向量$\boldsymbol{\alpha}$对应的特征值．$\boldsymbol{A}$ 能不能相似对角化？若能，请证明；若不能，请说明理由.

13. 设非零 n 阶矩阵 $\boldsymbol{A}$ 满足 $\boldsymbol{A}^k=\boldsymbol{O}$（$k$ 为正整数），证明 $\boldsymbol{A}$ 不可能相似于对角矩阵.

14. 设矩阵$\boldsymbol{A}=\begin{pmatrix}1&0&2\\0&1&4\\m+5&-m-2&2m\end{pmatrix}$，$\boldsymbol{A}$ 能否对角化？

15. 设矩阵$\boldsymbol{A}=\begin{pmatrix}1&-1&1\\x&4&y\\-3&-3&5\end{pmatrix}$，已知 $\boldsymbol{A}$ 有 3 个线性无关的特征向量，$\lambda=2$ 是 $\boldsymbol{A}$ 的二重特征值．求可逆矩阵 $\boldsymbol{P}$，使得 $\boldsymbol{P}^{-1}\boldsymbol{AP}$ 为对角矩阵.

16. 设 $\boldsymbol{A},\boldsymbol{B}\in\mathbf{C}^{n\times n}$，$\boldsymbol{X}=\mathrm{diag}(x_1,x_2,\cdots,x_n)$，$\boldsymbol{x}=(x_1,x_2,\cdots,x_n)^{\mathrm{T}}$，$\boldsymbol{e}=(1,1,\cdots,1)^{\mathrm{T}}\in\mathbf{R}^n$，证明 $\mathrm{tr}(\boldsymbol{AXB}^{\mathrm{T}}\boldsymbol{X})=\boldsymbol{x}^{\mathrm{T}}(\boldsymbol{A}\circ\boldsymbol{B})\boldsymbol{x}$，$\mathrm{tr}(\boldsymbol{AB}^{\mathrm{T}})=\boldsymbol{e}^{\mathrm{T}}(\boldsymbol{A}\circ\boldsymbol{B})\boldsymbol{e}$，$(\boldsymbol{XA})\circ(\boldsymbol{B}^{\mathrm{T}}\boldsymbol{X})=\boldsymbol{X}(\boldsymbol{A}\circ\boldsymbol{B}^{\mathrm{T}})\boldsymbol{X}$.

17. 下列矩阵是否是正规矩阵？如果是，试求酉矩阵 $\boldsymbol{U}$，使 $\boldsymbol{U}^{-1}\boldsymbol{AU}$ 为对角矩阵.

（1）$\boldsymbol{A}=\begin{pmatrix}2&2&-2\\2&5&-4\\-2&-4&5\end{pmatrix}$　　（2）$\boldsymbol{A}=\begin{pmatrix}0&i&1\\-i&0&0\\1&0&0\end{pmatrix}$

18. 设 $\boldsymbol{A}$和$\boldsymbol{B}$ 都为 Hermite 矩阵，证明 $\boldsymbol{AB}$ 为 Hermite 矩阵的充要条件是 $\boldsymbol{AB}=\boldsymbol{BA}$.

19. 证明任一复方阵都可表示成 Hermite 矩阵和反 Hermite 矩阵之和.

20. 证明：（1）若 $\boldsymbol{A}\in\mathbf{C}^{m\times m}$ 和 $\boldsymbol{B}\in\mathbf{C}^{n\times n}$ 为对称矩阵，则 $\boldsymbol{A}\otimes\boldsymbol{B}$ 也是对称矩阵.

（2）若 $\boldsymbol{A}\in\mathbf{C}^{m\times m}$ 和 $\boldsymbol{B}\in\mathbf{C}^{n\times n}$ 为 Hermite 矩阵，则 $\boldsymbol{A}\otimes\boldsymbol{B}$ 也是 Hermite 矩阵.

第 2 章　线性空间与线性变换

线性空间是线性代数中 n 维向量空间 $\mathbf{R}^n$ 概念的推广，而线性变换则反映了线性空间元素之间的一种最基本的联系，它们是矩阵分析中两个重要的概念．本章介绍线性空间、线性变换的基本概念与基本理论，进而讨论不仅有代数结构，还有拓扑结构的内积空间．

2.1　线性空间

在线性代数中，把 n 元有序数组称为 n 维向量，并在 n 维向量的集合 $\mathbf{R}^n$ 中引入了加法及数乘两种运算，且在这两种运算下满足 8 条基本的运算规律，此时，$\mathbf{R}^n$ 称为 n 维向量空间．事实上，不难发现，还有许多集合，如 n 阶方阵的全体，关于矩阵的加法及数乘两种运算，仍满足类似的 8 条运算规律．这里虽然研究的对象不同，定义的运算不同，但它们有一个共同点，就是在非空集合与数域 P 上定义了两种运算，且这两种运算满足 8 条运算规律．对此进行抽象可给出线性空间的概念．

2.1.1　线性空间的概念与性质

定义 2.1　设 V 是一个非空集合，P 是一个数域，对 V 中的元素定义以下两种代数运算（其中 $\boldsymbol{\alpha},\boldsymbol{\beta},\boldsymbol{\gamma}\in V$，$k,l\in P$）．

（1）加法：使得 $\forall\boldsymbol{\alpha},\boldsymbol{\beta}\in V$，有 $\boldsymbol{\alpha}+\boldsymbol{\beta}\in V$．

（2）数乘：使得 $\forall\boldsymbol{\alpha}\in V$ 和 $k\in P$，有 $k\boldsymbol{\alpha}\in V$．

也就是说，V 对于加法和数乘运算封闭，且这两种运算满足以下 8 条运算规律．

（1）加法交换律：$\boldsymbol{\alpha}+\boldsymbol{\beta}=\boldsymbol{\beta}+\boldsymbol{\alpha}$．

（2）加法结合律：$(\boldsymbol{\alpha}+\boldsymbol{\beta})+\boldsymbol{\gamma}=\boldsymbol{\alpha}+(\boldsymbol{\beta}+\boldsymbol{\gamma})$．

（3）存在零元 $\boldsymbol{\theta}$，使 $\boldsymbol{\alpha}+\boldsymbol{\theta}=\boldsymbol{\alpha}$．

（4）存在负元，即对任意 $\boldsymbol{\alpha}\in V$，存在 $\boldsymbol{\beta}\in V$，使 $\boldsymbol{\alpha}+\boldsymbol{\beta}=\boldsymbol{\theta}$，称 $\boldsymbol{\beta}$ 为 $\boldsymbol{\alpha}$ 的负元，记为 $-\boldsymbol{\alpha}$．

（5）$1\boldsymbol{\alpha}=\boldsymbol{\alpha}$．

（6）数乘结合律：$k(l\boldsymbol{\alpha})=(kl)\boldsymbol{\alpha}$．

（7）分配律：$(k+l)\boldsymbol{\alpha}=k\boldsymbol{\alpha}+l\boldsymbol{\alpha}$．

（8）数因子分配律：$k(\boldsymbol{\alpha}+\boldsymbol{\beta})=k\boldsymbol{\alpha}+k\boldsymbol{\beta}$．

此时，称 V 为数域 P 上的线性空间或向量空间．

线性空间的元素也称向量．当然，这里所谓的向量比 $\mathbf{R}^n$ 的向量的含义要广泛得多．实数域 $\mathbf{R}$ 上的线性空间简称实线性空间，复数域 $\mathbf{C}$ 上的线性空间简称复线性空间．

下面举一些线性空间的例子．

例 2.1　n 维实（复）向量的全体 $\mathbf{R}^n$（$\mathbf{C}^n$）按通常的向量加法和数乘运算构成线性空间．

例 2.2　$m\times n$ 维实（复）矩阵的全体 $\mathbf{R}^{m\times n}$（$\mathbf{C}^{m\times n}$）按通常的矩阵加法和数乘运算构成线性空间，称为矩阵空间．

例 2.3　实数域上所有次数不超过 n 的多项式全体按通常多项式的加法和数乘运算构成

线性空间，称为多项式空间．记为

$$P[x]_n=\{a_0+a_1x+a_2x^2+\cdots+a_nx^n \mid a_i\in\mathbf{R},\ i=0,1,2,\cdots,n\}$$

例 2.4　闭区间 $[a,b]$ 上连续函数的全体按通常函数的加法与数乘运算构成线性空间，记为 $C[a,b]$．

例 2.5　二阶齐次线性微分方程 $y''+P(x)y'+Q(x)y=0$ 解的全体按通常函数的加法与数乘运算构成线性空间．

例 2.6　齐次线性方程组 $\boldsymbol{Ax}=\mathbf{0}$ 解的全体

$$N(\boldsymbol{A})=\{\boldsymbol{x}\mid \boldsymbol{Ax}=\mathbf{0}\}$$

在向量的加法和数乘运算下构成线性空间，称 $N(\boldsymbol{A})$ 为齐次线性方程组 $\boldsymbol{Ax}=\mathbf{0}$ 的解空间或矩阵 $\boldsymbol{A}$ 的核空间．

例 2.7　设 $\mathbf{R}^+$ 是所有正实数的集合，在其中定义加法与数乘运算分别为

$$a\oplus b=ab,\quad k\circ a=a^k\ (a,b\in\mathbf{R}^+,\ k\in\mathbf{R})$$

验证 $\mathbf{R}^+$ 对上述加法与数乘运算构成实数域 $\mathbf{R}$ 上的线性空间．

证　对任意 $a,b\in\mathbf{R}^+$，有 $a\oplus b=ab\in\mathbf{R}^+$；对任意 $k\in\mathbf{R}$ 和 $a\in\mathbf{R}^+$，有 $k\circ a=a^k\in\mathbf{R}^+$，即 $\mathbf{R}^+$ 对所定义的加法与数乘运算封闭．对任意 $a,b,c\in\mathbf{R}^+$，$k,l\in\mathbf{R}$，有以下结论．

（1）$a\oplus b=ab=ba=b\oplus a$．

（2）$(a\oplus b)\oplus c=(ab)\oplus c=(ab)c=a(bc)=a\oplus(b\oplus c)$．

（3）$a\oplus 1=a\cdot 1=a$，故 1 是零元．

（4）$a\oplus a^{-1}=aa^{-1}=1$，故 a^{-1} 是 a 的负元．

（5）$1\circ a=a^1=a$．

（6）$k\circ(l\circ a)=k\circ a^l=(a^l)^k=a^{lk}=(lk)\circ a$．

（7）$(k+l)\circ a=a^{k+l}=a^ka^l=a^k\oplus a^l=(k\circ a)\oplus(l\circ a)$．

（8）$k\circ(a\oplus b)=k\circ(ab)=(ab)^k=a^kb^k=(k\circ a)\oplus(k\circ b)$．

因此，$\mathbf{R}^+$ 对这两种运算构成实线性空间．

根据线性空间的定义，可以推出线性空间的一些基本性质．

性质 1　零元是唯一的．

证　设 $\boldsymbol{\theta}_1$ 和 $\boldsymbol{\theta}_2$ 是线性空间 V 的两个零元，则由 $\boldsymbol{\theta}_1$ 是零元得 $\boldsymbol{\theta}_1+\boldsymbol{\theta}_2=\boldsymbol{\theta}_2$，又由 $\boldsymbol{\theta}_2$ 是零元得 $\boldsymbol{\theta}_1+\boldsymbol{\theta}_2=\boldsymbol{\theta}_1$，故 $\boldsymbol{\theta}_1=\boldsymbol{\theta}_2$．

性质 2　任一元素 $\boldsymbol{\alpha}$ 的负元是唯一的．

证　设 $\boldsymbol{\beta}$ 和 $\boldsymbol{\gamma}$ 都是 $\boldsymbol{\alpha}$ 的负元，即 $\boldsymbol{\alpha}+\boldsymbol{\beta}=\boldsymbol{\theta}$，$\boldsymbol{\alpha}+\boldsymbol{\gamma}=\boldsymbol{\theta}$，于是

$$\boldsymbol{\beta}=\boldsymbol{\beta}+\boldsymbol{\theta}=\boldsymbol{\beta}+(\boldsymbol{\alpha}+\boldsymbol{\gamma})=(\boldsymbol{\beta}+\boldsymbol{\alpha})+\boldsymbol{\gamma}=\boldsymbol{\theta}+\boldsymbol{\gamma}=\boldsymbol{\gamma}$$

性质 3　$0\boldsymbol{\alpha}=\boldsymbol{\theta}$，$(-1)\boldsymbol{\alpha}=-\boldsymbol{\alpha}$，$k\boldsymbol{\theta}=\boldsymbol{\theta}$．

证　因为

$$\boldsymbol{\alpha}+0\boldsymbol{\alpha}=1\boldsymbol{\alpha}+0\boldsymbol{\alpha}=(1+0)\boldsymbol{\alpha}=1\boldsymbol{\alpha}=\boldsymbol{\alpha}$$

所以 $0\boldsymbol{\alpha}=\boldsymbol{\theta}$．又因为

$$\boldsymbol{\alpha}+(-1)\boldsymbol{\alpha}=1\boldsymbol{\alpha}+(-1)\boldsymbol{\alpha}=(1-1)\boldsymbol{\alpha}=0\boldsymbol{\alpha}=\boldsymbol{\theta}$$

所以 $(-1)\boldsymbol{\alpha}=-\boldsymbol{\alpha}$．由此可得

$$k\boldsymbol{\theta}=k[\boldsymbol{\alpha}+(-\boldsymbol{\alpha})]=k[1\boldsymbol{\alpha}+(-1)\boldsymbol{\alpha}]=k[(1-1)\boldsymbol{\alpha}]=(k0)\boldsymbol{\alpha}=0\boldsymbol{\alpha}=\boldsymbol{\theta}$$

性质 4　若 $k\boldsymbol{\alpha}=\boldsymbol{\theta}$，则 $k=0$ 或 $\boldsymbol{\alpha}=\boldsymbol{\theta}$．

证 若$k=0$，则由性质 3 可得$k\boldsymbol{\alpha}=0\boldsymbol{\alpha}=\boldsymbol{\theta}$；若$k\neq 0$，则由性质 3 可得

$$\boldsymbol{\alpha}=1\boldsymbol{\alpha}=(k^{-1}k)\boldsymbol{\alpha}=k^{-1}\left(k\boldsymbol{\alpha}\right)=k^{-1}\boldsymbol{\theta}=\boldsymbol{\theta}$$

2.1.2 向量组的线性相关性

向量空间$\mathbf{R}^n$中向量之间的线性关系也可以推广到一般的线性空间.

定义 2.2 设V是数域P上的线性空间，$\boldsymbol{\alpha}_1,\boldsymbol{\alpha}_2,\cdots,\boldsymbol{\alpha}_n$是$V$的一个向量组，称向量

$$k_1\boldsymbol{\alpha}_1+k_2\boldsymbol{\alpha}_2+\cdots+k_n\boldsymbol{\alpha}_n\ (k_1,k_2,\cdots,k_n\in P)$$

为向量组$\boldsymbol{\alpha}_1,\boldsymbol{\alpha}_2,\cdots,\boldsymbol{\alpha}_n$的一个线性组合．若向量$\boldsymbol{\beta}$是向量组$\boldsymbol{\alpha}_1,\boldsymbol{\alpha}_2,\cdots,\boldsymbol{\alpha}_n$的一个线性组合，即存在于$P$中的一组数$k_1,k_2,\cdots k_m$，使得

$$\boldsymbol{\beta}=k_1\boldsymbol{\alpha}_1+k_2\boldsymbol{\alpha}_2+\cdots+k_n\boldsymbol{\alpha}_n \tag{2.1}$$

则称$\boldsymbol{\beta}$可由$\boldsymbol{\alpha}_1,\boldsymbol{\alpha}_2,\cdots,\boldsymbol{\alpha}_n$线性表示．如果向量组$\boldsymbol{\beta}_1,\boldsymbol{\beta}_2,\cdots,\boldsymbol{\beta}_m$中的每个向量都可由向量组$\boldsymbol{\alpha}_1,\boldsymbol{\alpha}_2,\cdots,\boldsymbol{\alpha}_n$线性表示，即存在$k_{ij}\in P$（$i=1,2,\cdots,n;\ j=1,2,\cdots,m$），使得

$$\begin{cases}\boldsymbol{\beta}_1=k_{11}\boldsymbol{\alpha}_1+k_{21}\boldsymbol{\alpha}_2+\cdots+k_{n1}\boldsymbol{\alpha}_n\\ \boldsymbol{\beta}_2=k_{12}\boldsymbol{\alpha}_1+k_{22}\boldsymbol{\alpha}_2+\cdots+k_{n2}\boldsymbol{\alpha}_n\\ \qquad\vdots\\ \boldsymbol{\beta}_m=k_{1m}\boldsymbol{\alpha}_1+k_{2m}\boldsymbol{\alpha}_2+\cdots+k_{nm}\boldsymbol{\alpha}_n\end{cases} \tag{2.2}$$

则称向量组$\boldsymbol{\beta}_1,\boldsymbol{\beta}_2,\cdots,\boldsymbol{\beta}_m$可由向量组$\boldsymbol{\alpha}_1,\boldsymbol{\alpha}_2,\cdots,\boldsymbol{\alpha}_n$线性表示．如果向量组$\boldsymbol{\alpha}_1,\boldsymbol{\alpha}_2,\cdots,\boldsymbol{\alpha}_n$与$\boldsymbol{\beta}_1,\boldsymbol{\beta}_2,\cdots,\boldsymbol{\beta}_m$可以相互线性表示，则称向量组$\boldsymbol{\alpha}_1,\boldsymbol{\alpha}_2,\cdots,\boldsymbol{\alpha}_n$与$\boldsymbol{\beta}_1,\boldsymbol{\beta}_2,\cdots,\boldsymbol{\beta}_m$等价.

式（2.1）和式（2.2）可分别记为

$$\boldsymbol{\beta}=(\boldsymbol{\alpha}_1,\boldsymbol{\alpha}_2,\cdots,\boldsymbol{\alpha}_n)\begin{pmatrix}k_1\\ k_2\\ \vdots\\ k_n\end{pmatrix}$$

$$(\boldsymbol{\beta}_1,\boldsymbol{\beta}_2,\cdots,\boldsymbol{\beta}_m)=(\boldsymbol{\alpha}_1,\boldsymbol{\alpha}_2,\cdots,\boldsymbol{\alpha}_n)\begin{pmatrix}k_{11}&k_{12}&\cdots&k_{1m}\\ k_{21}&k_{22}&\cdots&k_{2m}\\ \vdots&\vdots&&\vdots\\ k_{n1}&k_{n2}&\cdots&k_{nm}\end{pmatrix}$$

定义 2.3 设V是数域P上的线性空间，$\boldsymbol{\alpha}_1,\boldsymbol{\alpha}_2,\cdots,\boldsymbol{\alpha}_n$是$V$的一个向量组，若存在不全为零的数$k_1,k_2,\cdots,k_n\in P$，使得

$$k_1\boldsymbol{\alpha}_1+k_2\boldsymbol{\alpha}_2+\cdots+k_n\boldsymbol{\alpha}_n=\boldsymbol{\theta}$$

则称向量组$\boldsymbol{\alpha}_1,\boldsymbol{\alpha}_2,\cdots,\boldsymbol{\alpha}_n$线性相关，否则称该向量组线性无关.

由定义 2.3 可知，向量组$\boldsymbol{\alpha}_1,\boldsymbol{\alpha}_2,\cdots,\boldsymbol{\alpha}_n$线性无关的充要条件是，如果有一组数$k_1,k_2,\cdots,k_n\in P$，使得$k_1\boldsymbol{\alpha}_1+k_2\boldsymbol{\alpha}_2+\cdots+k_n\boldsymbol{\alpha}_n=\boldsymbol{\theta}$，则$k_1=k_2=\cdots=k_n=0$.

例 2.8 在线性空间$P[x]_n=\{a_0+a_1x+a_2x^2+\cdots+a_nx^n\mid a_i\in\mathbf{R},\ i=0,1,2,\cdots,n\}$中，向量组$1,x,x^2,\cdots,x^n$是线性无关的.

解 设P中有一组数$k_0,k_1,k_2,\cdots,k_n$，使得

$$k_0+k_1x+k_2x^2+\cdots+k_nx^n=0$$

对上式依次求 1～n 阶导数得

$$\begin{cases} k_1 + 2k_2 x + \cdots + nk_n x^{n-1} = 0 \\ 2k_2 + \cdots + n(n-1)k_n x^{n-2} = 0 \\ \quad \vdots \\ n!k_n = 0 \end{cases}$$

与前一式联立解得唯一零解 $k_0 = k_1 = \cdots = k_n = 0$，故 $1, x, x^2, \cdots, x^n$ 是线性无关的.

例 2.9　在线性空间 $\mathbf{R}^{m\times n}$ 中，设 $\boldsymbol{E}_{ij}$（$i = 1,2,\cdots,m$；$j = 1,2,\cdots,n$）是第 i 行第 j 列元素为 1、其余元素全为 0 的 $m\times n$ 矩阵，则向量组 $\boldsymbol{E}_{ij}$（$i = 1,2,\cdots,m$；$j = 1,2,\cdots,n$）线性无关.

解　以 $\mathbf{R}^{2\times 2}$ 为例：

$$\boldsymbol{E}_{11}=\begin{pmatrix}1 & 0\\ 0 & 0\end{pmatrix},\quad \boldsymbol{E}_{12}=\begin{pmatrix}0 & 1\\ 0 & 0\end{pmatrix},\quad \boldsymbol{E}_{21}=\begin{pmatrix}0 & 0\\ 1 & 0\end{pmatrix},\quad \boldsymbol{E}_{22}=\begin{pmatrix}0 & 0\\ 0 & 1\end{pmatrix}$$

设 $a_{11}\boldsymbol{E}_{11} + a_{12}\boldsymbol{E}_{12} + a_{21}\boldsymbol{E}_{21} + a_{22}\boldsymbol{E}_{22} = \boldsymbol{O}$，即

$$\begin{pmatrix}a_{11} & a_{12}\\ a_{21} & a_{22}\end{pmatrix}=\begin{pmatrix}0 & 0\\ 0 & 0\end{pmatrix}\Rightarrow a_{11}=a_{12}=a_{21}=a_{22}=0$$

故 $\boldsymbol{E}_{11}, \boldsymbol{E}_{12}, \boldsymbol{E}_{21}, \boldsymbol{E}_{22}$ 是 $\mathbf{R}^{2\times 2}$ 中线性无关的向量组.

类似地，向量空间中成立的一些结论可以照搬到一般的线性空间，并得出相同的结论. 这里不再重复这些论证，只叙述如下.

定理 2.1　向量组 $\boldsymbol{\alpha}_1,\boldsymbol{\alpha}_2,\cdots,\boldsymbol{\alpha}_n$ 线性相关的充要条件是该向量组中至少有一个向量可由其余 $n-1$ 个向量线性表示.

定理 2.2　设向量组 $\boldsymbol{\alpha}_1,\boldsymbol{\alpha}_2,\cdots,\boldsymbol{\alpha}_n$ 线性无关，而向量组 $\boldsymbol{\alpha}_1,\boldsymbol{\alpha}_2,\cdots,\boldsymbol{\alpha}_n,\boldsymbol{\beta}$ 线性相关，则向量 $\boldsymbol{\beta}$ 可由向量组 $\boldsymbol{\alpha}_1,\boldsymbol{\alpha}_2,\cdots,\boldsymbol{\alpha}_n$ 线性表示，且表示方法是唯一的.

定理 2.3　若向量组 $\boldsymbol{\alpha}_1,\boldsymbol{\alpha}_2,\cdots,\boldsymbol{\alpha}_n$ 有部分向量线性相关，则该向量组一定线性相关（部分相关，整体必相关）；等价地，若一个向量组线性无关，则该向量组的任意部分向量一定线性无关（整体无关，部分必无关）.

定理 2.4　设向量组 $\boldsymbol{\alpha}_1,\boldsymbol{\alpha}_2,\cdots,\boldsymbol{\alpha}_s$ 线性无关，并可由向量组 $\boldsymbol{\beta}_1,\boldsymbol{\beta}_2,\cdots,\boldsymbol{\beta}_t$ 线性表示，则 $s\leqslant t$.

2.1.3　基、维数与坐标

线性空间中一般都有无穷多个元素，为了把这无穷多个元素表示出来，引入下面的定义（定义 2.4）.

定义 2.4　设 $\boldsymbol{\alpha}_1,\boldsymbol{\alpha}_2,\cdots,\boldsymbol{\alpha}_n$ 是线性空间 V 的一个向量组，如果该向量组满足以下条件：① $\boldsymbol{\alpha}_1,\boldsymbol{\alpha}_2,\cdots,\boldsymbol{\alpha}_n$ 线性无关；② V 中任一向量 $\boldsymbol{\alpha}$ 都可由 $\boldsymbol{\alpha}_1,\boldsymbol{\alpha}_2,\cdots,\boldsymbol{\alpha}_n$ 线性表示. 那么，称向量组 $\boldsymbol{\alpha}_1,\boldsymbol{\alpha}_2,\cdots,\boldsymbol{\alpha}_n$ 是 V 的一个基，称 n 为线性空间 V 的维数，记为 $\dim V$. 维数为 n 的线性空间 V 称为 n 维线性空间，记为 V^n，此时也称 V 是有限维线性空间. 规定零空间（只含零向量的线性空间）的维数为 0.

若在 V 中可以找到任意多个线性无关的向量，则称 V 是无限维线性空间. 例如，由所有实系数多项式构成的实线性空间是无限维线性空间. 无限维线性空间是一个专门研究的对象，本书只涉及有限维线性空间.

例 2.10　$P[x]_n$ 是 n+1 维线性空间.

证　由例 2.8 可知，向量组 $1, x, x^2, \cdots, x^n$ 是线性空间 $P[x]_n$ 的一组线性无关的向量，并且任

一次数不超过 n 的多项式可表示为

$$f(x)=a_0 1+a_1 x+a_2 x^2+\cdots+a_n x^n$$

因此，$1,x,x^2,\cdots,x^n$ 是 $P[x]_n$ 的一个基，且 $\dim P[x]_n=n+1$.

例 2.11 线性空间 $\mathbf{R}^{m\times n}$ 是 mn 维线性空间.

证 由例 2.9 可知，向量组 $\boldsymbol{E}_{ij}$（$i=1,2,\cdots,m$; $j=1,2,\cdots,n$）是该线性空间的一个基，从而 $\dim \mathbf{R}^{m\times n}=mn$.

根据基的定义，可以证明线性空间 V^n 中任意 n 个线性无关的元素都可以作为它的基. 因此，线性空间中的基不是唯一的. 例如，4 维线性空间 $\mathbf{R}^{2\times 2}$ 的基可取为

$$\boldsymbol{E}_{11}=\begin{pmatrix}1&0\\0&0\end{pmatrix},\ \boldsymbol{E}_{12}=\begin{pmatrix}0&1\\0&0\end{pmatrix},\ \boldsymbol{E}_{21}=\begin{pmatrix}0&0\\1&0\end{pmatrix},\ \boldsymbol{E}_{22}=\begin{pmatrix}0&0\\0&1\end{pmatrix} \tag{2.3}$$

或

$$\boldsymbol{G}_1=\begin{pmatrix}1&1\\1&1\end{pmatrix},\ \boldsymbol{G}_2=\begin{pmatrix}1&1\\1&0\end{pmatrix},\ \boldsymbol{G}_3=\begin{pmatrix}1&1\\0&1\end{pmatrix},\ \boldsymbol{G}_4=\begin{pmatrix}1&0\\1&1\end{pmatrix} \tag{2.4}$$

定义 2.5 设 V 是数域 P 上的 n 维线性空间，$\boldsymbol{\alpha}_1,\boldsymbol{\alpha}_2,\cdots,\boldsymbol{\alpha}_n$ 是 V 的一个基，V 中任意向量 $\boldsymbol{\alpha}$ 可由基 $\boldsymbol{\alpha}_1,\boldsymbol{\alpha}_2,\cdots,\boldsymbol{\alpha}_n$ 唯一线性表示为

$$\boldsymbol{\alpha}=x_1\boldsymbol{\alpha}_1+x_2\boldsymbol{\alpha}_2+\cdots+x_n\boldsymbol{\alpha}_n=(\boldsymbol{\alpha}_1,\boldsymbol{\alpha}_2,\cdots,\boldsymbol{\alpha}_n)\begin{pmatrix}x_1\\x_2\\\vdots\\x_n\end{pmatrix}\quad (x_1,x_2,\cdots,x_n\in P)$$

则称 $x_1,x_2,\cdots,x_n$ 为 $\boldsymbol{\alpha}$ 在基 $\boldsymbol{\alpha}_1,\boldsymbol{\alpha}_2,\cdots,\boldsymbol{\alpha}_n$ 下的坐标，记为 $(x_1,x_2,\cdots,x_n)^{\mathrm{T}}$.

例 2.12 在 n 维线性空间 $\mathbf{R}^n$ 中，如果取基为 n 维单位坐标向量，即

$$\boldsymbol{e}_1=(1,0,\cdots,0),\ \boldsymbol{e}_2=(0,1,0,\cdots,0),\ \cdots,\ \boldsymbol{e}_n=(0,\cdots,0,1)$$

则向量 $\boldsymbol{b}=(b_1,b_2,\cdots,b_n)$ 在该基下的坐标为 $(b_1,b_2,\cdots,b_n)^{\mathrm{T}}$. 如果取基为

$$\boldsymbol{a}_1=(1,0,\cdots,0),\ \boldsymbol{a}_2=(1,1,0,\cdots,0),\ \cdots,\ \boldsymbol{a}_n=(1,\cdots,1,1)$$

则有

$$\boldsymbol{b}=(b_1-b_2)\boldsymbol{a}_1+(b_2-b_3)\boldsymbol{a}_2+\cdots+(b_{n-1}-b_n)\boldsymbol{a}_{n-1}+b_n\boldsymbol{a}_n$$

从而，$\boldsymbol{b}$ 在该基下的坐标为 $(b_1-b_2,b_2-b_3,\cdots,b_{n-1}-b_n,b_n)^{\mathrm{T}}$.

例 2.13 在 $n+1$ 维线性空间 $P[x]_n$ 中，取基 $1,x,x^2,\cdots,x^n$，则 $P[x]_n$ 中的多项式

$$f(x)=a_0+a_1x+a_2x^2+\cdots+a_nx^n$$

在该基下的坐标为 $(a_0,a_1,a_2,\cdots,a_n)^{\mathrm{T}}$. 若取基 $1,x-a,(x-a)^2,\cdots,(x-a)^n$（$a\neq 0$），则多项式 $f(x)$ 按泰勒公式展开为

$$f(x)=f(a)+f'(a)(x-a)+\frac{f''(a)}{2!}(x-a)^2+\cdots+\frac{f^{(n)}(a)}{n!}(x-a)^n$$

因此，$f(x)$ 在该基下的坐标为 $\left(f(a),f'(a),\dfrac{f''(a)}{2!},\cdots,\dfrac{f^{(n)}(a)}{n!}\right)^{\mathrm{T}}$.

例 2.14 在 4 维线性空间 $\mathbf{R}^{2\times 2}$ 中，求矩阵 $\boldsymbol{A}=\begin{pmatrix}1&2\\1&0\end{pmatrix}$ 在如式（2.3）和式（2.4）所示的基下的坐标.

解 因为 $\boldsymbol{A}=1\boldsymbol{E}_{11}+2\boldsymbol{E}_{12}+1\boldsymbol{E}_{21}+0\boldsymbol{E}_{22}$，所以 $\boldsymbol{A}$ 在如式（2.3）所示的基下的坐标为

$(1,2,1,0)^{\mathrm{T}}$.

设

$$\boldsymbol{A}=x_1\boldsymbol{G}_1+x_2\boldsymbol{G}_2+x_3\boldsymbol{G}_3+x_4\boldsymbol{G}_4$$

由矩阵相等的定义得

$$\begin{cases}x_1+x_2+x_3+x_4=1\\x_1+x_2+x_3=2\\x_1+x_2+x_4=1\\x_1+x_3+x_4=0\end{cases}$$

解此方程组得 $x_1=1$，$x_2=1$，$x_3=0$，$x_4=-1$，故 $\boldsymbol{A}$ 在如式(2.4)所示的基下的坐标为 $(1,1,0,-1)^{\mathrm{T}}$.

2.1.4　基变换与坐标变换

线性空间可以有不同的基，一个向量在不同基下的坐标一般也不相同．下面讨论同一向量在不同基下的坐标之间的关系.

定义 2.6　设 V 是数域 P 上的 n 维线性空间，$\boldsymbol{\alpha}_1,\boldsymbol{\alpha}_2,\cdots,\boldsymbol{\alpha}_n$ 和 $\boldsymbol{\beta}_1,\boldsymbol{\beta}_2,\cdots,\boldsymbol{\beta}_n$ 是 V 的两个基，且基 $\boldsymbol{\beta}_1,\boldsymbol{\beta}_2,\cdots,\boldsymbol{\beta}_n$ 用基 $\boldsymbol{\alpha}_1,\boldsymbol{\alpha}_2,\cdots,\boldsymbol{\alpha}_n$ 表示为

$$\begin{cases}\boldsymbol{\beta}_1=c_{11}\boldsymbol{\alpha}_1+c_{21}\boldsymbol{\alpha}_2+\cdots+c_{n1}\boldsymbol{\alpha}_n\\\boldsymbol{\beta}_2=c_{12}\boldsymbol{\alpha}_1+c_{22}\boldsymbol{\alpha}_2+\cdots+c_{n2}\boldsymbol{\alpha}_n\\\qquad\vdots\\\boldsymbol{\beta}_n=c_{1n}\boldsymbol{\alpha}_1+c_{2n}\boldsymbol{\alpha}_2+\cdots+c_{nn}\boldsymbol{\alpha}_n\end{cases}\tag{2.5}$$

称矩阵

$$\boldsymbol{C}=\begin{pmatrix}c_{11}&c_{12}&\cdots&c_{1n}\\c_{21}&c_{22}&\cdots&c_{2n}\\\vdots&\vdots&&\vdots\\c_{n1}&c_{n2}&\cdots&c_{nn}\end{pmatrix}$$

为由基 $\boldsymbol{\alpha}_1,\boldsymbol{\alpha}_2,\cdots,\boldsymbol{\alpha}_n$ 到基 $\boldsymbol{\beta}_1,\boldsymbol{\beta}_2,\cdots,\boldsymbol{\beta}_n$ 的过渡矩阵．此时，式（2.5）可记为

$$(\boldsymbol{\beta}_1,\boldsymbol{\beta}_2,\cdots,\boldsymbol{\beta}_n)=(\boldsymbol{\alpha}_1,\boldsymbol{\alpha}_2,\cdots,\boldsymbol{\alpha}_n)\boldsymbol{C}\tag{2.6}$$

称式（2.5）或式（2.6）为从基 $\boldsymbol{\alpha}_1,\boldsymbol{\alpha}_2,\cdots,\boldsymbol{\alpha}_n$ 到基 $\boldsymbol{\beta}_1,\boldsymbol{\beta}_2,\cdots,\boldsymbol{\beta}_n$ 的基变换公式.

过渡矩阵反映了线性空间的不同基之间的关系，这是一个很重要的概念．下面进一步讨论过渡矩阵的一些性质.

定理 2.5　设 $\boldsymbol{C}$ 是 n 维线性空间 V 中由基 $\boldsymbol{\alpha}_1,\boldsymbol{\alpha}_2,\cdots,\boldsymbol{\alpha}_n$ 到基 $\boldsymbol{\beta}_1,\boldsymbol{\beta}_2,\cdots,\boldsymbol{\beta}_n$ 的过渡矩阵，那么 $\boldsymbol{C}$ 是一个可逆矩阵，且由基 $\boldsymbol{\beta}_1,\boldsymbol{\beta}_2,\cdots,\boldsymbol{\beta}_n$ 到基 $\boldsymbol{\alpha}_1,\boldsymbol{\alpha}_2,\cdots,\boldsymbol{\alpha}_n$ 的过渡矩阵为 $\boldsymbol{C}^{-1}$；反之，任意一个 n 阶可逆矩阵 $\boldsymbol{C}$ 都可以作为 V 中一个基到另一个基的过渡矩阵.

证　因为基 $\boldsymbol{\alpha}_1,\boldsymbol{\alpha}_2,\cdots,\boldsymbol{\alpha}_n$ 到基 $\boldsymbol{\beta}_1,\boldsymbol{\beta}_2,\cdots,\boldsymbol{\beta}_n$ 的过渡矩阵为 $\boldsymbol{C}$，所以有

$$(\boldsymbol{\beta}_1,\boldsymbol{\beta}_2,\cdots,\boldsymbol{\beta}_n)=(\boldsymbol{\alpha}_1,\boldsymbol{\alpha}_2,\cdots,\boldsymbol{\alpha}_n)\boldsymbol{C}$$

设基 $\boldsymbol{\beta}_1,\boldsymbol{\beta}_2,\cdots,\boldsymbol{\beta}_n$ 到基 $\boldsymbol{\alpha}_1,\boldsymbol{\alpha}_2,\cdots,\boldsymbol{\alpha}_n$ 的过渡矩阵为 $\boldsymbol{B}$，则有

$$(\boldsymbol{\alpha}_1,\boldsymbol{\alpha}_2,\cdots,\boldsymbol{\alpha}_n)=(\boldsymbol{\beta}_1,\boldsymbol{\beta}_2,\cdots,\boldsymbol{\beta}_n)\boldsymbol{B}$$

比较上面两式有

$$(\boldsymbol{\beta}_1,\boldsymbol{\beta}_2,\cdots,\boldsymbol{\beta}_n)=(\boldsymbol{\beta}_1,\boldsymbol{\beta}_2,\cdots,\boldsymbol{\beta}_n)\boldsymbol{BC}$$

$$(\boldsymbol{\alpha}_1,\boldsymbol{\alpha}_2,\cdots,\boldsymbol{\alpha}_n)=(\boldsymbol{\alpha}_1,\boldsymbol{\alpha}_2,\cdots,\boldsymbol{\alpha}_n)\boldsymbol{CB}$$

由于$\boldsymbol{\alpha}_1,\boldsymbol{\alpha}_2,\cdots,\boldsymbol{\alpha}_n$和$\boldsymbol{\beta}_1,\boldsymbol{\beta}_2,\cdots,\boldsymbol{\beta}_n$都是基，$\boldsymbol{CB}=\boldsymbol{BC}=\boldsymbol{E}$，因此矩阵$\boldsymbol{C}$可逆，且$\boldsymbol{B}=\boldsymbol{C}^{-1}$.

反之，设$\boldsymbol{C}=(c_{ij})_{n\times n}$为任意一个可逆矩阵，任意取定$V$中的一个基$\boldsymbol{\alpha}_1,\boldsymbol{\alpha}_2,\cdots,\boldsymbol{\alpha}_n$，取

$$\boldsymbol{\beta}_j=\sum_{i=1}^{n}c_{ij}\boldsymbol{\alpha}_i\ (j=1,2,\cdots,n)$$

则有$(\boldsymbol{\beta}_1,\boldsymbol{\beta}_2,\cdots,\boldsymbol{\beta}_n)=(\boldsymbol{\alpha}_1,\boldsymbol{\alpha}_2,\cdots,\boldsymbol{\alpha}_n)\boldsymbol{C}$和$(\boldsymbol{\alpha}_1,\boldsymbol{\alpha}_2,\cdots,\boldsymbol{\alpha}_n)=(\boldsymbol{\beta}_1,\boldsymbol{\beta}_2,\cdots,\boldsymbol{\beta}_n)\boldsymbol{C}^{-1}$，因此$\boldsymbol{\beta}_1,\boldsymbol{\beta}_2,\cdots,\boldsymbol{\beta}_n$也是$V$的一个基.

定理 2.6 设$\boldsymbol{\alpha}$在基$\boldsymbol{\alpha}_1,\boldsymbol{\alpha}_2,\cdots,\boldsymbol{\alpha}_n$下的坐标为$\boldsymbol{x}=(x_1,x_2,\cdots,x_n)^{\mathrm{T}}$，在基$\boldsymbol{\beta}_1,\boldsymbol{\beta}_2,\cdots,\boldsymbol{\beta}_n$下的坐标为$\boldsymbol{y}=(y_1,y_2,\cdots,y_n)^{\mathrm{T}}$，基$\boldsymbol{\alpha}_1,\boldsymbol{\alpha}_2,\cdots,\boldsymbol{\alpha}_n$到基$\boldsymbol{\beta}_1,\boldsymbol{\beta}_2,\cdots,\boldsymbol{\beta}_n$的过渡矩阵为$\boldsymbol{C}$，则称

$$\boldsymbol{x}=\boldsymbol{Cy}\ 或\ \boldsymbol{y}=\boldsymbol{C}^{-1}\boldsymbol{x} \tag{2.7}$$

为坐标变换公式.

证 由假设可得

$$\boldsymbol{\alpha}=(\boldsymbol{\alpha}_1,\boldsymbol{\alpha}_2,\cdots,\boldsymbol{\alpha}_n)\begin{pmatrix}x_1\\x_2\\\vdots\\x_n\end{pmatrix}=(\boldsymbol{\beta}_1,\boldsymbol{\beta}_2,\cdots,\boldsymbol{\beta}_n)\begin{pmatrix}y_1\\y_2\\\vdots\\y_n\end{pmatrix}$$

把式（2.6）代入上式得

$$\boldsymbol{\alpha}=(\boldsymbol{\alpha}_1,\boldsymbol{\alpha}_2,\cdots,\boldsymbol{\alpha}_n)\begin{pmatrix}x_1\\x_2\\\vdots\\x_n\end{pmatrix}=(\boldsymbol{\alpha}_1,\boldsymbol{\alpha}_2,\cdots,\boldsymbol{\alpha}_n)\begin{pmatrix}c_{11}&c_{12}&\cdots&c_{1n}\\c_{21}&c_{22}&\cdots&c_{2n}\\\vdots&\vdots&&\vdots\\c_{n1}&c_{n2}&\cdots&c_{nn}\end{pmatrix}\begin{pmatrix}y_1\\y_2\\\vdots\\y_n\end{pmatrix}$$

因为坐标是唯一的，所以

$$\begin{pmatrix}x_1\\x_2\\\vdots\\x_n\end{pmatrix}=\begin{pmatrix}c_{11}&c_{12}&\cdots&c_{1n}\\c_{21}&c_{22}&\cdots&c_{2n}\\\vdots&\vdots&&\vdots\\c_{n1}&c_{n2}&\cdots&c_{nn}\end{pmatrix}\begin{pmatrix}y_1\\y_2\\\vdots\\y_n\end{pmatrix}，即\ \boldsymbol{x}=\boldsymbol{Cy}\ 或\ \boldsymbol{y}=\boldsymbol{C}^{-1}\boldsymbol{x}.$$

定理 2.7 设$\boldsymbol{\alpha}_1,\boldsymbol{\alpha}_2,\cdots,\boldsymbol{\alpha}_n$是数域$P$上$n$维线性空间$V$的一个基，$\boldsymbol{\alpha},\boldsymbol{\beta}\in V$，它们关于基的坐标分别为$(x_1,x_2,\cdots,x_n)^{\mathrm{T}}$和$(y_1,y_2,\cdots,y_n)^{\mathrm{T}}$，设$k\in P$，则有以下结论.

（1）$\boldsymbol{\alpha}+\boldsymbol{\beta}$在基$\boldsymbol{\alpha}_1,\boldsymbol{\alpha}_2,\cdots,\boldsymbol{\alpha}_n$下的坐标是$(x_1+y_1,x_2+y_2,\cdots,x_n+y_n)^{\mathrm{T}}$.

（2）$k\boldsymbol{\alpha}$在基$\boldsymbol{\alpha}_1,\boldsymbol{\alpha}_2,\cdots,\boldsymbol{\alpha}_n$下的坐标是$(kx_1,kx_2,\cdots,kx_n)^{\mathrm{T}}$.

定理 2.8 设$\boldsymbol{\alpha}_1,\boldsymbol{\alpha}_2,\cdots,\boldsymbol{\alpha}_n$，$\boldsymbol{\beta}_1,\boldsymbol{\beta}_2,\cdots,\boldsymbol{\beta}_n$，$\boldsymbol{\gamma}_1,\boldsymbol{\gamma}_2,\cdots,\boldsymbol{\gamma}_n$都是$n$维线性空间$V$的基，基$\boldsymbol{\alpha}_1,\boldsymbol{\alpha}_2,\cdots,\boldsymbol{\alpha}_n$到基$\boldsymbol{\beta}_1,\boldsymbol{\beta}_2,\cdots,\boldsymbol{\beta}_n$的过渡矩阵为$\boldsymbol{A}$，基$\boldsymbol{\beta}_1,\boldsymbol{\beta}_2,\cdots,\boldsymbol{\beta}_n$到基$\boldsymbol{\gamma}_1,\boldsymbol{\gamma}_2,\cdots,\boldsymbol{\gamma}_n$的过渡矩阵为$\boldsymbol{B}$，基$\boldsymbol{\alpha}_1,\boldsymbol{\alpha}_2,\cdots,\boldsymbol{\alpha}_n$到基$\boldsymbol{\gamma}_1,\boldsymbol{\gamma}_2,\cdots,\boldsymbol{\gamma}_n$的过渡矩阵为$\boldsymbol{C}$，则$\boldsymbol{C}=\boldsymbol{AB}$.

证 由$(\boldsymbol{\beta}_1,\boldsymbol{\beta}_2,\cdots,\boldsymbol{\beta}_n)=(\boldsymbol{\alpha}_1,\boldsymbol{\alpha}_2,\cdots,\boldsymbol{\alpha}_n)\boldsymbol{A}$，$(\boldsymbol{\gamma}_1,\boldsymbol{\gamma}_2,\cdots,\boldsymbol{\gamma}_n)=(\boldsymbol{\beta}_1,\boldsymbol{\beta}_2,\cdots,\boldsymbol{\beta}_n)\boldsymbol{B}$可得

$$(\boldsymbol{\gamma}_1,\boldsymbol{\gamma}_2,\cdots,\boldsymbol{\gamma}_n)=((\boldsymbol{\alpha}_1,\boldsymbol{\alpha}_2,\cdots,\boldsymbol{\alpha}_n)\boldsymbol{A})\boldsymbol{B}=(\boldsymbol{\alpha}_1,\boldsymbol{\alpha}_2,\cdots,\boldsymbol{\alpha}_n)\boldsymbol{AB}$$

例 2.15 在$\mathbf{R}^3$中，$\boldsymbol{\alpha}_1=\begin{pmatrix}-3\\2\\-1\end{pmatrix}$，$\boldsymbol{\alpha}_2=\begin{pmatrix}0\\-1\\2\end{pmatrix}$，$\boldsymbol{\alpha}_3=\begin{pmatrix}-1\\2\\-1\end{pmatrix}$，证明$\boldsymbol{\alpha}_1,\boldsymbol{\alpha}_2,\boldsymbol{\alpha}_3$是$\mathbf{R}^3$的一个基，并求

出$\boldsymbol{\alpha}=\begin{pmatrix}3\\12\\7\end{pmatrix}$在此基下的坐标.

解　取 $\mathbf{R}^3$ 中的标准基 $\boldsymbol{\varepsilon}_1=\begin{pmatrix}1\\0\\0\end{pmatrix}$，$\boldsymbol{\varepsilon}_2=\begin{pmatrix}0\\1\\0\end{pmatrix}$，$\boldsymbol{\varepsilon}_3=\begin{pmatrix}0\\0\\1\end{pmatrix}$，则 $(\boldsymbol{\alpha}_1,\boldsymbol{\alpha}_2,\boldsymbol{\alpha}_3)=(\boldsymbol{\varepsilon}_1,\boldsymbol{\varepsilon}_2,\boldsymbol{\varepsilon}_3)\boldsymbol{A}$，其中 $\boldsymbol{A}=\begin{pmatrix}-3&0&-1\\2&-1&2\\-1&2&-1\end{pmatrix}$，易知 $\boldsymbol{A}$ 可逆，故 $\boldsymbol{\alpha}_1,\boldsymbol{\alpha}_2,\boldsymbol{\alpha}_3$ 是 $\mathbf{R}^3$ 的一个基，且 $\boldsymbol{A}$ 为标准基到基 $\boldsymbol{\alpha}_1,\boldsymbol{\alpha}_2,\boldsymbol{\alpha}_3$ 的过渡矩阵．因为 $\boldsymbol{\alpha}$ 在标准基下的坐标为$\begin{pmatrix}3\\12\\7\end{pmatrix}$，所以，设 $\boldsymbol{\alpha}$ 在基 $\boldsymbol{\alpha}_1,\boldsymbol{\alpha}_2,\boldsymbol{\alpha}_3$ 下的坐标为$\begin{pmatrix}x_1\\x_2\\x_3\end{pmatrix}$，则

$$\begin{pmatrix}3\\12\\7\end{pmatrix}=\boldsymbol{A}\begin{pmatrix}x_1\\x_2\\x_3\end{pmatrix},\quad \begin{pmatrix}x_1\\x_2\\x_3\end{pmatrix}=\boldsymbol{A}^{-1}\begin{pmatrix}3\\12\\7\end{pmatrix}=\begin{pmatrix}-\dfrac{20}{3}\\\dfrac{46}{3}\\17\end{pmatrix}.$$

例 2.16　在线性空间 $P[x]_3$ 中取以下两个基：

$$\begin{cases}f_1(x)=x^3+2x^2-x\\f_2(x)=x^3-x^2+x+1\\f_3(x)=-x^3+2x^2+x+1\\f_4(x)=-x^3-x^2+1\end{cases}\qquad\begin{cases}g_1(x)=2x^3+x^2+1\\g_2(x)=x^2+2x+2\\g_3(x)=-2x^3+x^2+x+2\\g_4(x)=x^3+3x^2+x+2\end{cases}$$

求由基 $f_1(x),f_2(x),f_3(x),f_4(x)$ 到基 $g_1(x),g_2(x),g_3(x),g_4(x)$ 的过渡矩阵.

解　采用中介法求出过渡矩阵．取 $P[x]_3$ 的基为 $x^3,x^2,x,1$，则有

$$(f_1(x),f_2(x),f_3(x),f_4(x))=(x^3,x^2,x,1)\boldsymbol{A}$$
$$(g_1(x),g_2(x),g_3(x),g_4(x))=(x^3,x^2,x,1)\boldsymbol{B}$$

其中

$$\boldsymbol{A}=\begin{pmatrix}1&1&-1&-1\\2&-1&2&-1\\-1&1&1&0\\0&1&1&1\end{pmatrix},\quad \boldsymbol{B}=\begin{pmatrix}2&0&-2&1\\1&1&1&3\\0&2&1&1\\1&2&2&2\end{pmatrix}$$

从而

$$(g_1(x),g_2(x),g_3(x),g_4(x))=(f_1(x),f_2(x),f_3(x),f_4(x))\boldsymbol{A}^{-1}\boldsymbol{B}$$

即由基 $f_1(x),f_2(x),f_3(x),f_4(x)$ 到基 $g_1(x),g_2(x),g_3(x),g_4(x)$ 的过渡矩阵为

$$\boldsymbol{C}=\boldsymbol{A}^{-1}\boldsymbol{B}=\begin{pmatrix}1&0&0&1\\1&1&0&1\\0&1&1&1\\0&0&1&0\end{pmatrix}$$

例 2.17 在 $\mathbf{R}^{2\times2}$ 中取以下两个基：

$$\boldsymbol{B}_1=\begin{pmatrix}1&0\\0&1\end{pmatrix},\quad \boldsymbol{B}_2=\begin{pmatrix}1&0\\0&-1\end{pmatrix},\quad \boldsymbol{B}_3=\begin{pmatrix}0&1\\1&0\end{pmatrix},\quad \boldsymbol{B}_4=\begin{pmatrix}0&1\\-1&0\end{pmatrix}\quad (\text{I})$$

$$\boldsymbol{C}_1=\begin{pmatrix}1&1\\1&1\end{pmatrix},\quad \boldsymbol{C}_2=\begin{pmatrix}1&1\\1&0\end{pmatrix},\quad \boldsymbol{C}_3=\begin{pmatrix}1&1\\0&0\end{pmatrix},\quad \boldsymbol{C}_4=\begin{pmatrix}1&0\\0&0\end{pmatrix}\quad (\text{II})$$

求：① 由基（I）到基（II）的过渡矩阵；② 两个基的坐标变换公式.

解 ① 取 $\mathbf{R}^{2\times2}$ 的基为式（2.3），则有

$$(\boldsymbol{B}_1,\boldsymbol{B}_2,\boldsymbol{B}_3,\boldsymbol{B}_4)=(\boldsymbol{E}_{11},\boldsymbol{E}_{12},\boldsymbol{E}_{21},\boldsymbol{E}_{22})\boldsymbol{B}$$
$$(\boldsymbol{C}_1,\boldsymbol{C}_2,\boldsymbol{C}_3,\boldsymbol{C}_4)=(\boldsymbol{E}_{11},\boldsymbol{E}_{12},\boldsymbol{E}_{21},\boldsymbol{E}_{22})\boldsymbol{C}$$

其中

$$\boldsymbol{B}=\begin{pmatrix}1&1&0&0\\0&0&1&1\\0&0&1&-1\\1&-1&0&0\end{pmatrix},\quad \boldsymbol{C}=\begin{pmatrix}1&1&1&1\\1&1&1&0\\1&1&0&0\\1&0&0&0\end{pmatrix}$$

于是 $(\boldsymbol{C}_1,\boldsymbol{C}_2,\boldsymbol{C}_3,\boldsymbol{C}_4)=(\boldsymbol{B}_1,\boldsymbol{B}_2,\boldsymbol{B}_3,\boldsymbol{B}_4)\boldsymbol{B}^{-1}\boldsymbol{C}$，即由基（I）到基（II）的过渡矩阵为

$$\boldsymbol{P}=\boldsymbol{B}^{-1}\boldsymbol{C}=\frac{1}{2}\begin{pmatrix}2&1&1&1\\0&1&1&1\\2&2&1&0\\0&0&1&0\end{pmatrix}$$

② 设向量 $\boldsymbol{A}\in\mathbf{R}^{2\times2}$ 在基（I）和基（II）下的坐标分别为 $(x_1,x_2,x_3,x_4)^{\mathrm{T}}$ 与 $(y_1,y_2,y_3,y_4)^{\mathrm{T}}$，则可得坐标变换公式为

$$\begin{pmatrix}x_1\\x_2\\x_3\\x_4\end{pmatrix}=\boldsymbol{P}\begin{pmatrix}y_1\\y_2\\y_3\\y_4\end{pmatrix}=\frac{1}{2}\begin{pmatrix}2y_1+y_2+y_3+y_4\\y_2+y_3+y_4\\2y_1+2y_2+y_3\\y_3\end{pmatrix}$$

2.2 线性子空间

前面讨论了线性空间的定义及其基、维数、坐标. 本节对线性空间的子空间，即线性子空间做介绍.

2.2.1 线性子空间的概念

定义 2.7 设 V 是数域 P 上的线性空间，W 是 V 的一个非空子集，如果 W 对 V 中的加法和数乘也构成 P 上的线性空间，则称 W 为 V 的一个线性子空间，简称子空间.

对于线性空间 V，显然，仅由 V 的零元构成的集合 $\{\boldsymbol{\theta}\}$ 是 V 的子空间，称为 V 的零子空间；V 本身也是 V 的子空间. 这两个子空间称为 V 的平凡子空间或假子空间，V 的其他子空间称为 V 的非平凡子空间或真子空间.

由于子空间也是线性空间，因此前面引入的有关基、维数与坐标等的概念对子空间也成立.

在判断一个非空子集是否为子空间时，可以按照线性空间的定义来判断，但利用定理 2.9 来判断更方便.

定理 2.9 数域 P 上的线性空间 V 的非空子集 W 是 V 的子空间的充要条件是 W 对于 V 中规定的加法与数乘运算封闭，即满足以下条件.

（1）如果 $\boldsymbol{\alpha},\boldsymbol{\beta}\in W$，则 $\boldsymbol{\alpha}+\boldsymbol{\beta}\in W$.

（2）如果 $\boldsymbol{\alpha}\in W$，$k\in P$，则 $k\boldsymbol{\alpha}\in W$.

证 必要性显然成立. 下面证明充分性.

因为 W 对于 V 中的加法与数乘运算封闭，所以只需验证其满足定义 2.1 中的 8 条运算规律. 由于 W 中的元素均是 V 中的元素，因此定义 2.1 中的（1）、（2）、（5）～（8）显然成立. 又设 $\boldsymbol{\alpha}\in W\subset V$，由于 $\boldsymbol{\theta}=\boldsymbol{\alpha}+(-1)\boldsymbol{\alpha}\in W$，$-\boldsymbol{\alpha}=(-1)\boldsymbol{\alpha}\in W$，故（3）与（4）也成立，从而证明 W 是一个线性空间.

显然，如果 W 是 V（$\dim V\geqslant 2$）的非平凡子空间，则 $0<\dim W<\dim V$.

例 2.18 $P[x]_{n-1}$ 是线性空间 $P[x]_n$ 的子空间.

例 2.19 设 $\boldsymbol{A}\in\mathbf{C}^{m\times n}$，则齐次线性方程组 $\boldsymbol{Ax}=\mathbf{0}$ 的解空间（也称矩阵 $\boldsymbol{A}$ 的核空间）

$$N(\boldsymbol{A})=\left\{\boldsymbol{x}\in\mathbf{C}^n\,\middle|\,\boldsymbol{Ax}=\mathbf{0}\right\}$$

是 $\mathbf{C}^n$ 的子空间，且 $\dim N(\boldsymbol{A})=n-\operatorname{rank}(\boldsymbol{A})$.

例 2.20 函数集合 $\left\{f(x)\in C[a,b]\,\middle|\,f(a)=0\right\}$ 是线性空间 $C[a,b]$ 的子空间.

例 2.21 函数集合 $\left\{f(x)\in C[a,b]\,\middle|\,f(a)=1\right\}$ 不是线性空间 $C[a,b]$ 的子空间.

例 2.22 取线性空间 $\mathbf{R}^{n\times n}$ 的子集

$$\mathbf{SR}^{n\times n}=\left\{\boldsymbol{A}\,\middle|\,\boldsymbol{A}^{\mathrm{T}}=\boldsymbol{A},\ \boldsymbol{A}\in\mathbf{R}^{n\times n}\right\}$$

证明 $\mathbf{SR}^{n\times n}$ 是 $\mathbf{R}^{n\times n}$ 的子空间，并求其维数.

证 因为 $\boldsymbol{O}\in\mathbf{SR}^{n\times n}$，所以 $\mathbf{SR}^{n\times n}$ 非空. 对任意 $\boldsymbol{A},\boldsymbol{B}\in\mathbf{SR}^{n\times n}$，有 $\boldsymbol{A}^{\mathrm{T}}=\boldsymbol{A}$，$\boldsymbol{B}^{\mathrm{T}}=\boldsymbol{B}$，从而 $(\boldsymbol{A}+\boldsymbol{B})^{\mathrm{T}}=\boldsymbol{A}^{\mathrm{T}}+\boldsymbol{B}^{\mathrm{T}}=\boldsymbol{A}+\boldsymbol{B}$，即 $\boldsymbol{A}+\boldsymbol{B}\in\mathbf{SR}^{n\times n}$；又对任意 $k\in P$ 和 $\boldsymbol{A}\in\mathbf{SR}^{n\times n}$，有 $(k\boldsymbol{A})^{\mathrm{T}}=k\boldsymbol{A}^{\mathrm{T}}=k\boldsymbol{A}$，即 $k\boldsymbol{A}\in\mathbf{SR}^{n\times n}$，故 $\mathbf{SR}^{n\times n}$ 是 $\mathbf{R}^{n\times n}$ 的子空间. 取 $\mathbf{SR}^{n\times n}$ 中的 $\dfrac{n(n+1)}{2}$ 个矩阵

$$\boldsymbol{F}_{ij}=\boldsymbol{E}_{ij}+\boldsymbol{E}_{ji}\qquad(i,j=1,2,\cdots,n;\ \ i<j)$$

$$\boldsymbol{F}_{ii}=\boldsymbol{E}_{ii}\qquad(i=1,2,\cdots,n)$$

容易证明该矩阵组线性无关，且对任意 $\boldsymbol{A}=(a_{ij})_{n\times n}\in\mathbf{SR}^{n\times n}$，有

$$\boldsymbol{A}=\sum_{i=1}^{n}\sum_{j=1}^{n}a_{ij}\boldsymbol{F}_{ij}$$

故 $\dim\mathbf{SR}^{n\times n}=\dfrac{n(n+1)}{2}$.

例 2.23 取线性空间 $P[x]_3$ 的子集

$$W=\left\{f(x)\,\middle|\,f(x)=a_0+a_1x+a_2x^2+a_3x^3,a_0+a_1+a_2=0\right\}$$

证明 W 是 $P[x]_3$ 的子空间，并求 W 的维数.

证 因为 $0\in W$，所以 W 非空. 对任意 $f(x),g(x)\in W$，$k\in P$，有

$$f(x)=a_0+a_1x+a_2x^2+a_3x^3,\quad g(x)=b_0+b_1x+b_2x^2+b_3x^3$$

其中，$a_0+a_1+a_2=0$；$b_0+b_1+b_2=0$. 由于

$$f(x)+g(x)=(a_0+b_0)+(a_1+b_1)x+(a_2+b_2)x^2+(a_3+b_3)x^3$$
$$kf(x)=(ka_0)+(ka_1)x+(ka_2)x^2+(ka_3)x^3$$

且

$$(a_0+b_0)+(a_1+b_1)+(a_2+b_2)=(a_0+a_1+a_2)+(b_0+b_1+b_2)=0$$
$$(ka_0)+(ka_1)+(ka_2)=k(a_0+a_1+a_2)=0$$

因此$f(x)+g(x)\in W$，$kf(x)\in W$，故W是$P[x]_3$的子空间．取W中的 3 个多项式

$$f_1(x)=1-x\text{，}\quad f_2(x)=1-x^2\text{，}\quad f_3(x)=x^3$$

容易证明该多项式组线性无关，且对任意$f(x)\in W$，都有

$$f(x)=-a_1f_1(x)-a_2f_2(x)+a_3f_3(x)$$

故$\dim W=3$．

常用以下方法来得到子空间．

定理 2.10 设V是数域P上的线性空间，在V中任意取m个向量$\boldsymbol{\alpha}_1,\boldsymbol{\alpha}_2,\cdots,\boldsymbol{\alpha}_m$，令

$$W=\{k_1\boldsymbol{\alpha}_1+k_2\boldsymbol{\alpha}_2+\cdots+k_m\boldsymbol{\alpha}_m \mid k_1,k_2,\cdots,k_m\in P\}$$

则W是V的子空间，称之为由$\boldsymbol{\alpha}_1,\boldsymbol{\alpha}_2,\cdots,\boldsymbol{\alpha}_m$生成的子空间，记为$\mathrm{span}\{\boldsymbol{\alpha}_1,\boldsymbol{\alpha}_2,\cdots,\boldsymbol{\alpha}_m\}$．

证 由于$\boldsymbol{\alpha}_1\in W$，所以$W$非空．对任意$\boldsymbol{\alpha},\boldsymbol{\beta}\in W$，$k\in P$，都有

$$\boldsymbol{\alpha}=k_1\boldsymbol{\alpha}_1+k_2\boldsymbol{\alpha}_2+\cdots+k_m\boldsymbol{\alpha}_m\text{，}\quad \boldsymbol{\beta}=l_1\boldsymbol{\alpha}_1+l_2\boldsymbol{\alpha}_2+\cdots+l_m\boldsymbol{\alpha}_m$$

由于

$$\boldsymbol{\alpha}+\boldsymbol{\beta}=(k_1+l_1)\boldsymbol{\alpha}_1+(k_2+l_2)\boldsymbol{\alpha}_2+\cdots+(k_m+l_m)\boldsymbol{\alpha}_m\in W$$
$$k\boldsymbol{\alpha}=(kk_1)\boldsymbol{\alpha}_1+(kk_2)\boldsymbol{\alpha}_2+\cdots+(kk_m)\boldsymbol{\alpha}_m\in W$$

因此W是V的子空间．

生成子空间的重要意义在于有限维线性空间V是由它的基$\boldsymbol{\alpha}_1,\boldsymbol{\alpha}_2,\cdots,\boldsymbol{\alpha}_n$生成的子空间，即$V=\mathrm{span}\{\boldsymbol{\alpha}_1,\boldsymbol{\alpha}_2,\cdots,\boldsymbol{\alpha}_n\}$．

由定义容易证明生成子空间的如下结论．

结论 1 设$\boldsymbol{\alpha}_1,\boldsymbol{\alpha}_2,\cdots,\boldsymbol{\alpha}_s$和$\boldsymbol{\beta}_1,\boldsymbol{\beta}_2,\cdots,\boldsymbol{\beta}_t$是线性空间$V$的两个向量组．若$\boldsymbol{\alpha}_1,\boldsymbol{\alpha}_2,\cdots,\boldsymbol{\alpha}_s$可由$\boldsymbol{\beta}_1,\boldsymbol{\beta}_2,\cdots,\boldsymbol{\beta}_t$线性表示，则

$$\mathrm{span}\{\boldsymbol{\alpha}_1,\boldsymbol{\alpha}_2,\cdots,\boldsymbol{\alpha}_s\}\subset\mathrm{span}\{\boldsymbol{\beta}_1,\boldsymbol{\beta}_2,\cdots,\boldsymbol{\beta}_t\}$$

若$\boldsymbol{\alpha}_1,\boldsymbol{\alpha}_2,\cdots,\boldsymbol{\alpha}_s$与$\boldsymbol{\beta}_1,\boldsymbol{\beta}_2,\cdots,\boldsymbol{\beta}_t$等价，则

$$\mathrm{span}\{\boldsymbol{\alpha}_1,\boldsymbol{\alpha}_2,\cdots,\boldsymbol{\alpha}_s\}=\mathrm{span}\{\boldsymbol{\beta}_1,\boldsymbol{\beta}_2,\cdots,\boldsymbol{\beta}_t\}$$

结论 2 $\mathrm{span}\{\boldsymbol{\alpha}_1,\boldsymbol{\alpha}_2,\cdots,\boldsymbol{\alpha}_s\}$的维数等于向量组$\boldsymbol{\alpha}_1,\boldsymbol{\alpha}_2,\cdots,\boldsymbol{\alpha}_s$的秩，且$\boldsymbol{\alpha}_1,\boldsymbol{\alpha}_2,\cdots,\boldsymbol{\alpha}_s$的任一极大无关组是该生成子空间的基．

下面的定理称为基的扩充定理．

定理 2.11 设W是n维线性空间V的m维子空间，则W的任何一个基都可以扩充成V的一个基．

证 设$\boldsymbol{\alpha}_1,\boldsymbol{\alpha}_2,\cdots,\boldsymbol{\alpha}_m$是$W$的一个基，对维数差$n-m$做归纳法证明．

当$n-m=0$时，定理显然成立，此时W的基就是V的基．

假设$n-m=k$时定理成立，考虑$n-m=k+1$的情形．因为$\boldsymbol{\alpha}_1,\boldsymbol{\alpha}_2,\cdots,\boldsymbol{\alpha}_m\in V$且线性无关，但其又不是$V$的基，所以$\boldsymbol{\alpha}_{m+1}\in V$且$\boldsymbol{\alpha}_{m+1}$不能由$\boldsymbol{\alpha}_1,\boldsymbol{\alpha}_2,\cdots,\boldsymbol{\alpha}_m$线性表示．因而$\boldsymbol{\alpha}_1,\boldsymbol{\alpha}_2,\cdots,\boldsymbol{\alpha}_m,\boldsymbol{\alpha}_{m+1}$线性无关．由于$\mathrm{span}\{\boldsymbol{\alpha}_1,\boldsymbol{\alpha}_2,\cdots,\boldsymbol{\alpha}_m,\boldsymbol{\alpha}_{m+1}\}$是$V$的$m+1$维生成子空间，且

$$n-(m+1)=(n-m)-1=(k+1)-1=k$$

由归纳假设可知，$\boldsymbol{\alpha}_1,\boldsymbol{\alpha}_2,\cdots,\boldsymbol{\alpha}_m,\boldsymbol{\alpha}_{m+1}$ 可以扩充成 V 的基．因此 $\boldsymbol{\alpha}_1,\boldsymbol{\alpha}_2,\cdots,\boldsymbol{\alpha}_m$ 可以扩充成 V 的基．

2.2.2　子空间的交与和

下面讨论子空间的交与和的概念和性质．

定义 2.8　设 W_1 和 W_2 是线性空间 V 的两个子空间，则 V 的子集

$$W_1\cap W_2=\{\boldsymbol{\alpha}|\boldsymbol{\alpha}\in W\cap W_2\}$$

$$W_1+W_2=\{\boldsymbol{\alpha}=\boldsymbol{\alpha}_1+\boldsymbol{\alpha}_2|\boldsymbol{\alpha}\in W_1,\ \boldsymbol{\alpha}\in W_2\}$$

分别称为 W_1 和 W_2 的**交**与**和**．

定理 2.12　设 W_1 和 W_2 是线性空间 V 的两个子空间，则 $W_1\cap W_2$ 与 W_1+W_2 都是 V 的子空间．

证　下面仅对 W_1+W_2 的情况给予证明．

首先，因为 $0+0=0\in W_1+W_2$，所以 W_1+W_2 非空．

再设 $\boldsymbol{\alpha},\boldsymbol{\beta}\in W_1+W_2$ 及 $k\in P$，则 $\boldsymbol{\alpha}=\boldsymbol{\alpha}_1+\boldsymbol{\alpha}_2$，$\boldsymbol{\beta}=\boldsymbol{\beta}_1+\boldsymbol{\beta}_2$，其中，$\boldsymbol{\alpha}_1,\boldsymbol{\beta}_1\in W_1$，$\boldsymbol{\alpha}_2,\boldsymbol{\beta}_2\in W_2$．于是

$$\boldsymbol{\alpha}+\boldsymbol{\beta}=(\boldsymbol{\alpha}_1+\boldsymbol{\alpha}_2)+(\boldsymbol{\beta}_1+\boldsymbol{\beta}_2)=(\boldsymbol{\alpha}_1+\boldsymbol{\beta}_1)+(\boldsymbol{\alpha}_2+\boldsymbol{\beta}_2)\in W_1+W_2$$

$$k\boldsymbol{\alpha}=k(\boldsymbol{\alpha}_1+\boldsymbol{\alpha}_2)=k\boldsymbol{\alpha}_1+k\boldsymbol{\alpha}_2\in W_1+W_2$$

即 W_1+W_2 关于加法和数乘运算封闭，因此它是 V 的子空间．

需要注意的是，两个子空间的并 $W_1\cup W_2=\{\boldsymbol{\alpha}|\boldsymbol{\alpha}\in W_1$ 或 $\boldsymbol{\alpha}\in W_2\}$ 不一定还是子空间．例如，设 $V=\mathbf{R}^2$，取 $\boldsymbol{\alpha},\boldsymbol{\beta}\in\mathbf{R}^2$，且 $\boldsymbol{\alpha},\boldsymbol{\beta}$ 线性无关，令 $W_1=\mathrm{span}\{\boldsymbol{\alpha}\}$，$W_2=\mathrm{span}\{\boldsymbol{\beta}\}$，则 $W_1\cup W_2$ 不是子空间．

交与和的运算性质如下．

（1）**交换律**：$W_1\cap W_2=W_2\cap W_1$，$W_1+W_2=W_2+W_1$．

（2）**结合律**：$(W_1\cap W_2)\cap W_3=W_1\cap(W_2\cap W_3)$，$(W_1+W_2)+W_3=W_1+(W_2+W_3)$．

（3）下列 3 个条件等价：$W_1\subseteq W_2$，$W_1\cap W_2=W_1$，$W_1+W_2=W_2$．

例 2.24　设 W_1 和 W_2 分别是齐次线性方程组 $\boldsymbol{Ax}=\mathbf{0}$ 与 $\boldsymbol{Bx}=\mathbf{0}$ 的解空间，则 $W_1\cap W_2$ 为方程组 $\begin{cases}\boldsymbol{Ax}=\mathbf{0}\\ \boldsymbol{Bx}=\mathbf{0}\end{cases}$ 的解空间．

例 2.25　设 $W_1=\mathrm{span}\{\boldsymbol{A}_1,\boldsymbol{A}_2\}$，$W_2=\mathrm{span}\{\boldsymbol{A}_3,\boldsymbol{A}_4\}$，其中

$$\boldsymbol{A}_1=\begin{pmatrix}1&-1\\0&1\end{pmatrix},\quad \boldsymbol{A}_2=\begin{pmatrix}2&-2\\0&2\end{pmatrix},\quad \boldsymbol{A}_3=\begin{pmatrix}1&1\\1&0\end{pmatrix},\quad \boldsymbol{A}_4=\begin{pmatrix}2&0\\1&1\end{pmatrix}$$

求 W_1+W_2 和 $W_1\cap W_2$ 的基与维数．

解　容易证明

$$W_1+W_2=\mathrm{span}\{\boldsymbol{A}_1,\boldsymbol{A}_2\}+\mathrm{span}\{\boldsymbol{A}_3,\boldsymbol{A}_4\}=\mathrm{span}\{\boldsymbol{A}_1,\boldsymbol{A}_2,\boldsymbol{A}_3,\boldsymbol{A}_4\}$$

易求得矩阵组 $\mathrm{rank}\{\boldsymbol{A}_1,\boldsymbol{A}_2,\boldsymbol{A}_3,\boldsymbol{A}_4\}=2$，且 $\boldsymbol{A}_1,\boldsymbol{A}_3$ 是 $\boldsymbol{A}_1,\boldsymbol{A}_2,\boldsymbol{A}_3,\boldsymbol{A}_4$ 的一个极大无关组，因此 $\dim(W_1+W_2)=2$，且 $\boldsymbol{A}_1,\boldsymbol{A}_3$ 是 W_1+W_2 的一个基．

下面求 $W_1\cap W_2$ 的基与维数．对任意矩阵 $\boldsymbol{A}\in W_1\cap W_2$，都有 $\boldsymbol{A}\in W_1$ 且 $\boldsymbol{A}\in W_2$，即存在 $x_1,x_2,x_3,x_4\in P$，使得 $\boldsymbol{A}=x_1\boldsymbol{A}_1+x_2\boldsymbol{A}_2=x_3\boldsymbol{A}_3+x_4\boldsymbol{A}_4$，即

$$x_1\boldsymbol{A}_1+x_2\boldsymbol{A}_2-x_3\boldsymbol{A}_3-x_4\boldsymbol{A}_4=\boldsymbol{O}$$

从而得方程组

$$\begin{cases}x_1+2x_2-x_3-2x_4=0\\-x_1-2x_2-x_3=0\\-x_3-x_4=0\\x_1+2x_2-x_4=0\end{cases}$$

解得

$$\begin{cases}x_1=-2k_1+k_2\\x_2=k_1\\x_3=-k_2\\x_4=k_2\end{cases}$$

其中，$k_1,k_2\in P$．于是$\boldsymbol{A}=-k_2\boldsymbol{A}_3+k_2\boldsymbol{A}_4=k_2(-\boldsymbol{A}_3+\boldsymbol{A}_4)$，因此$\dim(W_1\cap W_2)=1$，且$-\boldsymbol{A}_3+\boldsymbol{A}_4$是$W_1\cap W_2$的一个基.

由例 2.25 可知，$\dim(W_1\cap W_2)=1$，$\dim(W_1+W_2)=2$且$\dim W_1=1$，$\dim W_2=2$．可见，在该例中，子空间W_1和W_2及其交与和的维数满足下列关系：

$$\dim(W_1+W_2)+\dim(W_1\cap W_2)=\dim W_1+\dim W_2$$

那么，对于一般的子空间，该结论是否成立呢？事实上，关于子空间及其交与和的维数，有下列定理（定理 2.13).

定理 2.13（维数定理） 设W_1和W_2是数域P上的线性空间V的子空间，则

$$\dim(W_1+W_2)=\dim W_1+\dim W_2-\dim(W_1\cap W_2)$$

证 设$\dim W_1=r$，$\dim W_2=s$，$\dim(W_1\cap W_2)=m$．显然，$m\leqslant r$，$m\leqslant s$．

若$m\neq 0$，取$W_1\cap W_2$的一个基$\boldsymbol{\alpha}_1,\boldsymbol{\alpha}_2,\cdots,\boldsymbol{\alpha}_m$，把它分别扩充成$W_1$和$W_2$的基$\boldsymbol{\alpha}_1,\boldsymbol{\alpha}_2,\cdots,\boldsymbol{\alpha}_m,\boldsymbol{\beta}_1,\boldsymbol{\beta}_2,\cdots,\boldsymbol{\beta}_{r-m}$与$\boldsymbol{\alpha}_1,\boldsymbol{\alpha}_2,\cdots,\boldsymbol{\alpha}_m,\boldsymbol{\gamma}_1,\boldsymbol{\gamma}_2,\cdots,\boldsymbol{\gamma}_{s-m}$，则

$$W_1+W_2=\operatorname{span}(\boldsymbol{\alpha}_1,\boldsymbol{\alpha}_2,\cdots,\boldsymbol{\alpha}_m,\boldsymbol{\beta}_1,\boldsymbol{\beta}_2,\cdots,\boldsymbol{\beta}_{r-m},\boldsymbol{\gamma}_1,\boldsymbol{\gamma}_2,\cdots,\boldsymbol{\gamma}_{s-m})$$

下面证明$\boldsymbol{\alpha}_1,\boldsymbol{\alpha}_2,\cdots,\boldsymbol{\alpha}_m,\boldsymbol{\beta}_1,\boldsymbol{\beta}_2,\cdots,\boldsymbol{\beta}_{r-m},\boldsymbol{\gamma}_1,\boldsymbol{\gamma}_2,\cdots,\boldsymbol{\gamma}_{s-m}$线性无关．设

$$k_1\boldsymbol{\alpha}_1+k_2\boldsymbol{\alpha}_2+\cdots+k_m\boldsymbol{\alpha}_m+p_1\boldsymbol{\beta}_1+p_2\boldsymbol{\beta}_2+\cdots+p_{r-m}\boldsymbol{\beta}_{r-m}+q_1\boldsymbol{\gamma}_1+q_2\boldsymbol{\gamma}_2+\cdots+q_{s-m}\boldsymbol{\gamma}_{s-m}=\boldsymbol{\theta}$$

令

$$\boldsymbol{\alpha}=k_1\boldsymbol{\alpha}_1+k_2\boldsymbol{\alpha}_2+\cdots+k_m\boldsymbol{\alpha}_m+p_1\boldsymbol{\beta}_1+p_2\boldsymbol{\beta}_2+\cdots+p_{r-m}\boldsymbol{\beta}_{r-m}=-q_1\boldsymbol{\gamma}_1-q_2\boldsymbol{\gamma}_2-\cdots-q_{s-m}\boldsymbol{\gamma}_{s-m}$$

则$\boldsymbol{\alpha}\in W_1\cap W_2$，即$\boldsymbol{\alpha}$可由$\boldsymbol{\alpha}_1,\boldsymbol{\alpha}_2,\cdots,\boldsymbol{\alpha}_m$线性表示，设$\boldsymbol{\alpha}=l_1\boldsymbol{\alpha}_1+l_2\boldsymbol{\alpha}_2+\cdots+l_m\boldsymbol{\alpha}_m$，从而

$$l_1\boldsymbol{\alpha}_1+l_2\boldsymbol{\alpha}_2+\cdots+l_m\boldsymbol{\alpha}_m+q_1\boldsymbol{\gamma}_1+q_2\boldsymbol{\gamma}_2+\cdots+q_{s-m}\boldsymbol{\gamma}_{s-m}=\boldsymbol{\theta}$$

由$\boldsymbol{\alpha}_1,\boldsymbol{\alpha}_2,\cdots,\boldsymbol{\alpha}_m,\boldsymbol{\gamma}_1,\boldsymbol{\gamma}_2,\cdots,\boldsymbol{\gamma}_{s-m}$是$W_2$的一个基可知$l_1=l_2=\cdots=l_m=q_1=q_2=\cdots=q_{s-m}=0$．于是$\boldsymbol{\alpha}=\mathbf{0}$，从而有

$$k_1\boldsymbol{\alpha}_1+k_2\boldsymbol{\alpha}_2+\cdots+k_m\boldsymbol{\alpha}_m+p_1\boldsymbol{\beta}_1+p_2\boldsymbol{\beta}_2+\cdots+p_{r-m}\boldsymbol{\beta}_{r-m}=\boldsymbol{\theta}$$

又因为$\boldsymbol{\alpha}_1,\boldsymbol{\alpha}_2,\cdots,\boldsymbol{\alpha}_m,\boldsymbol{\beta}_1,\boldsymbol{\beta}_2,\cdots,\boldsymbol{\beta}_{r-m}$线性无关，所以$k_1=k_2=\cdots=k_m=p_1=p_2=\cdots=p_{r-m}=0$．于是$\boldsymbol{\alpha}_1,\boldsymbol{\alpha}_2,\cdots,\boldsymbol{\alpha}_m,\boldsymbol{\beta}_1,\boldsymbol{\beta}_2,\cdots,\boldsymbol{\beta}_{r-m},\boldsymbol{\gamma}_1,\boldsymbol{\gamma}_2,\cdots,\boldsymbol{\gamma}_{s-m}$线性无关．故

$$\dim(W_1+W_2)=\dim W_1+\dim W_2-\dim(W_1\cap W_2)$$

若$m=0$，即$W_1\cap W_2=\{\boldsymbol{\theta}\}$，分别取$W_1$和$W_2$的基$\boldsymbol{\beta}_1,\boldsymbol{\beta}_2,\cdots,\boldsymbol{\beta}_r$与$\boldsymbol{\gamma}_1,\boldsymbol{\gamma}_2,\cdots,\boldsymbol{\gamma}_s$．类似地，可证明$\boldsymbol{\beta}_1,\boldsymbol{\beta}_2,\cdots,\boldsymbol{\beta}_r,\boldsymbol{\gamma}_1,\boldsymbol{\gamma}_2,\cdots,\boldsymbol{\gamma}_s$是$W_1+W_2$的基，即维数定理仍成立.

推论 2.1 设W_1和W_2是n维线性空间V的子空间，若$\dim W_1+\dim W_2>n$，则存在非零

向量$\boldsymbol{\alpha} \in W_1 \cap W_2$.

证　由维数定理和条件假设可知，$\dim(W_1+W_2)+\dim(W_1 \cap W_2)=\dim W_1+\dim W_2>n$，又因为$W_1+W_2$是$V$的子空间，所以$\dim(W_1+W_2) \leqslant n$，于是$\dim(W_1 \cap W_2)>0$，从而有$\boldsymbol{\theta} \neq \boldsymbol{\alpha} \in W_1 \cap W_2$.

2.2.3　子空间的直和

在子空间和W_1+W_2中，向量$\boldsymbol{\alpha}$的分解式$\boldsymbol{\alpha}=\boldsymbol{\alpha}_1+\boldsymbol{\alpha}_2$一般是不唯一的．例如，在例 2.25 中，有

$$\boldsymbol{O}=\begin{pmatrix}0&0\\0&0\end{pmatrix}=\boldsymbol{O}+\boldsymbol{O}\ (\boldsymbol{O} \in W_1,\ \boldsymbol{O} \in W_2)$$

或

$$\begin{aligned}\boldsymbol{O}=\begin{pmatrix}0&0\\0&0\end{pmatrix}&=\begin{pmatrix}1&-1\\0&1\end{pmatrix}+\begin{pmatrix}1&1\\1&0\end{pmatrix}-\begin{pmatrix}2&0\\1&1\end{pmatrix}\\&=\boldsymbol{A}_1+(\boldsymbol{A}_3-\boldsymbol{A}_4)\ (\boldsymbol{A}_1 \in W_1,\ \boldsymbol{A}_3-\boldsymbol{A}_4 \in W_2)\end{aligned}$$

即零元素$\boldsymbol{O}$的分解不唯一．针对这种现象，下面介绍子空间的一种特殊的和.

定义 2.9　设W_1和W_2是线性空间V的两个子空间，若W_1+W_2中每个向量$\boldsymbol{\alpha}$的分解式

$$\boldsymbol{\alpha}=\boldsymbol{\alpha}_1+\boldsymbol{\alpha}_2\ (\boldsymbol{\alpha}_1 \in W_1,\ \boldsymbol{\alpha}_2 \in W_2)$$

是唯一的，则称W_1+W_2为W_1与W_2的直和，记为$W_1 \oplus W_2$.

下面给出判断子空间直和的一些等价条件.

定理 2.14　设W_1和W_2是线性空间V的两个子空间，则下列条件等价.

（1）W_1+W_2是直和.

（2）零元素$\boldsymbol{\theta}=\boldsymbol{\alpha}_1+\boldsymbol{\alpha}_2$的分解唯一，其中，$\boldsymbol{\alpha}_1 \in W_1$，$\boldsymbol{\alpha}_2 \in W_2$.

（3）$W_1 \cap W_2=\{\boldsymbol{\theta}\}$.

（4）W_1的基与W_2的基合起来构成W_1+W_2的一个基.

（5）$\dim(W_1+W_2)=\dim W_1+\dim W_2$.

证　（1）⇒（2）：显然成立.

（2）⇒（3）：任取$\boldsymbol{\alpha} \in W_1 \cap W_2$，$\boldsymbol{\theta}=\boldsymbol{\alpha}+(-\boldsymbol{\alpha})\ (\boldsymbol{\alpha} \in W_1, -\boldsymbol{\alpha} \in W_2)$．由（2）可知，$\boldsymbol{\alpha}=-\boldsymbol{\alpha}=\boldsymbol{\theta}$，因此$W_1 \cap W_2=\{\boldsymbol{\theta}\}$.

（3）⇒（4）：设$\boldsymbol{\alpha}_1,\boldsymbol{\alpha}_2,\cdots,\boldsymbol{\alpha}_r$和$\boldsymbol{\beta}_1,\boldsymbol{\beta}_2,\cdots,\boldsymbol{\beta}_s$分别是$W_1$与$W_2$的基，则

$$W_1+W_2=\operatorname{span}(\boldsymbol{\alpha}_1,\boldsymbol{\alpha}_2,\cdots,\boldsymbol{\alpha}_r,\boldsymbol{\beta}_1,\boldsymbol{\beta}_2,\cdots,\boldsymbol{\beta}_s)$$

只需证明$\boldsymbol{\alpha}_1,\boldsymbol{\alpha}_2,\cdots,\boldsymbol{\alpha}_r$，$\boldsymbol{\beta}_1,\boldsymbol{\beta}_2,\cdots,\boldsymbol{\beta}_s$线性无关即可．设

$$k_1\boldsymbol{\alpha}_1+k_2\boldsymbol{\alpha}_2+\cdots+k_r\boldsymbol{\alpha}_r+p_1\boldsymbol{\beta}_1+p_2\boldsymbol{\beta}_2+\cdots+p_s\boldsymbol{\beta}_s=\boldsymbol{\theta}$$

则

$$k_1\boldsymbol{\alpha}_1+k_2\boldsymbol{\alpha}_2+\cdots+k_r\boldsymbol{\alpha}_r=-p_1\boldsymbol{\beta}_1-p_2\boldsymbol{\beta}_2-\cdots-p_s\boldsymbol{\beta}_s$$

而$k_1\boldsymbol{\alpha}_1+k_2\boldsymbol{\alpha}_2+\cdots+k_r\boldsymbol{\alpha}_r \in W_1$，$p_1\boldsymbol{\beta}_1+p_2\boldsymbol{\beta}_2+\cdots+p_s\boldsymbol{\beta}_s \in W_2$，因此$k_1\boldsymbol{\alpha}_1+k_2\boldsymbol{\alpha}_2+\cdots+k_r\boldsymbol{\alpha}_r \in W_1 \cap W_2$.

由(3)可知，$k_1\boldsymbol{\alpha}_1+k_2\boldsymbol{\alpha}_2+\cdots+k_r\boldsymbol{\alpha}_r=\boldsymbol{\theta}$，由$\boldsymbol{\alpha}_1,\boldsymbol{\alpha}_2,\cdots,\boldsymbol{\alpha}_r$线性无关可得$k_1=k_2=\cdots=k_r=0$.类似地，可证得$p_1=p_2=\cdots=p_s=0$，因此$\boldsymbol{\alpha}_1,\boldsymbol{\alpha}_2,\cdots,\boldsymbol{\alpha}_r$，$\boldsymbol{\beta}_1,\boldsymbol{\beta}_2,\cdots,\boldsymbol{\beta}_s$线性无关.

(4) ⇒ (5)：设$\dim W_1 = n$，$\dim W_2 = m$，分别取W_1和W_2的基$\boldsymbol{\alpha}_1,\boldsymbol{\alpha}_2,\cdots,\boldsymbol{\alpha}_n$与$\boldsymbol{\beta}_1,\boldsymbol{\beta}_2,\cdots,\boldsymbol{\beta}_m$，则

$$W_1 + W_2 = \operatorname{span}(\boldsymbol{\alpha}_1,\boldsymbol{\alpha}_2,\cdots,\boldsymbol{\alpha}_n,\boldsymbol{\beta}_1,\boldsymbol{\beta}_2,\cdots,\boldsymbol{\beta}_m)$$

又由 (4) 可知，$\boldsymbol{\alpha}_1,\boldsymbol{\alpha}_2,\cdots,\boldsymbol{\alpha}_n,\boldsymbol{\beta}_1,\boldsymbol{\beta}_2,\cdots,\boldsymbol{\beta}_m$线性无关，因此

$$\dim(W_1 + W_2) = n + m = \dim W_1 + \dim W_2$$

(5) ⇒ (1)：由 (5) 及维数定理可知，$\dim(W_1 \cap W_2) = 0$，即$W_1 \cap W_2 = \{\boldsymbol{\theta}\}$. 现设$\boldsymbol{\alpha} \in W_1 + W_2$有两个分解式

$$\boldsymbol{\alpha} = \boldsymbol{\alpha}_1 + \boldsymbol{\alpha}_2 = \boldsymbol{\beta}_1 + \boldsymbol{\beta}_2 \ (\boldsymbol{\alpha}_1,\boldsymbol{\beta}_1 \in W_1,\ \boldsymbol{\alpha}_2,\boldsymbol{\beta}_2 \in W_2)$$

则

$$\boldsymbol{\alpha}_1 - \boldsymbol{\beta}_1 = \boldsymbol{\beta}_2 - \boldsymbol{\alpha}_2 \in W_1 \cap W_2$$

于是$\boldsymbol{\alpha}_1 - \boldsymbol{\beta}_1 = \boldsymbol{\beta}_2 - \boldsymbol{\alpha}_2 = \boldsymbol{\theta}$，即$\boldsymbol{\alpha}_1 = \boldsymbol{\beta}_1$，$\boldsymbol{\beta}_2 = \boldsymbol{\alpha}_2$，因此$W_1 + W_2$是直和.

定理 2.15 设W_1是线性空间V的子空间，则存在V的子空间W_2，使$V = W_1 \oplus W_2$.

证 设$\boldsymbol{\alpha}_1,\boldsymbol{\alpha}_2,\cdots,\boldsymbol{\alpha}_s$是$W_1$的基，把其扩充成$V$的一个基$\boldsymbol{\alpha}_1,\boldsymbol{\alpha}_2,\cdots,\boldsymbol{\alpha}_s,\boldsymbol{\alpha}_{s+1},\boldsymbol{\alpha}_{s+2},\cdots,\boldsymbol{\alpha}_n$，令

$$W_2 = \operatorname{span}(\boldsymbol{\alpha}_{s+1},\boldsymbol{\alpha}_{s+2},\cdots,\boldsymbol{\alpha}_n)$$

则$V = W_1 + W_2$，又由于$\dim W_1 + \dim W_2 = \dim V$，因此$V = W_1 \oplus W_2$.

例 2.26 设$\mathbf{R}^4$中的向量

$$\boldsymbol{\alpha}_1 = \begin{pmatrix} 1 \\ -1 \\ 1 \\ -1 \end{pmatrix},\quad \boldsymbol{\alpha}_2 = \begin{pmatrix} 1 \\ 0 \\ 1 \\ -1 \end{pmatrix},\quad \boldsymbol{\alpha}_3 = \begin{pmatrix} 1 \\ -2 \\ 1 \\ -1 \end{pmatrix}$$

生成子空间$W_1 = \operatorname{span}(\boldsymbol{\alpha}_1,\boldsymbol{\alpha}_2,\boldsymbol{\alpha}_3)$，试找子空间$W_2$，使$\mathbf{R}^4 = W_1 \oplus W_2$，并写出$\mathbf{R}^4$中的元素在$W_1$和$W_2$中的分解式.

解 容易验证，$\dim W_1 = 2$且$\boldsymbol{\alpha}_1,\boldsymbol{\alpha}_2$构成$W_1$的一个基. 取$W_2 = \operatorname{span}(\boldsymbol{e}_3,\boldsymbol{e}_4)$，由于$\boldsymbol{\alpha}_1,\boldsymbol{\alpha}_2,\boldsymbol{e}_3,\boldsymbol{e}_4$线性无关，构成了$\mathbf{R}^4$的一个基，因此$\mathbf{R}^4 = W_1 \oplus W_2$.

设$\mathbf{R}^4$中的向量

$$\boldsymbol{\alpha} = \begin{pmatrix} w \\ x \\ y \\ z \end{pmatrix}$$

可由$\mathbf{R}^4$的基线性表示为

$$\boldsymbol{\alpha} = l_1\boldsymbol{\alpha}_1 + l_2\boldsymbol{\alpha}_2 + l_3\boldsymbol{e}_3 + l_4\boldsymbol{e}_4$$

则可解得$l_1 = -x$，$l_2 = w + x$，$l_3 = y - w$，$l_4 = z + w$，因此有以下分解式

$$\boldsymbol{\alpha} = \begin{pmatrix} w \\ x \\ y \\ z \end{pmatrix} = -x\begin{pmatrix} 1 \\ -1 \\ 1 \\ -1 \end{pmatrix} + (w+x)\begin{pmatrix} 1 \\ 0 \\ 1 \\ -1 \end{pmatrix} + (y-w)\begin{pmatrix} 0 \\ 0 \\ 1 \\ 0 \end{pmatrix} + (z+w)\begin{pmatrix} 0 \\ 0 \\ 0 \\ 1 \end{pmatrix} = \begin{pmatrix} w \\ x \\ w \\ -w \end{pmatrix} + \begin{pmatrix} 0 \\ 0 \\ y-w \\ z+w \end{pmatrix} = \bar{\boldsymbol{\alpha}}_1 + \bar{\boldsymbol{\alpha}}_2$$

其中，$\bar{\boldsymbol{\alpha}}_1 \in W_1$；$\bar{\boldsymbol{\alpha}}_2 \in W_2$.

注 关于子空间的交与和的概念及有关定理可以推广到多个子空间. 例如，设$W_1,W_2,\cdots,W_s$是线性空间V的子空间，则

$$W_1+W_2+\cdots+W_s=\{\boldsymbol{\alpha}\mid\boldsymbol{\alpha}=\bar{\boldsymbol{\alpha}}_1+\bar{\boldsymbol{\alpha}}_2+\cdots+\bar{\boldsymbol{\alpha}}_s，\ \bar{\boldsymbol{\alpha}}_i\in W_i，\ i=1,2,\cdots,s\}$$

若$W_1+W_2+\cdots+W_s$中每个向量$\boldsymbol{\alpha}$的分解式

$$\boldsymbol{\alpha}=\bar{\boldsymbol{\alpha}}_1+\bar{\boldsymbol{\alpha}}_2+\cdots+\bar{\boldsymbol{\alpha}}_s，\ \bar{\boldsymbol{\alpha}}_i\in W_i，\ i=1,2,\cdots,s$$

是唯一的，则称$W_1+W_2+\cdots+W_s$为$W_1,W_2,\cdots,W_s$的直和，记为$W_1\oplus W_2\oplus\cdots\oplus W_s$.

2.3　线性变换

在线性空间中，向量之间的联系是通过线性空间到自身的映射来实现的，而线性空间V到自身的映射通常称为一个变换．本节要讨论的线性变换是最简单、最基本的一种变换．

2.3.1　线性变换的概念

定义 2.10　设V和U是数域P上的线性空间，T是$V\to U$的映射．如果对任意$\boldsymbol{\alpha},\boldsymbol{\beta}\in V$和$k\in P$，有

$$T(\boldsymbol{\alpha}+\boldsymbol{\beta})=T(\boldsymbol{\alpha})+T(\boldsymbol{\beta})，\ T(k\boldsymbol{\alpha})=kT(\boldsymbol{\alpha})$$

则称T是$V\to U$的线性映射．$V\to V$的线性映射称为V上的线性变换．

例 2.27　设$\boldsymbol{A}\in\mathbf{R}^{n\times n}$，定义$\mathbf{R}^n$上的变换为

$$T(\boldsymbol{x})=\boldsymbol{A}\boldsymbol{x}\quad(\boldsymbol{x}\in\mathbf{R}^n)$$

则T是$\mathbf{R}^n$上的一个线性变换．

例 2.28　在线性空间$P[x]$或$P[x]_n$中，求微商的变换

$$D(f(x))=f'(x)\quad(f(x)\in P[x])$$

是一个线性变换，称为微分变换．

例 2.29　在线性空间$C[a,b]$中，求积分的变换

$$J(f(x))=\int_a^x f(\tau)\mathrm{d}\tau\quad(f(x)\in C[a,b])$$

是一个线性变换．

例 2.30　取定矩阵$\boldsymbol{A},\boldsymbol{B},\boldsymbol{C}\in\mathbf{R}^{n\times n}$，定义$\mathbf{R}^{n\times n}$的变换

$$T(\boldsymbol{X})=\boldsymbol{AX}+\boldsymbol{XB}+\boldsymbol{C}\quad(\boldsymbol{X}\in\mathbf{R}^{n\times n})$$

由于对任意$\boldsymbol{X},\boldsymbol{Y}\in\mathbf{R}^{n\times n}$和$k\in P$，都有

$$\begin{aligned}T(\boldsymbol{X}+\boldsymbol{Y})&=\boldsymbol{A}(\boldsymbol{X}+\boldsymbol{Y})+(\boldsymbol{X}+\boldsymbol{Y})\boldsymbol{B}+\boldsymbol{C}\\&=(\boldsymbol{AX}+\boldsymbol{XB})+(\boldsymbol{AY}+\boldsymbol{YB})+\boldsymbol{C}\end{aligned}$$

$$T(k\boldsymbol{X})=\boldsymbol{A}(k\boldsymbol{X})+(k\boldsymbol{X})\boldsymbol{B}+\boldsymbol{C}=k(\boldsymbol{AX}+\boldsymbol{XB})+\boldsymbol{C}$$

可见，当$\boldsymbol{C}\neq\boldsymbol{O}$时，$T$不是线性变换；反之，当$\boldsymbol{C}=\boldsymbol{O}$时，$T$是线性变换．

例 2.31　线性空间V的恒等变换（或单位变换）

$$I(\boldsymbol{\alpha})=\boldsymbol{\alpha}\quad(\boldsymbol{\alpha}\in V)$$

和零变换

$$O(\boldsymbol{\alpha})=\boldsymbol{\theta}\quad(\boldsymbol{\alpha}\in V)$$

都是线性变换．

不难从定义直接推出线性变换具有下述基本性质．

（1）$T(\boldsymbol{\theta})=\boldsymbol{\theta}$，$T(-\boldsymbol{\alpha})=-T(\boldsymbol{\alpha})$.

因为

$$T(\boldsymbol{\theta})=T(0\boldsymbol{\alpha})=0T(\boldsymbol{\alpha})=\boldsymbol{\theta}$$

$$T(-\boldsymbol{\alpha})=T((-1)\boldsymbol{\alpha})=(-1)T(\boldsymbol{\alpha})=-T(\boldsymbol{\alpha})$$

（2）若 $\boldsymbol{\beta}=k_1\boldsymbol{\alpha}_1+k_2\boldsymbol{\alpha}_2+\cdots+k_m\boldsymbol{\alpha}_m$，则

$$T(\boldsymbol{\beta})=T(k_1\boldsymbol{\alpha}_1+k_2\boldsymbol{\alpha}_2+\cdots+k_m\boldsymbol{\alpha}_m)=k_1T(\boldsymbol{\alpha}_1)+k_2T(\boldsymbol{\alpha}_2)+\cdots+k_mT(\boldsymbol{\alpha}_m)$$

即线性变换保持线性组合不变.

（3）若 $\boldsymbol{\alpha}_1,\boldsymbol{\alpha}_2,\cdots,\boldsymbol{\alpha}_m$ 线性相关，则 $T(\boldsymbol{\alpha}_1),T(\boldsymbol{\alpha}_2),\cdots,T(\boldsymbol{\alpha}_m)$ 也线性相关.

若 $\boldsymbol{\alpha}_1,\boldsymbol{\alpha}_2,\cdots,\boldsymbol{\alpha}_m$ 线性相关，则存在不全为零的数 $k_1,k_2,\cdots,k_m$，使

$$k_1\boldsymbol{\alpha}_1+k_2\boldsymbol{\alpha}_2+\cdots+k_m\boldsymbol{\alpha}_m=\boldsymbol{\theta}$$

用 T 作用到上式两端，得

$$k_1T(\boldsymbol{\alpha}_1)+k_2T(\boldsymbol{\alpha}_2)+\cdots+k_mT(\boldsymbol{\alpha}_m)=\boldsymbol{\theta}$$

说明 $T(\boldsymbol{\alpha}_1),T(\boldsymbol{\alpha}_2),\cdots,T(\boldsymbol{\alpha}_m)$ 线性相关.

注 此结论的逆命题不成立，即线性变换可能将线性无关的向量组变成线性相关的向量组，如零变换就是这样.

（4）若线性变换 T 是单射，则 T 把线性无关的向量组仍变成线性无关的向量组.

设 $\boldsymbol{\alpha}_1,\boldsymbol{\alpha}_2,\cdots,\boldsymbol{\alpha}_m$ 线性无关，又设

$$k_1T(\boldsymbol{\alpha}_1)+k_2T(\boldsymbol{\alpha}_2)+\cdots+k_mT(\boldsymbol{\alpha}_m)=\boldsymbol{\theta}$$

则有 $T(k_1\boldsymbol{\alpha}_1+k_2\boldsymbol{\alpha}_2+\cdots+k_m\boldsymbol{\alpha}_m)=\boldsymbol{\theta}$. 由于 T 是单射且 $T(\boldsymbol{\theta})=\boldsymbol{\theta}$，因此

$$k_1\boldsymbol{\alpha}_1+k_2\boldsymbol{\alpha}_2+\cdots+k_m\boldsymbol{\alpha}_m=\boldsymbol{\theta}$$

由 $\boldsymbol{\alpha}_1,\boldsymbol{\alpha}_2,\cdots,\boldsymbol{\alpha}_m$ 线性无关可知，$k_1=k_2=\cdots=k_m=0$. 因此 $T(\boldsymbol{\alpha}_1),T(\boldsymbol{\alpha}_2),\cdots,T(\boldsymbol{\alpha}_m)$ 线性无关.

2.3.2 线性变换的运算

定义 2.11 设 V 是数域 P 上的线性空间，T、T_1、T_2 都是 V 上的线性变换，则有以下结论.

（1）若对任意 $\boldsymbol{\alpha}\in V$，恒有 $T_1(\boldsymbol{\alpha})=T_2(\boldsymbol{\alpha})$，则称 T_1 与 T_2 相等，记为 $T_1=T_2$.

（2）$(T_1+T_2)(\boldsymbol{\alpha})=T_1(\boldsymbol{\alpha})+T_2(\boldsymbol{\alpha})$，$\boldsymbol{\alpha}\in V$，称 T_1+T_2 为 T_1 与 T_2 的和.

（3）$(\lambda T)(\boldsymbol{\alpha})=\lambda T(\boldsymbol{\alpha})$，$\lambda\in P$，$\boldsymbol{\alpha}\in V$，称 λT 为 λ 与 T 的数乘.

（4）$(T_1T_2)(\boldsymbol{\alpha})=T_1(T_2(\boldsymbol{\alpha}))$，$\boldsymbol{\alpha}\in V$，称 T_1T_2 为 T_1 与 T_2 的乘积.

（5）对线性变换 T_1，若存在线性变换 T_2，使得

$$T_1T_2=T_2T_1=I\text{（恒等变换）}$$

则称 T_1 为可逆变换，T_2 是 T_1 的逆变换，记为 $T_2=T_1^{-1}$.

定理 2.16 线性变换的和、数乘、乘积仍为线性变换，可逆线性变换的逆变换仍为线性变换.

证 对任意 $\boldsymbol{\alpha},\boldsymbol{\beta}\in V$，$k\in P$.

（1）因为

$$\begin{aligned}(T_1+T_2)(\boldsymbol{\alpha}+\boldsymbol{\beta})&=T_1(\boldsymbol{\alpha}+\boldsymbol{\beta})+T_2(\boldsymbol{\alpha}+\boldsymbol{\beta})=T_1(\boldsymbol{\alpha})+T_1(\boldsymbol{\beta})+T_2(\boldsymbol{\alpha})+T_2(\boldsymbol{\beta})\\&=T_1(\boldsymbol{\alpha})+T_2(\boldsymbol{\alpha})+T_1(\boldsymbol{\beta})+T_2(\boldsymbol{\beta})=(T_1+T_2)(\boldsymbol{\alpha})+(T_1+T_2)(\boldsymbol{\beta})\end{aligned}$$

$$\begin{aligned}(T_1+T_2)(k\boldsymbol{\alpha})&=T_1(k\boldsymbol{\alpha})+T_2(k\boldsymbol{\alpha})=kT_1(\boldsymbol{\alpha})+kT_2(\boldsymbol{\alpha})\\&=k(T_1(\boldsymbol{\alpha})+T_2(\boldsymbol{\alpha}))=k(T_1+T_2)(\boldsymbol{\alpha})\end{aligned}$$

所以 T_1+T_2 是线性变换.

（2）因为

$$(\lambda T)(\boldsymbol{\alpha}+\boldsymbol{\beta})=\lambda T(\boldsymbol{\alpha}+\boldsymbol{\beta})=\lambda(T(\boldsymbol{\alpha})+T(\boldsymbol{\beta}))=\lambda T(\boldsymbol{\alpha})+\lambda T(\boldsymbol{\beta})=(\lambda T)(\boldsymbol{\alpha})+(\lambda T)(\boldsymbol{\beta})$$
$$(\lambda T)(k\boldsymbol{\alpha})=\lambda T(k\boldsymbol{\alpha})=\lambda(kT(\boldsymbol{\alpha}))=k\lambda T(\boldsymbol{\alpha})=k(\lambda T)(\boldsymbol{\alpha})$$

所以 λT 是线性变换.

（3）因为

$$\begin{aligned}(T_1T_2)(\boldsymbol{\alpha}+\boldsymbol{\beta})&=T_1(T_2(\boldsymbol{\alpha}+\boldsymbol{\beta}))=T_1(T_2(\boldsymbol{\alpha})+T_2(\boldsymbol{\beta}))\\&=T_1(T_2(\boldsymbol{\alpha}))+T_1(T_2(\boldsymbol{\beta}))=(T_1T_2)(\boldsymbol{\alpha})+(T_1T_2)(\boldsymbol{\beta})\end{aligned}$$
$$(T_1T_2)(k\boldsymbol{\alpha})=T_1(T_2(k\boldsymbol{\alpha}))=T_1(kT_2(\boldsymbol{\alpha}))=kT_1(T_2(\boldsymbol{\alpha}))=k(T_1T_2)(\boldsymbol{\alpha})$$

所以 T_1T_2 是线性变换.

（4）设 T 为可逆线性变换，令 $x=T^{-1}(\boldsymbol{\alpha})$， $y=T^{-1}(\boldsymbol{\beta})$，则 $\boldsymbol{\alpha}=T(x)$， $\boldsymbol{\beta}=T(y)$.

$$T^{-1}(\boldsymbol{\alpha}+\boldsymbol{\beta})=T^{-1}(T(x)+T(y))=T^{-1}(T(x+y))=x+y=T^{-1}(\boldsymbol{\alpha})+T^{-1}(\boldsymbol{\beta})$$
$$T^{-1}\left(k\boldsymbol{\alpha}\right)=T^{-1}\left(kT(x)\right)=T^{-1}\left(T(kx)\right)=kx=kT^{-1}(\boldsymbol{\alpha})$$

因此 T^{-1} 也是线性变换.

注　线性变换的乘积不满足交换律，即 $T_1T_2\neq T_2T_1$. 例如，在 $\mathbf{R}^2$ 中定义以下线性变换：

$$T_1\begin{pmatrix}x\\y\end{pmatrix}=\begin{pmatrix}y\\x\end{pmatrix},\quad T_2\begin{pmatrix}x\\y\end{pmatrix}=\begin{pmatrix}x\\0\end{pmatrix}$$

则

$$(T_1T_2)\begin{pmatrix}x\\y\end{pmatrix}=T_1(T_2\begin{pmatrix}x\\y\end{pmatrix})=T_1\begin{pmatrix}x\\0\end{pmatrix}=\begin{pmatrix}0\\x\end{pmatrix}$$
$$(T_2T_1)\begin{pmatrix}x\\y\end{pmatrix}=T_2(T_1\begin{pmatrix}x\\y\end{pmatrix})=T_2\begin{pmatrix}y\\x\end{pmatrix}=\begin{pmatrix}y\\0\end{pmatrix}$$

显然，$T_1T_2\neq T_2T_1$.

可以验证线性变换的加法和数乘满足下列 8 条运算规律.

设 T、T_1、T_2和T_3是数域 P 上线性空间 V 的线性变换，$k,\mu\in P$，则有以下结论

（1） $T_1+T_2=T_2+T_1$.

（2） $(T_1+T_2)+T_3=T_1+(T_2+T_3)$.

（3） $T+O=T$　（其中 O 为零变换）.

（4） $T+(-T)=O$.

（5） $1T=T$.

（6） $k(\mu T)=(k\mu)T$.

（7） $(k+\mu)T=kT+\mu T$.

（8） $k(T_1+T_2)=kT_1+kT_2$.

记 $L(V)$ 是线性空间 V 上线性变换的全体，则按上述加法和数乘的定义，以及所满足的 8 条运算规律，可知 $L(V)$ 构成了数域 P 上的一个线性空间.

定义 2.12　设 T 是线性空间 V 上的线性变换，n 为正整数，则记

$$T^n = \underbrace{TT\cdots T}_{n个}$$

为T的n次幂．特别约定$T^0 = I$．当T可逆时，定义T的负整数幂为

$$T^{-n} = (T^{-1})^n$$

根据以上定义，可得到线性变换的幂运算法则：

$$T^{m+n} = T^m T^n，\ (T^m)^n = T^{mn}$$

定义 2.13 设有数域P上的多项式

$$f(x) = a_m x^m + \cdots + a_1 x + a_0 \qquad (a_0, a_1, \cdots, a_m \in P)$$

T是线性空间V上的线性变换．定义

$$f(T) = a_m T^m + \cdots + a_1 T + a_0 I$$

显然，$f(T)$是V上的线性变换，称之为T的多项式变换．

例 2.32 设$\boldsymbol{S} = \begin{pmatrix} 1 & 1 \\ 0 & 1 \end{pmatrix}$，在$\mathbf{R}^{2\times 2}$中定义

$$T(\boldsymbol{A}) = \boldsymbol{AS} - \boldsymbol{SA},\ \boldsymbol{A} \in \mathbf{R}^{2\times 2}$$

则T是$\mathbf{R}^{2\times 2}$上的线性变换．

解 对任意$\boldsymbol{A}, \boldsymbol{B} \in \mathbf{R}^{2\times 2}$和$k \in R$，都有

$$T(\boldsymbol{A}+\boldsymbol{B}) = (\boldsymbol{A}+\boldsymbol{B})\boldsymbol{S} - \boldsymbol{S}(\boldsymbol{A}+\boldsymbol{B}) = (\boldsymbol{AS} - \boldsymbol{SA}) + (\boldsymbol{BS} - \boldsymbol{SB}) = T(\boldsymbol{A}) + T(\boldsymbol{B})$$

和

$$T(k\boldsymbol{A}) = (k\boldsymbol{A})\boldsymbol{S} - \boldsymbol{S}(k\boldsymbol{A}) = k(\boldsymbol{AS} - \boldsymbol{SA}) = kT(\boldsymbol{A})$$

因此T是$\mathbf{R}^{2\times 2}$上的线性变换．

2.3.3 线性变换的矩阵表示

在一个确定的基下，线性空间中的向量可以用其在该基下的坐标来表示．类似地，在一个确定的基下，线性变换可以用矩阵来表示．如此抽象的线性变换可以用一个具体的矩阵来表示．事实上，该矩阵的每一列就是每个基向量的像在该基下的坐标．

定理 2.17 设$\boldsymbol{\alpha}_1, \boldsymbol{\alpha}_2, \cdots, \boldsymbol{\alpha}_n$是$n$维线性空间$V$的一个基，若线性变换$T_1$、$T_2$满足

$$T_1(\boldsymbol{\alpha}_i) = T_2(\boldsymbol{\alpha}_i),\ i = 1, 2, \cdots, n$$

则$T_1 = T_2$．

证 设V中任意向量$\boldsymbol{\alpha} = x_1\boldsymbol{\alpha}_1 + x_2\boldsymbol{\alpha}_2 + \cdots + x_n\boldsymbol{\alpha}_n$，则有

$$T_1(\boldsymbol{\alpha}) = x_1 T_1(\boldsymbol{\alpha}_1) + x_2 T_1(\boldsymbol{\alpha}_2) + \cdots + x_n T_1(\boldsymbol{\alpha}_n) = x_1 T_2(\boldsymbol{\alpha}_1) + x_2 T_2(\boldsymbol{\alpha}_2) + \cdots + x_n T_2(\boldsymbol{\alpha}_n) = T_2(\boldsymbol{\alpha})$$

即$T_1 = T_2$．

定理 2.18 设$\boldsymbol{\alpha}_1, \boldsymbol{\alpha}_2, \cdots, \boldsymbol{\alpha}_n$是$n$维线性空间$V$的一个基，$\boldsymbol{\beta}_1, \boldsymbol{\beta}_2, \cdots, \boldsymbol{\beta}_n$是$V$中任意一组向量，则存在唯一的线性变换$T$，使得

$$T(\boldsymbol{\alpha}_i) = \boldsymbol{\beta}_i,\ i = 1, 2, \cdots, n$$

证 设V中的向量$\boldsymbol{\alpha} = x_1\boldsymbol{\alpha}_1 + x_2\boldsymbol{\alpha}_2 + \cdots + x_n\boldsymbol{\alpha}_n$，定义$V$上的变换

$$T(\boldsymbol{\alpha}) = x_1\boldsymbol{\beta}_1 + x_2\boldsymbol{\beta}_2 + \cdots + x_n\boldsymbol{\beta}_n$$

下面证明其是线性变换．设$\boldsymbol{\xi} = \sum_{i=1}^{n} b_i\boldsymbol{\alpha}_i$，$\boldsymbol{\gamma} = \sum_{i=1}^{n} c_i\boldsymbol{\alpha}_i$，则$\boldsymbol{\xi} + \boldsymbol{\gamma} = \sum_{i=1}^{n}(b_i + c_i)\boldsymbol{\alpha}_i$，$k\boldsymbol{\xi} = \sum_{i=1}^{n}(kb_i)\boldsymbol{\alpha}_i$．

由定义可得

$$T(\boldsymbol{\xi}+\boldsymbol{\gamma})=\sum_{i=1}^{n}(b_i+c_i)\boldsymbol{\beta}_i=\sum_{i=1}^{n}b_i\boldsymbol{\beta}_i+\sum_{i=1}^{n}c_i\boldsymbol{\beta}_i=T(\boldsymbol{\xi})+T(\boldsymbol{\gamma})$$

$$T(k\boldsymbol{\xi})=\sum_{i=1}^{n}(kb_i)\boldsymbol{\beta}_i=k\sum_{i=1}^{n}b_i\boldsymbol{\beta}_i=kT(\boldsymbol{\xi})$$

因此 T 是线性变换．又因为 $\boldsymbol{\alpha}_i=0\boldsymbol{\alpha}_1+0\boldsymbol{\alpha}_2+\cdots+0\boldsymbol{\alpha}_{i-1}+1\boldsymbol{\alpha}_i+0\boldsymbol{\alpha}_{i+1}+\cdots+0\boldsymbol{\alpha}_n$，由定义可知

$$T(\boldsymbol{\alpha}_i)=0\boldsymbol{\beta}_1+0\boldsymbol{\beta}_2+\cdots+0\boldsymbol{\beta}_{i-1}+1\boldsymbol{\beta}_i+0\boldsymbol{\beta}_{i+1}+\cdots+0\boldsymbol{\beta}_n=\boldsymbol{\beta}_i$$

所以 T 的存在性得证，其唯一性由定理 2.17 即得．

定理 2.18 表明在一个基下，任意一组向量都可以唯一对应一个线性变换．

下面给出线性变换在一个基下的矩阵．设 $\boldsymbol{\alpha}_1,\boldsymbol{\alpha}_2,\cdots,\boldsymbol{\alpha}_n$ 是 n 维线性空间 V 的一个基，对 V 中的向量 $\boldsymbol{\alpha}=x_1\boldsymbol{\alpha}_1+x_2\boldsymbol{\alpha}_2+\cdots+x_n\boldsymbol{\alpha}_n$，有

$$T(\boldsymbol{\alpha})=x_1T(\boldsymbol{\alpha}_1)+x_2T(\boldsymbol{\alpha}_2)+\cdots+x_nT(\boldsymbol{\alpha}_n)$$

表明只要知道了基的像 $T(\boldsymbol{\alpha}_i)$，即可知道 $T(\boldsymbol{\alpha})$．下面考察 $T(\boldsymbol{\alpha}_i)$．

定义 2.14 设 $\boldsymbol{\alpha}_1,\boldsymbol{\alpha}_2,\cdots,\boldsymbol{\alpha}_n$ 是 n 维线性空间 V 的一个基，$T\in L(V)$．基的像

$$T(\boldsymbol{\alpha}_1),T(\boldsymbol{\alpha}_2),\cdots,T(\boldsymbol{\alpha}_n)$$

可由基 $\boldsymbol{\alpha}_1,\boldsymbol{\alpha}_2,\cdots,\boldsymbol{\alpha}_n$ 线性表示为

$$\begin{cases}T(\boldsymbol{\alpha}_1)=a_{11}\boldsymbol{\alpha}_1+a_{21}\boldsymbol{\alpha}_2+\cdots+a_{n1}\boldsymbol{\alpha}_n\\T(\boldsymbol{\alpha}_2)=a_{12}\boldsymbol{\alpha}_1+a_{22}\boldsymbol{\alpha}_2+\cdots+a_{n2}\boldsymbol{\alpha}_n\\\quad\vdots\\T(\boldsymbol{\alpha}_n)=a_{1n}\boldsymbol{\alpha}_1+a_{2n}\boldsymbol{\alpha}_2+\cdots+a_{nn}\boldsymbol{\alpha}_n\end{cases}\tag{2.8}$$

令

$$\boldsymbol{A}=\begin{pmatrix}a_{11}&a_{12}&\cdots&a_{1n}\\a_{21}&a_{22}&\cdots&a_{2n}\\\vdots&\vdots&&\vdots\\a_{n1}&a_{n2}&\cdots&a_{nn}\end{pmatrix}$$

则依据矩阵向量的乘法规则，式（2.8）可形式地写为

$$T(\boldsymbol{\alpha}_1,\boldsymbol{\alpha}_2,\cdots,\boldsymbol{\alpha}_n)\triangleq(T(\boldsymbol{\alpha}_1),T(\boldsymbol{\alpha}_2),\cdots,T(\boldsymbol{\alpha}_n))=(\boldsymbol{\alpha}_1,\boldsymbol{\alpha}_2,\cdots,\boldsymbol{\alpha}_n)\boldsymbol{A}\tag{2.9}$$

称矩阵 $\boldsymbol{A}$ 为 T 在基 $\boldsymbol{\alpha}_1,\boldsymbol{\alpha}_2,\cdots,\boldsymbol{\alpha}_n$ 下的矩阵．

由定义 2.14 可知，线性变换 T 在某个基 $\boldsymbol{\alpha}_1,\boldsymbol{\alpha}_2,\cdots,\boldsymbol{\alpha}_n$ 下的矩阵 $\boldsymbol{A}$ 就是以基像组 $T(\boldsymbol{\alpha}_1)$，$T(\boldsymbol{\alpha}_2),\cdots,T(\boldsymbol{\alpha}_n)$ 在基 $\boldsymbol{\alpha}_1,\boldsymbol{\alpha}_2,\cdots,\boldsymbol{\alpha}_n$ 下的坐标作为列向量构成的矩阵．

例 2.33　在 $n+1$ 维线性空间 $P[x]_n$ 上取定基 $1,x,\cdots,x^n$，写出求导运算 D 在该基下的矩阵．

解　因为

$$\begin{cases}D(1)=0\cdot1+0\cdot x+\cdots+0\cdot x^{n-1}+0\cdot x^n\\D(x)=1\cdot1+0\cdot x+\cdots+0\cdot x^{n-1}+0\cdot x^n\\\quad\vdots\\D(x^n)=0\cdot1+0\cdot x+\cdots+n\cdot x^{n-1}+0\cdot x^n\end{cases}$$

所以

$$D(1,x,\cdots,x^n)=(1,x,\cdots,x^n)\begin{pmatrix}0&1&0&\cdots&0&0\\0&0&2&\cdots&0&0\\\vdots&\vdots&\vdots&&\vdots&\vdots\\0&0&0&\cdots&0&n\\0&0&0&\cdots&0&0\end{pmatrix}$$

即

$$\boldsymbol{A}=\begin{pmatrix}0&1&0&\cdots&0&0\\0&0&2&\cdots&0&0\\\vdots&\vdots&\vdots&&\vdots&\vdots\\0&0&0&\cdots&0&n\\0&0&0&\cdots&0&0\end{pmatrix}$$

例 2.34 设 $\mathbf{R}^3$ 的线性变换为

$$T(x_1,x_2,x_3)^{\mathrm{T}}=(x_1,x_2,x_1-x_2)^{\mathrm{T}}$$

（1）求 T 在自然基 $\boldsymbol{e}_1=(1,0,0)^{\mathrm{T}},\boldsymbol{e}_2=(0,1,0)^{\mathrm{T}},\boldsymbol{e}_3=(0,0,1)^{\mathrm{T}}$ 下的矩阵.

（2）求 T 在基 $\boldsymbol{\alpha}_1=(1,1,1)^{\mathrm{T}},\boldsymbol{\alpha}_2=(1,1,0)^{\mathrm{T}},\boldsymbol{\alpha}_3=(1,0,0)^{\mathrm{T}}$ 下的矩阵.

解 （1）因为

$$\begin{cases}T(\boldsymbol{e}_1)=(1,0,1)^{\mathrm{T}}=\boldsymbol{e}_1+0\boldsymbol{e}_2+\boldsymbol{e}_3\\T(\boldsymbol{e}_2)=(0,1,-1)^{\mathrm{T}}=0\boldsymbol{e}_1+\boldsymbol{e}_2-\boldsymbol{e}_3\\T(\boldsymbol{e}_3)=(0,0,0)^{\mathrm{T}}=0\boldsymbol{e}_1+0\boldsymbol{e}_2+0\boldsymbol{e}_3\end{cases}$$

所以 T 在基 $\boldsymbol{e}_1,\boldsymbol{e}_2,\boldsymbol{e}_3$ 下的矩阵为

$$\boldsymbol{A}=\begin{pmatrix}1&0&0\\0&1&0\\1&-1&0\end{pmatrix}$$

（2）因为

$$\begin{cases}T(\boldsymbol{\alpha}_1)=(1,1,0)^{\mathrm{T}}=\boldsymbol{\alpha}_1+\boldsymbol{\alpha}_2+0\boldsymbol{\alpha}_3\\T(\boldsymbol{\alpha}_2)=(1,1,0)^{\mathrm{T}}=\boldsymbol{\alpha}_1+\boldsymbol{\alpha}_2+0\boldsymbol{\alpha}_3\\T(\boldsymbol{\alpha}_3)=(1,0,1)^{\mathrm{T}}=\boldsymbol{\alpha}_1+0\boldsymbol{\alpha}_2+\boldsymbol{\alpha}_3\end{cases}$$

所以 T 在基 $\boldsymbol{\alpha}_1,\boldsymbol{\alpha}_2,\boldsymbol{\alpha}_3$ 下的矩阵为

$$\boldsymbol{B}=\begin{pmatrix}1&1&1\\1&1&0\\0&0&1\end{pmatrix}$$

例 2.35 写出例 2.32 的线性变换在基 $\boldsymbol{E}_{11},\boldsymbol{E}_{12},\boldsymbol{E}_{21},\boldsymbol{E}_{22}$ 下的矩阵.

解 由于

$$T(\boldsymbol{E}_{11})=\boldsymbol{E}_{11}\boldsymbol{S}-\boldsymbol{S}\boldsymbol{E}_{11}=\begin{pmatrix}0&1\\0&0\end{pmatrix},\quad T(\boldsymbol{E}_{12})=\boldsymbol{E}_{12}\boldsymbol{S}-\boldsymbol{S}\boldsymbol{E}_{12}=\begin{pmatrix}0&0\\0&0\end{pmatrix}$$

$$T(\boldsymbol{E}_{21})=\boldsymbol{E}_{21}\boldsymbol{S}-\boldsymbol{S}\boldsymbol{E}_{21}=\begin{pmatrix}-1&0\\0&1\end{pmatrix},\quad T(\boldsymbol{E}_{22})=\boldsymbol{E}_{22}\boldsymbol{S}-\boldsymbol{S}\boldsymbol{E}_{22}=\begin{pmatrix}0&-1\\0&0\end{pmatrix}$$

因此 T 在基 $\boldsymbol{E}_{11},\boldsymbol{E}_{12},\boldsymbol{E}_{21},\boldsymbol{E}_{22}$ 下的矩阵为

$$A=\begin{pmatrix}0&0&-1&0\\1&0&0&-1\\0&0&0&0\\0&0&1&0\end{pmatrix}$$

在 n 维线性空间 V 中取定一个基 $\alpha_1,\alpha_2,\cdots,\alpha_n$ 后，矩阵 A 由基在 T 下的像 $T(\alpha_1)$，$T(\alpha_2),\cdots,T(\alpha_n)$ 唯一确定；反之，矩阵 A 可以唯一确定基 $\alpha_1,\alpha_2,\cdots,\alpha_n$ 在某个线性变换 T 下的像 $T(\alpha_1),T(\alpha_2),\cdots,T(\alpha_n)$，即可唯一确定这个线性变换．因此，$n$ 维线性空间 V 上的线性变换与 n 阶方阵 A 之间存在着一一对应的关系．

线性变换 T 与矩阵 A 的一一对应还表现在它们的运算等方面的一致性上．

定理 2.19　设 $\alpha_1,\alpha_2,\cdots,\alpha_n$ 是 n 维线性空间 V 的一个基，T 和 S 是 V 的两个线性变换，且它们在基 $\alpha_1,\alpha_2,\cdots,\alpha_n$ 下的矩阵分别是 A 和 B，则有以下结论．

（1）$T+S$ 在基 $\alpha_1,\alpha_2,\cdots,\alpha_n$ 下的矩阵为 $A+B$．

（2）kT 在基 $\alpha_1,\alpha_2,\cdots,\alpha_n$ 下的矩阵为 kA．

（3）TS 在基 $\alpha_1,\alpha_2,\cdots,\alpha_n$ 下的矩阵为 AB．

（4）T 可逆的充要条件是 A 可逆，且 T^{-1} 在基 $\alpha_1,\alpha_2,\cdots,\alpha_n$ 下的矩阵为 A^{-1}．

（5）若 $\alpha\in V$ 与其像 $T(\alpha)$ 在基 $\alpha_1,\alpha_2,\cdots,\alpha_n$ 下的坐标分别为 $x=(x_1,x_2,\cdots,x_n)^{\mathrm{T}}$ 和 $y=(y_1,y_2,\cdots,y_n)^{\mathrm{T}}$，则 $y=Ax$．

证　由假设可知

$$T(\alpha_1,\alpha_2,\cdots,\alpha_n)=(\alpha_1,\alpha_2,\cdots,\alpha_n)A,\quad S(\alpha_1,\alpha_2,\cdots,\alpha_n)=(\alpha_1,\alpha_2,\cdots,\alpha_n)B$$

从而

$$\begin{aligned}(T+S)(\alpha_1,\alpha_2,\cdots,\alpha_n)&=((T+S)(\alpha_1),(T+S)(\alpha_2),\cdots,(T+S)(\alpha_n))\\&=(T(\alpha_1),T(\alpha_2),\cdots,T(\alpha_n))+(S(\alpha_1),S(\alpha_2),\cdots,S(\alpha_n))\\&=(\alpha_1,\alpha_2,\cdots,\alpha_n)A+(\alpha_1,\alpha_2,\cdots,\alpha_n)B\\&=(\alpha_1,\alpha_2,\cdots,\alpha_n)(A+B)\end{aligned}$$

即 $T+S$ 在基 $\alpha_1,\alpha_2,\cdots,\alpha_n$ 下的矩阵为 $A+B$，（1）得证．同理可证（2）与（3）．

根据（3）可知，等式 $TS=ST=I$ 与 $AB=BA=E$ 对应，从而，T 可逆的充要条件是 A 可逆，且 T^{-1} 在基 $\alpha_1,\alpha_2,\cdots,\alpha_n$ 下的矩阵为 A^{-1}，（4）得证．

由假设可知

$$\alpha=(\alpha_1,\alpha_2,\cdots,\alpha_n)x,\quad T(\alpha)=(\alpha_1,\alpha_2,\cdots,\alpha_n)y$$

另外，还有

$$\begin{aligned}T(\alpha)&=T(x_1\alpha_1+x_2\alpha_2+\cdots+x_n\alpha_n)=x_1T(\alpha_1)+x_2T(\alpha_2)+\cdots+x_nT(\alpha_n)\\&=(T(\alpha_1),T(\alpha_2),\cdots,T(\alpha_n))x=T(\alpha_1,\alpha_2,\cdots,\alpha_n)x=(\alpha_1,\alpha_2,\cdots,\alpha_n)Ax\end{aligned}$$

因此由坐标的唯一性可得 $y=Ax$，（5）得证．

例 2.36　设 $\alpha_1,\alpha_2,\alpha_3$ 是 $\mathbf{R}^3$ 的一个基，T 是 $\mathbf{R}^3$ 的线性变换，且 $T(\alpha_1)=\alpha_3$，$T(\alpha_2)=\alpha_2$，$T(\alpha_3)=\alpha_1$，若 α 在 $\alpha_1,\alpha_2,\alpha_3$ 下的坐标为 $x=(2,-1,1)^{\mathrm{T}}$，求 $T(\alpha)$ 在 $\alpha_1,\alpha_2,\alpha_3$ 下的坐标．

解　因为线性变换 T 在基 $\alpha_1,\alpha_2,\alpha_3$ 下的矩阵为

$$A=\begin{pmatrix}0&0&1\\0&1&0\\1&0&0\end{pmatrix}$$

所以$T(\alpha)$在$\alpha_1,\alpha_2,\alpha_3$下的坐标为

$$y=Ax=\begin{pmatrix}0&0&1\\0&1&0\\1&0&0\end{pmatrix}\begin{pmatrix}2\\-1\\1\end{pmatrix}=\begin{pmatrix}1\\-1\\2\end{pmatrix}$$

线性变换在一个基下的矩阵与基有关．换言之，一个线性变换在不同基下的矩阵是不同的，并有如下关系（定理 2.20）．

定理 2.20 设 n 维线性空间V 的线性变换T 在两个基$\alpha_1,\alpha_2,\cdots,\alpha_n$和$\beta_1,\beta_2,\cdots,\beta_n$下的矩阵分别为$A$与$B$，如果由基$\alpha_1,\alpha_2,\cdots,\alpha_n$到基$\beta_1,\beta_2,\cdots,\beta_n$的过渡矩阵为$P$，则$B=P^{-1}AP$，即同一线性变换在不同基下的矩阵是相似的，且相似变换矩阵就是两个基之间的过渡矩阵．

证 根据已知条件，有

$$T(\alpha_1,\alpha_2,\cdots,\alpha_n)=(\alpha_1,\alpha_2,\cdots,\alpha_n)A$$
$$T(\beta_1,\beta_2,\cdots,\beta_n)=(\beta_1,\beta_2,\cdots,\beta_n)B$$

又有

$$\begin{aligned}T(\beta_1,\beta_2,\cdots,\beta_n)&=T((\alpha_1,\alpha_2,\cdots,\alpha_n)P)=T(\alpha_1,\alpha_2,\cdots,\alpha_n)P\\&=(\alpha_1,\alpha_2,\cdots,\alpha_n)AP=(\beta_1,\beta_2,\cdots,\beta_n)P^{-1}AP\end{aligned}$$

由于基取定后线性变换对应的矩阵是唯一的，因此$B=P^{-1}AP$．

例 2.37 设 4 维线性空间V 的线性变换T 在基$\alpha_1,\alpha_2,\alpha_3,\alpha_4$下的矩阵为

$$A=\begin{pmatrix}-1&-2&-2&-2\\2&6&5&2\\0&0&-1&-2\\0&0&2&6\end{pmatrix}$$

求T 在V 的基$\beta_1=\alpha_1,\ \beta_2=-\alpha_1+\alpha_2,\ \beta_3=-\alpha_2+\alpha_3,\ \beta_4=-\alpha_3+\alpha_4$下的矩阵．

解 因为$(\beta_1,\beta_2,\beta_3,\beta_4)=(\alpha_1,\alpha_2,\alpha_3,\alpha_4)P$，其中

$$P=\begin{pmatrix}1&-1&0&0\\0&1&-1&0\\0&0&1&-1\\0&0&0&1\end{pmatrix}$$

且

$$P^{-1}=\begin{pmatrix}1&1&1&1\\0&1&1&1\\0&0&1&1\\0&0&0&1\end{pmatrix}$$

所以T 在基$\beta_1,\beta_2,\beta_3,\beta_4$下的矩阵为

$$B=P^{-1}AP=\begin{pmatrix}1&3&0&0\\2&4&0&0\\0&0&1&3\\0&0&2&4\end{pmatrix}$$

2.4　线性变换的值域、核及不变子空间

2.4.1　线性变换的值域与核

定义 2.15　设V是数域P上的线性空间，T是V上的线性变换，V中的所有向量在T下的像的集合称为T的值域，记为$R(T)$，即

$$R(T)=\{T(\boldsymbol{\alpha})\mid\boldsymbol{\alpha}\in V\}$$

所有被T变为零向量的原像构成的集合称为T的核，记为$N(T)$，即

$$N(T)=\{\boldsymbol{\alpha}\mid T(\boldsymbol{\alpha})=\boldsymbol{\theta},\ \boldsymbol{\alpha}\in V\}$$

定理 2.21　线性空间V的线性变换T的值域与核都是V的子空间.

证　因为$\boldsymbol{\theta}=T(\boldsymbol{\theta})\in R(T)$，所以$R(T)$非空．对任意$T(\boldsymbol{\alpha}), T(\boldsymbol{\beta})\in R(T)$，$k\in P$，都有

$$T(\boldsymbol{\alpha})+T(\boldsymbol{\beta})=T(\boldsymbol{\alpha}+\boldsymbol{\beta})\in R(T)$$

$$kT(\boldsymbol{\alpha})=T(k\boldsymbol{\alpha})\in R(T)$$

从而，$R(T)$是V的子空间．由$\boldsymbol{\theta}=T(\boldsymbol{\theta})$可知$\boldsymbol{\theta}\in N(T)$，故$N(T)$非空．对任意$\boldsymbol{\alpha},\boldsymbol{\beta}\in N(T)$，都有$T(\boldsymbol{\alpha})=T(\boldsymbol{\beta})=\boldsymbol{\theta}$，此时

$$T(\boldsymbol{\alpha}+\boldsymbol{\beta})=T(\boldsymbol{\alpha})+T(\boldsymbol{\beta})=\boldsymbol{\theta}$$

$$T(k\boldsymbol{\alpha})=kT(\boldsymbol{\alpha})=\boldsymbol{\theta}$$

即$\boldsymbol{\alpha}+\boldsymbol{\beta}\in N(T)$，$k\boldsymbol{\alpha}\in N(T)$，故$N(T)$是$V$的子空间.

因此，我们把T的值域$R(T)$称为T的像子空间；将核$N(T)$称为T的核子空间或零化空间；称$R(T)$的维数为T的秩，记为$\operatorname{rank}(T)$；称$N(T)$的维数为T的零度或亏度，记为$\operatorname{null}(T)$.

定理 2.22　设T是n维线性空间V的线性变换，$\boldsymbol{\alpha}_1,\boldsymbol{\alpha}_2,\cdots,\boldsymbol{\alpha}_n$是一个基，且$T$在此基下的矩阵是$\boldsymbol{A}$，则有以下结论.

（1）$R(T)=\operatorname{span}\{T(\boldsymbol{\alpha}_1),T(\boldsymbol{\alpha}_2),\cdots,T(\boldsymbol{\alpha}_n)\}$.

（2）$\operatorname{rank}(T)=\operatorname{rank}(\boldsymbol{A})$.

（3）$\operatorname{rank}(T)+\operatorname{null}(T)=n$.

证　（1）因为$T(\boldsymbol{\alpha}_i)\in R(T)$，所以

$$\operatorname{span}\{T(\boldsymbol{\alpha}_1),T(\boldsymbol{\alpha}_2),\cdots,T(\boldsymbol{\alpha}_n)\}\subseteq R(T)$$

反之，对任意$\boldsymbol{\beta}\in R(T)$，存在$\boldsymbol{\alpha}\in V$，使$\boldsymbol{\beta}=T(\boldsymbol{\alpha})$．设$\boldsymbol{\alpha}=k_1\boldsymbol{\alpha}_1+k_2\boldsymbol{\alpha}_2+\cdots+k_n\boldsymbol{\alpha}_n$，则有

$$\boldsymbol{\beta}=T(\boldsymbol{\alpha})=k_1T(\boldsymbol{\alpha}_1)+k_2T(\boldsymbol{\alpha}_2)+\cdots+k_nT(\boldsymbol{\alpha}_n)\in\operatorname{span}\{T(\boldsymbol{\alpha}_1),T(\boldsymbol{\alpha}_2),\cdots,T(\boldsymbol{\alpha}_n)\}$$

即$R(T)\subseteq\operatorname{span}\{T(\boldsymbol{\alpha}_1),T(\boldsymbol{\alpha}_2),\cdots,T(\boldsymbol{\alpha}_n)\}$.

（2）由（1）可知，$\operatorname{rank}(T)$等于$\operatorname{span}\{T(\boldsymbol{\alpha}_1),T(\boldsymbol{\alpha}_2),\cdots,T(\boldsymbol{\alpha}_n)\}$的维数，即等于$T(\boldsymbol{\alpha}_1),T(\boldsymbol{\alpha}_2),\cdots,T(\boldsymbol{\alpha}_n)$的秩．另外，注意到

$$(T(\boldsymbol{\alpha}_1),T(\boldsymbol{\alpha}_2),\cdots,T(\boldsymbol{\alpha}_n))=(\boldsymbol{\alpha}_1,\boldsymbol{\alpha}_2,\cdots,\boldsymbol{\alpha}_n)\boldsymbol{A}$$

其中，矩阵$\boldsymbol{A}$是由$T(\boldsymbol{\alpha}_1),T(\boldsymbol{\alpha}_2),\cdots,T(\boldsymbol{\alpha}_n)$在基$\boldsymbol{\alpha}_1,\boldsymbol{\alpha}_2,\cdots,\boldsymbol{\alpha}_n$下的坐标按列排成的，而线性空间中的向量与其坐标之间的一一对应保持线性关系不变，因此$T(\boldsymbol{\alpha}_1),T(\boldsymbol{\alpha}_2),\cdots,T(\boldsymbol{\alpha}_n)$与它们的坐标组（矩阵$\boldsymbol{A}$的列向量组）有相同的秩.

（3）设$\operatorname{null}(T)=s$，且$\boldsymbol{\alpha}_1,\boldsymbol{\alpha}_2,\cdots,\boldsymbol{\alpha}_s$是$N(T)$的一个基，将其扩充成$V$的基$\boldsymbol{\alpha}_1,\boldsymbol{\alpha}_2,\cdots,\boldsymbol{\alpha}_s,\boldsymbol{\alpha}_{s+1},\cdots\boldsymbol{\alpha}_n$．注意到$T(\boldsymbol{\alpha}_i)=\boldsymbol{\theta}$（$i=1,2,\cdots,s$），于是

$$R(T)=\operatorname{span}\{T(\boldsymbol{\alpha}_1),T(\boldsymbol{\alpha}_2),\cdots,T(\boldsymbol{\alpha}_s),T(\boldsymbol{\alpha}_{s+1}),\cdots,T(\boldsymbol{\alpha}_n)\}=\operatorname{span}\{T(\boldsymbol{\alpha}_{s+1}),T(\boldsymbol{\alpha}_{s+2}),\cdots,T(\boldsymbol{\alpha}_n)\}.$$

下面证明$T(\boldsymbol{\alpha}_{s+1}),T(\boldsymbol{\alpha}_{s+2}),\cdots,T(\boldsymbol{\alpha}_n)$线性无关. 设有$P$中的一组数$k_{s+1},k_{s+2},\cdots,k_n$，使得

$$k_{s+1}T(\boldsymbol{\alpha}_{s+1})+k_{s+2}T(\boldsymbol{\alpha}_{s+2})+\cdots+k_nT(\boldsymbol{\alpha}_n)=\boldsymbol{\theta}$$

即$T(k_{s+1}\boldsymbol{\alpha}_{s+1}+k_{s+2}\boldsymbol{\alpha}_{s+2}+\cdots+k_n\boldsymbol{\alpha}_n)=\boldsymbol{\theta}$，故$k_{s+1}\boldsymbol{\alpha}_{s+1}+k_{s+2}\boldsymbol{\alpha}_{s+2}+\cdots+k_n\boldsymbol{\alpha}_n\in N(T)$，从而，存在$k_1,k_2,\cdots,k_s\in P$，使得

$$k_{s+1}\boldsymbol{\alpha}_{s+1}+k_{s+2}\boldsymbol{\alpha}_{s+2}+\cdots+k_n\boldsymbol{\alpha}_n=k_1\boldsymbol{\alpha}_1+k_2\boldsymbol{\alpha}_2+\cdots+k_s\boldsymbol{\alpha}_s$$

即

$$-k_1\boldsymbol{\alpha}_1-k_2\boldsymbol{\alpha}_2-\cdots-k_s\boldsymbol{\alpha}_s+k_{s+1}\boldsymbol{\alpha}_{s+1}+\cdots+k_n\boldsymbol{\alpha}_n=\boldsymbol{\theta}$$

由$\boldsymbol{\alpha}_1,\boldsymbol{\alpha}_2,\cdots,\boldsymbol{\alpha}_s,\boldsymbol{\alpha}_{s+1},\cdots\boldsymbol{\alpha}_n$线性无关可得$k_1=k_2=\cdots=k_s=k_{s+1}=\cdots=k_n=0$，故$T(\boldsymbol{\alpha}_{s+1}),T(\boldsymbol{\alpha}_{s+2}),\cdots,T(\boldsymbol{\alpha}_n)$线性无关. 于是

$$\mathrm{rank}(T)=\dim\ (\mathrm{span}\{T(\boldsymbol{\alpha}_{s+1}),T(\boldsymbol{\alpha}_{s+2}),\cdots,T(\boldsymbol{\alpha}_n)\})=n-s=n-\mathrm{null}(T)$$

注 虽然$\mathrm{rank}(T)+\mathrm{null}(T)=n=\dim V$，但是$R(T)+N(T)$并不一定等于$V$.

例如，在线性空间$P[x]_n$中，微分变换$D(f(x))=f'(x)$，$R(T)=P[x]_{n-1}$，$N(T)=\mathbf{R}$. 显然，$R(T)+N(T)\neq P[x]_n$.

例 2.38 考虑例 2.32 的线性变换$T(\boldsymbol{A})=\boldsymbol{AS}-\boldsymbol{SA}$，$\boldsymbol{A}\in\mathbf{R}^{2\times2}$，求$N(T)$和$R(T)$的一个基.

解 设$\boldsymbol{A}=\begin{pmatrix}a&b\\c&d\end{pmatrix}\in N(T)$，则有

$$\boldsymbol{O}=T(\boldsymbol{A})=\boldsymbol{AS}-\boldsymbol{SA}=\begin{pmatrix}a&b\\c&d\end{pmatrix}\begin{pmatrix}1&1\\0&1\end{pmatrix}-\begin{pmatrix}1&1\\0&1\end{pmatrix}\begin{pmatrix}a&b\\c&d\end{pmatrix}=\begin{pmatrix}-c&a-d\\0&c\end{pmatrix}$$

于是$c=0$，$a=d$，因此

$$N(T)=\left\{\begin{pmatrix}a&b\\0&a\end{pmatrix}\middle| a,b\in\mathbf{R}\right\}$$

又因为$\begin{pmatrix}a&b\\0&a\end{pmatrix}=a\boldsymbol{E}+b\boldsymbol{E}_{12}$，且$\boldsymbol{E},\boldsymbol{E}_{12}$线性无关，所以$\boldsymbol{E},\boldsymbol{E}_{12}$是$N(T)$的一个基.

取$\boldsymbol{A}\in\mathbf{R}^{2\times2}$的一个基$\boldsymbol{E}_{11},\boldsymbol{E}_{12},\boldsymbol{E}_{21},\boldsymbol{E}_{22}$，于是

$$R(T)=\mathrm{span}\{T(\boldsymbol{E}_{11}),T(\boldsymbol{E}_{12}),T(\boldsymbol{E}_{21}),T(\boldsymbol{E}_{22})\}$$

而$T(\boldsymbol{E}_{11})=\boldsymbol{E}_{12}$，$T(\boldsymbol{E}_{12})=\boldsymbol{O}$，$T(\boldsymbol{E}_{21})=\boldsymbol{E}_{22}-\boldsymbol{E}_{11}$，$T(\boldsymbol{E}_{22})=-\boldsymbol{E}_{12}$，因此

$$R(T)=\mathrm{span}\{T(\boldsymbol{E}_{11}),T(\boldsymbol{E}_{21})\}=\mathrm{span}\{\boldsymbol{E}_{12},\boldsymbol{E}_{22}-\boldsymbol{E}_{11}\}$$

显然，$\boldsymbol{E}_{12},\boldsymbol{E}_{22}-\boldsymbol{E}_{11}$线性无关，故$\boldsymbol{E}_{12},\boldsymbol{E}_{22}-\boldsymbol{E}_{11}$是$R(T)$的一个基.

2.4.2 线性变换的不变子空间

定义 2.16 设T是数域P上的线性空间V的线性变换，W是V的一个子空间. 若对任意$\boldsymbol{\alpha}\in W$，都有$T(\boldsymbol{\alpha})\in W$，则称$W$是$T$的不变子空间，记为$T-$子空间.

例 2.39 下列V的子空间都是$T-$子空间.

（1）V本身和V的子空间$\{\boldsymbol{\theta}\}$.

（2）$N(T)$和$R(T)$.

基于此，称线性空间V及V的子空间$\{\boldsymbol{\theta}\}$为线性变换T的平凡不变子空间，除此以外的其他不变子空间称为非平凡不变子空间.

例 2.40 设W_1和W_2都是$T-$子空间，则W_1+W_2和$W_1\cap W_2$也是$T-$子空间.

证　任取 $\boldsymbol{\alpha}=\boldsymbol{\alpha}_1+\boldsymbol{\alpha}_2\in W_1+W_2$（$\boldsymbol{\alpha}_1\in W_1$，$\boldsymbol{\alpha}_2\in W_2$）. 由于 $T(\boldsymbol{\alpha}_1)\in W_1$，$T(\boldsymbol{\alpha}_2)\in W_2$，因此 $T(\boldsymbol{\alpha})=T(\boldsymbol{\alpha}_1)+T(\boldsymbol{\alpha}_2)\in W_1+W_2$，故 W_1+W_2 是 T − 子空间.

任取 $\boldsymbol{\alpha}\in W_1\cap W_2$，则 $\boldsymbol{\alpha}\in W_1$ 且 $\boldsymbol{\alpha}\in W_2$. 由于 W_1 和 W_2 是 T − 子空间，因此 $T(\boldsymbol{\alpha})\in W_1$ 且 $T(\boldsymbol{\alpha})\in W_2$. 于是 $T(\boldsymbol{\alpha})\in W_1\cap W_2$，故 $W_1\cap W_2$ 是 T − 子空间.

例 2.41　若线性空间 V 上的线性变换 T_1 与 T_2 可交换，即 $T_1T_2=T_2T_1$，则 $R(T_2)$ 和 $N(T_2)$ 都是 T_1 − 子空间.

证　对任意 $\boldsymbol{\alpha}\in R(T_2)$，都存在 $\boldsymbol{\beta}\in V$，使 $\boldsymbol{\alpha}=T_2(\boldsymbol{\beta})$. 于是

$$T_1(\boldsymbol{\alpha})=T_1(T_2(\boldsymbol{\beta}))=T_2(T_1(\boldsymbol{\beta}))\in R(T_2)$$

因此 $R(T_2)$ 是 T_1 − 子空间.

对任意 $\boldsymbol{\alpha}\in N(T_2)$，都有

$$T_2(T_1(\boldsymbol{\alpha}))=T_1(T_2(\boldsymbol{\alpha}))=T_1(\boldsymbol{\theta})=\boldsymbol{\theta}$$

因此 $T_1(\boldsymbol{\alpha})\in N(T_2)$，即 $N(T_2)$ 是 T_1 − 子空间.

定理 2.23　设 T 是线性空间 V 的线性变换，$W=\mathrm{span}\{\boldsymbol{\alpha}_1,\boldsymbol{\alpha}_2,\cdots,\boldsymbol{\alpha}_r\}$ 是 V 的子空间，则 W 是 T − 子空间的充要条件是 $T(\boldsymbol{\alpha}_1),T(\boldsymbol{\alpha}_2),\cdots,T(\boldsymbol{\alpha}_r)\in W$.

证　必要性显然成立.

充分性：对任意 $\boldsymbol{\alpha}\in W$，有 $\boldsymbol{\alpha}=k_1\boldsymbol{\alpha}_1+k_2\boldsymbol{\alpha}_2+\cdots+k_r\boldsymbol{\alpha}_r$，于是

$$T(\boldsymbol{\alpha})=T(k_1\boldsymbol{\alpha}_1+k_2\boldsymbol{\alpha}_2+\cdots+k_r\boldsymbol{\alpha}_r)=k_1T(\boldsymbol{\alpha}_1)+k_2T(\boldsymbol{\alpha}_2)+\cdots+k_rT(\boldsymbol{\alpha}_r)\in W$$

因此 W 是 T − 子空间.

2.5　线性空间的同构

定义 2.17　设 V 和 U 是数域 P 上的两个线性空间，如果存在线性映射 $T:V\to U$，它是 V 到 U 的一个一一映射，即它既是单射又是满射，则称线性空间 V 与 U 同构，记为 $V\cong U$. T 称为同构映射.

定理 2.24　设 V 和 U 是数域 P 上的两个线性空间，T 是 V 到 U 上的一个同构映射，则有以下结论.

（1）$T(\boldsymbol{\theta})=\boldsymbol{\theta}$.

（2）对任意 $\boldsymbol{\alpha}\in V$，$T(-\boldsymbol{\alpha})=-T(\boldsymbol{\alpha})$.

（3）对任意 $\boldsymbol{\alpha}_i\in V$ 和 $k_i\in P$（$i=1,2,\cdots,n$），都有

$$T(k_1\boldsymbol{\alpha}_1+k_2\boldsymbol{\alpha}_2+\cdots+k_n\boldsymbol{\alpha}_n)=k_1T(\boldsymbol{\alpha}_1)+k_2T(\boldsymbol{\alpha}_2)+\cdots+k_nT(\boldsymbol{\alpha}_n)$$

（4）向量组 $\boldsymbol{\alpha}_1,\boldsymbol{\alpha}_2,\cdots,\boldsymbol{\alpha}_n\in V$ 线性相关的充要条件是 $T(\boldsymbol{\alpha}_1),T(\boldsymbol{\alpha}_2),\cdots,T(\boldsymbol{\alpha}_n)\in U$ 线性相关.

（5）V 到 U 上的同构映射 T 的逆映射 T^{-1} 是 U 到 V 上的同构映射.

证　（1）因为 T 是线性映射，所以 $T(\boldsymbol{\theta})=T(0\boldsymbol{\alpha})=0T(\boldsymbol{\alpha})=\boldsymbol{\theta}$.

（2）因为 $T(\boldsymbol{\alpha})+T(-\boldsymbol{\alpha})=T(\boldsymbol{\alpha}+(-\boldsymbol{\alpha}))=T(\boldsymbol{\theta})=\boldsymbol{\theta}$，所以 $T(-\boldsymbol{\alpha})=-T(\boldsymbol{\alpha})$.

（3）由 T 是线性映射易得结论.

（4）若存在不全为零的数 $k_1,k_2,\cdots,k_n\in P$，使得 $k_1\boldsymbol{\alpha}_1+k_2\boldsymbol{\alpha}_2+\cdots+k_n\boldsymbol{\alpha}_n=\boldsymbol{\theta}$，则

$$k_1T(\boldsymbol{\alpha}_1)+k_2T(\boldsymbol{\alpha}_2)+\cdots+k_nT(\boldsymbol{\alpha}_n)=T(k_1\boldsymbol{\alpha}_1+k_2\boldsymbol{\alpha}_2+\cdots+k_n\boldsymbol{\alpha}_n)=T(\boldsymbol{\theta})=\boldsymbol{\theta}$$

故 $T(\boldsymbol{\alpha}_1),T(\boldsymbol{\alpha}_2),\cdots,T(\boldsymbol{\alpha}_n)$ 线性相关；反之，若 $T(\boldsymbol{\alpha}_1),T(\boldsymbol{\alpha}_2),\cdots,T(\boldsymbol{\alpha}_n)$ 线性相关，则存在不全为零的数 $k_1,k_2,\cdots,k_n\in P$，使得

$$k_1T(\boldsymbol{\alpha}_1)+k_2T(\boldsymbol{\alpha}_2)+\cdots+k_nT(\boldsymbol{\alpha}_n)=\boldsymbol{\theta}$$

即 $T(k_1\boldsymbol{\alpha}_1+k_2\boldsymbol{\alpha}_2+\cdots+k_n\boldsymbol{\alpha}_n)=\boldsymbol{\theta}$，因为 T 是单射，所以必有 $k_1\boldsymbol{\alpha}_1+k_2\boldsymbol{\alpha}_2+\cdots+k_n\boldsymbol{\alpha}_n=\boldsymbol{\theta}$．故 $\boldsymbol{\alpha}_1,\boldsymbol{\alpha}_2,\cdots,\boldsymbol{\alpha}_n$ 线性相关．

由此可知，向量组 $\boldsymbol{\alpha}_1,\boldsymbol{\alpha}_2,\cdots,\boldsymbol{\alpha}_n$ 与 $T(\boldsymbol{\alpha}_1),T(\boldsymbol{\alpha}_2),\cdots,T(\boldsymbol{\alpha}_n)$ 同时线性相关或线性无关．

（5）因为 T 是 V 到 U 上的一一映射，所以 T 的逆映射 T^{-1} 是 U 到 V 上的一一映射．设 $\boldsymbol{\alpha}',\boldsymbol{\beta}'\in U$，因为 T 是 V 到 U 上的同构映射，所以

$$T(T^{-1}(\boldsymbol{\alpha}'+\boldsymbol{\beta}'))=\boldsymbol{\alpha}'+\boldsymbol{\beta}'=T(T^{-1}(\boldsymbol{\alpha}'))+T(T^{-1}(\boldsymbol{\beta}'))=T(T^{-1}(\boldsymbol{\alpha}')+T^{-1}(\boldsymbol{\beta}'))$$

又因为 T 是单射，所以 $T^{-1}(\boldsymbol{\alpha}'+\boldsymbol{\beta}')=T^{-1}(\boldsymbol{\alpha}')+T^{-1}(\boldsymbol{\beta}')$．

同理可证对任意 $\boldsymbol{\alpha}'\in U$，$k\in P$，有 $T^{-1}(k\boldsymbol{\alpha}')=kT^{-1}(\boldsymbol{\alpha}')$．故逆映射 T^{-1} 是 U 到 V 上的同构映射．

定理 2.25 数域 P 上的两个有限维线性空间 V 和 U 同构的充要条件是它们有相同的维数，即 $\dim V=\dim U$．

证 必要性：如果 T 是 V 到 U 的同构映射，设 $\dim V=n$，$\boldsymbol{\alpha}_1,\boldsymbol{\alpha}_2,\cdots,\boldsymbol{\alpha}_n$ 是 V 的一个基，那么接下来只需证明 $T(\boldsymbol{\alpha}_1),T(\boldsymbol{\alpha}_2),\cdots,T(\boldsymbol{\alpha}_n)$ 是 U 的一个基．

由定理 2.24 可知，$T(\boldsymbol{\alpha}_1),T(\boldsymbol{\alpha}_2),\cdots,T(\boldsymbol{\alpha}_n)$ 线性无关．又因为 $\forall\boldsymbol{\beta}\in U$，存在 $\boldsymbol{\alpha}\in V$，使得 $\boldsymbol{\beta}=T(\boldsymbol{\alpha})=T(k_1\boldsymbol{\alpha}_1+k_2\boldsymbol{\alpha}_2+\cdots+k_n\boldsymbol{\alpha}_n)=k_1T(\boldsymbol{\alpha}_1)+k_2T(\boldsymbol{\alpha}_2)+\cdots+k_nT(\boldsymbol{\alpha}_n)$，所以 $T(\boldsymbol{\alpha}_1),T(\boldsymbol{\alpha}_2),\cdots,T(\boldsymbol{\alpha}_n)$ 是 U 的一个基．

充分性：设 $\dim V=\dim U=n$，令 $\boldsymbol{\alpha}_1,\boldsymbol{\alpha}_2,\cdots,\boldsymbol{\alpha}_n$ 与 $\boldsymbol{\beta}_1,\boldsymbol{\beta}_2,\cdots,\boldsymbol{\beta}_n$ 分别为 V 和 U 的基．对 V 中任一向量 $\boldsymbol{\alpha}=k_1\boldsymbol{\alpha}_1+k_2\boldsymbol{\alpha}_2+\cdots+k_n\boldsymbol{\alpha}_n$，令 $T(\boldsymbol{\alpha})=k_1\boldsymbol{\beta}_1+k_2\boldsymbol{\beta}_2+\cdots+k_n\boldsymbol{\beta}_n$，易证这样定义的映射 T 是 V 到 U 的同构映射，于是 V 和 U 同构．

推论 2.2 数域 P 上任意一个 n 维线性空间都与线性空间 P^n 同构．例如，当 $P=\mathbf{R}$ 时，$\mathbf{R}$ 上的 n 维线性空间与 $\mathbf{R}^n$ 同构；当 $P=\mathbf{C}$ 时，$\mathbf{C}$ 上的 n 维线性空间与 $\mathbf{C}^n$ 同构．

同构的线性空间具有相同的代数结构，因此在研究某一较复杂或较抽象的线性空间时，可用一个与其维数相同但较简单、较具体的线性空间来代替．

例 2.42 求 $\mathbf{R}^{2\times2}$ 中的矩阵组 $\boldsymbol{A}_1=\begin{pmatrix}2&1\\-1&3\end{pmatrix},\boldsymbol{A}_2=\begin{pmatrix}1&0\\2&0\end{pmatrix},\boldsymbol{A}_3=\begin{pmatrix}3&1\\1&3\end{pmatrix},\boldsymbol{A}_4=\begin{pmatrix}1&1\\-3&3\end{pmatrix}$ 的秩和极大无关组．

解 取 $\mathbf{R}^{2\times2}$ 中的一个基 $\boldsymbol{E}_{11},\boldsymbol{E}_{12},\boldsymbol{E}_{21},\boldsymbol{E}_{22}$，则 $\boldsymbol{A}_1\sim\boldsymbol{A}_4$ 在该基下的坐标分别为

$$\boldsymbol{\alpha}_1=(2,1,-1,3)^{\mathrm{T}}，\ \boldsymbol{\alpha}_2=(1,0,2,0)^{\mathrm{T}}，\ \boldsymbol{\alpha}_3=(3,1,1,3)^{\mathrm{T}}，\ \boldsymbol{\alpha}_4=(1,1,-3,3)^{\mathrm{T}}$$

可求得该向量组的秩为 2，且 $\boldsymbol{\alpha}_1,\boldsymbol{\alpha}_2$ 是一个极大无关组．故矩阵组 $\boldsymbol{A}_1,\boldsymbol{A}_2,\boldsymbol{A}_3,\boldsymbol{A}_4$ 的秩为 2，且 $\boldsymbol{A}_1,\boldsymbol{A}_2$ 是一个极大无关组．

2.6 内积空间

线性空间是解析几何中空间概念的推广，然而，在线性空间中，缺少向量的度量的概念，如向量的长度与夹角．本节引入这些重要的概念．

在 $\mathbf{R}^3$ 空间中，向量的长度与夹角是由向量的内积确定的．$\mathbf{R}^3$ 中向量的内积指的是对 $\mathbf{R}^3$ 中任意两个非零向量 $\boldsymbol{\alpha}$ 和 $\boldsymbol{\beta}$，它们的内积定义为 $\boldsymbol{\alpha}\cdot\boldsymbol{\beta}=|\boldsymbol{\alpha}||\boldsymbol{\beta}|\cos\theta$，其中，$|\boldsymbol{\alpha}|$ 和 $|\boldsymbol{\beta}|$ 分别是 $\boldsymbol{\alpha}$

与$\boldsymbol{\beta}$的长度，θ是$\boldsymbol{\alpha}$与$\boldsymbol{\beta}$的夹角．并且当$\boldsymbol{\alpha}$和$\boldsymbol{\beta}$中有一个是零向量时，$\boldsymbol{\alpha}\cdot\boldsymbol{\beta}=0$．有了内积的概念后，$\mathbf{R}^3$中任何一个向量$\boldsymbol{\alpha}$的长度就可以由式$|\boldsymbol{\alpha}|=\sqrt{\boldsymbol{\alpha}\cdot\boldsymbol{\alpha}}$确定，同时$\boldsymbol{\alpha}$与$\boldsymbol{\beta}$之间的夹角$\theta$也可以由式$\cos\theta=\dfrac{\boldsymbol{\alpha}\cdot\boldsymbol{\beta}}{|\boldsymbol{\alpha}||\boldsymbol{\beta}|}$确定．

当然，不能由$\mathbf{R}^3$中的内积公式直接将其推广到一般的线性空间，与定义线性空间类似，下面用公理引入一般线性空间的内积．

2.6.1　内积空间的基本概念

定义 2.18　设V是数域P上的线性空间，对任意两个向量$\boldsymbol{\alpha},\boldsymbol{\beta}\in V$，都有一个数域$P$中的数与它们相对应，记为$(\boldsymbol{\alpha},\boldsymbol{\beta})$．并且对任意$\boldsymbol{\alpha},\boldsymbol{\beta},\boldsymbol{\gamma}\in V$，$k\in P$，满足下列条件．

（1）共轭对称性：$(\boldsymbol{\alpha},\boldsymbol{\beta})=\overline{(\boldsymbol{\beta},\boldsymbol{\alpha})}$．

（2）齐次性：$(k\boldsymbol{\alpha},\boldsymbol{\beta})=k(\boldsymbol{\alpha},\boldsymbol{\beta})$．

（3）可加性：$(\boldsymbol{\alpha}+\boldsymbol{\beta},\boldsymbol{\gamma})=(\boldsymbol{\alpha},\boldsymbol{\gamma})+(\boldsymbol{\beta},\boldsymbol{\gamma})$．

（4）正定性：$(\boldsymbol{\alpha},\boldsymbol{\alpha})\geqslant 0$，当且仅当$\boldsymbol{\alpha}=\mathbf{0}$时，$(\boldsymbol{\alpha},\boldsymbol{\alpha})=0$．

此时，称数$(\boldsymbol{\alpha},\boldsymbol{\beta})$为向量$\boldsymbol{\alpha}$和$\boldsymbol{\beta}$的内积．定义了内积的线性空间称为内积空间．

特别地，定义在实数域$\mathbf{R}$上的内积空间称为欧几里得空间，也称实内积空间．定义在复数域$\mathbf{C}$上的内积空间称为酉空间，也称复内积空间．

例 2.43　考虑线性空间$\mathbf{R}^n$（$\mathbf{C}^n$），对任意两个向量

$$\boldsymbol{\alpha}=(a_1,a_2,\cdots,a_n),\quad \boldsymbol{\beta}=(b_1,b_2,\cdots,b_n)$$

定义$(\boldsymbol{\alpha},\boldsymbol{\beta})=a_1b_1+a_2b_2+\cdots+a_nb_n=\boldsymbol{\alpha}\boldsymbol{\beta}^{\mathrm{T}}$（$(\boldsymbol{\alpha},\boldsymbol{\beta})=a_1\overline{b_1}+a_2\overline{b_2}+\cdots+a_n\overline{b_n}=\boldsymbol{\alpha}\boldsymbol{\beta}^{\mathrm{H}}$）．易验证满足定义 2.18 的条件，因此线性空间$\mathbf{R}^n$（$\mathbf{C}^n$）对于如上规定的运算构成一个内积空间，此内积称为$\mathbf{R}^n$（$\mathbf{C}^n$）的标准内积．

例 2.44　考虑线性空间$\mathbf{R}^n$，对任意两个向量

$$\boldsymbol{\alpha}=(a_1,a_2,\cdots,a_n),\quad \boldsymbol{\beta}=(b_1,b_2,\cdots,b_n)$$

定义$(\boldsymbol{\alpha},\boldsymbol{\beta})=a_1b_1+2a_2b_2+\cdots+na_nb_n$．不难验证线性空间$\mathbf{R}^n$对于如上规定的运算也构成一个内积空间．

由此可见，对于同一个线性空间，可以引入不同的内积，从而构成不同的内积空间．

例 2.45　对于实矩阵空间$\mathbf{R}^{m\times n}$中的矩阵$\boldsymbol{A}=(a_{ij})_{m\times n}$和$\boldsymbol{B}=(b_{ij})_{m\times n}$，定义

$$(\boldsymbol{A},\boldsymbol{B})=\sum_{i=1}^{m}\sum_{j=1}^{n}a_{ij}b_{ij}=\mathrm{tr}(\boldsymbol{A}\boldsymbol{B}^{\mathrm{T}})$$

易知它是内积，$\mathbf{R}^{m\times n}$按此内积构成欧几里得空间，此内积称为$\mathbf{R}^{m\times n}$的标准内积．

例 2.46　对于实线性空间$C[a,b]$中的函数$f(x)$和$g(x)$，定义

$$(f(x),g(x))=\int_a^b f(x)g(x)\mathrm{d}x$$

根据定积分的定义，易知它是内积，因此$C[a,b]$按此内积构成欧几里得空间．

由内积的定义不难得到内积的如下基本性质（定理 2.26）．

定理 2.26　设V是数域P上的内积空间，对$\forall\boldsymbol{\alpha},\boldsymbol{\beta},\boldsymbol{\gamma},\boldsymbol{\alpha}_i,\boldsymbol{\beta}_j\in V$，$k,k_i,l_j\in P$，有以下结论．

（1）$(\boldsymbol{\alpha},k\boldsymbol{\beta})=\bar{k}(\boldsymbol{\alpha},\boldsymbol{\beta})$．

（2）$(\boldsymbol{\alpha},\boldsymbol{\beta}+\boldsymbol{\gamma})=(\boldsymbol{\alpha},\boldsymbol{\beta})+(\boldsymbol{\alpha},\boldsymbol{\gamma})$．

（3）$(\boldsymbol{\alpha},\boldsymbol{\theta})=(\boldsymbol{\theta},\boldsymbol{\beta})=0$．

（4）$(\sum_{i=1}^{m}k_i\boldsymbol{\alpha}_i,\sum_{j=1}^{n}l_j\boldsymbol{\beta}_j)=\sum_{i=1}^{m}\sum_{j=1}^{n}k_i l_j(\boldsymbol{\alpha}_i,\boldsymbol{\beta}_j)$．

（5）$|(\boldsymbol{\alpha},\boldsymbol{\beta})|^2\leqslant(\boldsymbol{\alpha},\boldsymbol{\alpha})(\boldsymbol{\beta},\boldsymbol{\beta})$，且等号成立当且仅当$\boldsymbol{\alpha}$与$\boldsymbol{\beta}$线性相关，此不等式称为 Cauchy-Schwarz（柯西-施瓦茨）不等式．

证 这里只证明（5）．当$\boldsymbol{\beta}=\boldsymbol{\theta}$时，此不等式显然成立．以下设$\boldsymbol{\beta}\neq\boldsymbol{\theta}$，对任意$t\in P$，$\boldsymbol{\alpha}+t\boldsymbol{\beta}\in V$，都有

$$0\leqslant(\boldsymbol{\alpha}+t\boldsymbol{\beta},\boldsymbol{\alpha}+t\boldsymbol{\beta})=(\boldsymbol{\alpha},\boldsymbol{\alpha})+t(\boldsymbol{\beta},\boldsymbol{\alpha})+\overline{t}(\boldsymbol{\alpha},\boldsymbol{\beta})+|t|^2(\boldsymbol{\beta},\boldsymbol{\beta})$$

令$t=-\dfrac{(\boldsymbol{\alpha},\boldsymbol{\beta})}{(\boldsymbol{\beta},\boldsymbol{\beta})}$，代入上式可得$(\boldsymbol{\alpha},\boldsymbol{\alpha})-\dfrac{|(\boldsymbol{\alpha},\boldsymbol{\beta})|^2}{(\boldsymbol{\beta},\boldsymbol{\beta})}\geqslant0$，于是$|(\boldsymbol{\alpha},\boldsymbol{\beta})|^2\leqslant(\boldsymbol{\alpha},\boldsymbol{\alpha})(\boldsymbol{\beta},\boldsymbol{\beta})$成立．

当$\boldsymbol{\alpha},\boldsymbol{\beta}$线性相关时，不妨设$\boldsymbol{\beta}=k\boldsymbol{\alpha}$，于是

$$\begin{aligned}|(\boldsymbol{\alpha},\boldsymbol{\beta})|^2&=(\boldsymbol{\alpha},\boldsymbol{\beta})\overline{(\boldsymbol{\alpha},\boldsymbol{\beta})}=(\boldsymbol{\alpha},k\boldsymbol{\alpha})\overline{(\boldsymbol{\alpha},k\boldsymbol{\alpha})}=\overline{k}(\boldsymbol{\alpha},\boldsymbol{\alpha})(k\boldsymbol{\alpha},\boldsymbol{\alpha})\\&=(\boldsymbol{\alpha},\boldsymbol{\alpha})(k\boldsymbol{\alpha},k\boldsymbol{\alpha})=(\boldsymbol{\alpha},\boldsymbol{\alpha})(\boldsymbol{\beta},\boldsymbol{\beta})\end{aligned}$$

于是不等式中的等号成立．

反之，若$|(\boldsymbol{\alpha},\boldsymbol{\beta})|^2=(\boldsymbol{\alpha},\boldsymbol{\alpha})(\boldsymbol{\beta},\boldsymbol{\beta})$，$\boldsymbol{\alpha},\boldsymbol{\beta}$线性无关，则对任意实数$t$，都有$\boldsymbol{\alpha}+t\boldsymbol{\beta}\neq\boldsymbol{\theta}$，从而，$(\boldsymbol{\alpha}+t\boldsymbol{\beta},\boldsymbol{\alpha}+t\boldsymbol{\beta})>0$．取$t=-\dfrac{(\boldsymbol{\alpha},\boldsymbol{\beta})}{(\boldsymbol{\beta},\boldsymbol{\beta})}$，得$|(\boldsymbol{\alpha},\boldsymbol{\beta})|^2<(\boldsymbol{\alpha},\boldsymbol{\alpha})(\boldsymbol{\beta},\boldsymbol{\beta})$，与假设矛盾．因此$\boldsymbol{\alpha},\boldsymbol{\beta}$线性相关．

在不同的内积空间中，向量及其内积的定义不一样，因此 Cauchy-Schwarz 不等式也具有不同的形式．如果把 Cauchy-Schwarz 不等式应用到例 2.43 的$\mathbf{R}^n$中，则有

$$\left|\sum_{i=1}^{n}a_ib_i\right|\leqslant\sqrt{\sum_{i=1}^{n}a_i^2}\sqrt{\sum_{i=1}^{n}b_i^2}$$

如果把 Cauchy-Schwarz 不等式应用到例 2.46 的$C[a,b]$中，则有

$$\left|\int_a^b f(x)g(x)\mathrm{d}x\right|\leqslant\sqrt{\int_a^b f^2(x)\mathrm{d}x}\sqrt{\int_a^b g^2(x)\mathrm{d}x}$$

定义 2.19 设V是内积空间，对任意$\boldsymbol{\alpha}\in V$，称非负实数$\sqrt{(\boldsymbol{\alpha},\boldsymbol{\alpha})}$为$\boldsymbol{\alpha}$的长度（或范数或模），记为$\|\boldsymbol{\alpha}\|$，即$\|\boldsymbol{\alpha}\|=\sqrt{(\boldsymbol{\alpha},\boldsymbol{\alpha})}$．如果$\|\boldsymbol{\alpha}\|=1$，则称$\boldsymbol{\alpha}$为单位向量．

$\boldsymbol{\alpha}$的长度有如下性质．

（1）正定性：$\|\boldsymbol{\alpha}\|\geqslant0$，且$\|\boldsymbol{\alpha}\|=0$当且仅当$\boldsymbol{\alpha}=\theta$．

（2）齐次性：$\|k\boldsymbol{\alpha}\|=|k|\|\boldsymbol{\alpha}\|$，$k\in P$．

（3）三角不等式：$\|\boldsymbol{\alpha}+\boldsymbol{\beta}\|\leqslant\|\boldsymbol{\alpha}\|+\|\boldsymbol{\beta}\|$．

证 根据$\boldsymbol{\alpha}$的长度的定义很容易验证性质（1）、（2）．性质（3）的证明如下．

根据 Cauchy-Schwarz 不等式，有$|(\boldsymbol{\alpha},\boldsymbol{\beta})|\leqslant\|\boldsymbol{\alpha}\|\|\boldsymbol{\beta}\|$，于是

$$\begin{aligned}\|\boldsymbol{\alpha}+\boldsymbol{\beta}\|^2&=(\boldsymbol{\alpha}+\boldsymbol{\beta},\boldsymbol{\alpha}+\boldsymbol{\beta})=(\boldsymbol{\alpha},\boldsymbol{\alpha})+(\boldsymbol{\alpha},\boldsymbol{\beta})+\overline{(\boldsymbol{\alpha},\boldsymbol{\beta})}+(\boldsymbol{\beta},\boldsymbol{\beta})\\&\leqslant\|\boldsymbol{\alpha}\|^2+2\|\boldsymbol{\alpha}\|\|\boldsymbol{\beta}\|+\|\boldsymbol{\beta}\|^2\\&=(\|\boldsymbol{\alpha}\|+\|\boldsymbol{\beta}\|)^2\end{aligned}$$

两边开方即得三角不等式．

对任意非零向量$\boldsymbol{\alpha}$，向量$\dfrac{\boldsymbol{\alpha}}{\|\boldsymbol{\alpha}\|}$是与$\boldsymbol{\alpha}$同方向的单位向量，由$\boldsymbol{\alpha}$求$\dfrac{\boldsymbol{\alpha}}{\|\boldsymbol{\alpha}\|}$的过程称为把向量$\boldsymbol{\alpha}$单位化.

根据 Cauchy-Schwarz 不等式，对任意非零向量$\boldsymbol{\alpha}$和$\boldsymbol{\beta}$，总有$-1\leqslant\dfrac{(\boldsymbol{\alpha},\boldsymbol{\beta})}{\|\boldsymbol{\alpha}\|\|\boldsymbol{\beta}\|}\leqslant 1$. 于是引入如下定义（定义 2.20）.

定义 2.20　设V是欧几里得空间，对于非零向量$\boldsymbol{\alpha},\boldsymbol{\beta}\in V$，定义$\boldsymbol{\alpha}$与$\boldsymbol{\beta}$的夹角为

$$\langle\boldsymbol{\alpha},\boldsymbol{\beta}\rangle=\arccos\frac{(\boldsymbol{\alpha},\boldsymbol{\beta})}{\|\boldsymbol{\alpha}\|\|\boldsymbol{\beta}\|}\quad(0\leqslant\langle\boldsymbol{\alpha},\boldsymbol{\beta}\rangle\leqslant\pi)$$

在酉空间中，两个非零向量$\boldsymbol{\alpha}$与$\boldsymbol{\beta}$的夹角$\langle\boldsymbol{\alpha},\boldsymbol{\beta}\rangle$由$\cos^2\langle\boldsymbol{\alpha},\boldsymbol{\beta}\rangle=\dfrac{(\boldsymbol{\alpha},\boldsymbol{\beta})(\boldsymbol{\beta},\boldsymbol{\alpha})}{(\boldsymbol{\alpha},\boldsymbol{\alpha})(\boldsymbol{\beta},\boldsymbol{\beta})}$确定.

若$(\boldsymbol{\alpha},\boldsymbol{\beta})=0$，则称$\boldsymbol{\alpha}$与$\boldsymbol{\beta}$正交（或垂直），记为$\boldsymbol{\alpha}\perp\boldsymbol{\beta}$，这时$\langle\boldsymbol{\alpha},\boldsymbol{\beta}\rangle=\dfrac{\pi}{2}$.

基本性质如下.

（1）对任意$\boldsymbol{\alpha}\in V$，有$\boldsymbol{\theta}\perp\boldsymbol{\alpha}$，即零向量与任意向量正交.

（2）若$\boldsymbol{\alpha}\perp\boldsymbol{\alpha}$，则$\boldsymbol{\alpha}=\boldsymbol{\theta}$，即自身正交的向量是零向量.

（3）若$\boldsymbol{\alpha}\perp\boldsymbol{\beta}$，则有勾股定理$\|\boldsymbol{\alpha}+\boldsymbol{\beta}\|^2=\|\boldsymbol{\alpha}\|^2+\|\boldsymbol{\beta}\|^2$.

推广：如果向量组$\boldsymbol{\alpha}_1,\boldsymbol{\alpha}_2,\cdots,\boldsymbol{\alpha}_m$两两正交，那么

$$\|\boldsymbol{\alpha}_1+\boldsymbol{\alpha}_2+\cdots+\boldsymbol{\alpha}_m\|^2=\|\boldsymbol{\alpha}_1\|^2+\|\boldsymbol{\alpha}_2\|^2+\cdots+\|\boldsymbol{\alpha}_m\|^2$$

2.6.2　标准正交基

定义 2.21　在内积空间V中，一组两两正交的非零向量组称为正交向量组；称由单位向量构成的正交向量组为标准正交向量组.

定理 2.27　设$\boldsymbol{\alpha}_1,\boldsymbol{\alpha}_2,\cdots,\boldsymbol{\alpha}_m$是内积空间$V$中的正交向量组，则$\boldsymbol{\alpha}_1,\boldsymbol{\alpha}_2,\cdots,\boldsymbol{\alpha}_m$线性无关.

证　令$k_1\boldsymbol{\alpha}_1+k_2\boldsymbol{\alpha}_2+\cdots+k_m\boldsymbol{\alpha}_m=\boldsymbol{\theta}$，两边与$\boldsymbol{\alpha}_i(i=1,2,\cdots,m)$做内积，有

$$(k_1\boldsymbol{\alpha}_1+k_2\boldsymbol{\alpha}_2+\cdots+k_m\boldsymbol{\alpha}_m,\boldsymbol{\alpha}_i)=(\boldsymbol{\theta},\boldsymbol{\alpha}_i)$$

利用$(\boldsymbol{\alpha}_i,\boldsymbol{\alpha}_j)=0\ (i\neq j)$得$k_i(\boldsymbol{\alpha}_i,\boldsymbol{\alpha}_i)=0\ (i=1,2,\cdots,m)$. 又因为$\boldsymbol{\alpha}_i$非零，所以$(\boldsymbol{\alpha}_i,\boldsymbol{\alpha}_i)>0$. 故有$k_i=0\ (i=1,2,\cdots,m)$，即$\boldsymbol{\alpha}_1,\boldsymbol{\alpha}_2,\cdots,\boldsymbol{\alpha}_m$线性无关.

定义 2.22　设$\boldsymbol{e}_1,\boldsymbol{e}_2,\cdots,\boldsymbol{e}_m$是内积空间$V$的一个基，且两两正交，则称之为$V$的一个正交基，由单位向量组成的正交基称为标准正交基.

显然，由定义 2.22 可知，$\boldsymbol{e}_1,\boldsymbol{e}_2,\cdots,\boldsymbol{e}_m$是内积空间$V$的标准正交基的充要条件为

$$(\boldsymbol{e}_i,\boldsymbol{e}_j)=\begin{cases}0, & i\neq j\\ 1, & i=j\end{cases}$$

定理 2.28 给出了标准正交基的特性.

定理 2.28　设$\boldsymbol{e}_1,\boldsymbol{e}_2,\cdots,\boldsymbol{e}_n$是内积空间$V$的一个标准正交基，则有下列结论.

（1）对任意$\boldsymbol{\alpha}\in V$，设向量$\boldsymbol{\alpha}$在基$\boldsymbol{e}_1,\boldsymbol{e}_2,\cdots,\boldsymbol{e}_n$下的坐标为$\boldsymbol{X}=(x_1,x_2,\cdots,x_n)^{\mathrm{T}}$，则$x_i=(\boldsymbol{\alpha},\boldsymbol{e}_i)\ (i=1,2,\cdots,n)$.

（2）若$\boldsymbol{\alpha},\boldsymbol{\beta}\in V$在基$\boldsymbol{e}_1,\boldsymbol{e}_2,\cdots,\boldsymbol{e}_n$下的坐标分别为$\boldsymbol{X}$和$\boldsymbol{Y}$，则$(\boldsymbol{\alpha},\boldsymbol{\beta})=(\boldsymbol{X},\boldsymbol{Y})$.

（3）对任意$\boldsymbol{\alpha}\in V$，设向量$\boldsymbol{\alpha}$在基$\boldsymbol{e}_1,\boldsymbol{e}_2,\cdots,\boldsymbol{e}_n$下的坐标为$\boldsymbol{X}=(x_1,x_2,\cdots,x_n)^{\mathrm{T}}$，则$\|\boldsymbol{\alpha}\|=$

$\sqrt{|x_1|^2+|x_2|^2+\cdots+|x_n|^2}$.

证 （1）对 $\boldsymbol{\alpha}=x_1\boldsymbol{e}_1+x_2\boldsymbol{e}_2+\cdots+x_n\boldsymbol{e}_n$ 两边用 $\boldsymbol{e}_i$ 做内积得

$$(\boldsymbol{\alpha},\boldsymbol{e}_i)=(x_1\boldsymbol{e}_1+x_2\boldsymbol{e}_2+\cdots+x_n\boldsymbol{e}_n,\boldsymbol{e}_i)=x_i(\boldsymbol{e}_i,\boldsymbol{e}_i)=x_i$$

（2）设 $\boldsymbol{\alpha}=(\boldsymbol{e}_1,\boldsymbol{e}_2,\cdots,\boldsymbol{e}_n)\boldsymbol{X}=x_1\boldsymbol{e}_1+x_2\boldsymbol{e}_2+\cdots+x_n\boldsymbol{e}_n$，$\boldsymbol{\beta}=(\boldsymbol{e}_1,\boldsymbol{e}_2,\cdots,\boldsymbol{e}_n)\boldsymbol{Y}=y_1\boldsymbol{e}_1+y_2\boldsymbol{e}_2+\cdots+y_n\boldsymbol{e}_n$，则

$$\begin{aligned}(\boldsymbol{\alpha},\boldsymbol{\beta})&=(x_1\boldsymbol{e}_1+x_2\boldsymbol{e}_2+\cdots+x_n\boldsymbol{e}_n,y_1\boldsymbol{e}_1+y_2\boldsymbol{e}_2+\cdots+y_n\boldsymbol{e}_n)\\&=(x_1\boldsymbol{e}_1,y_1\boldsymbol{e}_1+y_2\boldsymbol{e}_2+\cdots+y_n\boldsymbol{e}_n)+(x_2\boldsymbol{e}_2,y_1\boldsymbol{e}_1+y_2\boldsymbol{e}_2+\cdots+y_n\boldsymbol{e}_n)+\cdots+\\&\quad(x_n\boldsymbol{e}_n,y_1\boldsymbol{e}_1+y_2\boldsymbol{e}_2+\cdots+y_n\boldsymbol{e}_n)\\&=x_1\overline{y}_1+x_2\overline{y}_2+\cdots+x_n\overline{y}_n\\&=(\boldsymbol{X},\boldsymbol{Y})\end{aligned}$$

（3）显然，由（2）的证明可知结论成立.

定理 2.29 有限维内积空间中必定存在标准正交基.

证 设 $\boldsymbol{\alpha}_1,\boldsymbol{\alpha}_2,\cdots,\boldsymbol{\alpha}_n$ 是 n 维内积空间 V 的一个基，下面介绍可以把 $\boldsymbol{\alpha}_1,\boldsymbol{\alpha}_2,\cdots,\boldsymbol{\alpha}_n$ 正交规范化的 Schmidt（施密特）正交化方法.

（1）正交化.

取 $\boldsymbol{\beta}_1=\boldsymbol{\alpha}_1$，$\boldsymbol{\beta}_2=\boldsymbol{\alpha}_2+l_{21}\boldsymbol{\beta}_1$. 由于 $\boldsymbol{\beta}_1,\boldsymbol{\alpha}_2$ 线性无关，因此 $\boldsymbol{\beta}_2\neq\boldsymbol{\theta}$. 为使 $\boldsymbol{\beta}_1$ 与 $\boldsymbol{\beta}_2$ 正交，即

$$0=(\boldsymbol{\beta}_2,\boldsymbol{\beta}_1)=(\boldsymbol{\alpha}_2+l_{21}\boldsymbol{\beta}_1,\boldsymbol{\beta}_1)=(\boldsymbol{\alpha}_2,\boldsymbol{\beta}_1)+l_{21}(\boldsymbol{\beta}_1,\boldsymbol{\beta}_1)$$

解得 $l_{21}=-\dfrac{(\boldsymbol{\alpha}_2,\boldsymbol{\beta}_1)}{(\boldsymbol{\beta}_1,\boldsymbol{\beta}_1)}$. 于是

$$\boldsymbol{\beta}_2=\boldsymbol{\alpha}_2-\frac{(\boldsymbol{\alpha}_2,\boldsymbol{\beta}_1)}{(\boldsymbol{\beta}_1,\boldsymbol{\beta}_1)}\boldsymbol{\beta}_1$$

假定已经求出两两正交的非零元素 $\boldsymbol{\beta}_1,\boldsymbol{\beta}_2,\cdots,\boldsymbol{\beta}_{m-1}$，令

$$\boldsymbol{\beta}_m=\boldsymbol{\alpha}_m+l_{m1}\boldsymbol{\beta}_1+l_{m2}\boldsymbol{\beta}_2+\cdots+l_{m,m-1}\boldsymbol{\beta}_{m-1}$$

为使 $\boldsymbol{\beta}_m$ 与 $\boldsymbol{\beta}_k(k=1,2,\cdots,m-1)$ 正交，即

$$\begin{aligned}0=(\boldsymbol{\beta}_m,\boldsymbol{\beta}_k)&=(\boldsymbol{\alpha}_m+l_{m1}\boldsymbol{\beta}_1+l_{m2}\boldsymbol{\beta}_2+\cdots+l_{m,m-1}\boldsymbol{\beta}_{m-1},\boldsymbol{\beta}_k)\\&=(\boldsymbol{\alpha}_m,\boldsymbol{\beta}_k)+l_{mk}(\boldsymbol{\beta}_k,\boldsymbol{\beta}_k)\end{aligned}$$

解得

$$l_{mk}=-\frac{(\boldsymbol{\alpha}_m,\boldsymbol{\beta}_k)}{(\boldsymbol{\beta}_k,\boldsymbol{\beta}_k)}\quad(k=1,2,\cdots,m-1)$$

从而

$$\boldsymbol{\beta}_m=\boldsymbol{\alpha}_m-\frac{(\boldsymbol{\alpha}_m,\boldsymbol{\beta}_1)}{(\boldsymbol{\beta}_1,\boldsymbol{\beta}_1)}\boldsymbol{\beta}_1-\cdots-\frac{(\boldsymbol{\alpha}_m,\boldsymbol{\beta}_{m-1})}{(\boldsymbol{\beta}_{m-1},\boldsymbol{\beta}_{m-1})}\boldsymbol{\beta}_{m-1}$$

可知 $\boldsymbol{\beta}_m\neq\boldsymbol{\theta}$. 否则，若 $\boldsymbol{\beta}_m=\boldsymbol{\theta}$，则由 $\boldsymbol{\beta}_k\in\operatorname{span}\{\boldsymbol{\alpha}_1,\boldsymbol{\alpha}_2,\cdots,\boldsymbol{\alpha}_k\}$ 和上式可知

$$\boldsymbol{\alpha}_m\in\operatorname{span}\{\boldsymbol{\alpha}_1,\boldsymbol{\alpha}_2,\cdots,\boldsymbol{\alpha}_{m-1}\}$$

这与 $\boldsymbol{\alpha}_1,\boldsymbol{\alpha}_2,\cdots,\boldsymbol{\alpha}_m$ 线性无关矛盾.

由归纳假设，用上述方法就可构造出 V 的正交基 $\beta_1,\beta_2,\cdots,\beta_n$.

（2）单位化.

令

$$\boldsymbol{e}_i=\frac{\boldsymbol{\beta}_i}{\|\boldsymbol{\beta}_i\|}\quad(i=1,2,\cdots,n)$$

得到V 的标准正交基$\boldsymbol{e}_1,\boldsymbol{e}_2,\cdots,\boldsymbol{e}_n$.

上述构造标准正交基的过程就是 Schmidt 正交化过程.

例 2.47　在$P[x]_2$中定义以下内积：

$$(f(x),g(x))=\int_{-1}^{1}f(x)g(x)\mathrm{d}x,\ \forall f(x),g(x)\in P[x]_2$$

试求$P[x]_2$的一个标准正交基.

解　取$P[x]_2$的一个基

$$\boldsymbol{\alpha}_1=1,\boldsymbol{\alpha}_2=x,\boldsymbol{\alpha}_3=x^2$$

下面用 Schmidt 正交化方法将其改造成$P[x]_2$的一个标准正交基.

（1）正交化.

令

$$\boldsymbol{\beta}_1=\boldsymbol{\alpha}_1=1$$

$$\boldsymbol{\beta}_2=\boldsymbol{\alpha}_2-\frac{(\boldsymbol{\alpha}_2,\boldsymbol{\beta}_1)}{(\boldsymbol{\beta}_1,\boldsymbol{\beta}_1)}\boldsymbol{\beta}_1=x-\frac{\int_{-1}^{1}x\mathrm{d}x}{\int_{-1}^{1}1\mathrm{d}x}=x$$

$$\boldsymbol{\beta}_3=\boldsymbol{\alpha}_3-\frac{(\boldsymbol{\alpha}_3,\boldsymbol{\beta}_1)}{(\boldsymbol{\beta}_1,\boldsymbol{\beta}_1)}\boldsymbol{\beta}_1-\frac{(\boldsymbol{\alpha}_3,\boldsymbol{\beta}_2)}{(\boldsymbol{\beta}_2,\boldsymbol{\beta}_2)}\boldsymbol{\beta}_2=x^2-\frac{\int_{-1}^{1}x^2\mathrm{d}x}{\int_{-1}^{1}1\mathrm{d}x}-\frac{\int_{-1}^{1}x^3\mathrm{d}x}{\int_{-1}^{1}x^2\mathrm{d}x}x=x^2-\frac{1}{3}$$

（2）单位化.

因为

$$\|\boldsymbol{\beta}_1\|=\sqrt{\int_{-1}^{1}1^2\,\mathrm{d}x}=\sqrt{2}$$

$$\|\boldsymbol{\beta}_2\|=\sqrt{\int_{-1}^{1}x^2\mathrm{d}x}=\sqrt{\frac{2}{3}}$$

$$\|\boldsymbol{\beta}_3\|=\sqrt{\int_{-1}^{1}\left(x^2-\frac{1}{3}\right)^2\mathrm{d}x}=\frac{2\sqrt{2}}{3\sqrt{5}}$$

所以，令

$$\boldsymbol{e}_1=\frac{\boldsymbol{\beta}_1}{\|\boldsymbol{\beta}_1\|}=\frac{\sqrt{2}}{2},\ \boldsymbol{e}_2=\frac{\boldsymbol{\beta}_2}{\|\boldsymbol{\beta}_2\|}=\frac{\sqrt{6}}{2}x,\ \boldsymbol{e}_3=\frac{\boldsymbol{\beta}_3}{\|\boldsymbol{\beta}_3\|}=\frac{3\sqrt{10}}{4}\left(x^2-\frac{1}{3}\right)$$

则$\boldsymbol{e}_1,\boldsymbol{e}_2,\boldsymbol{e}_3$就是$P[x]_2$的一个标准正交基.

下面介绍标准正交基之间的过渡矩阵.

定理 2.30　在酉空间（或欧几里得空间）中，有以下结论.

（1）由标准正交基到标准正交基的过渡矩阵是酉矩阵（正交矩阵）.

（2）如果两个基之间的过渡矩阵是酉矩阵，且其中一个基是标准正交基，则另一个基也是标准正交基.

证　（1）设$\boldsymbol{\varepsilon}_1,\boldsymbol{\varepsilon}_2,\cdots,\boldsymbol{\varepsilon}_n$和$\boldsymbol{\mu}_1,\boldsymbol{\mu}_2,\cdots,\boldsymbol{\mu}_n$是$n$维酉空间$V$中的两个标准正交基，且

$$(\boldsymbol{\mu}_1,\boldsymbol{\mu}_2,\cdots,\boldsymbol{\mu}_n)=(\boldsymbol{\varepsilon}_1,\boldsymbol{\varepsilon}_2,\cdots,\boldsymbol{\varepsilon}_n)\boldsymbol{A}$$

其中，$\boldsymbol{A}=(a_{ij})_{n\times n}$，则有

$$\boldsymbol{\mu}_i=a_{1i}\boldsymbol{\varepsilon}_1+a_{2i}\boldsymbol{\varepsilon}_2+\cdots+a_{ni}\boldsymbol{\varepsilon}_n\quad(i=1,2,\cdots,n)$$

于是

$$a_{1i}\overline{a}_{1j}+a_{2i}\overline{a}_{2j}+\cdots+a_{ni}\overline{a}_{nj}=(\mu_i,\mu_j)=\begin{cases}1, & i=j\\0, & i\neq j\end{cases}$$

即 $\boldsymbol{A}^{\mathrm{H}}\boldsymbol{A}=\boldsymbol{E}$，故 $\boldsymbol{A}$ 是酉矩阵.

（2）假设 $\boldsymbol{\varepsilon}_1,\boldsymbol{\varepsilon}_2,\cdots,\boldsymbol{\varepsilon}_n$ 和 $\boldsymbol{\mu}_1,\boldsymbol{\mu}_2,\cdots,\boldsymbol{\mu}_n$ 是 n 维酉空间 V 中的两个基，且有

$$(\boldsymbol{\mu}_1,\boldsymbol{\mu}_2,\cdots,\boldsymbol{\mu}_n)=(\boldsymbol{\varepsilon}_1,\boldsymbol{\varepsilon}_2,\cdots,\boldsymbol{\varepsilon}_n)\boldsymbol{A}$$

其中，$\boldsymbol{A}$ 是酉矩阵．如果 $\boldsymbol{\varepsilon}_1,\boldsymbol{\varepsilon}_2,\cdots,\boldsymbol{\varepsilon}_n$ 是标准正交基，则

$$(\boldsymbol{\mu}_i,\boldsymbol{\mu}_j)=a_{1i}\overline{a}_{1j}+a_{2i}\overline{a}_{2j}+\cdots+a_{ni}\overline{a}_{nj}=\begin{cases}1, & i=j\\0, & i\neq j\end{cases}$$

即 $\boldsymbol{\mu}_1,\boldsymbol{\mu}_2,\cdots,\boldsymbol{\mu}_n$ 是标准正交基．反之，若 $\boldsymbol{\mu}_1,\boldsymbol{\mu}_2,\cdots,\boldsymbol{\mu}_n$ 是标准正交基，则由于

$$(\boldsymbol{\varepsilon}_1,\boldsymbol{\varepsilon}_2,\cdots,\boldsymbol{\varepsilon}_n)=(\boldsymbol{\mu}_1,\boldsymbol{\mu}_2,\cdots,\boldsymbol{\mu}_n)\boldsymbol{A}^{-1}$$

且 $\boldsymbol{A}^{-1}$ 仍是酉矩阵，同前可证 $\boldsymbol{\varepsilon}_1,\boldsymbol{\varepsilon}_2,\cdots,\boldsymbol{\varepsilon}_n$ 是标准正交基.

2.6.3 正交子空间

定义 2.23 设 W 是内积空间 V 的子空间.对于 $\boldsymbol{\alpha}\in V$，如果对任意 $\boldsymbol{\beta}\in W$，都有 $(\boldsymbol{\alpha},\boldsymbol{\beta})=0$，则称 $\boldsymbol{\alpha}$ 与子空间 W 正交，记为 $\boldsymbol{\alpha}\perp W$；对于 V 中的子空间 W_1 和 W_2，如果对任意 $\boldsymbol{\beta}\in W_1$ 和 $\boldsymbol{\gamma}\in W_2$，$(\boldsymbol{\beta},\boldsymbol{\gamma})=0$ 成立，则称 W_1 与 W_2 正交，记为 $W_1\perp W_2$.

基本性质如下.

（1）设 $\boldsymbol{\alpha}\in W$，若 $\boldsymbol{\alpha}\perp W$，则 $\boldsymbol{\alpha}=\boldsymbol{\theta}$.

（2）若 $W_1\perp W_2$，则 $W_1\cap W_2=\{\boldsymbol{\theta}\}$，即 W_1+W_2 是直和.

（3）设 $\boldsymbol{e}_1,\boldsymbol{e}_2,\cdots,\boldsymbol{e}_r$ 是子空间 W 的标准正交基，则 $\boldsymbol{\alpha}\perp W$ 的充要条件是

$$(\boldsymbol{\alpha},\boldsymbol{e}_i)=0,\quad i=1,2,\cdots,r$$

（4）设 $\boldsymbol{e}_1,\boldsymbol{e}_2,\cdots,\boldsymbol{e}_r$ 和 $\boldsymbol{\mu}_1,\boldsymbol{\mu}_2,\cdots,\boldsymbol{\mu}_s$ 分别是子空间 W_1 与 W_2 的标准正交基，则 $W_1\perp W_2$ 的充要条件是

$$(\boldsymbol{e}_i,\boldsymbol{\mu}_j)=0,\quad \forall i,j$$

定理 2.31 若子空间 $W_1,W_2,\cdots,W_s$ 两两正交，则 $W_1+W_2+\cdots+W_s$ 构成直和.

证 记 $W=W_1+W_2+\cdots+W_s$，其是子空间．设

$$\boldsymbol{\theta}=\boldsymbol{\alpha}_1+\boldsymbol{\alpha}_2+\cdots+\boldsymbol{\alpha}_s,\quad \boldsymbol{\alpha}_i(i=1,2,\cdots,s)\in W_i$$

用 $\boldsymbol{\alpha}_i$ 对上式做内积即得 $(\boldsymbol{\alpha}_i,\boldsymbol{\alpha}_i)=0$，于是 $\boldsymbol{\alpha}_i=\boldsymbol{\theta}$，表明 W 中零元素的分解唯一，因此 $W_1+W_2+\cdots+W_s$ 是直和.

定义 2.24 设 W 是内积空间 V 的子空间，称 $W^{\perp}=\{\boldsymbol{\alpha}\,|\,\boldsymbol{\alpha}\perp W,\ \boldsymbol{\alpha}\in V\}$ 为 W 的正交补空间，简称正交补.

定理 2.32 设 W 是内积空间 V 的子空间，则 $W^{\perp}$ 也是 V 的子空间.

证 因为 $\boldsymbol{\theta}\perp W$，即 $\boldsymbol{\theta}\in W^{\perp}$，所以 $W^{\perp}$ 非空．对任意 $\boldsymbol{\alpha},\boldsymbol{\beta}\in W^{\perp}$，$\boldsymbol{\gamma}\in W$，$k\in P$，都有

$$(\boldsymbol{\alpha}+\boldsymbol{\beta},\boldsymbol{\gamma})=(\boldsymbol{\alpha},\boldsymbol{\beta})+(\boldsymbol{\beta},\boldsymbol{\gamma})=0,\quad (k\boldsymbol{\alpha},\boldsymbol{\gamma})=k(\boldsymbol{\alpha},\boldsymbol{\gamma})=0$$

因此 $\boldsymbol{\alpha}+\boldsymbol{\beta}\in W^{\perp}$，$k\boldsymbol{\alpha}\in W^{\perp}$．故 $W^{\perp}$ 是 V 的子空间.

定理 2.33 设 V 是 n 维内积空间，W 是 V 的任意子空间，则必存在正交补空间 $W^{\perp}$.

证 若 $W=\{\boldsymbol{\theta}\}$，则 $W^{\perp}=V$．对非零子空间 W，取 W 的一个正交基 $\boldsymbol{\alpha}_1,\boldsymbol{\alpha}_2,\cdots,\boldsymbol{\alpha}_s$，将其扩

充成V的正交基$\boldsymbol{\alpha}_1,\boldsymbol{\alpha}_2,\cdots,\boldsymbol{\alpha}_s,\boldsymbol{\alpha}_{s+1},\cdots,\boldsymbol{\alpha}_n$．令$W_2=\mathrm{span}\{\boldsymbol{\alpha}_{s+1},\boldsymbol{\alpha}_{s+2},\cdots,\boldsymbol{\alpha}_n\}$，则

$$\begin{aligned}V&=\mathrm{span}\{\boldsymbol{\alpha}_1,\boldsymbol{\alpha}_2,\cdots,\boldsymbol{\alpha}_s,\boldsymbol{\alpha}_{s+1},\cdots,\boldsymbol{\alpha}_n\}\\&=\mathrm{span}\{\boldsymbol{\alpha}_1,\boldsymbol{\alpha}_2,\cdots,\boldsymbol{\alpha}_s\}+\mathrm{span}\{\boldsymbol{\alpha}_{s+1},\boldsymbol{\alpha}_{s+2},\cdots,\boldsymbol{\alpha}_n\}=W+W_2\end{aligned}$$

由于$W_2\perp W$，因此$W_2\subset W^{\perp}$．若设$\boldsymbol{\alpha}\in W^{\perp}\subset V$，则

$$\boldsymbol{\alpha}=k_1\boldsymbol{\alpha}_1+k_2\boldsymbol{\alpha}_2+\cdots+k_s\boldsymbol{\alpha}_s+k_{s+1}\boldsymbol{\alpha}_{s+1}+\cdots+k_n\boldsymbol{\alpha}_n$$

由于$(\boldsymbol{\alpha},\boldsymbol{\alpha}_i)=0$（$i=1,2,\cdots,s$），因此

$$0=(\boldsymbol{\alpha},\boldsymbol{\alpha}_i)=(\sum_{j=1}^{n}k_j\boldsymbol{\alpha}_j,\boldsymbol{\alpha}_i)=k_i(\boldsymbol{\alpha}_i,\boldsymbol{\alpha}_i)\quad(i=1,2,\cdots,s)$$

即$k_i=0$（$i=1,2,\cdots,s$）．于是$\boldsymbol{\alpha}=k_{s+1}\boldsymbol{\alpha}_{s+1}+k_{s+2}\boldsymbol{\alpha}_{s+2}+\cdots+k_n\boldsymbol{\alpha}_n\in W_2$．这表明$W^{\perp}\subset W_2$，故$W_2=W^{\perp}$．

推论 2.3　设W是内积空间V的子空间，则有以下结论．

（1）$V=W\oplus W^{\perp}$．

（2）W的正交补空间$W^{\perp}$是唯一的．

（3）$\dim V=\dim W+\dim W^{\perp}$．

证（1）显然，$W\cap W^{\perp}=\{\boldsymbol{\theta}\}$．从定理 2.33 的证明中可知，$V=W+W^{\perp}$，因此$V=W\oplus W^{\perp}$．

（2）设W_1和W_2是W的正交补空间，则$V=W\oplus W_1=W\oplus W_2$．设$\boldsymbol{\alpha}\in W_1\subseteq V$，则有

$$\boldsymbol{\alpha}=\boldsymbol{\beta}+\boldsymbol{\gamma}\in W+W_2,\ \boldsymbol{\beta}\in W,\ \boldsymbol{\gamma}\in W_2$$

因为$\boldsymbol{\alpha}\perp\boldsymbol{\beta}$，$\boldsymbol{\gamma}\perp\boldsymbol{\beta}$，所以

$$0=(\boldsymbol{\alpha},\boldsymbol{\beta})=(\boldsymbol{\beta},\boldsymbol{\beta})+(\boldsymbol{\gamma},\boldsymbol{\beta})=(\boldsymbol{\beta},\boldsymbol{\beta})$$

于是$\boldsymbol{\beta}=\boldsymbol{\theta}$．故$\boldsymbol{\alpha}=\boldsymbol{\gamma}\in W_2$，从而，$W_1\subseteq W_2$；同理可证$W_2\subseteq W_1$．

（3）由（1）即得．

例 2.48　欧几里得空间$\mathbf{R}^{2\times 2}$中的内积定义为

$$(\boldsymbol{A},\boldsymbol{B})=\sum_{i=1}^{2}\sum_{j=1}^{2}a_{ij}b_{ij}\ ,\quad \boldsymbol{A}=(a_{ij})_{2\times 2},\boldsymbol{B}=(b_{ij})_{2\times 2}\in\mathbf{R}^{2\times 2}$$

设$\boldsymbol{A}_1=\begin{pmatrix}1&1\\0&0\end{pmatrix}$，$\boldsymbol{A}_2=\begin{pmatrix}0&1\\1&1\end{pmatrix}$，令$W=\mathrm{span}\{\boldsymbol{A}_1,\boldsymbol{A}_2\}$，求$W^{\perp}$及$W^{\perp}$的一个标准正交基．

解　设$\boldsymbol{X}=\begin{pmatrix}x_1&x_2\\x_3&x_4\end{pmatrix}\in W^{\perp}$，则

$$\begin{cases}(\boldsymbol{X},\boldsymbol{A}_1)=x_1+x_2=0\\(\boldsymbol{X},\boldsymbol{A}_2)=x_2+x_3+x_4=0\end{cases}$$

得基础解系$\boldsymbol{\xi}_1=(1,-1,1,0)^{\mathrm{T}}$，$\boldsymbol{\xi}_2=(1,-1,0,1)^{\mathrm{T}}$，因此$W^{\perp}$的一个基为

$$\boldsymbol{A}_3=\begin{pmatrix}1&-1\\1&0\end{pmatrix},\quad \boldsymbol{A}_4=\begin{pmatrix}1&-1\\0&1\end{pmatrix}$$

从而，$W^{\perp}=\mathrm{span}\{\boldsymbol{A}_3,\boldsymbol{A}_4\}$．将$\boldsymbol{A}_3$和$\boldsymbol{A}_4$正交化、单位化，得$W^{\perp}$的一个标准正交基为

$$\boldsymbol{B}_3=\frac{1}{\sqrt{3}}\begin{pmatrix}1&-1\\1&0\end{pmatrix},\quad \boldsymbol{B}_4=\frac{1}{\sqrt{15}}\begin{pmatrix}1&-1\\-2&3\end{pmatrix}$$

2.6.4 正交变换与酉变换

内积空间中有一种特殊的线性变换，它保持向量的内积不变，这种变换称为酉（正交）变换.

定义 2.25 设T是酉（欧几里得）空间V的线性变换，若对V中的任意向量$\boldsymbol{\alpha},\boldsymbol{\beta}$，都有

$$(T(\boldsymbol{\alpha}),T(\boldsymbol{\beta}))=(\boldsymbol{\alpha},\boldsymbol{\beta})$$

则称T是V上的酉变换.

定理 2.34 设T是酉（欧几里得）空间V的线性变换，则下列条件等价.

（1）T是酉变换.

（2）保持向量的长度不变，$\|T(\boldsymbol{\alpha})\|=\|\boldsymbol{\alpha}\|$，$\boldsymbol{\alpha}\in V$.

（3）若$\boldsymbol{e}_1,\boldsymbol{e}_2,\cdots,\boldsymbol{e}_n$是$V$的一个标准正交基，则$T(\boldsymbol{e}_1),T(\boldsymbol{e}_2),\cdots,T(\boldsymbol{e}_n)$也是标准正交基.

（4）T在V的任意标准正交基下的矩阵都为酉矩阵.

证 （1）⇒（2）设T是酉（正交）变换，则对任意$\boldsymbol{\alpha}\in V$，都有

$$\|T(\boldsymbol{\alpha})\|=\sqrt{(T(\boldsymbol{\alpha}),T(\boldsymbol{\alpha}))}=\sqrt{(\boldsymbol{\alpha},\boldsymbol{\alpha})}=\|\boldsymbol{\alpha}\|$$

（2）⇒（1）若T为欧几里得空间的线性变换，保持向量长度不变，则对任意$\boldsymbol{\alpha},\boldsymbol{\beta}\in V$，都有

$$(T(\boldsymbol{\alpha}+\boldsymbol{\beta}),T(\boldsymbol{\alpha}+\boldsymbol{\beta}))=(\boldsymbol{\alpha}+\boldsymbol{\beta},\boldsymbol{\alpha}+\boldsymbol{\beta})$$

将上式两边展开，得

$$(T(\boldsymbol{\alpha}),T(\boldsymbol{\alpha}))+2(T(\boldsymbol{\alpha}),T(\boldsymbol{\beta}))+(T(\boldsymbol{\beta}),T(\boldsymbol{\beta}))=(\boldsymbol{\alpha},\boldsymbol{\alpha})+2(\boldsymbol{\alpha},\boldsymbol{\beta})+(\boldsymbol{\beta},\boldsymbol{\beta})$$

由于$(T(\boldsymbol{\alpha}),T(\boldsymbol{\alpha}))=(\boldsymbol{\alpha},\boldsymbol{\alpha})$，$(T(\boldsymbol{\beta}),T(\boldsymbol{\beta}))=(\boldsymbol{\beta},\boldsymbol{\beta})$，代入上式即得$(T(\boldsymbol{\alpha}),T(\boldsymbol{\beta}))=(\boldsymbol{\alpha},\boldsymbol{\beta})$，即$T$是酉变换.

若V是酉空间，同理，分别对$\boldsymbol{\alpha}+\boldsymbol{\beta}$和$\boldsymbol{\alpha}+i\boldsymbol{\beta}$进行讨论，则可证明$(T(\boldsymbol{\alpha}),T(\boldsymbol{\beta}))$与$(\boldsymbol{\alpha},\boldsymbol{\beta})$的实部和虚部分别相等，从而仍有$(T(\boldsymbol{\alpha}),T(\boldsymbol{\beta}))=(\boldsymbol{\alpha},\boldsymbol{\beta})$.

（1）⇒（3）由于

$$(T(\boldsymbol{e}_i),T(\boldsymbol{e}_j))=(\boldsymbol{e}_i,\boldsymbol{e}_j)=\begin{cases}1, & i=j\\0, & i\neq j\end{cases}$$

因此$T(\boldsymbol{e}_1),T(\boldsymbol{e}_2),\cdots,T(\boldsymbol{e}_n)$是标准正交基.

（3）⇒（4）设T在基$\boldsymbol{e}_1,\boldsymbol{e}_2,\cdots,\boldsymbol{e}_n$下的矩阵为$\boldsymbol{A}$，即

$$(T(\boldsymbol{e}_1),T(\boldsymbol{e}_2),\cdots,T(\boldsymbol{e}_n))=(\boldsymbol{e}_1,\boldsymbol{e}_2,\cdots,\boldsymbol{e}_n)\boldsymbol{A}$$

则

$$(T(\boldsymbol{e}_i),T(\boldsymbol{e}_j))=(\sum_{k=1}^{n}a_{ki}\boldsymbol{e}_k,\sum_{r=1}^{n}a_{rj}\boldsymbol{e}_r)=\sum_{k,r=1}^{n}a_{ki}\overline{a}_{rj}(\boldsymbol{e}_k,\boldsymbol{e}_r)=\sum_{k=1}^{n}a_{ki}\overline{a}_{kj}$$

由$T(\boldsymbol{e}_1),T(\boldsymbol{e}_2),\cdots,T(\boldsymbol{e}_n)$是标准正交基得

$$\sum_{k=1}^{n}a_{ki}\overline{a}_{kj}=\begin{cases}1, & i=j\\0, & i\neq j\end{cases}$$

即$\boldsymbol{A}^{\mathrm{H}}\boldsymbol{A}=\boldsymbol{E}$.

（4）⇒（1）若$\boldsymbol{A}$为酉矩阵，则由（3）⇒（4）的证明可知

$$(T(\boldsymbol{e}_i),T(\boldsymbol{e}_j))=\begin{cases}1, & i=j\\0, & i\neq j\end{cases}$$

设 $\boldsymbol{\alpha}=\sum_{i=1}^{n}a_i\boldsymbol{e}_i$，$\boldsymbol{\beta}=\sum_{i=1}^{n}b_i\boldsymbol{e}_i$，则有

$$(T(\boldsymbol{\alpha}),T(\boldsymbol{\beta}))=(\sum_{i=1}^{n}a_iT(\boldsymbol{e}_i),\sum_{j=1}^{n}b_jT(\boldsymbol{e}_j))=\sum_{i,j=1}^{n}a_i\overline{b_j}(T(\boldsymbol{e}_i),T(\boldsymbol{e}_j))=\sum_{i=1}^{n}a_i\overline{b_i}=(\boldsymbol{\alpha},\boldsymbol{\beta})$$

即 T 是酉变换.

例 2.49　设 $\boldsymbol{A}$ 是 n 阶正交矩阵，证明 $\mathbf{R}^n$ 上的线性变换

$$T(\boldsymbol{x})=\boldsymbol{A}\boldsymbol{x}\quad(\boldsymbol{x}\in\mathbf{R}^n)$$

是酉变换.

证　取 $\mathbf{R}^n$ 的标准正交基 $\boldsymbol{e}_1,\boldsymbol{e}_2,\cdots,\boldsymbol{e}_n$，设 $\boldsymbol{A}=(\boldsymbol{\alpha}_1,\boldsymbol{\alpha}_2,\cdots,\boldsymbol{\alpha}_n)$．注意到

$$T(\boldsymbol{e}_i)=\boldsymbol{A}\boldsymbol{e}_i=\boldsymbol{\alpha}_i$$

因为 $\boldsymbol{A}$ 正交，所以 $\boldsymbol{\alpha}_1,\boldsymbol{\alpha}_2,\cdots,\boldsymbol{\alpha}_n$ 标准正交，从而，$T(\boldsymbol{e}_1),T(\boldsymbol{e}_2),\cdots,T(\boldsymbol{e}_n)$ 也是 $\mathbf{R}^n$ 的一个标准正交基，由定理 2.34 可知，T 是酉变换.

2.6.5　向量到子空间的距离与最小二乘法

在解析几何中，两个点 $\boldsymbol{\alpha}$ 与 $\boldsymbol{\beta}$ 之间的距离等于向量 $\boldsymbol{\alpha}-\boldsymbol{\beta}$ 的长度. 在欧几里得空间中，同样引入如下定义.

定义 2.26　长度 $\|\boldsymbol{\alpha}-\boldsymbol{\beta}\|$ 称为向量 $\boldsymbol{\alpha}$ 和 $\boldsymbol{\beta}$ 之间的距离，记为 $d(\boldsymbol{\alpha},\boldsymbol{\beta})$.

不难证明距离的 3 条基本性质.

（1）$d(\boldsymbol{\alpha},\boldsymbol{\beta})=d(\boldsymbol{\beta},\boldsymbol{\alpha})$.

（2）$d(\boldsymbol{\alpha},\boldsymbol{\beta})\geqslant 0$，当且仅当 $\boldsymbol{\alpha}=\boldsymbol{\beta}$ 时等号成立.

（3）$d(\boldsymbol{\alpha},\boldsymbol{\beta})\leqslant d(\boldsymbol{\alpha},\boldsymbol{\gamma})+d(\boldsymbol{\beta},\boldsymbol{\gamma})$.

在初等几何中，知道一个点到一个平面（或一条直线）上所有点的距离以垂线最短. 定理 2.35 可以说明一个给定向量和一个子空间中各个向量之间的距离也是以“垂线最短”.

定理 2.35　设线性空间 V 中的子空间 $W=\mathrm{span}(\boldsymbol{\alpha}_1,\boldsymbol{\alpha}_2,\cdots,\boldsymbol{\alpha}_k)$，$\boldsymbol{\alpha}\in V$ 为一给定向量. 设 $\boldsymbol{\beta}\in W$ 且满足 $\boldsymbol{\alpha}-\boldsymbol{\beta}\perp W$，则对任意 $\boldsymbol{\gamma}\in W$，都有 $\|\boldsymbol{\alpha}-\boldsymbol{\beta}\|\leqslant\|\boldsymbol{\alpha}-\boldsymbol{\gamma}\|$.

证　因为 $\boldsymbol{\alpha}-\boldsymbol{\gamma}=(\boldsymbol{\alpha}-\boldsymbol{\beta})+(\boldsymbol{\beta}-\boldsymbol{\gamma})$，$\boldsymbol{\beta}-\boldsymbol{\gamma}\in W$，所以 $(\boldsymbol{\alpha}-\boldsymbol{\beta})\perp(\boldsymbol{\beta}-\boldsymbol{\gamma})$. 由勾股定理可知

$$\|\boldsymbol{\alpha}-\boldsymbol{\gamma}\|^2=\|\boldsymbol{\alpha}-\boldsymbol{\beta}\|^2+\|\boldsymbol{\beta}-\boldsymbol{\gamma}\|^2$$

故

$$\|\boldsymbol{\alpha}-\boldsymbol{\beta}\|\leqslant\|\boldsymbol{\alpha}-\boldsymbol{\gamma}\|$$

定理 2.35 的几何意义：向量 $\boldsymbol{\alpha}$ 到 W 的各个向量之间的距离以垂直向量 $\boldsymbol{\alpha}-\boldsymbol{\beta}$ 最短. 它的一个实际应用是最小二乘法.

最小二乘法问题　线性方程组

$$\begin{cases}a_{11}x_1+a_{12}x_2+\cdots+a_{1s}x_s-b_1=0\\a_{21}x_1+a_{22}x_2+\cdots+a_{2s}x_s-b_2=0\\\quad\vdots\\a_{n1}x_1+a_{n2}x_2+\cdots+a_{ns}x_s-b_n=0\end{cases}$$

可能无解，即任何一组数 $x_1,x_2,\cdots,x_s$ 都可能使

$$\sum_{i=1}^{n}(a_{i1}x_1+a_{i2}x_2+\cdots+a_{is}x_s-b_i)^2\neq 0 \tag{2.10}$$

不等于零. 设法找到 $x_1^0,x_2^0,\cdots x_s^0$，使上式最小，这样的 $x_1^0,x_2^0,\cdots x_s^0$ 称为方程组的最小二乘解. 这种问题就叫作最小二乘法问题.

令

$$\boldsymbol{A}=\begin{pmatrix} a_{11} & a_{12} & \cdots & a_{1s} \\ a_{21} & a_{22} & \cdots & a_{2s} \\ \vdots & \vdots & & \vdots \\ a_{n1} & a_{n2} & \cdots & a_{ns} \end{pmatrix},\quad \boldsymbol{B}=\begin{pmatrix} b_1 \\ b_2 \\ \vdots \\ b_n \end{pmatrix},\quad \boldsymbol{X}=\begin{pmatrix} x_1 \\ x_2 \\ \vdots \\ x_n \end{pmatrix},\quad \boldsymbol{Y}=\begin{pmatrix} \sum_{j=1}^{s}a_{1j}x_j \\ \sum_{j=1}^{s}a_{2j}x_j \\ \vdots \\ \sum_{j=1}^{s}a_{nj}x_j \end{pmatrix}=\boldsymbol{AX}$$

利用距离的概念，式（2.10）就是

$$\|\boldsymbol{Y}-\boldsymbol{B}\|^2 \tag{2.11}$$

最小二乘法就是要找到 $x_1^0,x_2^0,\cdots x_s^0$，使 $\boldsymbol{Y}$ 与 $\boldsymbol{B}$ 之间的距离最短. 记 $\boldsymbol{A}=(\boldsymbol{\alpha}_1,\boldsymbol{\alpha}_2,\cdots\boldsymbol{\alpha}_s)$，则 $\boldsymbol{Y}=x_1\boldsymbol{\alpha}_1+x_2\boldsymbol{\alpha}_2+\cdots x_s\boldsymbol{\alpha}_s$. 令 $W=\mathrm{span}(\boldsymbol{\alpha}_1,\boldsymbol{\alpha}_2,\cdots,\boldsymbol{\alpha}_s)$，则 $\boldsymbol{Y}\subset W$.

那么，最小二乘法问题可叙述如下.

找到 $\boldsymbol{X}$，使式（2.11）最小，即在 W 中找一个向量 $\boldsymbol{Y}$，使得 $\boldsymbol{B}$ 到它的距离比到子空间 W 中的其他向量的距离都短.

若 $\boldsymbol{Y}$ 是所求的向量，则 $\boldsymbol{C}=\boldsymbol{B}-\boldsymbol{Y}=\boldsymbol{B}-\boldsymbol{AX}$ 必须垂直于子空间 W，为此，只需且必须满足

$$(\boldsymbol{C},\boldsymbol{\alpha}_1)=(\boldsymbol{C},\boldsymbol{\alpha}_2)=\cdots=(\boldsymbol{C},\boldsymbol{\alpha}_s)=0$$

回忆矩阵乘法规则，上述等式可以写成矩阵相乘的形式，即

$$\boldsymbol{\alpha}_1^{\mathrm{T}}\boldsymbol{C}=0,\boldsymbol{\alpha}_2^{\mathrm{T}}\boldsymbol{C}=0,\cdots,\boldsymbol{\alpha}_s^{\mathrm{T}}\boldsymbol{C}=0$$

而 $\boldsymbol{\alpha}_1^{\mathrm{T}},\boldsymbol{\alpha}_2^{\mathrm{T}},\cdots,\boldsymbol{\alpha}_s^{\mathrm{T}}$ 按行正好可以排成矩阵 $\boldsymbol{A}^{\mathrm{T}}$，上述等式合起来就是

$$\boldsymbol{A}^{\mathrm{T}}(\boldsymbol{B}-\boldsymbol{AX})=0$$

或

$$\boldsymbol{A}^{\mathrm{T}}\boldsymbol{AX}=\boldsymbol{A}^{\mathrm{T}}\boldsymbol{B}$$

这就是最小二乘解所满足的代数方程，是一个线性方程组，矩阵是 $\boldsymbol{A}^{\mathrm{T}}\boldsymbol{A}$，数项是 $\boldsymbol{A}^{\mathrm{T}}\boldsymbol{B}$. 这个线性方程组总是有解的.

例 2.50 用最小二乘法解以下方程组：

$$\begin{cases} x_1+x_2=1 \\ x_1+x_3=2 \\ x_1+x_2+x_3=0 \\ x_1+2x_2-x_3=-1 \end{cases}$$

解 由于

$$\boldsymbol{A}=\begin{pmatrix} 1 & 1 & 0 \\ 1 & 0 & 1 \\ 1 & 1 & 1 \\ 1 & 2 & -1 \end{pmatrix},\quad \boldsymbol{B}=\begin{pmatrix} 1 \\ 2 \\ 0 \\ -1 \end{pmatrix}$$

因此 $\boldsymbol{A}^{\mathrm{T}}\boldsymbol{A}=\begin{pmatrix}4&4&1\\4&6&-1\\1&-1&3\end{pmatrix}$，$\boldsymbol{A}^{\mathrm{T}}\boldsymbol{B}=\begin{pmatrix}2\\-1\\3\end{pmatrix}$．于是求得最小二乘解为 $x_1=\frac{17}{6}$，$x_2=-\frac{13}{6}$，$x_2=-\frac{2}{3}$．

习题 2

1．判别下列集合对于所指定的运算是否构成相应数域上的线性空间，为什么？

（1）次数等于 $m(m\geqslant 1)$ 的实系数多项式的集合，对于多项式的加法和实数与多项式的乘法．

（2）数域 $\mathbf{K}$ 上 n 阶对称矩阵的集合，对于矩阵的加法和数与矩阵的乘法．

（3）数域 $\mathbf{K}$ 上二维向量的集合，其加法和数乘运算分别定义为

$$(a,b)\oplus(c,d)=(a+c,b+d+ac)$$

$$k(a,b)=(ka,kb+\frac{k(k-1)}{2}a^2)$$

（4）数域 $\mathbf{K}$ 上 n 维向量的集合，按通常向量的加法，而数乘运算则定义为

$$k(a_1,a_2,\cdots,a_n)=(0,0,\cdots,0)$$

2．求 $P[t]_2$ 中多项式 $1+t+t^2$ 在基 $1,\ t-1,\ t^2-3t+2$ 下的坐标．

3．设 $V=\mathbf{R}^2$，取 $\boldsymbol{\alpha},\boldsymbol{\beta}\in\mathbf{R}^2$，且 $\boldsymbol{\alpha},\boldsymbol{\beta}$ 线性无关．令 $V_1=\mathrm{span}\{\boldsymbol{\alpha}\}$，$V_2=\mathrm{span}\{\boldsymbol{\beta}\}$，证明 $V_1\cup V_2$ 不是子空间．

4．已知 $\mathbf{R}^4$ 的两个基分别如下：

$$\boldsymbol{\alpha}_1=\boldsymbol{e}_1,\boldsymbol{\alpha}_2=\boldsymbol{e}_2,\boldsymbol{\alpha}_3=\boldsymbol{e}_3,\boldsymbol{\alpha}_4=\boldsymbol{e}_4 \qquad \text{(I)}$$

$$\boldsymbol{\beta}_1=(2,1,-1,1),\boldsymbol{\beta}_2=(0,3,1,0),\boldsymbol{\beta}_3=(5,3,2,1),\boldsymbol{\beta}_4=(6,6,1,3) \qquad \text{(II)}$$

（1）求由基（I）到基（II）的过渡矩阵．

（2）求向量 $\boldsymbol{x}=(x_1,x_2,x_3,x_4)^{\mathrm{T}}$ 在基（II）下的坐标．

（3）求在两个基下有相同坐标的所有向量．

5．在 $\mathbf{R}^4$ 中，求以下齐次线性方程组的解空间的基和维数：

$$\begin{cases}3x_1+2x_2-5x_3+4x_4=0\\3x_1-x_2+3x_3-3x_4=0\\3x_1+5x_2-13x_3+11x_4=0\end{cases}$$

6．$\mathbf{K}^{2\times 3}$ 中的下列子集是否构成子空间？为什么？若构成子空间，求其基和维数．

（1）$W_1=\left\{\begin{pmatrix}-1&b&0\\0&c&d\end{pmatrix}\middle|\,b,c,d\in\mathbf{K}\right\}$．

（2）$W_2=\left\{\begin{pmatrix}a&b&0\\0&0&c\end{pmatrix}\middle|\,a,b,c\in\mathbf{K}\right\}$．

（3）$W_3=\left\{\begin{pmatrix}a&b&c\\d&0&0\end{pmatrix}\middle|\,a+d=0,\ a,b,c,d\in\mathbf{K}\right\}$．

7．设 $\boldsymbol{\alpha}_1,\boldsymbol{\alpha}_2,\boldsymbol{\alpha}_3$ 是三维线性空间 V 的一个基，试求 $\boldsymbol{\beta}_1=\boldsymbol{\alpha}_1-2\boldsymbol{\alpha}_2+3\boldsymbol{\alpha}_3$，$\boldsymbol{\beta}_2=2\boldsymbol{\alpha}_1+3\boldsymbol{\alpha}_2+2\boldsymbol{\alpha}_3$，$\boldsymbol{\beta}_3=4\boldsymbol{\alpha}_1+13\boldsymbol{\alpha}_2$ 的生成子空间 $\mathrm{span}\{\boldsymbol{\beta}_1,\boldsymbol{\beta}_2,\boldsymbol{\beta}_3\}$ 的基和维数．

8. 设 $\boldsymbol{\alpha}_1=(2,1,3,1)^{\mathrm{T}}$，$\boldsymbol{\alpha}_2=(-1,1,-3,1)^{\mathrm{T}}$，$\boldsymbol{\beta}_1=(4,5,3,-1)^{\mathrm{T}}$，$\boldsymbol{\beta}_2=(1,5,-3,1)^{\mathrm{T}}$，又设 $V_1=\mathrm{span}\{\boldsymbol{\alpha}_1,\boldsymbol{\alpha}_2\}$，$V_2=\mathrm{span}\{\boldsymbol{\beta}_1,\boldsymbol{\beta}_2\}$．求 $V_1\cap V_2$ 与 V_1+V_2 的基和维数.

9．求 $\mathbf{R}^4$ 的以下子空间的 W_1+W_2 与 $W_1\cap W_2$ 的基和维数：

$$W_1=\{(x_1,x_2,x_3,x_4)\mid x_1-x_2+x_3-x_4=0\}$$
$$W_2=\{(x_1,x_2,x_3,x_4)\mid x_1+x_2+x_3+x_4=0\}$$

10．设 $\boldsymbol{A}=\begin{pmatrix}1&0\\0&2\end{pmatrix}$，记

$$L(\boldsymbol{A})=\left\{\boldsymbol{B}=\boldsymbol{B}\in\mathbf{R}^{2\times2},\boldsymbol{AB}=\boldsymbol{BA}\right\}$$

求证 $L(\boldsymbol{A})$ 为 $\mathbf{R}^{2\times2}$ 的线性子空间，并求 $\dim L(\boldsymbol{A})$.

11．设 U_1 与 U_2 是 n 维线性空间 V 的两个子空间，且

$$\dim(U_1+U_2)=\dim(U_1\cap U_2)+1$$

证明 $U_1\subseteq U_2$ 或 $U_2\subseteq U_1$.

12．证明线性空间 $\mathbf{R}^{2\times2}$ 可以分解为二阶实对称矩阵的集合构成的子空间与二阶实反对称矩阵的集合构成的子空间的直和.

13．判别下列变换中哪些是线性变换，为什么？

（1）在线性空间 V 中，$T(\boldsymbol{\alpha})=\boldsymbol{\alpha}+\boldsymbol{\alpha}_0$，其中，$\boldsymbol{\alpha}\in V$，$\boldsymbol{\alpha}_0$ 是 V 中取定的元素.

（2）在 $\mathbf{R}^3$ 中，$T(x_1,x_2,x_3)=(x_1^{\ 2},x_1+x_2,x_3)$.

（3）在 $\mathbf{R}^{n\times n}$ 中，$T(\boldsymbol{X})=\boldsymbol{BXC}$，其中，$\boldsymbol{X}\in\mathbf{R}^{n\times n}$，$\boldsymbol{B}$ 和 $\boldsymbol{C}$ 是取定的 n 阶方阵.

（4）在 $P[t]$ 中，$T(f(t))=f(t+1)$.

14．在 $\mathbf{R}^2$ 中，设 $\boldsymbol{\alpha}=(a_1,a_2)$，证明 $T_1(\boldsymbol{\alpha})=(a_2,-a_1)$ 与 $T_2(\boldsymbol{\alpha})=(a_1,-a_2)$ 是 $\mathbf{R}^2$ 上的两个线性变换，并求 T_1+T_2、T_1T_2、T_2T_1.

15．设 D 是 $P[t]_n$ 的线性变换（称为微分变换）：

$$D(f(t))=f'(t)\qquad (f(t)\in P[t]_n)$$

求 D 的值域与核的基和维数.

16．在 $P[x]_4$ 中，求以下微分变换在基 $f_1(x)=x^3,f_2(x)=x^2,f_3(x)=x,f_1(x)=1$ 下的矩阵：

$$D(f(x))=f'(x)\qquad \forall f(x)\in \mathrm{P}[x]_4$$

17．设 T 是线性空间 V 的线性变换，$\boldsymbol{\alpha}\in V$ 且 $T^{k-1}(\boldsymbol{\alpha})\neq\boldsymbol{\theta}$，$T^k(\boldsymbol{\alpha})=\boldsymbol{\theta}$（$k>1$）．证明 $\boldsymbol{\alpha}$，$T(\boldsymbol{\alpha}),\cdots,T^{k-1}(\boldsymbol{\alpha})$ 线性无关.

18．设 $\boldsymbol{\varepsilon}_1,\boldsymbol{\varepsilon}_2$ 是线性空间 V 的一个基，线性变换 T 满足

$$T(\boldsymbol{\varepsilon}_1-2\boldsymbol{\varepsilon}_2)=-\boldsymbol{\varepsilon}_1+3\boldsymbol{\varepsilon}_2$$
$$T(\boldsymbol{\varepsilon}_1)=-\boldsymbol{\varepsilon}_1+\boldsymbol{\varepsilon}_2$$

求 T 在基 $\boldsymbol{\varepsilon}_1,\boldsymbol{\varepsilon}_2$ 下的矩阵.

19．已知 $\mathbf{R}^3$ 的线性变换 T 在基 $\boldsymbol{\alpha}_1=(-1,1,1)^{\mathrm{T}},\boldsymbol{\alpha}_2=(1,0,-1)^{\mathrm{T}},\boldsymbol{\alpha}_3=(0,1,1)^{\mathrm{T}}$ 下的矩阵为

$$\begin{pmatrix}1&0&1\\1&1&0\\-1&2&1\end{pmatrix}$$

求 T 在基 $\boldsymbol{e}_1=(1,0,0)^{\mathrm{T}},\boldsymbol{e}_2=(0,1,0)^{\mathrm{T}},\boldsymbol{e}_3=(0,0,1)^{\mathrm{T}}$ 下的矩阵.

20．$\mathbf{R}^{2\times2}$ 中定义线性变换为

$$T_1(\boldsymbol{X})=\begin{pmatrix}a & b\\ c & d\end{pmatrix}\boldsymbol{X}，\quad T_2(\boldsymbol{X})=\boldsymbol{X}\begin{pmatrix}a & b\\ c & d\end{pmatrix}，\quad T_3(\boldsymbol{X})=\begin{pmatrix}a & b\\ c & d\end{pmatrix}\boldsymbol{X}\begin{pmatrix}a & b\\ c & d\end{pmatrix}$$

分别求 T_1、T_2、T_3 在基 $\boldsymbol{E}_{11},\boldsymbol{E}_{12},\boldsymbol{E}_{21},\boldsymbol{E}_{22}$ 下的矩阵.

21．已知 $\mathbf{R}^3$ 的线性变换 $T(x_1,x_2,x_3)=(0,x_1,x_2)$，求 T^2 的值域与核的基和维数.

22．设 $f_1(t)=-1+2t^2$，$f_2(t)=t+t^2$，$f_3(t)=3-t$ 是 $P[t]_3$ 中的 3 个向量，T 是 $P[t]_3$ 的一个线性变换，定义 $T(f_1(t))=-5+3t^2$，$T(f_2(t))=-t+6t^2$，$T(f_3(t))=-5-t+9t^2$.

（1）证明 $f_1(t),f_2(t),f_3(t)$ 是 $P[t]_3$ 的一个基.

（2）求 T 在基 $f_1(t),f_2(t),f_3(t)$ 下的矩阵.

23．在 $\mathbf{R}^2$ 中，对任意两个向量 $\boldsymbol{\alpha}=(a_1,a_2)$ 和 $\boldsymbol{\beta}=(b_1,b_2)$ 的定义如下，判别 $\mathbf{R}^2$ 是否构成欧几里得空间.

（1）$(\boldsymbol{\alpha},\boldsymbol{\beta})=a_1b_1+a_2b_2+1$　　（2）$(\boldsymbol{\alpha},\boldsymbol{\beta})=a_1b_1-a_2b_2$

（3）$(\boldsymbol{\alpha},\boldsymbol{\beta})=3a_1b_1+5a_2b_2$　　（4）$(\boldsymbol{\alpha},\boldsymbol{\beta})=a_1b_1+(a_1-a_2)(b_1-b_2)$

24．设 $\boldsymbol{x}=(x_1,x_2,\cdots,x_n),\ \boldsymbol{y}=(y_1,y_2,\cdots,y_n)\in\mathbf{R}^n$，$\boldsymbol{A}$ 是 n 阶正定矩阵，令

$$(\boldsymbol{x},\boldsymbol{y})=\boldsymbol{xAy}^{\mathrm{T}}$$

（1）证明 $(\boldsymbol{x},\boldsymbol{y})$ 是 $\mathbf{R}^n$ 的内积.

（2）求 $(\boldsymbol{x},\boldsymbol{y})$ 在 $\mathbf{R}^n$ 的基 $\boldsymbol{e}_1,\boldsymbol{e}_2,\cdots,\boldsymbol{e}_n$ 下的度量矩阵.

（3）写出相应的 Cauchy-Schwarz 不等式.

25.设 $\boldsymbol{\alpha}_1,\boldsymbol{\alpha}_2,\boldsymbol{\alpha}_3,\boldsymbol{\alpha}_4,\boldsymbol{\alpha}_5$ 是 5 维欧几里得空间 V 的一个标准正交基，令 $W=\mathrm{span}\{\boldsymbol{\beta}_1,\boldsymbol{\beta}_2,\boldsymbol{\beta}_3\}$，其中

$$\boldsymbol{\beta}_1=\boldsymbol{\alpha}_1+\boldsymbol{\alpha}_5，\quad \boldsymbol{\beta}_2=\boldsymbol{\alpha}_1-\boldsymbol{\alpha}_2+\boldsymbol{\alpha}_4，\quad \boldsymbol{\beta}_3=2\boldsymbol{\alpha}_1+\boldsymbol{\alpha}_2+\boldsymbol{\alpha}_3$$

求 W 的一个标准正交基.

26. 在欧几里得空间 $\mathbf{R}^4$ 中，$\boldsymbol{\beta}_1=(1,1,-1,1)$，$\boldsymbol{\beta}_2=(1,-1,-1,1)$，求以下子空间的正交补 $W^{\perp}$：

$$W=\mathrm{span}\{\boldsymbol{\beta}_1,\boldsymbol{\beta}_2\}$$

27．设 T 是欧几里得空间 V 的正交变换，V 的两个子空间分别为

$$V_1=\{\boldsymbol{x}\,|\,T\boldsymbol{x}=\boldsymbol{x},\ \boldsymbol{x}\in V\}，\quad V_2=\{\boldsymbol{y}\,|\,\boldsymbol{y}=\boldsymbol{x}-T\boldsymbol{x},\ \boldsymbol{x}\in V\}$$

求证 $V_1=V_2^{\perp}$.

28．设 T 是欧几里得空间 V 的线性变换，如果 T 满足

$$(T(\boldsymbol{\alpha}),\boldsymbol{\beta})=-(\boldsymbol{\alpha},T(\boldsymbol{\beta}))\qquad(\boldsymbol{\alpha},\boldsymbol{\beta}\in V)$$

则称 T 为反对称变换．证明 T 为反对称变换的充要条件是 T 在 V 的标准正交基下的矩阵为反对称矩阵.

29．设

$$\boldsymbol{A}=\begin{pmatrix}1 & 1 & 1\\ 2 & 4 & 1\\ 1 & 3 & 0\end{pmatrix}，\quad \boldsymbol{b}=\begin{pmatrix}1\\ 1\\ 1\end{pmatrix}$$

求方程组 $\boldsymbol{Ax}=\boldsymbol{b}$ 的全部最小二乘解.

30．设 $\boldsymbol{x}_1$ 和 $\boldsymbol{x}_2$ 是线性方程组 $\boldsymbol{Ax}=\boldsymbol{b}$ 的两个最小二乘解，证明 $\boldsymbol{Ax}_1=\boldsymbol{Ax}_2$.

第 3 章　范数理论

在计算数学中，尤其在数值代数中，在研究数值方法的收敛性、稳定性及误差估计等问题时，范数理论十分重要．本章主要介绍向量范数和矩阵范数的理论与性质．

3.1　向量范数

向量范数和矩阵范数是应用性很广的重要概念，是学习矩阵分析有关内容的重要基础．本节讨论向量范数的概念与相关性质．

3.1.1　向量范数的概念与性质

定义 3.1　设V是数域P上的线性空间，如果对任意向量$\boldsymbol{x}\in V$，都有一个非负实数与之对应，记为$\|\boldsymbol{x}\|$，且满足下列 3 个条件．

（1）**正定性**：$\forall \boldsymbol{x}\in V$，$\|\boldsymbol{x}\|\geqslant 0$，且$\|\boldsymbol{x}\|=0$当且仅当$\boldsymbol{x}=\boldsymbol{0}$．

（2）**齐次性**：$\|a\boldsymbol{x}\|=|a|\|\boldsymbol{x}\|$ （$\forall a\in P, \in V$）．

（3）**三角不等式**：$\|\boldsymbol{x}+\boldsymbol{y}\|\leqslant\|\boldsymbol{x}\|+\|\boldsymbol{y}\|$（$\forall \boldsymbol{x},\boldsymbol{y}\in V$）．

那么称$\|\boldsymbol{x}\|$为V上向量$\boldsymbol{x}$的范数，简称向量范数．在线性空间V中定义了范数，就称V是线性赋范空间．

容易证明向量范数具有以下性质．

（1）当$\|\boldsymbol{x}\|\neq 0$时，$\left\|\dfrac{1}{\|\boldsymbol{x}\|}\boldsymbol{x}\right\|=1$．

（2）$\forall \boldsymbol{x}\in V$，$\|-\boldsymbol{x}\|=\|\boldsymbol{x}\|$．

（3）$\|\boldsymbol{x}\|-\|\boldsymbol{y}\|\leqslant\|\boldsymbol{x}-\boldsymbol{y}\|$．

（4）$\|\boldsymbol{x}\|-\|\boldsymbol{y}\|\leqslant\|\boldsymbol{x}+\boldsymbol{y}\|$．

例 3.1　设向量$\boldsymbol{x}=(x_1,x_2,\cdots,x_n)^{\mathrm{T}}\in\mathbf{C}^n$，规定$\|\boldsymbol{x}\|=\sum\limits_{i=1}^{n}|x_i|$．证明$\|\cdot\|$是$\mathbf{C}^n$上的一个范数，称此范数为向量$x$的 1-范数，记为$\|\boldsymbol{x}\|_1$，即$\|\boldsymbol{x}\|_1=\sum\limits_{i=1}^{n}|x_i|$．

证　（1）当$\boldsymbol{x}\neq\boldsymbol{0}$时，$x_1,x_2,\cdots,x_n$必不全为零，因此$\|\boldsymbol{x}\|_1>0$；当$\boldsymbol{x}=\boldsymbol{0}$时，必有$x_1=x_2=\cdots=x_n=0$，因此$\|\boldsymbol{x}\|_1=0$．

（2）$\forall a\in\mathbf{C}$，$\|a\boldsymbol{x}\|_1=\sum\limits_{i=1}^{n}|ax_i|=|a|\sum\limits_{i=1}^{n}|x_i|=|a|\|\boldsymbol{x}\|_1$．

（3）$\forall\boldsymbol{x}=(x_1,x_2,\cdots,x_n)^{\mathrm{T}}, \boldsymbol{y}=(y_1,y_2,\cdots,y_n)^{\mathrm{T}}\in\mathbf{C}^n$，有

$$\|\boldsymbol{x}+\boldsymbol{y}\|_1=\sum_{i=1}^{n}|x_i+y_i|\leqslant\sum_{i=1}^{n}|x_i|+\sum_{i=1}^{n}|y_i|=\|\boldsymbol{x}\|_1+\|\boldsymbol{y}\|_1$$

因此$\|\boldsymbol{x}\|_1=\sum_{i=1}^{n}|x_i|$是$\mathbf{C}^n$中的一个向量范数.

例 3.2　设向量$\boldsymbol{x}=(x_1,x_2,\cdots,x_n)^{\mathrm{T}}\in\mathbf{C}^n$，规定$\|\boldsymbol{x}\|=\max\limits_{1\leqslant i\leqslant n}|x_i|$．证明$\|\cdot\|$是$\mathbf{C}^n$中的一个范数，称此范数为向量$\boldsymbol{x}$的$\infty$-范数，记为$\|\boldsymbol{x}\|_\infty$，即$\|\boldsymbol{x}\|_\infty=\max\limits_{1\leqslant i\leqslant n}|x_i|$.

证　（1）当$\boldsymbol{x}\neq\boldsymbol{0}$时，$x_1,x_2,\cdots,x_n$必不全为零，因此$\|\boldsymbol{x}\|_\infty=\max\limits_{1\leqslant i\leqslant n}|x_i|>0$；当$\boldsymbol{x}=\boldsymbol{0}$时，必有$x_1=x_2=\cdots=x_n=0$，因此$\|\boldsymbol{x}\|_\infty=0$.

（2）$\forall a\in\mathbf{C}$，$\|a\boldsymbol{x}\|_\infty=\max\limits_{1\leqslant i\leqslant n}|ax_i|=|a|\max\limits_{1\leqslant i\leqslant n}|x_i|=|a|\|\boldsymbol{x}\|_\infty$.

（3）$\forall\boldsymbol{x}=(x_1,x_2,\cdots,x_n)^{\mathrm{T}},\ \boldsymbol{y}=(y_1,y_2,\cdots,y_n)^{\mathrm{T}}\in\mathbf{C}^n$，有

$$\|\boldsymbol{x}+\boldsymbol{y}\|_\infty=\max_{1\leqslant i\leqslant n}|x_i+y_i|\leqslant\max_{1\leqslant i\leqslant n}|x_i|+\max_{1\leqslant i\leqslant n}|y_i|=\|\boldsymbol{x}\|_\infty+\|\boldsymbol{y}\|_\infty$$

因此$\|\boldsymbol{x}\|_\infty=\max\limits_{1\leqslant i\leqslant n}|x_i|$是$\mathbf{C}^n$中的一个向量范数.

例 3.3　设向量$\boldsymbol{x}=(x_1,x_2,\cdots,x_n)^{\mathrm{T}}\in\mathbf{C}^n$，规定$\|\boldsymbol{x}\|=\sqrt{\sum_{i=1}^{n}|x_i|^2}$．证明$\|\cdot\|$是$\mathbf{C}^n$中的一个范数，称此范数为向量$\boldsymbol{x}$的2-范数，记为$\|\boldsymbol{x}\|_2$，即$\|\boldsymbol{x}\|_2=\sqrt{\sum_{i=1}^{n}|x_i|^2}=\sqrt{\boldsymbol{x}^{\mathrm{H}}\boldsymbol{x}}$.

证　（1）当$\boldsymbol{x}\neq\boldsymbol{0}$时，$\|\boldsymbol{x}\|_2=\sqrt{\sum_{i=1}^{n}|x_i|^2}>0$；当$\boldsymbol{x}=\boldsymbol{0}$时，$\|\boldsymbol{x}\|_2=\sqrt{\sum_{i=1}^{n}|x_i|^2}=0$.

（2）$\forall a\in\mathbf{C}$，$\|a\boldsymbol{x}\|_2=\sqrt{\sum_{i=1}^{n}|ax_i|^2}=|a|\sqrt{\sum_{i=1}^{n}|x_i|^2}=|a|\|\boldsymbol{x}\|_2$.

（3）$\forall\boldsymbol{x}=(x_1,x_2,\cdots,x_n)^{\mathrm{T}},\ \boldsymbol{y}=(y_1,y_2,\cdots,y_n)^{\mathrm{T}}\in\mathbf{C}^n$，有

$$\|\boldsymbol{x}+\boldsymbol{y}\|_2=\sqrt{\sum_{i=1}^{n}|x_i+y_i|^2}$$

由$\mathbf{C}^n$中向量的内积可知

$$\|\boldsymbol{x}+\boldsymbol{y}\|_2=(\boldsymbol{x}+\boldsymbol{y},\boldsymbol{x}+\boldsymbol{y})=(\boldsymbol{x},\boldsymbol{x})+2\operatorname{Re}(\boldsymbol{x},\boldsymbol{y})+(\boldsymbol{y},\boldsymbol{y})$$

又因为

$$2\operatorname{Re}(\boldsymbol{x},\boldsymbol{y})\leqslant|(\boldsymbol{x},\boldsymbol{y})|\leqslant\sqrt{(\boldsymbol{x},\boldsymbol{x})(\boldsymbol{y},\boldsymbol{y})}=\|\boldsymbol{x}\|_2\|\boldsymbol{y}\|_2$$

所以

$$\|\boldsymbol{x}+\boldsymbol{y}\|_2\leqslant\|\boldsymbol{x}\|_2+\|\boldsymbol{y}\|_2$$

故$\|\boldsymbol{x}\|_2=\sqrt{\sum_{i=1}^{n}|x_i|^2}$是$\mathbf{C}^n$中的一个向量范数.

例 3.4　设向量$\boldsymbol{x}=(x_1,x_2,\cdots,x_n)^{\mathrm{T}}\in\mathbf{C}^n$，规定$\|\boldsymbol{x}\|=(\sum_{i=1}^{n}|x_i|^p)^{\frac{1}{p}}$，其中$p$是不小于 1 的实数，则$\|\cdot\|$是$\mathbf{C}^n$中的一个范数.

证　当$p=1$时，$\|\cdot\|$即向量的 1-范数；当$p>1$时，有以下几种情况.

（1）当$\boldsymbol{x}\neq\boldsymbol{0}$时，至少有一个分量不为零，即

$$\|\boldsymbol{x}\|=(|x_1|^p+|x_2|^p+\cdots+|x_n|^p)^{\frac{1}{p}}>0$$

而且$\|\boldsymbol{x}\|=0 \Leftrightarrow \boldsymbol{x}=\boldsymbol{0}$.

（2）$\|a\boldsymbol{x}\|=\|(ax_1,ax_2,\cdots,ax_n)^{\mathrm{T}}\|=(\sum_{i=1}^{n}|ax_i|^p)^{\frac{1}{p}}=|a|(\sum_{i=1}^{n}|x_i|^p)^{\frac{1}{p}}=|a|\|\boldsymbol{x}\|$.

（3）$\forall \boldsymbol{x},\boldsymbol{y}\in \mathbf{C}^n$，其中，$\boldsymbol{x}=(x_1,x_2,\cdots,x_n)^{\mathrm{T}}$，$\boldsymbol{y}=(y_1,y_2,\cdots,y_n)^{\mathrm{T}}$，则

$$\|\boldsymbol{x}+\boldsymbol{y}\|=(\sum_{i=1}^{n}|x_i+y_i|^p)^{\frac{1}{p}}，\quad \|\boldsymbol{x}\|=(\sum_{i=1}^{n}|x_i|^p)^{\frac{1}{p}}，\quad \|\boldsymbol{y}\|=(\sum_{i=1}^{n}|y_i|^p)^{\frac{1}{p}}$$

利用 Minkowski（闵可夫斯基）不等式，即得

$$(\sum_{i=1}^{n}|x_i+y_i|^p)^{\frac{1}{p}}\leqslant(\sum_{i=1}^{n}|x_i|^p)^{\frac{1}{p}}+(\sum_{i=1}^{n}|y_i|^p)^{\frac{1}{p}}$$

从而

$$\|\boldsymbol{x}+\boldsymbol{y}\|\leqslant\|\boldsymbol{x}\|+\|\boldsymbol{y}\|$$

故$\|\cdot\|$是$\mathbf{C}^n$中的一个范数，称其为向量$\boldsymbol{x}$的p-范数，记为$\|\boldsymbol{x}\|_p$，即$\|\boldsymbol{x}\|_p=(\sum_{i=1}^{n}|x_i|^p)^{\frac{1}{p}}$.

在$\mathbf{C}^n$中，常用的p-范数有以下 3 类.

（1）当$p=1$时，1-范数：$\|\boldsymbol{x}\|_1=\sum_{i=1}^{n}|x_i|$.

（2）当$p=2$时，2-范数：$\|\boldsymbol{x}\|_2=\sqrt{\sum_{i=1}^{n}|x_i|^2}$.

（3）当$p\to\infty$时，∞-范数：$\|\boldsymbol{x}\|_\infty=\max\limits_{1\leqslant i\leqslant n}|x_i|$.

对此有如下定理.

定理 3.1 若记$\lim\limits_{p\to\infty}\|\boldsymbol{x}\|_p=\|\boldsymbol{x}\|_\infty$，则$\|\boldsymbol{x}\|_\infty=\max\limits_{i}|x_i|\,(1\leqslant i\leqslant n)$.

证 令$\omega=\max\limits_{i}|x_i|$，则$\|\boldsymbol{x}\|_p=(\sum_{i=1}^{n}|x_i|^p)^{\frac{1}{p}}=(\sum_{i=1}^{n}\left|\frac{x_i}{\omega}\right|^p\cdot\omega^p)^{\frac{1}{p}}=\omega(\sum_{i=1}^{n}\left|\frac{x_i}{\omega}\right|^p)^{\frac{1}{p}}$. 由于$\frac{|x_i|}{\omega}\leqslant 1$，而$\sum_{i=1}^{n}\frac{|x_i|}{\omega}\geqslant 1$，因此$1\leqslant\sum_{i=1}^{n}\left|\frac{x_i}{\omega}\right|^p\leqslant n$，故$1\leqslant(\sum_{i=1}^{n}\left|\frac{x_i}{\omega}\right|^p)^{\frac{1}{p}}\leqslant n^{\frac{1}{p}}$. 当$p\to\infty$时，$(\sum_{i=1}^{n}\left|\frac{x_i}{\omega}\right|^p)^{\frac{1}{p}}$趋于 1，故有

$$\lim_{p\to\infty}\|\boldsymbol{x}\|_p=\|\boldsymbol{x}\|_\infty=\omega$$

即$\|\boldsymbol{x}\|_\infty=\max\limits_{i}|x_i|\,(1\leqslant i\leqslant n)$.

例 3.5 设$\boldsymbol{A}$是任意 n 阶实对称正定矩阵，列向量$\boldsymbol{x}\in\mathbf{R}^n$，则函数$\|\boldsymbol{x}\|_A=\left(\boldsymbol{x}^{\mathrm{T}}\boldsymbol{A}\boldsymbol{x}\right)^{\frac{1}{2}}$是$\mathbf{R}^n$中的一种范数，称为加权范数或椭圆范数.

证 （1）因为$\boldsymbol{A}$正定，所以$\forall\boldsymbol{x}\in\mathbf{R}^n$，$\boldsymbol{x}\neq\boldsymbol{0}$，有

$$\|\boldsymbol{x}\|_A=(\boldsymbol{x}^{\mathrm{T}}\boldsymbol{A}\boldsymbol{x})^{\frac{1}{2}}>0$$

$$\|\boldsymbol{x}\|_A=(\boldsymbol{x}^{\mathrm{T}}\boldsymbol{A}\boldsymbol{x})^{\frac{1}{2}}=0\Leftrightarrow\boldsymbol{x}=\boldsymbol{0}$$

（2）$\forall a\in\mathbf{R}$，$\|a\boldsymbol{x}\|_A=\sqrt{(a\boldsymbol{x})^{\mathrm{T}}\boldsymbol{A}(a\boldsymbol{x})}=|a|\sqrt{\boldsymbol{x}^{\mathrm{T}}\boldsymbol{A}\boldsymbol{x}}=|a|\|\boldsymbol{x}\|_A$.

（3）由于$\boldsymbol{A}$正定，因此存在实可逆矩阵$\boldsymbol{P}$，使得$\boldsymbol{A}=\boldsymbol{P}^{\mathrm{T}}\boldsymbol{P}$，于是

$$\|\boldsymbol{x}\|_A=\sqrt{\boldsymbol{x}^{\mathrm T}\boldsymbol{A}\boldsymbol{x}}=\sqrt{\boldsymbol{x}^{\mathrm T}\boldsymbol{P}^{\mathrm T}\boldsymbol{P}\boldsymbol{x}}=\sqrt{(\boldsymbol{P}\boldsymbol{x})^{\mathrm T}\boldsymbol{P}\boldsymbol{x}}=\|\boldsymbol{P}\boldsymbol{x}\|_2$$

故

$$\|\boldsymbol{x}+\boldsymbol{y}\|_A=\|\boldsymbol{P}(\boldsymbol{x}+\boldsymbol{y})\|_2=\|\boldsymbol{P}\boldsymbol{x}+\boldsymbol{P}\boldsymbol{y}\|_2\leqslant\|\boldsymbol{P}\boldsymbol{x}\|_2+\|\boldsymbol{P}\boldsymbol{y}\|_2=\|\boldsymbol{x}\|_A+\|\boldsymbol{y}\|_A$$

例 3.6　设向量 $\boldsymbol{x}=(3\mathrm{i},2,-5)^{\mathrm T}$，求 $\|\boldsymbol{x}\|_1$、$\|\boldsymbol{x}\|_2$、$\|\boldsymbol{x}\|_\infty$.

解

$$\|\boldsymbol{x}\|_1=\sum_{k=1}^{3}|x_k|=|3\mathrm{i}|+|2|+|-5|=10$$

$$\|\boldsymbol{x}\|_2=\sqrt{\boldsymbol{x}^{\mathrm H}\boldsymbol{x}}=\sqrt{(-3\mathrm{i})(3\mathrm{i})+2\cdot2+(-5)(-5)}=\sqrt{38}$$

$$\|\boldsymbol{x}\|_\infty=\max(|x_1|,|x_2|,|x_3|)=\max(3,2,5)=5$$

例 3.7　设 $\|\cdot\|_\alpha$ 是 $\mathbf{C}^m$ 中的一种向量范数，$\boldsymbol{A}\in\mathbf{C}^{m\times n}$，且 $\boldsymbol{A}$ 的列向量线性无关. 对 $\boldsymbol{x}\in\mathbf{C}^n$，定义 $\|\boldsymbol{x}\|_\beta=\|\boldsymbol{A}\boldsymbol{x}\|_\alpha$，证明 $\|\boldsymbol{x}\|_\beta$ 是 $\mathbf{C}^n$ 中的向量范数.

证（1）正定性：因为 $\boldsymbol{A}$ 的列向量线性无关，当 $\boldsymbol{x}\neq\boldsymbol{0}$ 时，$\boldsymbol{A}\boldsymbol{x}\neq\boldsymbol{0}$，所以 $\|\boldsymbol{x}\|_\beta=\|\boldsymbol{A}\boldsymbol{x}\|_\alpha>0$.

（2）齐次性：

$$\|a\boldsymbol{x}\|_\beta=\|\boldsymbol{A}(a\boldsymbol{x})\|_\alpha=\|a\boldsymbol{A}\boldsymbol{x}\|_\alpha=|a|\|\boldsymbol{A}\boldsymbol{x}\|_\alpha=|a|\|\boldsymbol{x}\|_\beta$$

（3）三角不等式：

$$\|\boldsymbol{x}+\boldsymbol{y}\|_\beta=\|\boldsymbol{A}(\boldsymbol{x}+\boldsymbol{y})\|_\alpha=\|\boldsymbol{A}\boldsymbol{x}+\boldsymbol{A}\boldsymbol{y}\|_\alpha\leqslant\|\boldsymbol{A}\boldsymbol{x}\|_\alpha+\|\boldsymbol{A}\boldsymbol{y}\|_\alpha=\|\boldsymbol{x}\|_\beta+\|\boldsymbol{y}\|_\beta$$

此例说明可以用已知范数来构造新的范数.

3.1.2　向量范数的连续性与等价性

定理 3.2　n 维线性空间 V 中的任何范数 $\|\boldsymbol{x}\|$ 都是坐标 $(x_1,x_2,\cdots,x_n)$ 的连续函数.

证　设 $\boldsymbol{\alpha}_1,\boldsymbol{\alpha}_2,\cdots,\boldsymbol{\alpha}_n$ 是 n 维线性空间 V 的一个基，对任意 $\boldsymbol{x},\boldsymbol{y}\in V$，都有

$$\boldsymbol{x}=x_1\boldsymbol{\alpha}_1+x_2\boldsymbol{\alpha}_2+\cdots+x_n\boldsymbol{\alpha}_n,\quad \boldsymbol{y}=y_1\boldsymbol{\alpha}_1+y_2\boldsymbol{\alpha}_2+\cdots+y_n\boldsymbol{\alpha}_n$$

于是 $\boldsymbol{x}-\boldsymbol{y}=(x_1-y_1)\boldsymbol{\alpha}_1+(x_2-y_2)\boldsymbol{\alpha}_2+\cdots+(x_n-y_n)\boldsymbol{\alpha}_n$. 由三角不等式可得

$$\big|\|\boldsymbol{x}\|-\|\boldsymbol{y}\|\big|\leqslant\|\boldsymbol{x}-\boldsymbol{y}\|=\left\|\sum_{i=1}^{n}(x_i-y_i)\boldsymbol{\alpha}_i\right\|\leqslant\sum_{i=1}^{n}|x_i-y_i|\|\boldsymbol{\alpha}_i\|$$

$$\leqslant\max_{1\leqslant i\leqslant n}\|\boldsymbol{\alpha}_i\|\sum_{i=1}^{n}|x_i-y_i|=M\sum_{i=1}^{n}|x_i-y_i|$$

其中，$M=\max\limits_{1\leqslant i\leqslant n}\|\boldsymbol{\alpha}_i\|$ 是一个常数. 这表明，当 $x_i\to y_i$，$i=1,2,\cdots,n$ 时，有 $\|\boldsymbol{x}\|\to\|\boldsymbol{y}\|$.

定义 3.2　设 $\|\cdot\|_\alpha$ 与 $\|\cdot\|_\beta$ 是线性空间 V 中任意两个向量范数，若对 V 中的任意向量 $\boldsymbol{x}$，存在正数 m 和 M，使得

$$m\|\boldsymbol{x}\|_\beta\leqslant\|\boldsymbol{x}\|_\alpha\leqslant M\|\boldsymbol{x}\|_\beta$$

则称向量范数 $\|\cdot\|_\alpha$ 与 $\|\cdot\|_\beta$ 是等价的.

由定义容易验证如下引理.

引理 3.1　向量范数的等价关系满足反身性、对称性、传递性.

定理 3.3　有限维线性空间中的任意两种向量范数都是等价的.

证　由等价的对称性和传递性可知，只需证明任何向量范数都与一种特定的向量范数 $\|\cdot\|_\alpha$ 等价即可.

设 V 为 n 维线性空间，$\|\cdot\|$ 为 V 中任一向量范数. 取 V 的一组单位向量构成基 $\boldsymbol{e}_1,\boldsymbol{e}_2,\cdots,\boldsymbol{e}_n$. 对于 V 中的任意向量 $\boldsymbol{x}$，设 $\boldsymbol{x}=\sum\limits_{i=1}^{n}x_i\boldsymbol{e}_i$，定义 $\|\boldsymbol{x}\|_\alpha=\sqrt{|x_1|^2+|x_2|^2+\cdots+|x_n|^2}$，易知它是 V 中的向量范数.

现取一个有界闭集 $S=\{\boldsymbol{x}\,|\,\|\boldsymbol{x}\|_\alpha=1,\ \boldsymbol{x}\in V\}$. 由于 $\|\boldsymbol{x}\|$ 在 S 上连续，因此 $\|\boldsymbol{x}\|$ 在 S 上存在最大值 M 与最小值 m，使得

$$m\leqslant\|\boldsymbol{x}\|\leqslant M,\quad \forall\boldsymbol{x}\in S$$

当 $\boldsymbol{x}\neq\boldsymbol{0}$ 时，$\dfrac{\boldsymbol{x}}{\|\boldsymbol{x}\|_\alpha}\in S$，因此 $m\leqslant\left\|\dfrac{\boldsymbol{x}}{\|\boldsymbol{x}\|_\alpha}\right\|=\dfrac{\|\boldsymbol{x}\|}{\|\boldsymbol{x}\|_\alpha}\leqslant M$，即

$$m\|\boldsymbol{x}\|_\alpha\leqslant\|\boldsymbol{x}\|\leqslant M\|\boldsymbol{x}\|_\alpha$$

当 $\boldsymbol{x}=\boldsymbol{0}$ 时，$\|\boldsymbol{x}\|_\alpha=0$，因此上式总以等式成立，从而可证 $\|\boldsymbol{x}\|$ 与 $\|\boldsymbol{x}\|_\alpha$ 等价.

3.2 矩阵范数

由于一个 $m\times n$ 矩阵可以看作 mn 维向量，因此可以按定义向量范数的方法定义矩阵范数. 但是，向量范数的这种度量是不能描述矩阵的乘积的，因此在研究矩阵范数时，增加了矩阵乘法的相容性要求.

3.2.1 矩阵范数的概念与性质

定义 3.3 如果对任意矩阵 $\boldsymbol{A}\in\mathbf{C}^{m\times n}$，都有一个非负实数与之对应，记为 $\|\boldsymbol{A}\|$，且满足下面的条件.

（1）**正定性**：当 $\boldsymbol{A}\neq\boldsymbol{O}$ 时，$\|\boldsymbol{A}\|>0$ 且 $\|\boldsymbol{A}\|=0\Leftrightarrow\boldsymbol{A}=\boldsymbol{O}$.

（2）**齐次性**：对 $\lambda\in\mathbf{C}$，$\|\lambda\boldsymbol{A}\|=|\lambda|\|\boldsymbol{A}\|$.

（3）**三角不等式**：$\forall\boldsymbol{A},\boldsymbol{B}\in\mathbf{C}^{m\times n}$，有 $\|\boldsymbol{A}+\boldsymbol{B}\|\leqslant\|\boldsymbol{A}\|+\|\boldsymbol{B}\|$.

（4）**相容性**：当矩阵乘积有意义时，有 $\|\boldsymbol{AB}\|\leqslant\|\boldsymbol{A}\|\|\boldsymbol{B}\|$.

那么，称 $\|\boldsymbol{A}\|$ 是矩阵 $\boldsymbol{A}$ 的矩阵范数.

例 3.8 设 $\boldsymbol{A}=(a_{ij})_{m\times n}\in\mathbf{C}^{m\times n}$，试证明下面两个函数都是矩阵范数：

$$\|\boldsymbol{A}\|_{m_1}=\sum_{i=1}^{m}\sum_{j=1}^{n}|a_{ij}|,\quad \|\boldsymbol{A}\|_{m_\infty}=\max(m,n)\max_{i,j}|a_{ij}|$$

证 对函数 $\|\boldsymbol{A}\|_{m_1}$ 而言，显然，它具有非负性与齐次性，下面仅需证明三角不等式及相容性.

三角不等式：$\|\boldsymbol{A}+\boldsymbol{B}\|_{m_1}=\sum\limits_{i=1}^{m}\sum\limits_{j=1}^{n}|a_{ij}+b_{ij}|\leqslant\sum\limits_{i=1}^{m}\sum\limits_{j=1}^{n}(|a_{ij}|+|b_{ij}|)$

$$=\sum_{i=1}^{m}\sum_{j=1}^{n}|a_{ij}|+\sum_{i=1}^{m}\sum_{j=1}^{n}|b_{ij}|=\|\boldsymbol{A}\|_{m_1}+\|\boldsymbol{B}\|_{m_1}$$

相容性：设 $\boldsymbol{A}=(a_{ij})\in\mathbf{C}^{m\times s}$，$\boldsymbol{B}=(b_{ij})\in\mathbf{C}^{s\times n}$，则

$$\|\boldsymbol{AB}\|_{m_1}=\sum_{i=1}^{m}\sum_{j=1}^{n}|a_{i1}b_{1j}+a_{i2}b_{2j}+\cdots+a_{is}b_{sj}|$$

$$\leqslant \sum_{i=1}^{m}\sum_{j=1}^{n}(|a_{i1}||b_{1j}|+|a_{i2}||b_{2j}|+\cdots+|a_{is}||b_{sj}|)$$

$$\leqslant \sum_{i=1}^{m}(|a_{i1}|+|a_{i2}|+\cdots+|a_{is}|)\sum_{j=1}^{n}(|b_{1j}|+|b_{2j}|+\cdots+|b_{sj}|)$$

$$=(\sum_{i=1}^{m}\sum_{k=1}^{s}|a_{ik}|)(\sum_{k=1}^{s}\sum_{j=1}^{n}|b_{kj}|)=\|\boldsymbol{A}\|_{m_1}\|\boldsymbol{B}\|_{m_1}$$

因此，$\|\boldsymbol{A}\|_{m_1}$ 是 $\boldsymbol{A}$ 的矩阵范数.

下面证明 $\|\boldsymbol{A}\|_{m_\infty}$ 也是矩阵范数. 此时，非负性与齐次性显然也是成立的.

三角不等式：$\|\boldsymbol{A}+\boldsymbol{B}\|_{m_\infty}=\max(m,n)\max\limits_{i,j}|a_{ij}+b_{ij}|$

$$\leqslant \max(m,n)\max_{i,j}|a_{ij}|+\max(m,n)\max_{i,j}|b_{ij}|$$

$$=\|\boldsymbol{A}\|_{m_\infty}+\|\boldsymbol{B}\|_{m_\infty}$$

相容性：设 $\boldsymbol{A}=(a_{ij})\in\mathbf{C}^{m\times s}$ ，$\boldsymbol{B}=(b_{ij})\in\mathbf{C}^{s\times n}$ ，则

$$\|\boldsymbol{AB}\|_{m_\infty}=\max(m,n)\max_{i,j}\left|\sum_{k=1}^{s}a_{ik}b_{kj}\right|\leqslant \max(m,n)\max_{i,j}\sum_{k=1}^{s}|a_{ik}||b_{kj}|$$

$$\leqslant \max(m,n)\cdot s\cdot\max_{i,k}|a_{ik}|\cdot\max_{k,j}|b_{kj}|$$

$$\leqslant \max(m,s)\max_{i,k}|a_{ik}|\cdot\max(s,n)\max_{k,j}|b_{kj}|=\|\boldsymbol{A}\|_{m_\infty}\|\boldsymbol{B}\|_{m_\infty}$$

故 $\|\boldsymbol{A}\|_{m_\infty}$ 也是矩阵范数.

定义 3.4　对于 $\mathbf{C}^{m\times n}$ 中的矩阵范数 $\|\cdot\|_M$ 和 $\mathbf{C}^m$ 与 $\mathbf{C}^n$ 中的同类向量范数 $\|\cdot\|_V$，如果

$$\|\boldsymbol{Ax}\|_V\leqslant\|\boldsymbol{A}\|_M\|\boldsymbol{x}\|_V，\quad\forall\boldsymbol{A}\in\mathbf{C}^{m\times n}，\ \forall\boldsymbol{x}\in\mathbf{C}^n$$

则称矩阵范数 $\|\cdot\|_M$ 与向量范数 $\|\cdot\|_V$ 相容.

例 3.9　设 $\boldsymbol{A}=(a_{ij})_{m\times n}\in\mathbf{C}^{m\times n}$ ，定义

$$\|\boldsymbol{A}\|_{\mathrm{F}}=\sqrt{\sum_{i,j=1}^{n}|a_{ij}|^2}=\sqrt{\operatorname{tr}\left(\boldsymbol{A}^H\boldsymbol{A}\right)}=\sqrt{\operatorname{tr}\left(\boldsymbol{AA}^H\right)}$$

证明 $\|\boldsymbol{A}\|_{\mathrm{F}}$ 是 $\mathbf{C}^{m\times n}$ 中的一种矩阵范数，且与向量范数 $\|\cdot\|_2$ 相容. 此范数称为矩阵的 Frobenius 范数，简称 F- 范数.

证　显然，$\|\boldsymbol{A}\|_{\mathrm{F}}$ 具有非负性与齐次性.

三角不等式：对 $\forall\boldsymbol{A}=(\boldsymbol{\alpha}_1,\boldsymbol{\alpha}_2,\cdots,\boldsymbol{\alpha}_n)$ ，$\boldsymbol{B}=(\boldsymbol{\beta}_1,\boldsymbol{\beta}_2,\cdots,\boldsymbol{\beta}_n)$ ，有

$$\|\boldsymbol{A}+\boldsymbol{B}\|_{\mathrm{F}}^2=\|\boldsymbol{\alpha}_1+\boldsymbol{\beta}_1\|_2^2+\|\boldsymbol{\alpha}_2+\boldsymbol{\beta}_2\|_2^2+\cdots+\|\boldsymbol{\alpha}_n+\boldsymbol{\beta}_n\|_2^2$$

$$\leqslant(\|\boldsymbol{\alpha}_1\|_2+\|\boldsymbol{\beta}_1\|_2)^2+(\|\boldsymbol{\alpha}_2\|_2+\|\boldsymbol{\beta}_2\|_2)^2+\cdots+(\|\boldsymbol{\alpha}_n\|_2+\|\boldsymbol{\beta}_n\|_2)^2$$

$$=(\|\boldsymbol{\alpha}_1\|_2^2+\|\boldsymbol{\alpha}_2\|_2^2+\cdots+\|\boldsymbol{\alpha}_n\|_2^2)+$$

$$2(\|\boldsymbol{\alpha}_1\|_2\|\boldsymbol{\beta}_1\|_2+\|\boldsymbol{\alpha}_2\|_2\|\boldsymbol{\beta}_2\|_2+\cdots+\|\boldsymbol{\alpha}_n\|_2\|\boldsymbol{\beta}_n\|_2)+$$

$$(\|\boldsymbol{\beta}_1\|_2^2+\|\boldsymbol{\beta}_2\|_2^2+\cdots+\|\boldsymbol{\beta}_n\|_2^2)$$

因此

$$\|\boldsymbol{A}+\boldsymbol{B}\|_{\mathrm{F}}^2\leqslant\|\boldsymbol{A}\|_{\mathrm{F}}^2+2\|\boldsymbol{A}\|_{\mathrm{F}}\|\boldsymbol{B}\|_{\mathrm{F}}+\|\boldsymbol{B}\|_{\mathrm{F}}^2=(\|\boldsymbol{A}\|_{\mathrm{F}}+\|\boldsymbol{B}\|_{\mathrm{F}})^2$$

从而

$$\|\boldsymbol{A}+\boldsymbol{B}\|_{\mathrm{F}} \leqslant \|\boldsymbol{A}\|_{\mathrm{F}}+\|\boldsymbol{B}\|_{\mathrm{F}}$$

相容性：对 $\forall \boldsymbol{A}=(a_{ij})\in \mathbf{C}^{m\times s}$， $\boldsymbol{B}=(b_{ij})\in \mathbf{C}^{s\times n}$，有

$$\begin{aligned}
\|\boldsymbol{AB}\|_{\mathrm{F}}^2 &= \sum_{i=1}^{m}\sum_{j=1}^{n}\left|\sum_{k=1}^{s}a_{ik}b_{kj}\right|^2 \\
&\leqslant \sum_{i=1}^{m}\sum_{j=1}^{n}(\sum_{k=1}^{s}|a_{ik}||b_{kj}|)^2 \\
&\leqslant \sum_{i=1}^{m}\sum_{j=1}^{n}\left((\sum_{k=1}^{s}|a_{ik}|^2)(\sum_{k=1}^{s}|b_{ik}|^2)\right) \\
&\leqslant \sum_{i=1}^{m}(\sum_{k=1}^{s}|a_{ik}|^2)\left(\sum_{j=1}^{n}\sum_{k=1}^{s}|b_{kj}|^2\right) \\
&= \|\boldsymbol{A}\|_{\mathrm{F}}^2\|\boldsymbol{B}\|_{\mathrm{F}}^2
\end{aligned}$$

即 $\|\boldsymbol{A}\|_{\mathrm{F}}$ 是 $\boldsymbol{A}$ 的矩阵范数.

在相容性的证明中，若取 $\boldsymbol{A}\in \mathbf{C}^{m\times n}$， $\boldsymbol{B}=\boldsymbol{x}\in \mathbf{C}^{n\times 1}$，则有

$$\|\boldsymbol{Ax}\|_2=\|\boldsymbol{AB}\|_{\mathrm{F}} \leqslant \|\boldsymbol{A}\|_{\mathrm{F}}\|\boldsymbol{B}\|_{\mathrm{F}}=\|\boldsymbol{A}\|_{\mathrm{F}}\|\boldsymbol{x}\|_2$$

即矩阵范数 $\|\cdot\|_{\mathrm{F}}$ 与向量范数 $\|\cdot\|_2$ 相容.

定理 3.4 设 $\boldsymbol{A}\in \mathbf{C}^{m\times n}$，且 $\boldsymbol{P}\in \mathbf{C}^{m\times m}$ 与 $\boldsymbol{Q}\in \mathbf{C}^{n\times n}$ 都是酉矩阵，则

$$\|\boldsymbol{PA}\|_{\mathrm{F}}=\|\boldsymbol{A}\|_{\mathrm{F}}=\|\boldsymbol{AQ}\|_{\mathrm{F}}$$

证 由 F- 范数的定义可知

$$\|\boldsymbol{PA}\|_{\mathrm{F}}=\sqrt{\mathrm{tr}\left((\boldsymbol{PA})^{\mathrm{H}}(\boldsymbol{PA})\right)}=\sqrt{\mathrm{tr}\left(\boldsymbol{A}^{\mathrm{H}}\boldsymbol{P}^{\mathrm{H}}\boldsymbol{PA}\right)}=\sqrt{\mathrm{tr}\left(\boldsymbol{A}^{\mathrm{H}}\boldsymbol{A}\right)}=\|\boldsymbol{A}\|_{\mathrm{F}}$$

$$\|\boldsymbol{AQ}\|_{\mathrm{F}}=\sqrt{\mathrm{tr}\left((\boldsymbol{AQ})(\boldsymbol{AQ})^{\mathrm{H}}\right)}=\sqrt{\mathrm{tr}\left(\boldsymbol{AQQ}^{\mathrm{H}}\boldsymbol{A}^{\mathrm{H}}\right)}=\sqrt{\mathrm{tr}\left(\boldsymbol{AA}^{\mathrm{H}}\right)}=\|\boldsymbol{A}\|_{\mathrm{F}}$$

推论 3.1 与矩阵酉相似的矩阵的 F- 范数是相同的，即若 $\boldsymbol{B}=\boldsymbol{Q}^{\mathrm{H}}\boldsymbol{AQ}$，其中 $\boldsymbol{Q}$ 是与方阵 $\boldsymbol{A}$ 同阶的酉矩阵，即 $\|\boldsymbol{B}\|_{\mathrm{F}}=\|\boldsymbol{A}\|_{\mathrm{F}}$.

例 3.10 设 $\|\cdot\|_M$ 为 $\mathbf{C}^{n\times n}$ 中任一矩阵范数，取定 $\mathbf{C}^n$ 中一个非零向量 $\boldsymbol{\alpha}$，定义 $\|\boldsymbol{x}\|_V=\|\boldsymbol{x\alpha}^{\mathrm{H}}\|_M$，$\forall \boldsymbol{x}\in \mathbf{C}^n$，则 $\|\cdot\|_V$ 是 $\mathbf{C}^n$ 中的向量范数，且 $\|\cdot\|_M$ 与 $\|\cdot\|_V$ 相容.

证 非负性：当 $\boldsymbol{x}\neq \boldsymbol{0}$ 时，$\boldsymbol{x\alpha}^{\mathrm{H}}\neq \boldsymbol{O}$，从而，$\|\boldsymbol{x}\|_V>0$；当 $\boldsymbol{x}=\boldsymbol{0}$ 时，$\boldsymbol{x\alpha}^{\mathrm{H}}=\boldsymbol{O}$，从而，$\|\boldsymbol{x}\|_V=0$.

齐次性：$\forall \lambda\in \mathbf{C}$，有

$$\|\lambda\boldsymbol{x}\|_V=\|\lambda\boldsymbol{x\alpha}^{\mathrm{H}}\|_M=|\lambda|\|\boldsymbol{x\alpha}^{\mathrm{H}}\|_M=|\lambda|\|\boldsymbol{x}\|_V$$

三角不等式：对 $\forall \boldsymbol{x}_1,\boldsymbol{x}_2\in \mathbf{C}^n$，有

$$\begin{aligned}
\|\boldsymbol{x}_1+\boldsymbol{x}_2\|_V &= \|(\boldsymbol{x}_1+\boldsymbol{x}_2)\boldsymbol{\alpha}^{\mathrm{H}}\|_M=\|\boldsymbol{x}_1\boldsymbol{\alpha}^{\mathrm{H}}+\boldsymbol{x}_2\boldsymbol{\alpha}^{\mathrm{H}}\|_M \\
&\leqslant \|\boldsymbol{x}_1\boldsymbol{\alpha}^{\mathrm{H}}\|_M+\|\boldsymbol{x}_2\boldsymbol{\alpha}^{\mathrm{H}}\|_M=\|\boldsymbol{x}_1\|_V+\|\boldsymbol{x}_2\|_V
\end{aligned}$$

从而，$\|\cdot\|_V$ 是 $\mathbf{C}^n$ 中的向量范数. 当 $\boldsymbol{A}\in \mathbf{C}^{n\times n}$， $\boldsymbol{x}\in \mathbf{C}^n$ 时，有

$$\|\boldsymbol{Ax}\|_V=\|(\boldsymbol{Ax})\boldsymbol{\alpha}^{\mathrm{H}}\|_M=\|\boldsymbol{A}(\boldsymbol{x\alpha}^{\mathrm{H}})\|_M \leqslant \|\boldsymbol{A}\|_M\|\boldsymbol{x\alpha}^{\mathrm{H}}\|_M=\|\boldsymbol{A}\|_M$$

因此，矩阵范数 $\|\cdot\|_M$ 与向量范数 $\|\cdot\|_V$ 相容.

3.2.2　矩阵的算子范数

首先给出一种构造与已知向量范数相容的矩阵范数的方法. 设$\|\cdot\|_V$是$\mathbf{C}^n$中的向量范数，我们希望在$\mathbf{C}^{m\times n}$中建立一种矩阵范数$\|\cdot\|_M$，使得对$\forall \boldsymbol{A}\in\mathbf{C}^{m\times n}$，$\boldsymbol{x}\in\mathbf{C}^n$，都有

$$\|\boldsymbol{Ax}\|_V \leqslant \|\boldsymbol{A}\|_M \|\boldsymbol{x}\|_V$$

当$\boldsymbol{x}\neq\boldsymbol{0}$时，$\dfrac{\|\boldsymbol{Ax}\|_V}{\|\boldsymbol{x}\|_V}\leqslant\|\boldsymbol{A}\|_M$，这启发我们定义

$$\|\boldsymbol{A}\|_M = \max_{\boldsymbol{x}\neq\boldsymbol{0}}\frac{\|\boldsymbol{Ax}\|_V}{\|\boldsymbol{x}\|_V} \tag{3.1}$$

定理 3.5　设$\|\cdot\|_V$是$\mathbf{C}^n$中的向量范数，$\boldsymbol{A}\in\mathbf{C}^{m\times n}$，由式（3.1）定义的$\|\boldsymbol{A}\|_M$是$\mathbf{C}^{m\times n}$中的一种矩阵范数，称为矩阵的算子范数，且与$\mathbf{C}^n$中的向量范数$\|\boldsymbol{x}\|_V$相容.

证　首先，注意到$\dfrac{\|\boldsymbol{Ax}\|_V}{\|\boldsymbol{x}\|_V}=\left\|\dfrac{1}{\|\boldsymbol{x}\|_V}\boldsymbol{Ax}\right\|_V=\left\|\boldsymbol{A}(\dfrac{1}{\|\boldsymbol{x}\|_V}\boldsymbol{x})\right\|_V$，且$\left\|\dfrac{1}{\|\boldsymbol{x}\|_V}\boldsymbol{x}\right\|_V=1$，故

$$\|\boldsymbol{A}\|_M = \max_{\boldsymbol{x}\neq\boldsymbol{0}}\frac{\|\boldsymbol{Ax}\|_V}{\|\boldsymbol{x}\|_V}=\max_{\|\boldsymbol{x}\|_V=1}\|\boldsymbol{Ax}\|_V$$

因此，式（3.1）是有意义的.

非负性：$\|\boldsymbol{A}\|_M\geqslant 0$，且由式（3.1）可知，$\|\boldsymbol{A}\|_M=0$当且仅当$\|\boldsymbol{Ax}\|_V=0$，$\forall\boldsymbol{x}\in\mathbf{C}^n$，当且仅当$\boldsymbol{Ax}=\boldsymbol{0}$，即$\boldsymbol{A}=\boldsymbol{O}$.

齐次性：$\forall\lambda\in\mathbf{C}$，$\|\lambda\boldsymbol{A}\|_M=\max\limits_{\|\boldsymbol{x}\|_V=1}\|(\lambda\boldsymbol{A})\boldsymbol{x}\|_V=|\lambda|\max\limits_{\|\boldsymbol{x}\|_V=1}\|\boldsymbol{Ax}\|_V=|\lambda|\|\boldsymbol{A}\|_M$.

三角不等式：$\forall\boldsymbol{A},\boldsymbol{B}\in\mathbf{C}^{m\times n}$，有

$$\begin{aligned}\|\boldsymbol{A}+\boldsymbol{B}\|_M &= \max_{\|\boldsymbol{x}\|_V=1}\|(\boldsymbol{A}+\boldsymbol{B})\boldsymbol{x}\|_V=\max_{\|\boldsymbol{x}\|_V=1}\|\boldsymbol{Ax}+\boldsymbol{Bx}\|_V\leqslant\max_{\|\boldsymbol{x}\|_V=1}(\|\boldsymbol{Ax}\|_V+\|\boldsymbol{Bx}\|_V)\\&\leqslant\max_{\|\boldsymbol{x}\|_V=1}\|\boldsymbol{Ax}\|_V+\max_{\|\boldsymbol{x}\|_V=1}\|\boldsymbol{Bx}\|_V=\|\boldsymbol{A}\|_M+\|\boldsymbol{B}\|_M\end{aligned}$$

相容性：当$\boldsymbol{x}\neq\boldsymbol{0}$时，有

$$\|\boldsymbol{A}\|_M = \max_{\boldsymbol{x}\neq\boldsymbol{0}}\frac{\|\boldsymbol{Ax}\|_V}{\|\boldsymbol{x}\|_V}\geqslant\frac{\|\boldsymbol{Ax}\|_V}{\|\boldsymbol{x}\|_V}$$

因此$\|\boldsymbol{Ax}\|_V\leqslant\|\boldsymbol{A}\|_M\|\boldsymbol{x}\|_V$，从而

$$\begin{aligned}\|\boldsymbol{AB}\|_M &= \max_{\|\boldsymbol{x}\|_V=1}\|(\boldsymbol{AB})\boldsymbol{x}\|_V=\max_{\|\boldsymbol{x}\|_V=1}\|\boldsymbol{A}(\boldsymbol{Bx})\|_V\leqslant\max_{\|\boldsymbol{x}\|_V=1}(\|\boldsymbol{A}\|_M\|\boldsymbol{Bx}\|_V)\\&\leqslant\|\boldsymbol{A}\|_M\max_{\|\boldsymbol{x}\|_V=1}\|\boldsymbol{Bx}\|_V=\|\boldsymbol{A}\|_M\|\boldsymbol{B}\|_M\end{aligned}$$

综上所述，由式（3.1）定义的$\|\boldsymbol{A}\|_M$是$\mathbf{C}^{m\times n}$中的一种矩阵范数，且与$\mathbf{C}^n$中的向量范数$\|\boldsymbol{x}\|_V$相容.

矩阵的算子范数是一类范数，是由向量范数导出的，因此又称之为由向量范数$\|\cdot\|_V$导出的矩阵范数或从属于向量范数$\|\cdot\|_V$的矩阵范数.

下面借助 3 种常用的向量范数（1-范数、2-范数和∞-范数），按式（3.1）可以分别导出 3 种常用的矩阵范数，依次记为$\|\boldsymbol{A}\|_1$、$\|\boldsymbol{A}\|_2$和$\|\boldsymbol{A}\|_\infty$. 这 3 种矩阵范数的值可以用矩阵$\boldsymbol{A}$的元素，以及$\boldsymbol{A}^{\mathrm{H}}\boldsymbol{A}$的特征值具体表示出来，现叙述如下.

定理 3.6 设矩阵 $\boldsymbol{A}=(a_{ij})_{m\times n}\in\mathbf{C}^{m\times n}$， $\boldsymbol{x}=\left(x_1,x_2,\cdots,x_n\right)^{\mathrm{T}}\in\mathbf{C}^n$，则从属于向量 $\boldsymbol{x}$ 的 3 种范数 $\|\boldsymbol{x}\|_1$、$\|\boldsymbol{x}\|_2$ 和 $\|\boldsymbol{x}\|_\infty$ 的矩阵的算子范数依次如下.

（1） $\|\boldsymbol{A}\|_1=\max\limits_{1\leqslant j\leqslant n}\sum\limits_{i=1}^{m}|a_{ij}|$ （列范数）.

（2） $\|\boldsymbol{A}\|_2=\sqrt{\lambda_{\max}\left(\boldsymbol{A}^{\mathrm{H}}\boldsymbol{A}\right)}$ （谱范数），其中 $\lambda_{\max}\left(\boldsymbol{A}^{\mathrm{H}}\boldsymbol{A}\right)$ 为 $\boldsymbol{A}^{\mathrm{H}}\boldsymbol{A}$ 的最大特征值.

（3） $\|\boldsymbol{A}\|_\infty=\max\limits_{1\leqslant i\leqslant n}\sum\limits_{j=1}^{n}|a_{ij}|$ （行范数）.

证 （1）设 $\|\boldsymbol{x}\|_1=1$，则

$$\begin{aligned}\|\boldsymbol{A}\boldsymbol{x}\|_1&=\sum_{i=1}^{m}\left|\sum_{j=1}^{n}a_{ij}x_j\right|\leqslant\sum_{i=1}^{m}\sum_{j=1}^{n}|a_{ij}||x_j|\\&=\sum_{j=1}^{n}(|x_j|\sum_{i=1}^{m}|a_{ij}|)\leqslant(\max_{1\leqslant j<n}\sum_{i=1}^{m}|a_{ij}|)\sum_{j=1}^{n}|x_j|\\&=\max_{1\leqslant j<n}\sum_{i=1}^{m}|a_{ij}|\end{aligned}$$

因此

$$\|\boldsymbol{A}\|_1=\max_{\|\boldsymbol{x}\|_1=1}\|\boldsymbol{A}\boldsymbol{x}\|_1\leqslant\max_{1\leqslant j<n}\sum_{i=1}^{m}|a_{ij}|$$

选取 k，使得

$$\sum_{i=1}^{m}|a_{ik}|=\max_{1\leqslant j\leqslant n}\sum_{i=1}^{m}|a_{ij}|$$

取 $\boldsymbol{x}_0=\left(\overbrace{0,\cdots,0,1}^{k},0,\cdots,0\right)^{\mathrm{T}}$，有 $\|\boldsymbol{x}_0\|_1=1$， $\boldsymbol{A}\boldsymbol{x}_0=(a_{1k},a_{2k},\cdots,a_{mk})^{\mathrm{T}}$，从而

$$\|\boldsymbol{A}\|_1=\max_{\|\boldsymbol{x}\|_1=1}\|\boldsymbol{A}\boldsymbol{x}\|_1\geqslant\|\boldsymbol{A}\boldsymbol{x}_0\|_1=\sum_{i=1}^{m}|a_{ik}|=\max_{1\leqslant j\leqslant n}\sum_{i=1}^{m}|a_{ij}|$$

故 $\|\boldsymbol{A}\|_1=\max\limits_{1\leqslant j\leqslant n}\sum\limits_{i=1}^{m}|a_{ij}|$.

注：由于 $\|\boldsymbol{A}\|_1$ 为 $\boldsymbol{A}$ 的列向量的 1-范数的最大值，因此又称其为 $\boldsymbol{A}$ 的列范数.

（2）因为 $\boldsymbol{A}^{\mathrm{H}}\boldsymbol{A}$ 为 Hermitian 矩阵，且半正定，所以其特征值均为非负实数，不妨设为 $\lambda_1\geqslant\lambda_2\geqslant\cdots\geqslant\lambda_n\geqslant0$，具有 n 个两两正交且 2-范数为 1 的特征向量 $\boldsymbol{q}_1,\boldsymbol{q}_2,\cdots,\boldsymbol{q}_n$，并设它们依次属于特征值 $\lambda_1,\lambda_2,\cdots,\lambda_n$. 于是，对任何一个 2-范数为 1 的向量 $\boldsymbol{x}$，可以用这些特征向量来线性表示，即

$$\boldsymbol{x}=x_1\boldsymbol{q}_1+x_2\boldsymbol{q}_2+\cdots+x_n\boldsymbol{q}_n$$

于是

$$\begin{aligned}\|\boldsymbol{A}\boldsymbol{x}\|_2^2&=(\boldsymbol{A}\boldsymbol{x})^{\mathrm{H}}\boldsymbol{A}\boldsymbol{x}=\boldsymbol{x}^{\mathrm{H}}\boldsymbol{A}^{\mathrm{H}}\boldsymbol{A}\boldsymbol{x}=(\sum_{k=1}^{n}\overline{x}_k\boldsymbol{q}_k^{\mathrm{H}})\boldsymbol{A}^{\mathrm{H}}\boldsymbol{A}(\sum_{k=1}^{n}x_k\boldsymbol{q}_k)\\&=(\sum_{k=1}^{n}\overline{x}_k\boldsymbol{q}_k^{\mathrm{H}})(\sum_{k=1}^{n}\lambda_kx_k\boldsymbol{q}_k)=\sum_{k=1}^{n}\lambda_k|x_k|^2\leqslant\lambda_1\sum_{k=1}^{n}|x_k|^2=\lambda_1\end{aligned}$$

从而

$$\|A\|_2 = \max_{\|x\|_2=1} \|Ax\|_2 \leqslant \sqrt{\lambda_1}$$

另外，由于 $\|q\|_2 = 1$，而且 $\|Aq_1\|_2^2 = (Aq_1)^{\mathrm{H}} Aq_1 = q_1^{\mathrm{H}} A^{\mathrm{H}} A q_1 = \lambda_1$，因此

$$\|A\|_2 = \max_{\|x\|_2=1} \|Ax\|_2 \geqslant \|Aq_1\|_2 = \sqrt{\lambda_1}$$

故 $\|A\|_2 = \sqrt{\lambda_{\max}(A^{\mathrm{H}} A)}$.

注：A 的 2-范数也称 A 的谱范数.

（3）设 $\|x\|_\infty = 1$，则

$$\|Ax\|_\infty = \max_{1\leqslant i\leqslant n} \left|\sum_{j=1}^{n} a_{ij} x_j\right| \leqslant \max_{1\leqslant i\leqslant n} \sum_{j=1}^{n} |a_{ij}||x_j| \leqslant \max_{1\leqslant i\leqslant n} \sum_{j=1}^{n} |a_{ij}|$$

因此

$$\|A\|_\infty = \max_{\|x\|_\infty=1} \|Ax\|_\infty \leqslant \max_{1\leqslant i\leqslant n} \sum_{j=1}^{n} |a_{ij}|$$

选取 k，使得

$$\sum_{j=1}^{n} |a_{kj}| = \max_{1\leqslant i\leqslant n} \sum_{j=1}^{n} |a_{ij}|$$

取 $x_0 = (\mu_1, \mu_2, \cdots, \mu_n)^{\mathrm{T}}$，其中

$$\mu_j = \begin{cases} \dfrac{|a_{kj}|}{a_{kj}}, & a_{kj} \neq 0 \\ 1, & a_{kj} = 0 \end{cases}$$

有 $\|x_0\|_\infty = 1$，且 $Ax_0 = (*, \cdots, *, \sum_{j=1}^{n} |a_{kj}|, *, \cdots, *)^{\mathrm{T}}$，从而

$$\|Ax_0\|_\infty = \max_{\|x\|_\infty=1} \|Ax\|_\infty \geqslant \|Ax_0\|_\infty \geqslant \sum_{j=1}^{n} |a_{kj}| = \max_{1\leqslant i\leqslant n} \sum_{j=1}^{n} |a_{ij}|$$

故 $\|A\|_\infty = \max_{1\leqslant i\leqslant n} \sum_{j=1}^{n} |a_{ij}|$.

注：由于 $\|A\|_\infty$ 为 A 的行向量的 1-范数的最大值，因此又称其为 A 的行范数.

例 3.11　已知 $A = \begin{pmatrix} 2 & -1 & 0 \\ 0 & 2 & 3 \\ 1 & 2 & 0 \end{pmatrix}$，求 $\|A\|_{m_1}$，$\|A\|_{m_\infty}$，$\|A\|_{\mathrm{F}}$，$\|A\|_1$，$\|A\|_2$，$\|A\|_\infty$.

解

$$\|A\|_{m_1} = \sum_{i=1}^{3} \sum_{j=1}^{3} |a_{ij}| = 11$$

$$\|A\|_{m_\infty} = \max(3,3) \max_{i,j} |a_{ij}| = 9$$

$$\|A\|_{\mathrm{F}} = \sqrt{\sum_{i=1}^{3} \sum_{j=1}^{3} |a_{ij}|^2} = \sqrt{23}$$

$$\|A\|_1 = \max_{1\leqslant j\leqslant 3} \sum_{i=1}^{3} |a_{ij}| = 5$$

$$\|A\|_\infty=\max_{1\leqslant i\leqslant 3}\sum_{j=1}^{3}|a_{ij}|=5$$

由于

$$A^{\mathrm H}A=\begin{pmatrix}5&0&0\\0&9&6\\0&6&9\end{pmatrix}$$

因此$|\lambda E-A|=(\lambda-3)(\lambda-5)(\lambda-15)$，故$\|A\|_2=\sqrt{\lambda_{\max}(A^{\mathrm H}A)}=\sqrt{15}$.

➠习题 3

1．若$\alpha\in\mathbf C^n$，证明下列各不等式.

（1）$\|\alpha\|_2\leqslant\|\alpha\|_1\leqslant\sqrt n\|\alpha\|_2$.

（2）$\|\alpha\|_\infty\leqslant\|\alpha\|_1\leqslant n\|\alpha\|_\infty$.

（3）$\|\alpha\|_\infty\leqslant\|\alpha\|_2\leqslant\sqrt n\|\alpha\|_\infty$.

2．证明$\frac{1}{\sqrt n}\|A\|_{\mathrm F}\leqslant\|A\|_2\leqslant\|A\|_{\mathrm F}$.

3．设$x=(4\mathrm i,-5,3\mathrm i)^{\mathrm T}$，试计算$\|x\|_1$，$\|x\|_2$，$\|x\|_\infty$.

4．设$x=(4\mathrm i,-3\mathrm i,12,0)^{\mathrm T}$，试计算$\|x\|_1$，$\|x\|_2$，$\|x\|_\infty$.

5．设$A=\begin{pmatrix}1&0&2\\0&2&0\\-2&0&-1\end{pmatrix}$，试计算$\|A\|_{m_1}$，$\|A\|_{\mathrm F}$，$\|A\|_{m_\infty}$，$\|A\|_1$，$\|A\|_2$，$\|A\|_\infty$.

6．设矩阵A和向量x分别如下：

$$A=\begin{pmatrix}1&-2&0&0\\2&-2&0&0\\3&-5&3&8\\4&-6&7&4\end{pmatrix},\quad x=\begin{pmatrix}1\\-1\\1\\-1\end{pmatrix}$$

试计算$\|A\|_{m_1}$，$\|A\|_F$，$\|A\|_{m_\infty}$，$\|A\|_1$，$\|A\|_\infty$，$\|Ax\|_2$，$\|Ax\|_\infty$.

7．设$A,B\in\mathbf R^{n\times n}$，其零空间$N(A)$和$N(B)$满足$N(A)\cap N(B)=\{O\}$，对于$\mathbf R^n$中的列向量$\alpha$，将其定义为

$$\|\alpha\|=2\|A\alpha\|_2+3\|B\alpha\|_3$$

试验证$\|\alpha\|$是$\mathbf R^n$中的向量范数.

8．设$A=(a_{ij})_{2\times2}\in\mathbf C^{2\times2}$，请判别$\|A\|=\max\limits_{1\leqslant i,j\leqslant 2}|a_{ij}|$是否为矩阵范数.

9．验证方阵的m_1-范数与F-范数等价.

10．设$\|x\|_\alpha$与$\|x\|_\beta$是$\mathbf C^n$中的两种向量范数，试证明$\max\{\|x\|_\alpha,\|x\|_\beta\}$是$\mathbf C^n$中的向量范数.

11．设$A\in\mathbf C^{m\times n}$，证明$\max\limits_{i,j}|a_{ij}|\leqslant\|A\|_2\leqslant\sqrt{mn}\max\limits_{i,j}|a_{ij}|$.

第 4 章　矩阵的 Jordan 标准型

n 阶方阵之间的关系常见的有等价、合同（或称相合）及相似．我们知道，数域 P 上的 n 阶方阵不一定都相似于一个对角矩阵．对于不能相似对角化的方阵，我们自然希望能找到与它相似的最简形式的矩阵，即相似标准型，以便简化相关运算，同时可以进一步了解这个矩阵的相关性质．λ-矩阵的理论和矩阵的 Jordan 标准型不但在矩阵分析与计算中起着十分重要的作用，而且在工程中的控制理论、系统分析、力学等领域都具有广泛的应用．本章通过 λ-矩阵的理论导出通过相似变换所能化成的矩阵的最简形式——Jordan 标准型，在此过程中，特征值和特征向量起到了重要的作用．

4.1　线性变换的特征值与特征向量

4.1.1　特征值与特征向量

设 T 为数域 P 上 n 维线性空间 V 的线性变换，根据线性变换的矩阵表示可知，T 在一个基 $\boldsymbol{\alpha}_1,\boldsymbol{\alpha}_2,\cdots,\boldsymbol{\alpha}_n$ 下的矩阵为对角矩阵 $\begin{pmatrix}\lambda_1&&&\\&\lambda_2&&\\&&\ddots&\\&&&\lambda_n\end{pmatrix}$ 的充要条件是基向量 $\boldsymbol{\alpha}_i$ 满足

$$T(\boldsymbol{\alpha}_i)=\lambda_i\boldsymbol{\alpha}_i,\ \ i=1,2,\cdots,n$$

定义 4.1　设 T 为数域 P 上 n 维线性空间 V 的线性变换，如果对于常数 $\lambda_0\in P$，存在非零向量 $\xi\in V$，使得

$$T(\xi)=\lambda_0\xi$$

则称常数 λ_0 为线性变换 T 的特征值，ξ 为线性变换 T 的属于特征值 λ_0 的特征向量．

例如，对于任意可微的实函数空间，定义变换 $\delta{:}f(x)\to f'(x)$. 容易验证 δ 为一线性变换．$\forall\lambda\in R$，$\delta(\mathrm{e}^{\lambda x})=\lambda\mathrm{e}^{\lambda x}$, 从而，$\lambda$ 为其特征值，$\mathrm{e}^{\lambda x}$ 为其相应的特征向量．

从几何上来看，特征向量 ξ 在线性变换的作用下保持方位不变（在同一直线上）．由于线性变换较为抽象，因此直接利用定义来确定 λ_0 和 ξ 是很困难的．为此，这里利用线性变换 T 的矩阵表示将该问题转化为一个纯代数问题．

取定数域 P 上 n 维线性空间 V 的一个基 $\boldsymbol{\alpha}_1,\boldsymbol{\alpha}_2,\cdots,\boldsymbol{\alpha}_n$，设 $T(\xi)=\lambda_0\xi\ (\xi\neq\mathbf{0})$，$T(\boldsymbol{\alpha}_1,\boldsymbol{\alpha}_2,\cdots,\boldsymbol{\alpha}_n)=(\boldsymbol{\alpha}_1,\boldsymbol{\alpha}_2,\cdots,\boldsymbol{\alpha}_n)\boldsymbol{A}$，$\xi=(\boldsymbol{\alpha}_1,\boldsymbol{\alpha}_2,\cdots,\boldsymbol{\alpha}_n)\boldsymbol{\alpha}$，$\boldsymbol{\alpha}\in P^n$，则

$$(\boldsymbol{\alpha}_1,\boldsymbol{\alpha}_2,\cdots,\boldsymbol{\alpha}_n)(\lambda_0\boldsymbol{\alpha})=\lambda_0\xi=T(\xi)=T(\boldsymbol{\alpha}_1,\boldsymbol{\alpha}_2,\cdots,\boldsymbol{\alpha}_n)\boldsymbol{\alpha}=(\boldsymbol{\alpha}_1,\boldsymbol{\alpha}_2,\cdots,\boldsymbol{\alpha}_n)\boldsymbol{A}\boldsymbol{\alpha}$$

因此 $\boldsymbol{A}\boldsymbol{\alpha}=\lambda_0\boldsymbol{\alpha}$，即

$$(\lambda_0\boldsymbol{E}-\boldsymbol{A})\boldsymbol{\alpha}=\mathbf{0},\ \ \boldsymbol{\alpha}\neq 0 \tag{4.1}$$

从而，$|\lambda_0\boldsymbol{E}-\boldsymbol{A}|=0$，由此引入如下定义．

定义 4.2 设 $\boldsymbol{A}$ 为数域 P 上的 n 阶方阵，其特征多项式为

$$|\lambda \boldsymbol{E}-\boldsymbol{A}|=\begin{vmatrix}\lambda-a_{11} & -a_{12} & \cdots & -a_{1n}\\ -a_{12} & \lambda-a_{22} & \cdots & -a_{2n}\\ \vdots & \vdots & & \vdots\\ -a_{n1} & -a_{n2} & \cdots & \lambda-a_{nn}\end{vmatrix}$$

这是一个关于 λ 的 n 次多项式，其根为 $\boldsymbol{A}$ 的特征值，相应地式（4.1）的非零解向量 $\boldsymbol{\alpha}$ 称为 $\boldsymbol{A}$ 的属于 λ_0 的特征向量.

由定义可知，若 λ 为 T 的特征值，则 λ 为方程 $|\lambda \boldsymbol{E}-\boldsymbol{A}|=0$ 的一个根；反之，若 λ 为方程 $|\lambda \boldsymbol{E}-\boldsymbol{A}|=0$ 的根，则齐次线性方程组 $(\lambda \boldsymbol{E}-\boldsymbol{A})\boldsymbol{x}=\boldsymbol{0}$ 有非零解 $\boldsymbol{x}$．令 $\boldsymbol{\xi}=(\boldsymbol{\alpha}_1,\boldsymbol{\alpha}_2,\cdots,\boldsymbol{\alpha}_n)\boldsymbol{x}$，则 $T(\xi)=\lambda\xi$，即 λ 为 T 的一个特征值，满足 $(\lambda \boldsymbol{E}-\boldsymbol{A})\boldsymbol{x}=\boldsymbol{0}$ 的非零向量 $\boldsymbol{x}$ 也称为 $\boldsymbol{A}$ 的属于特征值 λ 的特征向量.

定理 4.1 设 T 为数域 P 上 n 维线性空间 V 的线性变换，T 在 V 的基 $\boldsymbol{\alpha}_1,\boldsymbol{\alpha}_2,\cdots,\boldsymbol{\alpha}_n$ 下的矩阵为 $\boldsymbol{A}$，则有以下结论.

（1）矩阵 $\boldsymbol{A}$ 的特征值 λ 就是线性变换 T 的特征值.

（2）若 ξ 为矩阵 $\boldsymbol{A}$ 的属于特征值 λ 的特征向量，则 $\boldsymbol{x}=(\boldsymbol{\alpha}_1,\boldsymbol{\alpha}_2,\cdots,\boldsymbol{\alpha}_n)\xi$ 为 T 的属于特征值 λ 的特征向量.

证 设 $\boldsymbol{A}\xi=\lambda\xi$，则

$$\begin{aligned}T(\boldsymbol{x})&=T[(\boldsymbol{\alpha}_1,\boldsymbol{\alpha}_2,\cdots,\boldsymbol{\alpha}_n)\xi]=(\boldsymbol{\alpha}_1,\boldsymbol{\alpha}_2,\cdots,\boldsymbol{\alpha}_n)\boldsymbol{A}\boldsymbol{\xi}\\&=(\boldsymbol{\alpha}_1,\boldsymbol{\alpha}_2,\cdots,\boldsymbol{\alpha}_n)\lambda\boldsymbol{\xi}=\lambda\boldsymbol{x}\end{aligned}$$

因为 $\boldsymbol{\xi}\neq\boldsymbol{0}$，所以 $\boldsymbol{x}=(\boldsymbol{\alpha}_1,\boldsymbol{\alpha}_2,\cdots,\boldsymbol{\alpha}_n)\xi\neq\boldsymbol{0}$，根据定义 4.1 得证.

由此可见，在 n 维线性空间中，线性变换的特征值和特征向量可分别由其在某个基下的矩阵的特征值和特征向量导出．因为矩阵的特征值和特征向量总是存在的，所以在 n 维线性空间中，线性变换的特征值和特征向量也总是存在的．但是，如果线性空间是无限维的，则结论未必成立.

例如，设 $P[x]$ 为数域 P 上的一元多项式的全体构成的线性空间，容易验证 $\sigma: f(x)\rightarrow xf(x)$ 为一线性变换．但是，$\forall\lambda\in P$，不存在非零 $f(x)$，使得 $xf(x)=\lambda f(x)$，从而，线性变换 σ 没有特征值.

根据定理 4.1，有限维线性空间的线性变换的特征值和特征向量有类似矩阵的特征值和特征向量的性质，在此不再赘述．至于求解，可以从线性变换在给定基下的矩阵的角度来求解.

注 1 因为同一线性变换在不同基下的矩阵是相似的，所以线性变换的矩阵的特征多项式与基的选取无关，而直接由线性变换决定，故可称之为线性变换的特征多项式.

注 2 $\boldsymbol{A}$ 的特征多项式 $f(\lambda)=|\lambda \boldsymbol{E}-\boldsymbol{A}|$ 是一个首项系数为 1 的 n 次多项式，其 $n-1$ 次多项式的系数为 $-\left(\sum_{i=1}^{n}\lambda_i\right)=-\left(\sum_{i=1}^{n}a_{ii}\right)=-\mathrm{tr}(\boldsymbol{A})$，$\mathrm{tr}(\boldsymbol{A})$ 称为 $\boldsymbol{A}$ 的迹；常数项为 $(-1)^n|\boldsymbol{A}|=(-1)^n\prod_{i=1}^{n}\lambda_i$.

例 4.1 求 $P[x]_4$ 上的微分变换 $\dfrac{\mathrm{d}}{\mathrm{d}x}$ 的特征值和特征向量.

解　取 $P[x]_4$ 的一个基 $\{1,x,x^2,x^3\}$，则 $\dfrac{\mathrm{d}}{\mathrm{d}x}$ 在该基下的矩阵为

$$\boldsymbol{A}=\begin{pmatrix}0&1&0&0\\0&0&2&0\\0&0&0&3\\0&0&0&0\end{pmatrix}$$

$|\lambda\boldsymbol{E}-\boldsymbol{A}|=\lambda^4$，故线性变换 $\dfrac{\mathrm{d}}{\mathrm{d}x}$ 的特征值为

$$\lambda_1=\lambda_2=\lambda_3=\lambda_4=0$$

由 $(0\cdot\boldsymbol{E}-\boldsymbol{A})\boldsymbol{X}=\boldsymbol{0}$ 解得 $\boldsymbol{A}$ 关于 $\lambda=0$ 的特征向量为

$$\boldsymbol{X}=k\begin{pmatrix}1\\0\\0\\0\end{pmatrix},\ k\neq 0$$

因此 $\dfrac{\mathrm{d}}{\mathrm{d}x}$ 的特征向量为

$$\boldsymbol{\xi}=k\in P[x]_4,\ k\neq 0$$

4.1.2　特征子空间

下面从空间的角度讨论线性变换 T 的特征向量的性质.

定义 4.3　设 T 为数域 P 上 n 维线性空间 V 的线性变换，λ 为 T 的一个特征值，容易验证 $V_\lambda=\{\boldsymbol{x}\mid T\boldsymbol{x}=\lambda\boldsymbol{x},\ \boldsymbol{x}\in V\}$ 是 V 的一个子空间，称为线性变换 T 的属于特征值 λ 的特征子空间，其维数 $\dim V_\lambda$ 称为 λ 的几何重数；λ 作为特征多项式的根，其重数称为 λ 的代数重数.

如果线性变换 T 有 s 个互异特征值 $\lambda_1,\lambda_2,\cdots,\lambda_s$，那么它有 s 个特征子空间 $V_{\lambda_1},V_{\lambda_2},\cdots,V_{\lambda_s}$. 特征子空间具有如下性质.

定理 4.2　设 $\lambda_1,\lambda_2,\cdots,\lambda_s$ 是数域 P 上 n 维线性空间 V 的线性变换 T 的 s 个互异特征值，V_{λ_i} 是 λ_i 的特征子空间，$i=1,2,\cdots,s$，则有以下结论.

（1）V_{λ_i} 是 T 的不变子空间.

（2）当 $\lambda_i\neq\lambda_j$ 时，$V_{\lambda_i}\cap V_{\lambda_j}=\{0\}$.

（3）若 λ_i 的代数重数为 k，则 $\dim V_{\lambda_i}\leqslant k$.

证　（1）根据 V_{λ_i} 的定义，$\forall\boldsymbol{\alpha}\in V_{\lambda_i}$，$T(\boldsymbol{\alpha})=\lambda_i\boldsymbol{\alpha}\in V_{\lambda_i}$，故 $T(V_{\lambda_i})\subseteq V_{\lambda_i}$，即 V_{λ_i} 是 T 的不变子空间.

（2）$\forall\boldsymbol{\alpha}\in V_{\lambda_i}\cap V_{\lambda_j}$，$\boldsymbol{\alpha}\in V_{\lambda_i}$ 且 $\boldsymbol{\alpha}\in V_{\lambda_j}$，因此 $T(\boldsymbol{\alpha})=\lambda_i\boldsymbol{\alpha}$ 且 $T(\boldsymbol{\alpha})=\lambda_j\boldsymbol{\alpha}$. 两式相减，可得 $(\lambda_i-\lambda_j)\boldsymbol{\alpha}=\boldsymbol{0}$. 因为 $\lambda_i\neq\lambda_j$，所以 $\boldsymbol{\alpha}=0$，即

$$V_{\lambda_i}\cap V_{\lambda_j}=\{0\},\ \lambda_i\neq\lambda_j$$

（3）设线性变换 T 的矩阵为 $\boldsymbol{A}$，则 T 的特征多项式为

$$f(\lambda)=|\lambda\boldsymbol{E}-\boldsymbol{A}|=(\lambda-\lambda_1)^{k_1}(\lambda-\lambda_2)^{k_2}\cdots(\lambda-\lambda_s)^{k_s}$$

其中，$\lambda_i \neq \lambda_j$，$i \neq j$.

假设 $\dim V_{\lambda_i} = t_i > k_i$，则可取 V_{λ_i} 的基为 $\{\xi_{i1}, \xi_{i2}, \cdots, \xi_{it_i}\}$，把它扩充为 V 的基为

$$\{\boldsymbol{\xi}_{i1}, \boldsymbol{\xi}_{i2}, \cdots, \boldsymbol{\xi}_{it_i}, \boldsymbol{\eta}_1, \boldsymbol{\eta}_2, \cdots, \boldsymbol{\eta}_{n-t_i}\}$$

则 $V = V_{\lambda_i} \oplus U$，其中 $U = \operatorname{span}\{\boldsymbol{\eta}_1, \boldsymbol{\eta}_2, \cdots, \boldsymbol{\eta}_{n-t_i}\}$. 根据（1），$V_{\lambda_i}$ 是 T 的不变子空间，且 $T(\xi_i) = \lambda_i \boldsymbol{\xi}_i$，可得 T 在基 $\{\xi_{i1}, \xi_{i2}, \cdots, \xi_{it_i}, \boldsymbol{\eta}_1, \boldsymbol{\eta}_2, \cdots, \boldsymbol{\eta}_{n-t_i}\}$ 下的矩阵为

$$\boldsymbol{B} = \begin{pmatrix} \lambda_i \boldsymbol{E}_{t_i} & \boldsymbol{C} \\ \boldsymbol{O} & \boldsymbol{D} \end{pmatrix}$$

其中，$\boldsymbol{E}_{t_i}$ 是 t_i 阶单位矩阵；$\lambda_i \boldsymbol{E}_{t_i}$ 是 T 作为 V_{λ_i} 上的线性变换在基 $\{\xi_{i1}, \xi_{i2}, \cdots, \xi_{it_i}\}$ 下的变换矩阵.

根据同一线性变换在不同基下的矩阵之间的关系，可知 $\boldsymbol{B}$ 与 $\boldsymbol{A}$ 相似，从而得出它们有相同的特征多项式，即

$$f(\lambda) = |\lambda \boldsymbol{E} - \boldsymbol{A}| = |\lambda \boldsymbol{E} - \boldsymbol{B}|$$

又因为 $|\lambda \boldsymbol{E} - \boldsymbol{B}| = (\lambda - \lambda_i)^{t_i} q(\lambda)$，这说明 λ_i 至少是 $\boldsymbol{B}$ 的 t_i 重根，而 $t_i \geqslant k_i$，这与 $f(\lambda)$ 的结构矛盾，所以假设不成立，即 $\dim V_{\lambda_i} \leqslant k_i$.

4.2 λ-矩阵

4.2.1 λ-矩阵的概念

在线性代数中，把矩阵定义为数的阵列，它的元素为数域 P 上的数，统称为数字矩阵. 现在把数字矩阵加以推广. 设 λ 是数域 P 上的变量，$a(\lambda), b(\lambda), \cdots$ 是数域 P 上的 λ 的多项式，现在引入 λ-矩阵.

定义 4.4 用变量 λ 的多项式为元素构成的矩阵

$$\begin{pmatrix} a_{11}(\lambda) & a_{12}(\lambda) & \cdots & a_{1n}(\lambda) \\ a_{21}(\lambda) & a_{22}(\lambda) & \cdots & a_{2n}(\lambda) \\ \vdots & \vdots & & \vdots \\ a_{m1}(\lambda) & a_{m2}(\lambda) & \cdots & a_{mn}(\lambda) \end{pmatrix}$$

称为 λ-矩阵，一般用 $\boldsymbol{A}(\lambda)$、$\boldsymbol{B}(\lambda)$、$\boldsymbol{C}(\lambda)$ 等来表示.

方阵 $\boldsymbol{A}$ 的特征矩阵 $\lambda \boldsymbol{E} - \boldsymbol{A}$ 就是一个 λ-矩阵，数字矩阵可看作特殊的 λ-矩阵. 与数字矩阵一样，对于 λ-矩阵，同样可以定义其和、差、积、相等、数乘等运算. 对于 n 阶 λ-矩阵的行列式、余子式、代数余子式，以及一般 λ-矩阵的子式，也采用与数字矩阵相同的定义. 但是，λ-矩阵的可逆性与数字矩阵的可逆性不尽相同.

定义 4.5 λ-矩阵 $\boldsymbol{A}(\lambda)$ 中不为零的子式的最高阶数 r 称为 $\boldsymbol{A}(\lambda)$ 的秩，记为 $\operatorname{rank}(\boldsymbol{A}(\lambda)) = r$. 零矩阵的秩规定为零.

进一步，若 n 阶 λ-矩阵的行列式 $|\boldsymbol{A}(\lambda)|$ 不等于零，则称 $\boldsymbol{A}(\lambda)$ 是满秩的或非奇异的.

例如，若 $\boldsymbol{A}$ 是 n 阶数字矩阵，则 $|\lambda \boldsymbol{E} - \boldsymbol{A}|$ 是 λ 的 n 次多项式，它不等于零，因此 $\lambda \boldsymbol{E} - \boldsymbol{A}$ 的秩是 n，即它是满秩的.

定义 4.6　对于 n 阶 λ-矩阵 $\boldsymbol{A}(\lambda)$，若存在一个 n 阶 λ-矩阵 $\boldsymbol{B}(\lambda)$，使得

$$\boldsymbol{A}(\lambda)\boldsymbol{B}(\lambda)=\boldsymbol{B}(\lambda)\boldsymbol{A}(\lambda)=\boldsymbol{E}$$

则称 λ-矩阵 $\boldsymbol{A}(\lambda)$ 是可逆的，并称 $\boldsymbol{B}(\lambda)$ 为 $\boldsymbol{A}(\lambda)$ 的逆矩阵，记为 $\boldsymbol{A}^{-1}(\lambda)$，即 $\boldsymbol{A}^{-1}(\lambda)=\boldsymbol{B}(\lambda)$.

若 λ-矩阵 $\boldsymbol{A}(\lambda)$ 可逆，则其逆唯一.

事实上，若 $\boldsymbol{B}_1(\lambda)$ 和 $\boldsymbol{B}_2(\lambda)$ 都是 $\boldsymbol{A}(\lambda)$ 的逆矩阵，则有

$$\boldsymbol{B}_1(\lambda)=\boldsymbol{B}_1(\lambda)\boldsymbol{E}=\boldsymbol{B}_1(\lambda)\boldsymbol{A}(\lambda)\boldsymbol{B}_2(\lambda)=\boldsymbol{E}\boldsymbol{B}_2(\lambda)=\boldsymbol{B}_2(\lambda)$$

定理 4.3　设 $\boldsymbol{A}(\lambda)$ 是 n 阶 λ-矩阵，则 $\boldsymbol{A}(\lambda)$ 可逆的充要条件是 $|\boldsymbol{A}(\lambda)|$ 为非零常数.

证　必要性：设 $\boldsymbol{A}(\lambda)$ 可逆，则存在 n 阶 λ-矩阵 $\boldsymbol{B}(\lambda)$，使得 $\boldsymbol{A}(\lambda)\boldsymbol{B}(\lambda)=\boldsymbol{E}$，从而，$|\boldsymbol{A}(\lambda)\boldsymbol{B}(\lambda)|=|\boldsymbol{A}(\lambda)||\boldsymbol{B}(\lambda)|=1$. 因为 $|\boldsymbol{A}(\lambda)|$ 与 $|\boldsymbol{B}(\lambda)|$ 都是 λ 的多项式，所以二者都是零次多项式，从而，$|\boldsymbol{A}(\lambda)|$ 为非零常数.

充分性：设 $|\boldsymbol{A}(\lambda)|=d\neq 0$，$\boldsymbol{A}^*(\lambda)$ 是 $\boldsymbol{A}(\lambda)$ 的伴随矩阵，则 $\dfrac{1}{d}\boldsymbol{A}^*(\lambda)$ 是 n 阶 λ-矩阵，并且满足

$$\boldsymbol{A}(\lambda)\frac{1}{d}\boldsymbol{A}^*(\lambda)=\frac{1}{d}\boldsymbol{A}^*(\lambda)\boldsymbol{A}(\lambda)=\boldsymbol{E}$$

因此 $\boldsymbol{A}(\lambda)$ 可逆，并且 $\boldsymbol{A}^{-1}(\lambda)=\dfrac{1}{d}\boldsymbol{A}^*(\lambda)$.

对于 n 阶数字矩阵，可逆与满秩等价；但对于 n 阶 λ-矩阵，可逆必满秩，满秩却未必可逆. 例如，$\boldsymbol{A}(\lambda)=\begin{pmatrix}1 & \lambda\\ \lambda & 1\end{pmatrix}$，$\operatorname{rank}(\boldsymbol{A}(\lambda))=2$，满秩，但 $|\boldsymbol{A}(\lambda)|=1-\lambda^2$ 不是非零常数，从而不可逆.

4.2.2　λ-矩阵的初等变换与等价

与数字矩阵类似，λ-矩阵也有初等变换与等价的概念.

定义 4.7　称以下 3 种行（列）变换为 λ-矩阵的初等行（列）变换，统称为初等变换.

（1）λ-矩阵的两行（列）互换位置.

（2）λ-矩阵的某一行（列）乘以非零常数 k.

（3）λ-矩阵的某一行（列）的 $\varphi(\lambda)$ 倍加到另一行（列）上，其中 $\varphi(\lambda)$ 是 λ 的多项式.

以上初等行变换可分别用如下记号来表示（将 r 换成 c 即表示相应的初等列变换）.

（1）$r_i\leftrightarrow r_j$ 表示互换第 i 行和第 j 行.

（2）kr_i 表示用非零常数乘以第 i 行.

（3）$r_i+\varphi(\lambda)r_j$ 表示把第 j 行的 $\varphi(\lambda)$ 倍加到第 i 行上.

初等变换是可逆的，其逆变换也是初等变换. 例如，$r_i\leftrightarrow r_j$、kr_i、$r_i+\varphi(\lambda)r_j$ 这 3 种行变换的逆变换分别是 $r_i\leftrightarrow r_j$、$\dfrac{1}{k}r_i$、$r_i-\varphi(\lambda)r_j$.

定义 4.8　单位矩阵经过一次初等变换得到的矩阵称为初等 λ-矩阵，分别记为 $\boldsymbol{E}(i,j)$、$\boldsymbol{E}(i(k))$、$\boldsymbol{E}(i,\varphi(\lambda)j)$，即

$$
\boldsymbol{E}(i,j)=\begin{pmatrix}
1&&&&&&&&&&\\
&\ddots&&&&&&&&&\\
&&1&&&&&&&&\\
&&&0&&&&1&&&\\
&&&&1&&&&&&\\
&&&&&\ddots&&&&&\\
&&&&&&1&&&&\\
&&&1&&&&0&&&\\
&&&&&&&&1&&\\
&&&&&&&&&\ddots&\\
&&&&&&&&&&1
\end{pmatrix}\begin{matrix}\\ \\ \\ i\\ \\ \\ \\ j\\ \\ \\ \\ \end{matrix}
$$

$$
\boldsymbol{E}(i(k))=\begin{pmatrix}
1&&&&&&\\
&\ddots&&&&&\\
&&1&&&&\\
&&&k&&&\\
&&&&1&&\\
&&&&&\ddots&\\
&&&&&&1
\end{pmatrix}\begin{matrix}\\ \\ \\ i\\ \\ \\ \\ \end{matrix}
$$

$$
\boldsymbol{E}(i,\varphi(\lambda)j)=\begin{pmatrix}
1&&&&&&\\
&\ddots&&&&&\\
&&1&&\varphi(\lambda)&&\\
&&&\ddots&&&\\
&&&&1&&\\
&&&&&\ddots&\\
&&&&&&1
\end{pmatrix}\begin{matrix}\\ \\ i\\ \\ j\\ \\ \\ \end{matrix}
$$

这 3 个初等 λ-矩阵都是满秩且可逆的，其行列式分别为

$$|\boldsymbol{E}(i,j)|=-1$$

$$|\boldsymbol{E}(i(k))|=k$$

$$|\boldsymbol{E}(i,\varphi(\lambda)j)|=1$$

定理 4.4 对一个 $m\times n$ 的 λ-矩阵 $\boldsymbol{A}(\lambda)$ 进行一次初等行变换，相当于在 $\boldsymbol{A}(\lambda)$ 的左侧乘以一个相应的 m 阶初等 λ-矩阵；对一个 $m\times n$ 的 λ-矩阵 $\boldsymbol{A}(\lambda)$ 进行一次初等列变换，相当于在 $\boldsymbol{A}(\lambda)$ 的右侧乘以一个相应的 n 阶初等 λ-矩阵.

定义 4.9 设 $\boldsymbol{A}(\lambda)$ 与 $\boldsymbol{B}(\lambda)$ 是两个 λ-矩阵，若 $\boldsymbol{A}(\lambda)$ 可经过有限次初等变换转化为 $\boldsymbol{B}(\lambda)$，则称 $\boldsymbol{B}(\lambda)$ 与 $\boldsymbol{A}(\lambda)$ 等价，记为 $\boldsymbol{B}(\lambda)\cong\boldsymbol{A}(\lambda)$.

λ-矩阵的等价关系与一般矩阵的等价关系一样，具有以下性质.

（1）自反性：$\boldsymbol{A}(\lambda)\cong\boldsymbol{A}(\lambda)$.

（2）对称性：若 $\boldsymbol{A}(\lambda)\cong\boldsymbol{B}(\lambda)$，则 $\boldsymbol{B}(\lambda)\cong\boldsymbol{A}(\lambda)$.

（3）传递性：若 $\boldsymbol{A}(\lambda)\cong\boldsymbol{B}(\lambda)$，$\boldsymbol{B}(\lambda)\cong\boldsymbol{C}(\lambda)$，则 $\boldsymbol{A}(\lambda)\cong\boldsymbol{C}(\lambda)$.

由初等变换与初等 λ-矩阵之间的关系可知，$\boldsymbol{A}(\lambda)$ 与 $\boldsymbol{B}(\lambda)$ 等价的充要条件是存在有限个

初等 λ-矩阵 $\boldsymbol{P}_1,\boldsymbol{P}_2,\cdots,\boldsymbol{P}_h,\boldsymbol{Q}_1,\boldsymbol{Q}_2,\cdots,\boldsymbol{Q}_k$，使得

$$\boldsymbol{B}(\lambda)=\boldsymbol{P}_h\boldsymbol{P}_{h-1}\cdots\boldsymbol{P}_1\boldsymbol{A}(\lambda)\boldsymbol{Q}_1\boldsymbol{Q}_2\cdots\boldsymbol{Q}_k$$

定理 4.5　设 $\boldsymbol{A}(\lambda)$ 与 $\boldsymbol{B}(\lambda)$ 是两个 $m\times n$ 的 λ-矩阵，若 $\boldsymbol{A}(\lambda)\cong\boldsymbol{B}(\lambda)$，则 $\operatorname{rank}(\boldsymbol{A}(\lambda))=\operatorname{rank}(\boldsymbol{B}(\lambda))$．

证　因为 $\boldsymbol{B}(\lambda)\cong\boldsymbol{A}(\lambda)$，所以存在可逆的 λ-矩阵 $\boldsymbol{P}(\lambda)$ 与 $\boldsymbol{Q}(\lambda)$，使得 $\boldsymbol{B}(\lambda)=\boldsymbol{P}(\lambda)\boldsymbol{A}(\lambda)\boldsymbol{Q}(\lambda)$，从而，$\operatorname{rank}(\boldsymbol{B}(\lambda))\leqslant\operatorname{rank}(\boldsymbol{A}(\lambda))$．

同理，由 $\boldsymbol{A}(\lambda)=\boldsymbol{P}^{-1}(\lambda)\boldsymbol{B}(\lambda)\boldsymbol{Q}^{-1}(\lambda)$ 可得 $\operatorname{rank}(\boldsymbol{A}(\lambda))\leqslant\operatorname{rank}(\boldsymbol{B}(\lambda))$．从而论得 $\operatorname{rank}(\boldsymbol{A}(\lambda))=\operatorname{rank}(\boldsymbol{A}(\lambda))=\operatorname{rank}(\boldsymbol{B}(\lambda))$．

注　定理 4.5 的逆命题不成立.

例如,对于 $\boldsymbol{A}(\lambda)=\begin{pmatrix}\lambda & 1\\ 0 & \lambda\end{pmatrix}$，$\boldsymbol{B}(\lambda)=\begin{pmatrix}1 & -\lambda\\ 1 & \lambda\end{pmatrix}$，$\operatorname{rank}(\boldsymbol{A}(\lambda))=\operatorname{rank}(\boldsymbol{B}(\lambda))=2$，但 $\boldsymbol{A}(\lambda)$ 与 $\boldsymbol{B}(\lambda)$ 不等价.

4.2.3　λ-矩阵的 Smith 标准型

现在讨论 λ-矩阵在初等变换下的标准型，以及如何将 λ-矩阵转化为标准型.

引理 4.1　对于 λ-矩阵 $\boldsymbol{A}(\lambda)=(a_{ij}(\lambda))$，若元素 $a_{11}(\lambda)\neq 0$，并且 $\boldsymbol{A}(\lambda)$ 中至少有一个元素不能被 $a_{11}(\lambda)$ 整除，则存在一个与 $\boldsymbol{A}(\lambda)$ 等价的 λ-矩阵 $\boldsymbol{B}(\lambda)=(b_{ij}(\lambda))$，使得元素 $b_{11}(\lambda)\neq 0$，并且 $\partial(b_{11}(\lambda))<\partial(a_{11}(\lambda))$，而 $\forall i,j$，有 $b_{11}(\lambda)\mid b_{ij}(\lambda)$.

注　记号 $\partial(f(\lambda))$ 表示多项式 $f(\lambda)$ 的次数，记号 $f(\lambda)\mid g(\lambda)$ 表示多项式 $g(\lambda)$ 能被多项式 $f(\lambda)$ 整除.

证　根据 $\boldsymbol{A}(\lambda)$ 中不能被 $a_{11}(\lambda)$ 整除的元素的位置，分以下 3 种情况来讨论.

（1）若 $\boldsymbol{A}(\lambda)$ 中第 1 行有元素 $a_{1j}(\lambda)$ 不能被 $a_{11}(\lambda)$ 整除，则有

$$a_{1j}(\lambda)=a_{11}(\lambda)\varphi(\lambda)+b_{11}(\lambda)$$

其中，$b_{11}(\lambda)\neq 0$，并且 $\partial(b_{11}(\lambda))<\partial(a_{11}(\lambda))$．对 $\boldsymbol{A}(\lambda)$ 做两次初等列变换，首先将 $\boldsymbol{A}(\lambda)$ 中第 1 列的 $-\varphi(\lambda)$ 倍加到第 j 列上，这时第 1 列第 1 行的元素为 $b_{11}(\lambda)$；然后将第 1 列与第 j 列互换，得到 $\boldsymbol{B}(\lambda)$：

$$\boldsymbol{B}(\lambda)=\begin{pmatrix}b_{11}\lambda & * & \cdots & *\\ * & * & \cdots & *\\ \vdots & \vdots & & \vdots\\ * & * & \cdots & *\end{pmatrix}$$

最后对 $\boldsymbol{B}(\lambda)$ 重复上述过程，直到矩阵的第 1 行元素都能被新的 $b_{11}(\lambda)$ 整除.

（2）若 $\boldsymbol{A}(\lambda)$ 中第 1 列有元素 $a_{i1}(\lambda)$ 不能被 $a_{11}(\lambda)$ 整除，则与情况（1）同理，可得与 $\boldsymbol{A}(\lambda)$ 等价的 λ-矩阵 $\boldsymbol{B}(\lambda)$，其第 1 列元素都能被 $b_{11}(\lambda)$ 整除.

（3）若 $\boldsymbol{A}(\lambda)$ 中第 1 行与第 1 列的所有元素都能被 $a_{11}(\lambda)$ 整除，但 $\boldsymbol{A}(\lambda)$ 中至少有一个元素 $a_{ij}(\lambda)\,(i,j>1)$ 不能被 $a_{11}(\lambda)$ 整除．因为 $a_{11}(\lambda)\mid a_{i1}(\lambda)$，所以存在多项式 $\varphi(\lambda)$，使得 $a_{i1}(\lambda)=a_{11}(\lambda)\varphi(\lambda)$．先将 $\boldsymbol{A}(\lambda)$ 中第 1 行的 $-\varphi(\lambda)$ 倍加到第 i 行上，得到 λ-矩阵 $\boldsymbol{A}^{(1)}(\lambda)=(a_{ij}^{(1)}(\lambda))$，其中，$a_{i1}^{(1)}(\lambda)=0$，$a_{ij}^{(1)}(\lambda)=a_{ij}(\lambda)-a_{1j}(\lambda)\varphi(\lambda)$，$j=2,3,\cdots,n$；再将 $\boldsymbol{A}^{(1)}(\lambda)$ 中

第 i 行加到第 1 行上，此时 $a_{11}(\lambda)$ 没有变化，而第 1 行第 j 列元素变为 $[1-\varphi(\lambda)]a_{1j}(\lambda)+a_{ij}(\lambda)$，它也不能被 $a_{11}(\lambda)$ 整除，这就化为已证明的情况（1）了.

因此，经过有限次初等变换就可得到所需的矩阵 $\boldsymbol{B}(\lambda)$.

定理 4.6 设 $\boldsymbol{A}(\lambda)$ 为 $m\times n$ 阶 λ-矩阵，若 $\operatorname{rank}(\boldsymbol{A}(\lambda))=r>0$，则 $\boldsymbol{A}(\lambda)$ 等价于“对角形”矩阵，即

$$\boldsymbol{B}(\lambda)=\begin{pmatrix} d_1(\lambda) & 0 & \cdots & 0 & 0 & \cdots & 0 \\ 0 & d_2(\lambda) & \cdots & 0 & 0 & \cdots & 0 \\ \vdots & \vdots & & \vdots & \vdots & & \vdots \\ 0 & 0 & \cdots & d_r(\lambda) & 0 & \cdots & 0 \\ 0 & 0 & \cdots & 0 & 0 & \cdots & 0 \\ \vdots & \vdots & & \vdots & \vdots & & \vdots \\ 0 & 0 & \cdots & 0 & 0 & \cdots & 0 \end{pmatrix}$$

其中，$d_i(\lambda)\ (i=1,2,\cdots,r)$ 是首项系数为 1 的多项式，并且满足 $d_i(\lambda)\mid d_{i+1}(\lambda)\ (i=1,2,\cdots,r-1)$. 我们称 $\boldsymbol{B}(\lambda)$ 为 λ-矩阵 $\boldsymbol{A}(\lambda)$ 在等价意义下的标准型或 Smith 标准型. 特殊地，当 $r=0$ 时，$\boldsymbol{A}(\lambda)$ 的 Smith 标准型为零矩阵.

证 设 $\operatorname{rank}(\boldsymbol{A}(\lambda))=r>0$，并设 $a_{11}(\lambda)\neq 0$，否则可通过行、列互换来实现. 由引理 4.1 可知，存在一个 λ-矩阵 $\boldsymbol{B}(\lambda)$ 与 $\boldsymbol{A}(\lambda)$ 等价，并且 $\partial(b_{11}(\lambda))<\partial(a_{11}(\lambda))$，$\forall i,j$，有 $b_{11}(\lambda)\mid b_{ij}(\lambda)$.

在 $\boldsymbol{B}(\lambda)$ 中，可要求 $b_{11}(\lambda)$ 为首项系数为 1 的多项式，做初等行变换，使得第 1 列元素除 $b_{11}(\lambda)$ 外均化为零. 同样，做初等列变换，使得第 1 行元素除 $b_{11}(\lambda)$ 外均化为零. 此时，可得到一个与 $\boldsymbol{A}(\lambda)$ 等价的矩阵：

$$\begin{pmatrix} d_1(\lambda) & 0 & 0 & \cdots & 0 \\ 0 & c_{22}(\lambda) & c_{23}(\lambda) & \cdots & c_{2n}(\lambda) \\ 0 & c_{32}(\lambda) & c_{33}(\lambda) & \cdots & c_{3n}(\lambda) \\ \vdots & \vdots & \vdots & & \vdots \\ 0 & c_{m2}(\lambda) & c_{m3}(\lambda) & \cdots & c_{mn}(\lambda) \end{pmatrix}$$

其中，$d_1(\lambda)=b_{11}(\lambda)$ 可整除 $c_{ij}(\lambda)\ (i=2,3,\cdots,m;\ j=2,3,\cdots,n)$.

同理，对右下角的子矩阵

$$\begin{pmatrix} c_{22}(\lambda) & c_{23}(\lambda) & \cdots & c_{2n}(\lambda) \\ c_{32}(\lambda) & c_{33}(\lambda) & \cdots & c_{3n}(\lambda) \\ \vdots & \vdots & & \vdots \\ c_{m2}(\lambda) & c_{m3}(\lambda) & \cdots & c_{mn}(\lambda) \end{pmatrix}$$

做类似的初等变换可得

$$\begin{pmatrix} d_1(\lambda) & 0 & 0 & \cdots & 0 \\ 0 & d_2(\lambda) & 0 & \cdots & 0 \\ 0 & 0 & e_{33}(\lambda) & \cdots & e_{3n}(\lambda) \\ \vdots & \vdots & \vdots & & \vdots \\ 0 & 0 & e_{m3}(\lambda) & \cdots & e_{mn}(\lambda) \end{pmatrix}$$

其中，$d_1(\lambda)$ 可整除 $d_2(\lambda)$，$d_2(\lambda)$ 可整除 $e_{ij}(\lambda)\ (i=3,4,\cdots,m;\ j=3,4,\cdots,n)$.

依次类推，最终可得

$$B(\lambda)=\begin{pmatrix} d_1(\lambda) & 0 & \cdots & 0 & 0 & \cdots & 0 \\ 0 & d_2(\lambda) & \cdots & 0 & 0 & \cdots & 0 \\ \vdots & \vdots & & \vdots & \vdots & & \vdots \\ 0 & 0 & \cdots & d_r(\lambda) & 0 & \cdots & 0 \\ 0 & 0 & \cdots & 0 & 0 & \cdots & 0 \\ \vdots & \vdots & & \vdots & \vdots & & \vdots \\ 0 & 0 & \cdots & 0 & 0 & \cdots & 0 \end{pmatrix}$$

其中，$d_i(\lambda)\,(i=1,2,\cdots,r)$ 是首项系数为 1 的多项式，并且满足 $d_i(\lambda)\,|\,d_{i+1}(\lambda)\,(i=1,2,\cdots,r-1)$.

例 4.2　用初等变换将 λ-矩阵 $A(\lambda)=\begin{pmatrix} 1-\lambda & 2\lambda-1 & \lambda \\ \lambda & \lambda^2 & -\lambda \\ 1+\lambda^2 & \lambda^2+\lambda-1 & -\lambda^2 \end{pmatrix}$ 化为 Smith 标准型.

解

$$A(\lambda)=\begin{pmatrix} 1-\lambda & 2\lambda-1 & \lambda \\ \lambda & \lambda^2 & -\lambda \\ 1+\lambda^2 & \lambda^2+\lambda-1 & -\lambda^2 \end{pmatrix}\to\begin{pmatrix} 1 & 2\lambda-1 & \lambda \\ 0 & \lambda^2 & -\lambda \\ 1 & \lambda^2+\lambda-1 & -\lambda^2 \end{pmatrix}$$

$$\to\begin{pmatrix} 1 & 2\lambda-1 & \lambda \\ 0 & \lambda^2 & -\lambda \\ 0 & \lambda^2-\lambda & -\lambda^2-\lambda \end{pmatrix}\to\begin{pmatrix} 1 & 0 & 0 \\ 0 & \lambda^2 & -\lambda \\ 0 & \lambda^2-\lambda & -\lambda^2-\lambda \end{pmatrix}$$

$$\to\begin{pmatrix} 1 & 0 & 0 \\ 0 & \lambda & \lambda^2 \\ 0 & \lambda^2+\lambda & \lambda^2-\lambda \end{pmatrix}\to\begin{pmatrix} 1 & 0 & 0 \\ 0 & \lambda & 0 \\ 0 & 0 & \lambda(\lambda^2+1) \end{pmatrix}$$

4.3　不变因子与初等因子

4.3.1　λ-矩阵的行列式因子

定义 4.10　设 λ-矩阵 $A(\lambda)$ 的秩 $r>0$，对于正整数 k（$1\leqslant k\leqslant r$），$A(\lambda)$ 中必存在非零的 k 阶子式，$A(\lambda)$ 中全部的 k 阶子式的首项系数为 1（简称首一）的最大公因式 $D_k(\lambda)$ 称为 $A(\lambda)$ 的 k 阶行列式因子.

例 4.3　求 $A(\lambda)=\begin{pmatrix} -\lambda+1 & \lambda^2 & \lambda \\ \lambda & \lambda & -\lambda \\ \lambda^2+1 & \lambda^2 & -\lambda^2 \end{pmatrix}$ 的各阶行列式因子.

解　由于 $(-\lambda+1,\lambda)=1$，因此 $D_1(\lambda)=1$．又由于

$$\begin{vmatrix} -\lambda+1 & \lambda^2 \\ \lambda & \lambda \end{vmatrix}=\lambda(-\lambda^2-\lambda+1)=\varphi_1(\lambda),\quad \begin{vmatrix} -\lambda+1 & \lambda^2 \\ \lambda^2+1 & \lambda^2 \end{vmatrix}=\lambda^3(-\lambda-1)=\varphi_2(\lambda)$$

因此 $(\varphi_1(\lambda),\varphi_2(\lambda))=\lambda$，并且其余 7 个 2 阶子式都包含因子 λ，故 $D_2(\lambda)=\lambda$.

由于 $|A(\lambda)|=-\lambda^3-\lambda^2$，因此 $D_3(\lambda)=\lambda^3+\lambda^2$.

行列式因子的重要性在于，它在初等变换下是不变的.

定理 4.7 等价的λ-矩阵具有相同的各阶行列式因子.

证 只要证明$\boldsymbol{A}(\lambda)$经过一次初等变换，其秩与行列式因子保持不变即可.

设$\boldsymbol{A}(\lambda)$经过一次初等变换转化为$\boldsymbol{B}(\lambda)$，$f(\lambda)$和$g(\lambda)$分别是$\boldsymbol{A}(\lambda)$与$\boldsymbol{B}(\lambda)$的k阶行列式因子. 下面对3种初等变换分别证明$f(\lambda)=g(\lambda)$.

（1）$\boldsymbol{A}(\lambda)$互换两行（列）变成$\boldsymbol{B}(\lambda)$. 此时，$\boldsymbol{B}(\lambda)$的每个k阶子式或者等于$\boldsymbol{A}(\lambda)$的某个k阶子式，或者与$\boldsymbol{A}(\lambda)$的某个k阶子式符号相反，因此$f(\lambda)$也是$\boldsymbol{B}(\lambda)$的公因式，故$f(\lambda)|g(\lambda)$.

（2）$\boldsymbol{A}(\lambda)$以某个非零常数c乘某一行（列）变成$\boldsymbol{B}(\lambda)$. 此时，$\boldsymbol{B}(\lambda)$的每个k阶子式或者等于$\boldsymbol{A}(\lambda)$的某个k阶子式，或者等于$\boldsymbol{A}(\lambda)$的某个k阶子式的c倍，因此$f(\lambda)$也是$\boldsymbol{B}(\lambda)$的公因式，故$f(\lambda)|g(\lambda)$.

（3）$\boldsymbol{A}(\lambda)$的第j行（列）的$\varphi(\lambda)$倍加到第i行（列）上变成$\boldsymbol{B}(\lambda)$.

① $\boldsymbol{B}(\lambda)$中那些包含第i行与第j行（或第i列与第j列）的k阶子式和那些不包含第i行（列）的k阶子式等于$\boldsymbol{A}(\lambda)$中对应的k阶子式.

② $\boldsymbol{B}(\lambda)$中那些包含第i行（列）但不包含第j行（列）的k阶子式按第i行（列）分成两部分，等于$\boldsymbol{A}(\lambda)$的一个k阶子式与另一个k阶子式的$\pm\varphi(\lambda)$倍的和，即$\boldsymbol{A}(\lambda)$的两个k阶子式的组合.

因此，$f(\lambda)$也是$\boldsymbol{B}(\lambda)$的公因式，故$f(\lambda)|g(\lambda)$.

又根据初等变换的可逆性，$\boldsymbol{B}(\lambda)$也可以经过一次初等变换转化为$\boldsymbol{A}(\lambda)$，同理可得$g(\lambda)|f(\lambda)$，故$f(\lambda)=g(\lambda)$.

根据定理4.3，若λ-矩阵$\boldsymbol{A}(\lambda)$的Smith标准型为

$$\boldsymbol{B}(\lambda)=\begin{pmatrix} d_1(\lambda) & 0 & \cdots & 0 & 0 & \cdots & 0 \\ 0 & d_2(\lambda) & \cdots & 0 & 0 & \cdots & 0 \\ \vdots & \vdots & & \vdots & \vdots & & \vdots \\ 0 & 0 & \cdots & d_r(\lambda) & 0 & \cdots & 0 \\ 0 & 0 & \cdots & 0 & 0 & \cdots & 0 \\ \vdots & \vdots & & \vdots & \vdots & & \vdots \\ 0 & 0 & \cdots & 0 & 0 & \cdots & 0 \end{pmatrix}$$

则$\boldsymbol{A}(\lambda)$的k阶行列式因子必为

$$D_k(\lambda)=d_1(\lambda)d_2(\lambda)\cdots d_k(\lambda)\ (k=1,2,\cdots,r)$$

定理 4.8 λ-矩阵$\boldsymbol{A}(\lambda)$的Smith标准型是唯一的.

证 设λ-矩阵$\boldsymbol{A}(\lambda)$的Smith标准型为

$$\begin{pmatrix} d_1(\lambda) & 0 & \cdots & 0 & 0 & \cdots & 0 \\ 0 & d_2(\lambda) & \cdots & 0 & 0 & \cdots & 0 \\ \vdots & \vdots & & \vdots & \vdots & & \vdots \\ 0 & 0 & \cdots & d_r(\lambda) & 0 & \cdots & 0 \\ 0 & 0 & \cdots & 0 & 0 & \cdots & 0 \\ \vdots & \vdots & & \vdots & \vdots & & \vdots \\ 0 & 0 & \cdots & 0 & 0 & \cdots & 0 \end{pmatrix}$$

则 $\boldsymbol{A}(\lambda)$ 与其标准型等价，并且它们有相同的秩和各阶行列式因子，因此有以下结论.

（1）$\boldsymbol{A}(\lambda)$ 的秩就是其标准型中非零元素的个数 r .

（2）$\boldsymbol{A}(\lambda)$ 的 k 阶行列式因子为 $D_k(\lambda)=d_1(\lambda)d_2(\lambda)\cdots d_k(\lambda)(k=1,2,\cdots,r)$，从而，$d_1(\lambda)=D_1(\lambda), d_2(\lambda)=\dfrac{D_2(\lambda)}{D_1(\lambda)},\cdots,d_r(\lambda)=\dfrac{D_r(\lambda)}{D_{r-1}(\lambda)}$，即 $d_k(\lambda)$（$k=1,2,\cdots,r$）由 $\boldsymbol{A}(\lambda)$ 的行列式因子唯一确定，从而，$\boldsymbol{A}(\lambda)$ 的 Smith 标准型是唯一的.

显然，$d_k(\lambda)$（$k=1,2,\cdots,r$）与 $D_k(\lambda)$ 相互唯一确定.

4.3.2　λ-矩阵的不变因子与初等因子

定义 4.11　λ-矩阵 $\boldsymbol{A}(\lambda)$ 的 Smith 标准型中的非零元素 $d_k(\lambda)$（$k=1,2,\cdots,r$）称为 $\boldsymbol{A}(\lambda)$ 的不变因子.

根据行列式因子和不变因子的关系，以下定理显然成立.

定理 4.9　两个 λ-矩阵等价的充要条件是它们有相同的行列式因子和不变因子.

定理 4.10　设 $\boldsymbol{A}(\lambda)$ 是 n 阶 λ-矩阵，则 $\boldsymbol{A}(\lambda)$ 可逆的充要条件是 $\boldsymbol{A}(\lambda)$ 可以表示为有限个初等 λ-矩阵的乘积.

证　必要性：设 $\boldsymbol{A}(\lambda)$ 可逆，则由 $|\boldsymbol{A}(\lambda)|=d\neq 0$ 可得 $\boldsymbol{A}(\lambda)$ 的行列式因子为

$$D_1(\lambda)=D_2(\lambda)=\cdots=D_n(\lambda)=1$$

从而，$\boldsymbol{A}(\lambda)$ 的不变因子为

$$d_1(\lambda)=d_2(\lambda)=\cdots=d_n(\lambda)=1$$

因此 $\boldsymbol{A}(\lambda)$ 与 n 阶单位矩阵 $\boldsymbol{E}$ 等价，即存在有限个初等 λ-矩阵 $\boldsymbol{P}_1(\lambda),\boldsymbol{P}_2(\lambda),\cdots,\boldsymbol{P}_h(\lambda),\boldsymbol{Q}_1(\lambda),\boldsymbol{Q}_2(\lambda),\cdots,\boldsymbol{Q}_k(\lambda)$，使得

$$\boldsymbol{A}(\lambda)=\boldsymbol{P}_h(\lambda)\boldsymbol{P}_{h-1}(\lambda)\cdots\boldsymbol{P}_1(\lambda)\boldsymbol{E}\boldsymbol{Q}_1(\lambda)\boldsymbol{Q}_2(\lambda)\cdots\boldsymbol{Q}_k(\lambda)$$

充分性：设 $\boldsymbol{A}(\lambda)$ 可以表示为有限个初等 λ-矩阵的乘积，即存在有限个初等 λ-矩阵 $\boldsymbol{P}_1(\lambda),\boldsymbol{P}_2(\lambda),\cdots,\boldsymbol{P}_h(\lambda),\boldsymbol{Q}_1(\lambda),\boldsymbol{Q}_2(\lambda),\cdots,\boldsymbol{Q}_k(\lambda)$，使得

$$\boldsymbol{A}(\lambda)=\boldsymbol{P}_h(\lambda)\boldsymbol{P}_{h-1}(\lambda)\cdots\boldsymbol{P}_1(\lambda)\boldsymbol{Q}_1(\lambda)\boldsymbol{Q}_2(\lambda)\cdots\boldsymbol{Q}_k(\lambda)$$

则 $\boldsymbol{A}(\lambda)$ 的行列式是一个非零常数，因此 $\boldsymbol{A}(\lambda)$ 可逆.

下面介绍 λ-矩阵的初等因子的概念.

根据代数基本定理可知，任一复系数多项式在复数域内都可分解为一次因式的乘积. 因此，在复数域内可将 λ-矩阵 $\boldsymbol{A}(\lambda)$ 的不变因子分解为如下形式：

$$\begin{aligned} d_1(\lambda)&=(\lambda-\lambda_1)^{k_{11}}(\lambda-\lambda_2)^{k_{12}}\cdots(\lambda-\lambda_s)^{k_{1s}}\\ d_2(\lambda)&=(\lambda-\lambda_1)^{k_{21}}(\lambda-\lambda_2)^{k_{22}}\cdots(\lambda-\lambda_s)^{k_{2s}}\\ &\vdots\\ d_r(\lambda)&=(\lambda-\lambda_1)^{k_{r1}}(\lambda-\lambda_2)^{k_{r2}}\cdots(\lambda-\lambda_s)^{k_{rs}} \end{aligned}\tag{4.2}$$

其中，r 为 $\boldsymbol{A}(\lambda)$ 的秩；$\lambda_1,\lambda_2,\cdots,\lambda_s$ 为 $\boldsymbol{A}(\lambda)$ 的互异特征值；k_{ij} 为非负整数. 根据不变因子的依次整除性，有 $k_{1j}\leqslant k_{2j}\leqslant\cdots\leqslant k_{rj}$（$j=1,2,\cdots,s$）.

定义 4.12　在 $\boldsymbol{A}(\lambda)$ 的不变因子分解式，即式(4.2)中，若 $k_{ij}>0$，则称相应的因式 $(\lambda-\lambda_j)^{k_{ij}}$ 为 $\boldsymbol{A}(\lambda)$ 的一个初等因子. 初等因子的全体称为 $\boldsymbol{A}(\lambda)$ 的初等因子组.

根据定义 4.12，在计算初等因子的个数时，重复的初等因子应按重复数来计算.

例如，若λ-矩阵$\boldsymbol{A}(\lambda)$的不变因子为

$$d_1(\lambda)=1$$
$$d_2(\lambda)=\lambda(\lambda-1)$$
$$d_3(\lambda)=\lambda(\lambda-1)^2(\lambda+1)^2$$
$$d_4(\lambda)=\lambda^2(\lambda-1)^3(\lambda+1)^3(\lambda-2)$$

则$\boldsymbol{A}(\lambda)$的初等因子组为

$$\lambda,\lambda,\lambda^2,(\lambda-1),(\lambda-1)^2,(\lambda-1)^3,(\lambda+1)^2,(\lambda+1)^3,(\lambda-2)$$

定理 4.11 （1）若λ-矩阵$\boldsymbol{A}(\lambda)$的不变因子$d_i(\lambda)$确定，则$\boldsymbol{A}(\lambda)$的初等因子唯一确定.

（2）若λ-矩阵$\boldsymbol{A}(\lambda)$的初等因子组与$\boldsymbol{A}(\lambda)$的秩确定，则$\boldsymbol{A}(\lambda)$的不变因子$d_i(\lambda)$也唯一确定.

证明留给读者.

根据定理 4.5，以及不变因子与初等因子之间的关系，容易导出如下定理.

定理 4.12 两个λ-矩阵等价的充要条件是它们有相同的秩和初等因子.

例 4.4 将下面的λ-矩阵化成 Smith 标准型：

$$\boldsymbol{A}(\lambda)=\begin{pmatrix} 0 & 0 & 0 & \lambda^2 \\ 0 & 0 & \lambda^2-\lambda & 0 \\ 0 & (\lambda-1)^2 & 0 & 0 \\ \lambda^2-\lambda & 0 & 0 & 0 \end{pmatrix}$$

解 容易计算$\boldsymbol{A}(\lambda)$的各阶行列式因子为

$$D_1(\lambda)=1，D_2(\lambda)=\lambda(\lambda-1)，D_3(\lambda)=\lambda^2(\lambda-1)^2，D_4(\lambda)=\lambda^4(\lambda-1)^4$$

故$\boldsymbol{A}(\lambda)$的不变因子为

$$d_1(\lambda)=1$$
$$d_2(\lambda)=\frac{D_2(\lambda)}{D_1(\lambda)}=\lambda(\lambda-1)$$
$$d_3(\lambda)=\frac{D_3(\lambda)}{D_2(\lambda)}=\lambda(\lambda-1)$$
$$d_4(\lambda)=\frac{D_4(\lambda)}{D_3(\lambda)}=\lambda^2(\lambda-1)^2$$

因此，$\boldsymbol{A}(\lambda)$的 Smith 标准型为

$$\begin{pmatrix} 1 & 0 & 0 & 0 \\ 0 & \lambda(\lambda-1) & 0 & 0 \\ 0 & 0 & \lambda(\lambda-1) & 0 \\ 0 & 0 & 0 & \lambda^2(\lambda-1)^2 \end{pmatrix}$$

例 4.5 求如下λ-矩阵的不变因子和初等因子：

$$\boldsymbol{A}(\lambda)=\begin{pmatrix} \lambda(\lambda+1) & 0 & 0 \\ 0 & \lambda & 0 \\ 0 & 0 & (\lambda+1)^2 \end{pmatrix}$$

解 根据行列式因子的概念，易得$\boldsymbol{A}(\lambda)$的行列式因子为

$$D_1(\lambda)=1，D_2(\lambda)=\lambda(\lambda+1)，D_3(\lambda)=\lambda^2(\lambda+1)^3$$

从而，$\boldsymbol{A}(\lambda)$的不变因子为

$$d_1(\lambda)=1,\ d_2(\lambda)=\lambda(\lambda+1),\ d_3(\lambda)=\lambda(\lambda+1)^2$$

故 $\boldsymbol{A}(\lambda)$ 的初等因子组为

$$\lambda,\lambda,(\lambda+1),(\lambda+1)^2$$

例 4.6　求以下数字矩阵的特征矩阵的不变因子，并将其化为 Smith 标准型：

$$\boldsymbol{A}=\begin{pmatrix}0 & 1 & 0 & \cdots & 0\\ 0 & 0 & 1 & \cdots & 0\\ \vdots & \vdots & \vdots & & \vdots\\ 0 & 0 & 0 & \cdots & 1\\ -a_n & -a_{n-1} & -a_{n-2} & \cdots & -a_1\end{pmatrix}$$

解　$\boldsymbol{A}$ 的特征矩阵记为 $\boldsymbol{A}(\lambda)$，即

$$\boldsymbol{A}(\lambda)=\lambda\boldsymbol{E}-\boldsymbol{A}=\begin{pmatrix}\lambda & -1 & 0 & \cdots & 0\\ 0 & \lambda & -1 & \cdots & 0\\ \vdots & \vdots & \vdots & & \vdots\\ 0 & 0 & 0 & \cdots & -1\\ a_n & a_{n-1} & a_{n-2} & \cdots & \lambda+a_1\end{pmatrix}$$

对 $\boldsymbol{A}(\lambda)$ 做初等变换，将 $\boldsymbol{A}(\lambda)$ 的第 $2,3,\cdots,n$ 列依次乘以 $\lambda,\lambda^2,\cdots,\lambda^{n-1}$ 后加到第 1 列上，可得

$$\boldsymbol{A}(\lambda)\cong\begin{pmatrix}0 & -1 & 0 & \cdots & 0\\ 0 & \lambda & -1 & \cdots & 0\\ \vdots & \vdots & \vdots & & \vdots\\ 0 & 0 & 0 & \cdots & -1\\ f(\lambda) & a_{n-1} & a_{n-2} & \cdots & \lambda+a_1\end{pmatrix}=\boldsymbol{B}(\lambda)$$

其中，$f(\lambda)=\lambda^n+a_1\lambda^{n-1}+\cdots+a_{n-1}\lambda+a_n$，且

$$|\boldsymbol{A}(\lambda)|=|\boldsymbol{B}(\lambda)|=(-1)^{n+1}f(\lambda)(-1)^{n-1}=f(\lambda)$$

进而可知 $\boldsymbol{B}(\lambda)$ 的 n 阶行列式因子为 $D_n(\lambda)=f(\lambda)$. 因为将 $\boldsymbol{B}(\lambda)$ 的第 1 列第 n 行去掉后，剩下的 $n-1$ 阶行列式为 $(-1)^{n-1}$，所以

$$D_1(\lambda)=D_2(\lambda)=\cdots=D_{n-1}(\lambda)=1$$

从而，$\boldsymbol{A}(\lambda)$ 的不变因子为

$$d_1(\lambda)=d_2(\lambda)=\cdots=d_{n-1}(\lambda)=1,d_n(\lambda)=f(\lambda)$$

因此，$\boldsymbol{A}(\lambda)$ 的 Smith 标准型为

$$\begin{pmatrix}1 & \cdots & 0 & 0\\ \vdots & & \vdots & \vdots\\ 0 & \cdots & 1 & 0\\ 0 & \cdots & 0 & f(\lambda)\end{pmatrix}$$

4.4　数字矩阵的 Jordan 标准型

我们知道，n 阶数字矩阵不一定可对角化，但它能相似于一个形式上比对角矩阵稍复杂的

结构——Jordan 标准型，而 Jordan 标准型的独特结构又揭示了两个矩阵相似的本质．为此，接下来讨论 n 阶数字矩阵的 Jordan 标准型．

4.4.1 矩阵相似的条件

引理 4.2 设 $\boldsymbol{A}$ 与 $\boldsymbol{B}$ 为两个 n 阶矩阵，若存在 n 阶数字矩阵 $\boldsymbol{P}$ 和 $\boldsymbol{Q}$，使得

$$\lambda\boldsymbol{E}-\boldsymbol{A}=\boldsymbol{P}(\lambda\boldsymbol{E}-\boldsymbol{B})\boldsymbol{Q}$$

则 $\boldsymbol{A}$ 与 $\boldsymbol{B}$ 相似．

证 比较上式两端 λ 的同次幂的系数矩阵，可得

$$\boldsymbol{PQ}=\boldsymbol{E}，\ \boldsymbol{A}=\boldsymbol{PBQ}$$

从而，$\boldsymbol{Q}=\boldsymbol{P}^{-1}$，得$\boldsymbol{A}=\boldsymbol{PBP}^{-1}$，故 $\boldsymbol{A}$ 与 $\boldsymbol{B}$ 相似．

引理 4.3 设 $\boldsymbol{A}$ 与 $\boldsymbol{B}$ 为两个 n 阶矩阵，若它们的特征矩阵 $\lambda\boldsymbol{E}-\boldsymbol{A}$ 与 $\lambda\boldsymbol{E}-\boldsymbol{B}$ 等价，则存在 n 阶数字矩阵 $\boldsymbol{P}$ 和 $\boldsymbol{Q}$，使得

$$\lambda\boldsymbol{E}-\boldsymbol{A}=\boldsymbol{P}(\lambda\boldsymbol{E}-\boldsymbol{B})\boldsymbol{Q}$$

证明由读者完成．

定理 4.13 n 阶方阵 $\boldsymbol{A}$ 与 $\boldsymbol{B}$ 相似的充要条件是它们的特征矩阵 $\lambda\boldsymbol{E}-\boldsymbol{A}$ 与 $\lambda\boldsymbol{E}-\boldsymbol{B}$ 等价．

证 必要性：若 $\boldsymbol{A}$ 与 $\boldsymbol{B}$ 相似，则存在可逆矩阵 $\boldsymbol{P}$，使得 $\boldsymbol{P}^{-1}\boldsymbol{AP}=\boldsymbol{B}$，从而

$$\boldsymbol{P}^{-1}(\lambda\boldsymbol{E}-\boldsymbol{A})\boldsymbol{P}=\lambda\boldsymbol{E}-\boldsymbol{B}$$

而 $\boldsymbol{P}^{-1}$和$\boldsymbol{P}$ 均可视为可逆的λ- 矩阵，故 $\lambda\boldsymbol{E}-\boldsymbol{A}$ 与 $\lambda\boldsymbol{E}-\boldsymbol{B}$ 等价．

充分性：若 $\lambda\boldsymbol{E}-\boldsymbol{A}$ 与 $\lambda\boldsymbol{E}-\boldsymbol{B}$ 等价，则由引理 4.2 与引理 4.3 可以证明．

定义 4.13 设 $\boldsymbol{A}$ 是 n 阶数字矩阵，其特征矩阵 $\lambda\boldsymbol{E}-\boldsymbol{A}$ 的行列式因子、不变因子和初等因子分别称为矩阵 $\boldsymbol{A}$ 的行列式因子、不变因子和初等因子．

例 4.7 求矩阵 $\boldsymbol{A}=\begin{pmatrix}-1 & 1 & 0\\ -4 & 3 & 0\\ 1 & 0 & 2\end{pmatrix}$的行列式因子、不变因子和初等因子．

解 $\boldsymbol{A}$ 的特征矩阵为

$$\lambda\boldsymbol{E}-\boldsymbol{A}=\begin{pmatrix}\lambda+1 & -1 & 0\\ 4 & \lambda-3 & 0\\ -1 & 0 & \lambda-2\end{pmatrix}$$

行列式因子为

$$D_3(\lambda)=|\lambda\boldsymbol{E}-\boldsymbol{A}|=(\lambda-2)(\lambda-1)^2$$

由于它有两个 2 阶子式

$$\begin{vmatrix}\lambda+1 & -1\\ 4 & \lambda-3\end{vmatrix}=(\lambda-1)^2，\quad \begin{vmatrix}4 & 0\\ -1 & \lambda-2\end{vmatrix}=4(\lambda-2)$$

故 $D_2(\lambda)=D_1(\lambda)=1$．从而，$\boldsymbol{A}$ 的不变因子为

$$d_1(\lambda)=1，\ d_2(\lambda)=1，\ d_3(\lambda)=(\lambda-2)(\lambda-1)^2$$

于是，$\boldsymbol{A}$ 的初等因子组为

$$(\lambda-2),(\lambda-1)^2$$

例 4.8 求如下矩阵的不变因子与初等因子（其中，$c_1,c_2,\cdots,c_{n-1}$ 为非零常数）：

$$A=\begin{pmatrix} a & & & & \\ -c_1 & a & & & \\ & -c_2 & \ddots & & \\ & & \ddots & a & \\ & & & -c_{n-1} & a \end{pmatrix}$$

解　因为

$$\lambda E-A=\begin{pmatrix} \lambda-a & & & & \\ c_1 & \lambda-a & & & \\ & c_2 & \ddots & & \\ & & \ddots & \lambda-a & \\ & & & c_{n-1} & \lambda-a \end{pmatrix}$$

所以 $D_n(\lambda)=(\lambda-a)^n$，去掉第 1 行第 n 列后，剩下的 $n-1$ 阶子式为 $c_1c_2\cdots c_{n-1}\neq 0$，从而，$D_{n-1}(\lambda)=1$，由此得

$$D_1(\lambda)=D_2(\lambda)=\cdots=D_{n-1}(\lambda)=1$$

故 $\boldsymbol{A}$ 的不变因子为

$$d_1(\lambda)=d_2(\lambda)=\cdots=d_{n-1}(\lambda)=1, d_n(\lambda)=(\lambda-a)^n$$

初等因子为

$$(\lambda-a)^n$$

定理 4.14　n 阶矩阵 $\boldsymbol{A}$ 与 $\boldsymbol{B}$ 相似的充要条件是它们有相同的行列式因子，或者它们有相同的不变因子.

由于特征矩阵满秩，因此根据定理 4.14 立即可得.

定理 4.15　n 阶矩阵 $\boldsymbol{A}$ 与 $\boldsymbol{B}$ 相似的充要条件是它们有相同的初等因子.

4.4.2　Jordan 标准型及其计算

前面指出，n 阶数字矩阵不一定可对角化，但总可以相似于一个比对角矩阵稍复杂的 Jordan 标准型. Jordan 标准型在数值计算中经常采用，它不仅可用于计算矩阵的方幂，还在矩阵函数、矩阵级数、微分方程等方面有着广泛的应用.

定义 4.14　形如

$$J_{m_k}=\begin{pmatrix} \lambda_k & 1 & & \\ & \lambda_k & \ddots & \\ & & \ddots & 1 \\ & & & \lambda_k \end{pmatrix}_{m_k\times m_k}$$

的矩阵称为 m_k 阶 Jordan 块，其中 λ_k 为复数. 例如：

$$(4),\begin{pmatrix} 3 & 1 \\ & 3 \end{pmatrix},\begin{pmatrix} \mathrm{i} & 1 & \\ & \mathrm{i} & 1 \\ & & \mathrm{i} \end{pmatrix},\begin{pmatrix} 0 & 1 & & \\ & 0 & 1 & \\ & & 0 & 1 \\ & & & 0 \end{pmatrix}$$

分别为对角线元素为 4、3、i、0 的 1、2、3、4 阶 Jordan 块.

定义 4.15 由若干 Jordan 块的直和构成的分块对角矩阵

$$J=\begin{pmatrix} J_{m_1} & & & \\ & J_{m_2} & & \\ & & \ddots & \\ & & & J_{m_s} \end{pmatrix}$$

称为 n 阶 Jordan 标准型，其中 $J_k\ (\beta=m_1,m_2\cdots m_s)$．为 m_k 阶 Jordan 块，$\sum\limits_{k=1}^{s}m_k=n$．例如：

$$J=\begin{pmatrix} 4 & & & & & \\ & 0 & 1 & & & \\ & & 0 & & & \\ & & & \mathrm{i} & 1 & \\ & & & & \mathrm{i} & 1 \\ & & & & & \mathrm{i} \end{pmatrix}$$

是一个 6 阶 Jordan 标准型，它由 3 个 Jordan 块构成.

n 阶对角矩阵是 Jordan 标准型的特例，它由 n 个 1 阶 Jordan 块构成.

下面讨论任何一个方阵 A 相似于某个 Jordan 标准型的条件，以及如何将 A 化为 Jordan 标准型的方法.

方法 1　初等因子法

引理 4.4　m 阶 Jordan 块

$$J_m=\begin{pmatrix} \lambda_0 & 1 & & \\ & \lambda_0 & \ddots & \\ & & \ddots & 1 \\ & & & \lambda_0 \end{pmatrix}_m$$

只有一个初等因子 $(\lambda-\lambda_0)^m$.

证明仿照例 4.7 即可.

如果用 $J_{m_k}(\lambda_k)$ 表示主对角线上元素为 λ_k 的 m_k 阶 Jordan 块，则 Jordan 标准型

$$J=\begin{pmatrix} J_{m_1}(\lambda_1) & & & \\ & J_{m_2}(\lambda_2) & & \\ & & \ddots & \\ & & & J_{m_s}(\lambda_s) \end{pmatrix}$$

的初等因子组为

$$(\lambda-\lambda_1)^{m_1},(\lambda-\lambda_2)^{m_2},\cdots,(\lambda-\lambda_s)^{m_s}$$

且 $\sum\limits_{k=1}^{s}m_k=n$.

定理 4.16　任意一个 n 阶复矩阵 A 都与一个 Jordan 标准型 J 相似，若不考虑 J 中 Jordan 块的排列顺序，则 J 由 A 唯一确定.

证　设 A 的特征矩阵 $\lambda E-A$ 的初等因子组为

$$(\lambda-\lambda_1)^{m_1},(\lambda-\lambda_2)^{m_2},\cdots,(\lambda-\lambda_s)^{m_s}$$

且 $\sum_{k=1}^{s} m_k = n$．每个 $(\lambda-\lambda_k)^{m_k}$ 对应一个主对角线元素为 λ_k、阶数为 m_k 的 Jordan 块 $\boldsymbol{J}_{m_k}(\lambda_k)$，所有 $\boldsymbol{J}_{m_k}(\lambda_k)$ 的直和构成 $\boldsymbol{J}$．因此，$\boldsymbol{J}$ 的初等因子组为

$$(\lambda-\lambda_1)^{m_1},(\lambda-\lambda_2)^{m_2},\cdots,(\lambda-\lambda_s)^{m_s}$$

因为 $\boldsymbol{J}$ 与 $\boldsymbol{A}$ 有相同的初等因子，所以 $\lambda\boldsymbol{E}-\boldsymbol{J}$ 与 $\lambda\boldsymbol{E}-\boldsymbol{A}$ 也有相同的初等因子，因此 $\lambda\boldsymbol{E}-\boldsymbol{J}$ 与 $\lambda\boldsymbol{E}-\boldsymbol{A}$ 等价．根据定理 4.9 可知 $\boldsymbol{J}$ 与 $\boldsymbol{A}$ 相似．

若存在 $\boldsymbol{J}$ 和 $\boldsymbol{J}'$ 均与 $\boldsymbol{A}$ 相似，则 $\boldsymbol{J}$ 和 $\boldsymbol{J}'$ 有相同的初等因子．如果不考虑 $\boldsymbol{J}$ 和 $\boldsymbol{J}'$ 中 Jordan 块的排列顺序，则 $\boldsymbol{J}=\boldsymbol{J}'$．

既然 n 阶对角矩阵是 Jordan 标准型的特例，那么下面的推论显然成立．

推论 4.1 任意一个 n 阶复矩阵 $\boldsymbol{A}$ 可以对角化的充要条件是 $\boldsymbol{A}$ 的初等因子全是一次因式．

综上，可得求矩阵 $\boldsymbol{A}$ 的 Jordan 标准型的初等因子的方法，具体步骤如下．

第一步：求出矩阵 $\boldsymbol{A}$ 的初等因子组，设为

$$(\lambda-\lambda_1)^{m_1},(\lambda-\lambda_2)^{m_2},\cdots,(\lambda-\lambda_s)^{m_s}$$

第二步：对于每个初等因子 $(\lambda-\lambda_k)^{m_k}$，写出其对应的 m_k 阶 Jordan 块，即

$$\boldsymbol{J}_{m_k}=\begin{pmatrix}\lambda_k & 1 & & \\ & \lambda_k & \ddots & \\ & & \ddots & 1 \\ & & & \lambda_k\end{pmatrix}_{m_k\times m_k}$$

第三步：将各 Jordan 块合在一起，写出 $\boldsymbol{A}$ 的 Jordan 标准型，即

$$\boldsymbol{J}=\begin{pmatrix}\boldsymbol{J}_{m_1}(\lambda_1) & & & \\ & \boldsymbol{J}_{m_2}(\lambda_2) & & \\ & & \ddots & \\ & & & \boldsymbol{J}_{m_s}(\lambda_s)\end{pmatrix}$$

例 4.9　求矩阵 $\boldsymbol{A}=\begin{pmatrix}-1 & 1 & 0\\ -4 & 3 & 0\\ 1 & 0 & 2\end{pmatrix}$ 的 Jordan 标准型．

解　第一种方法：例 4.7 已经求得 $\boldsymbol{A}$ 的初等因子组为 $(\lambda-2),(\lambda-1)^2$，从而 $\boldsymbol{A}$ 的 Jordan 标准型为

$$\boldsymbol{J}=\begin{pmatrix}2 & & \\ & 1 & 1\\ & & 1\end{pmatrix}\text{或}\boldsymbol{J}=\begin{pmatrix}1 & 1 & \\ & 1 & \\ & & 2\end{pmatrix}$$

第二种方法：写出 $\boldsymbol{A}$ 的特征矩阵，并进行初等变换得到 Smith 标准型，即

$$\lambda\boldsymbol{E}-\boldsymbol{A}=\begin{pmatrix}\lambda+1 & -1 & 0\\ 4 & \lambda-3 & 0\\ -1 & 0 & \lambda-2\end{pmatrix}\to\begin{pmatrix}1 & & \\ & 1 & \\ & & (\lambda-1)^2(\lambda-2)\end{pmatrix}$$

故 $\boldsymbol{A}$ 的初等因子组为 $(\lambda-2),(\lambda-1)^2$，同样可得到 $\boldsymbol{A}$ 的 Jordan 标准型．

方法 2　波尔曼算法

以下介绍一种求 n 阶矩阵 $\boldsymbol{A}$ 的 Jordan 标准型的较为简便的方法——波尔曼算法．基本步

骤如下.

第一步：求出 $\boldsymbol{A}$ 的所有特征值 λ_i（$i=1,2,\cdots,n$）.

第二步：对每个不同的特征值 λ_i 和每个 j（$j=1,2,\cdots,n$），求矩阵 $(\lambda_i\boldsymbol{E}-\boldsymbol{A})^j$ 的秩，记为

$$r_j(\lambda_i)=r(\lambda_i\boldsymbol{E}-\boldsymbol{A})^j$$

在计算秩时，若对某个 j_0，有

$$r_{j_0}(\lambda_i)=r_{j_0+1}(\lambda_i)$$

则对所有的 $j\geqslant j_0$，都有

$$r_j(\lambda_i)=r_{j_0}(\lambda_i)$$

第三步：对每个 λ_i（$i=1,2,\cdots,n$），求关于 $\lambda=\lambda_i$ 的 Jordan 块的阶数 j 和 Jordan 块的个数 $b_j(\lambda_i)$，即

$$b_1(\lambda_i)=n-2r_1(\lambda_i)+r_2(\lambda_i)$$
$$b_j(\lambda_i)=r_{j+1}(\lambda_i)-2r_j(\lambda_i)+r_{j-1}(\lambda_i),\ j\geqslant 2$$

这里需要说明的是，若求出 $b_j(\lambda_i)=s$，则说明有 s 个关于 $\lambda=\lambda_i$ 的 j 阶 Jordan 块.

第四步：写出与 $\boldsymbol{A}$ 相似的 Jordan 标准型，它由 $\boldsymbol{A}$ 的特征值 λ_i 的 $b_j(\lambda_i)$ 个关于 $\lambda=\lambda_i$ 的 j 阶 Jordan 块的直和构成.

例 4.10 用波尔曼算法求以下矩阵的 Jordan 标准型：

$$\boldsymbol{A}=\begin{pmatrix}-1&-2&6\\-1&0&3\\-1&-1&4\end{pmatrix}$$

解 第一步：求 $\boldsymbol{A}$ 的特征值. 由

$$|\lambda\boldsymbol{E}-\boldsymbol{A}|=\begin{vmatrix}\lambda+1&2&6\\1&\lambda&-3\\1&1&\lambda-4\end{vmatrix}=(\lambda-1)^3$$

可得特征值为 $\lambda_1=\lambda_2=\lambda_3=1$.

第二步：求 $(\lambda_i\boldsymbol{E}-\boldsymbol{A})^j$ 的秩. 具体如下：

$$r_1(1)=r(\lambda\boldsymbol{E}-\boldsymbol{A})=r(1\boldsymbol{E}-\boldsymbol{A})=r\begin{pmatrix}2&2&-6\\1&1&-3\\1&1&-3\end{pmatrix}=1$$

$$r_2(1)=r(\boldsymbol{E}-\boldsymbol{A})^2=r\begin{pmatrix}0&0&0\\0&0&0\\0&0&0\end{pmatrix}=0$$

$$r_3(1)=0$$

这里 $\lambda=1$ 为 3 重特征值，没有其他特征值，且 $\boldsymbol{A}$ 为 3 阶方阵，故只求这 3 个秩即可.

第三步：求 Jordan 块的个数和阶数，即

$$b_1(1)=n-2r_1(1)+r_2(1)=3-2\times1+0=1$$
$$b_2(1)=r_3(1)-2r_2(1)+r_1(1)=0-2\times0+1=1$$

说明 $\boldsymbol{A}$ 的 Jordan 标准型 $\boldsymbol{J}$ 有 1 个关于 $\lambda=1$ 的 1 阶 Jordan 块和 1 个关于 $\lambda=1$ 的 2 阶 Jordan

块．因此，$\boldsymbol{A}$ 的 Jordan 标准型为

$$\boldsymbol{J}=\begin{pmatrix}1 & & \\ & 1 & 1 \\ & & 1\end{pmatrix}$$

4.4.3　变换矩阵

根据定理 4.10，对于任一 n 阶矩阵 $\boldsymbol{A}$，存在 n 阶可逆矩阵 $\boldsymbol{P}$，使得 $\boldsymbol{P}^{-1}\boldsymbol{A}\boldsymbol{P}=\boldsymbol{J}$．下面根据

$$\boldsymbol{AP}=\boldsymbol{PJ}$$

来计算 $\boldsymbol{P}$．

（1）将 $\boldsymbol{P}$ 按 $\boldsymbol{J}$ 的结构写成列块的形式：

$$\boldsymbol{P}=\begin{pmatrix}\boldsymbol{P}_1 & \boldsymbol{P}_2 & \cdots & \boldsymbol{P}_s\end{pmatrix},\quad \begin{matrix}\uparrow & \uparrow & \uparrow\\ n_1\text{列} & n_2\text{列} & n_s\text{列}\end{matrix}$$

因此

$$\boldsymbol{A}\left(\boldsymbol{P}_1\ \boldsymbol{P}_2\cdots\boldsymbol{P}_s\right)=\left(\boldsymbol{P}_1\ \boldsymbol{P}_2\cdots\boldsymbol{P}_s\right)\begin{pmatrix}\boldsymbol{J}_1 & & & \\ & \boldsymbol{J}_2 & & \\ & & \ddots & \\ & & & \boldsymbol{J}_s\end{pmatrix}$$

从而，$\boldsymbol{AP}_i=\boldsymbol{P}_i\boldsymbol{J}_i\ (i=1,2,\cdots,s)$．

（2）求解 s 个矩阵方程 $\boldsymbol{AP}_i=\boldsymbol{P}_i\boldsymbol{J}_i\ (i=1,2,\cdots,s)$．

（3）将 s 个 $\boldsymbol{P}_i$ 合成变换矩阵 $\boldsymbol{P}=(\boldsymbol{P}_1\boldsymbol{P}_2\cdots\boldsymbol{P}_s)$．关于方程 $\boldsymbol{AP}_i=\boldsymbol{P}_i\boldsymbol{J}_i$ 的求解，设 $\boldsymbol{P}_i=(\boldsymbol{P}_{i1}\boldsymbol{P}_{i2}\cdots\boldsymbol{P}_{in_i})$，则

$$\boldsymbol{A}\left(\boldsymbol{P}_{i1}\ \ \boldsymbol{P}_{i2}\cdots\boldsymbol{P}_{in_i}\right)=\left(\boldsymbol{P}_{i1}\ \ \boldsymbol{P}_{i2}\cdots\boldsymbol{P}_{in_i}\right)\begin{pmatrix}\lambda_i & 1 & & \\ & \lambda_i & \ddots & \\ & & \ddots & 1\\ & & & \lambda_i\end{pmatrix}$$

由 $\boldsymbol{AP}_{i1}=\lambda_i\boldsymbol{P}_{i1}$ 得 $(\boldsymbol{A}-\lambda_i\boldsymbol{E})\boldsymbol{P}_{i1}=0$，由 $\boldsymbol{AP}_{i2}=\boldsymbol{P}_{i1}+\lambda_i\boldsymbol{P}_{i2}$ 得 $(\boldsymbol{A}-\lambda_i\boldsymbol{E})\boldsymbol{P}_{i2}=\boldsymbol{P}_{i1}$，故

$$(\boldsymbol{A}-\lambda_i\boldsymbol{E})^2\boldsymbol{P}_{i2}=0,\cdots,\boldsymbol{AP}_{in_i}=\boldsymbol{P}_{in_{i-1}}+\lambda_i\boldsymbol{P}_{in_i}$$

推出

$$(\boldsymbol{A}-\lambda_i\boldsymbol{E})\boldsymbol{P}_{in_i}=\boldsymbol{P}_{in_{i-1}}$$

于是

$$(\boldsymbol{A}-\lambda_i\boldsymbol{E})^{n_i}\boldsymbol{P}_{in_i}=0$$

两种计算 $\boldsymbol{P}_{in1}$ 的具体方法如下．

① 按照 $\boldsymbol{P}_{i1}\to\boldsymbol{P}_{i2}\to\cdots\to\boldsymbol{P}_{in_i}$ 的顺序求解，即先求出特征向量 $\boldsymbol{P}_{i1}$，然后由后续方程求出 $\boldsymbol{P}_{i2},\boldsymbol{P}_{i3},\cdots$．

② 先求 $(\boldsymbol{A}-\lambda_i\boldsymbol{E})^{n_i}$ 的特征向量 $\boldsymbol{P}_{in_i}$，然后直接得到 $\boldsymbol{P}_{in_{i-1}}\to\boldsymbol{P}_{in_{i-2}}\to\cdots\to\boldsymbol{P}_{i1}$．

对于方法①，由于$\boldsymbol{A}-\lambda_i\boldsymbol{E}$为奇异矩阵，每步均存在多解或无解问题，因此各步之间不能完全独立，前一步尚需依赖后一步、再后一步……，直至最后一步才能完全确定一些待定系数；而方法②仅出现一次求解方程，其余为直接赋值，无上述问题，但该方法可能导致低阶$\boldsymbol{P}_{in_j}$出现零向量的问题.

由于

$$\boldsymbol{P}_{i1}=(\boldsymbol{A}-\lambda_i\boldsymbol{E})^{n_i-1}\boldsymbol{P}_{in_i}$$
$$\boldsymbol{P}_{i2}=(\boldsymbol{A}-\lambda_i\boldsymbol{E})^{n_i-2}\boldsymbol{P}_{in_i}$$
$$\vdots$$
$$\boldsymbol{P}_{in_{i-1}}=(\boldsymbol{A}-\lambda_i\boldsymbol{E})\boldsymbol{P}_{in_i}$$

因此$\boldsymbol{P}_{in_i}$应满足$(\boldsymbol{A}-\lambda_i\boldsymbol{E})^{n_i}\boldsymbol{P}_{in_i}=0$，但$(\boldsymbol{A}-\lambda_i\boldsymbol{E})^{n_i-1}\boldsymbol{P}_{in_i}\neq 0$.

同一特征值可能出现在不同的 Jordan 块中. 对于这种情况，按各 Jordan 块的阶数高低依次进行处理，高阶先处理，低阶后处理，同阶同时处理.

a. 最高阶（没有属于同一特征值的 Jordan 块同阶）可按下述方法求出$\boldsymbol{P}_{in_i}$，即先使$(\boldsymbol{A}-\lambda_i\boldsymbol{E})^{n_i}\boldsymbol{x}=0$但$(\boldsymbol{A}-\lambda_i\boldsymbol{E})^{n_i-1}\boldsymbol{x}\neq 0$的$\boldsymbol{x}$作为$\boldsymbol{P}_{in_i}$；然后由方程$\boldsymbol{P}_{i(j-1)}=(\boldsymbol{A}-\lambda_i\boldsymbol{E})\boldsymbol{P}_j$依次求出$\boldsymbol{P}_{in_{i-1}},\boldsymbol{P}_{in_{i-2}},\cdots$，直至$\boldsymbol{P}_{ij}$且$j$等于下一个属于同一特征值的 Jordan 块的阶数.

b. 对于上述新 Jordan 块，它的$\boldsymbol{P}_{in_i}$不仅要考虑满足

$$(\boldsymbol{A}-\lambda_i\boldsymbol{E})^{n_i}\boldsymbol{x}=0,\quad (\boldsymbol{A}-\lambda_i\boldsymbol{E})^{n_i-1}\boldsymbol{x}\neq 0$$

还应与前述$\boldsymbol{P}_{ij}$线性无关.

c. 对于其他属于同一特征值的 Jordan 块，在处理时，按照 b 进行即可.

d. 当出现多个属于同一特征值的 Jordan 块同阶时，还应考虑线性无关问题.

例 4.11 求以下矩阵的 Jordan 标准型$\boldsymbol{J}$和相似变换矩阵$\boldsymbol{P}$，使得$\boldsymbol{P}^{-1}\boldsymbol{A}\boldsymbol{P}=\boldsymbol{J}$：

$$\boldsymbol{A}=\begin{pmatrix}2&-1&-1\\2&-1&-2\\-1&1&2\end{pmatrix}$$

解 先求$\boldsymbol{A}$的 Jordan 标准型. 由于

$$\lambda\boldsymbol{E}-\boldsymbol{A}=\begin{pmatrix}\lambda-2&1&1\\-2&\lambda+1&2\\1&-1&\lambda-2\end{pmatrix}\to\begin{pmatrix}1&&\\&\lambda-1&\\&&(\lambda-1)^2\end{pmatrix}$$

因此$\boldsymbol{A}$的初等因子组为$\lambda-1,(\lambda-1)^2$，从而

$$\boldsymbol{J}=\begin{pmatrix}1&&\\&1&1\\&&1\end{pmatrix}$$

设$\boldsymbol{P}=(\boldsymbol{p}_1,\boldsymbol{p}_2,\boldsymbol{p}_3)$，由$\boldsymbol{P}^{-1}\boldsymbol{A}\boldsymbol{P}=\boldsymbol{J}$，可得

$$\boldsymbol{A}\boldsymbol{P}=\boldsymbol{P}\boldsymbol{J}$$

即

$$\boldsymbol{A}(\boldsymbol{p}_1,\boldsymbol{p}_2,\boldsymbol{p}_3)=(\boldsymbol{p}_1,\boldsymbol{p}_2,\boldsymbol{p}_3)\begin{pmatrix}1&&\\&1&1\\&&1\end{pmatrix}=(\boldsymbol{p}_1,\boldsymbol{p}_2,\boldsymbol{p}_2+\boldsymbol{p}_3)$$

这样得到以下 3 个方程：

$$(\boldsymbol{E}-\boldsymbol{A})\boldsymbol{p}_1=\boldsymbol{0}$$
$$(\boldsymbol{E}-\boldsymbol{A})\boldsymbol{p}_2=\boldsymbol{0}$$
$$(\boldsymbol{E}-\boldsymbol{A})\boldsymbol{p}_3=-\boldsymbol{p}_2$$

第一个方程对应第一个 Jordan 块，第二、三个方程对应第二个 Jordan 块．下面先求解第一个方程，其系数矩阵为

$$\boldsymbol{E}-\boldsymbol{A}=\begin{pmatrix}-1&1&1\\-2&2&2\\1&-1&-1\end{pmatrix}\to\begin{pmatrix}1&-1&-1\\0&0&0\\0&0&0\end{pmatrix}$$

故第一个方程的基础解系为$(1,1,0)^{\mathrm{T}},(1,0,1)^{\mathrm{T}}$．由于后面没有方程涉及$\boldsymbol{p}_1$，因此一般可任取一个解，取$\boldsymbol{p}_1=(1,1,0)^{\mathrm{T}}$．第二个方程与第一个方程相同，但其解$\boldsymbol{p}_2$要代入第三个方程，故先设

$$\boldsymbol{p}_2=c_1(1,1,0)^{\mathrm{T}}+c_2(1,0,1)^{\mathrm{T}}=(c_1+c_2,c_1,c_2)^{\mathrm{T}}$$

其中，c_1和c_2为待定常数．代入第三个方程，其增广矩阵为

$$(\boldsymbol{E}-\boldsymbol{A},-\boldsymbol{p}_2)=\begin{pmatrix}-1&1&1&-c_1-c_2\\-2&2&2&-c_1\\1&-1&-1&-c_2\end{pmatrix}\to\begin{pmatrix}-1&1&1&-c_1-c_2\\0&0&0&c_1+2c_2\\0&0&0&-c_1-2c_2\end{pmatrix}$$

可见，为使第三个方程有解，必须且只需$c_1+2c_2=0$．取$c_1=2$，$c_2=-1$，则$\boldsymbol{p}_2=(1,2,-1)^{\mathrm{T}}$，进而解得$\boldsymbol{p}_3=(1,0,0)^{\mathrm{T}}$，由此即得相似变换矩阵为

$$\boldsymbol{P}=\begin{pmatrix}1&1&1\\1&2&0\\0&-1&0\end{pmatrix}$$

在计算$\boldsymbol{J}$和$\boldsymbol{P}$的过程中，需要注意以下几点．

（1）Jordan 标准型$\boldsymbol{J}$中 Jordan 块的次序可以不同．如果$\boldsymbol{J}$中 Jordan 块的次序改变，则相似变换矩阵$\boldsymbol{P}$也会随之改变．

（2）$\boldsymbol{P}$不唯一．例如，在本例中，取$\boldsymbol{p}_3=(0,0,-1)^{\mathrm{T}}$或$(1,1,-1)^{\mathrm{T}}$等也可以．

（3）当不同的 Jordan 块有相同的对角线元素时，有些方程是相同的，有时为避免线性相关，需要对计算结果做调整．例如，在本例中，两个 Jordan 块的对角线元素都是 1，虽然第一个 Jordan 块是 1 阶的，但是在计算$\boldsymbol{p}_1$时，由于不需要将其代入后面的方程，因此一般可任意选取．若一开始就选取$\boldsymbol{p}_1=(1,2,-1)^{\mathrm{T}}$，虽然它也满足$\boldsymbol{p}_1$的方程，但在后面计算$\boldsymbol{p}_2$时，发现$\boldsymbol{p}_2$只能取$(1,2,-1)^{\mathrm{T}}$，这时就必须对$\boldsymbol{p}_1$进行调整．

4.5　凯莱-哈密顿定理与矩阵的最小多项式

4.5.1　凯莱-哈密顿定理

矩阵多项式是一类重要的矩阵函数．与代数多项式类似，只需把代数多项式中的自变量换成相应的矩阵，自变量的零次幂换成单位矩阵$\boldsymbol{E}$，即可得矩阵多项式．

定义 4.16 设 $\boldsymbol{A}$ 为数域 P 上的 n 阶矩阵，$f(\lambda)=a_0+a_1\lambda+\cdots+a_n\lambda^n$（$a_n\neq 0$）为数域 P 上的 n 次多项式，将多项式中的 λ^k 换成 $\boldsymbol{A}^k$（$k=1,2,\cdots,n$），$\lambda^0=1$ 换成单位矩阵 $\boldsymbol{E}$，则多项式变为

$$a_0\boldsymbol{E}+a_1\boldsymbol{A}+\cdots+a_n\boldsymbol{A}^n$$

这就是矩阵多项式，记为 $f(\boldsymbol{A})$，n 为其次数，记为 $\deg f(\boldsymbol{A})=n$.

显然，矩阵多项式仍为矩阵.

引理 4.5 若存在可逆矩阵 $\boldsymbol{P}$，使得 $\boldsymbol{A}=\boldsymbol{PBP}^{-1}$，则 $f(\boldsymbol{A})=\boldsymbol{P}f(\boldsymbol{B})\boldsymbol{P}^{-1}$，即相似矩阵的多项式仍然相似，且相似变换矩阵不变.

引理 4.6 对角矩阵的多项式仍为对角矩阵，分块对角矩阵的多项式仍为分块对角矩阵：

$$\boldsymbol{A}=\begin{pmatrix}\boldsymbol{A}_1 & & & \\ & \boldsymbol{A}_2 & & \\ & & \ddots & \\ & & & \boldsymbol{A}_s\end{pmatrix}\Rightarrow f(\boldsymbol{A})=\begin{pmatrix}f(\boldsymbol{A}_1) & & & \\ & f(\boldsymbol{A}_2) & & \\ & & \ddots & \\ & & & f(\boldsymbol{A}_s)\end{pmatrix}$$

引理 4.7 设

$$\boldsymbol{N}=\begin{pmatrix}0 & 1 & & \\ & 0 & \ddots & \\ & & \ddots & 1 \\ & & & 0\end{pmatrix}_{m\times m}$$

即 $\boldsymbol{N}$ 为以 0 为对角线元素的 m 阶 Jordan 块，则

$$\boldsymbol{N}^2=\begin{pmatrix}0 & 0 & 1 & & \\ & 0 & 0 & \ddots & \\ & & 0 & \ddots & 1 \\ & & & \ddots & 0 \\ & & & & 0\end{pmatrix}_m,\cdots,\boldsymbol{N}^{m-1}=\begin{pmatrix}0 & 0 & 0 & \cdots & 1 \\ & 0 & 0 & \ddots & \vdots \\ & & 0 & \ddots & 0 \\ & & & \ddots & 0 \\ & & & & 0\end{pmatrix}_m,\boldsymbol{N}^k=\boldsymbol{O},\ k\geqslant m$$

以上 3 个引理均可由矩阵的运算法则直接验证.

定理 4.17 **（凯莱-哈密顿定理）** 设 $\boldsymbol{A}$ 为数域 P 上的 n 阶矩阵，$f(\lambda)=|\lambda\boldsymbol{E}-\boldsymbol{A}|$，则

$$f(\boldsymbol{A})=\boldsymbol{O}$$

证 设 $\boldsymbol{A}$ 的 Jordan 标准型为 $\boldsymbol{J}$，则存在可逆矩阵 $\boldsymbol{P}$，使得 $\boldsymbol{A}=\boldsymbol{PBP}^{-1}$. 根据引理 4.2，只需证明 $f(\boldsymbol{J})=\boldsymbol{O}$；根据引理 4.3，只需证明对 $\boldsymbol{J}$ 的任一 Jordan 块 $\boldsymbol{J}_k$，满足 $f(\boldsymbol{J}_k)=\boldsymbol{O}$ 即可.

设 $f(\lambda)$ 有 s 个互异特征值 $\lambda_1,\lambda_2,\cdots,\lambda_s$，其代数重数分别为 $l_1,l_2,\cdots,l_s$，则

$$f(\lambda)=(\lambda-\lambda_1)^{l_1}(\lambda-\lambda_2)^{l_2}\cdots(\lambda-\lambda_s)^{l_s}$$

设 $\boldsymbol{J}$ 的某个对角块为 $\boldsymbol{J}_k$，其阶数为 h，对角线元素为 λ_k（λ_k 为 $\lambda_1,\lambda_2,\cdots,\lambda_s$ 中的一个）. 由于特征多项式是所有初等因子的乘积，因此必有 $h\leqslant l_k$. 因为

$$f(\boldsymbol{J}_k)=(\boldsymbol{J}_k-\lambda_1\boldsymbol{E})^{l_1}(\boldsymbol{J}_k-\lambda_2\boldsymbol{E})^{l_2}\cdots(\boldsymbol{J}_k-\lambda_s\boldsymbol{E})^{l_s}$$

并注意到 $\boldsymbol{J}_k$ 的对角线元素为 λ_k，所以 $\boldsymbol{J}_k-\lambda_k\boldsymbol{E}=\boldsymbol{N}$，其阶数 $h\leqslant l_k$. 根据引理 4.4，有

$$(\boldsymbol{J}_k-\lambda_k\boldsymbol{E})^{l_k}=\boldsymbol{N}^{l_k}=\boldsymbol{O}$$

从而，$f(\boldsymbol{J}_k)=\boldsymbol{O}$.

例 4.12　设 $\boldsymbol{A}=\begin{pmatrix}1 & 0 & 2\\ 0 & 0 & 1\\ 0 & 1 & 0\end{pmatrix}$，计算矩阵多项式 $g(\boldsymbol{A})=2\boldsymbol{A}^8-3\boldsymbol{A}^5+\boldsymbol{A}^4+\boldsymbol{A}^2-4\boldsymbol{E}$.

解　$\boldsymbol{A}$ 的特征多项式为 $f(\lambda)=|\lambda\boldsymbol{E}-\boldsymbol{A}|=(\lambda-1)^2(\lambda+1)$，$g(\lambda)=2\lambda^8-3\lambda^5+\lambda^4+\lambda^2-4$. 设 $g(\lambda)=f(\lambda)q(\lambda)+a+b\lambda+c\lambda^2$，则由

$$\begin{cases}g(1)=a+b+c=-3\\ g'(1)=b+2c=7\\ g(-1)=a-b+c=3\end{cases}$$

解得 $a=-5$，$b=-3$，$c=5$.

由凯莱-哈密顿定理得 $f(\boldsymbol{A})=\boldsymbol{O}$ ，故

$$g(\boldsymbol{A})=5\boldsymbol{A}^2-3\boldsymbol{A}-5\boldsymbol{E}=\begin{pmatrix}-3 & 10 & 4\\ 0 & 0 & -3\\ 0 & -3 & 0\end{pmatrix}$$

例 4.13　设 $\boldsymbol{A}=\begin{pmatrix}1 & 0 & -1\\ 0 & \omega & \sqrt{2}\mathrm{i}\\ 0 & 0 & \omega^2\end{pmatrix}$，其中 $\omega=\dfrac{-1+\sqrt{3}\mathrm{i}}{2}$，i 为虚数单位，计算 $\boldsymbol{A}^{100}$.

解　$\boldsymbol{A}$ 的特征多项式为

$$f(\lambda)=(\lambda-1)(\lambda-\omega)(\lambda-\omega^2)=\lambda^3-1$$

由凯莱-哈密顿定理得 $f(\boldsymbol{A})=\boldsymbol{O}$ ，即

$$\boldsymbol{A}^3-\boldsymbol{E}=\boldsymbol{O}，\boldsymbol{A}^3=\boldsymbol{E}$$

从而

$$\boldsymbol{A}^{100}=(\boldsymbol{A}^3)^{33}\boldsymbol{A}=\boldsymbol{A}$$

由以上两个例子可见，对于 n 阶矩阵 $\boldsymbol{A}$ 的任一阶数高于 n 的多项式 $g(\lambda)$，可以用 $\boldsymbol{A}$ 的特征多项式 $f(\lambda)$ 去除 $g(\lambda)$，得到一个阶数低于 n 的多项式 $r(\lambda)$，即 $g(\lambda)=f(\lambda)q(\lambda)+r(\lambda)$，并且 $g(\boldsymbol{A})=r(\boldsymbol{A})$，这样可以大大减小计算量.

4.5.2　矩阵的最小多项式

由 4.5.1 节的例题可知，若所给矩阵的多项式取值为零，则此矩阵的高次多项式的值可通过一个低次多项式来计算. 当然，这个取值为零的多项式的次数越低越好. 矩阵的特征多项式就是这样的多项式，那么矩阵是否存在次数更低的取值为零的多项式呢？本节讨论这个问题.

定义 4.17　设 $\boldsymbol{A}$ 为数域 P 上的 n 阶矩阵，$\varphi(\lambda)$ 为某一多项式（一般首项系数取为 1），若 $\varphi(\boldsymbol{A})=\boldsymbol{O}$ ，则称 $\varphi(\lambda)$ 为 $\boldsymbol{A}$ 的一个零化多项式.

根据凯莱-哈密顿定理，$\boldsymbol{A}$ 的特征多项式就是 $\boldsymbol{A}$ 的一个零化多项式. 因为零化多项式与任一多项式的乘积仍为零化多项式，所以矩阵的零化多项式有无穷多个. 而且，矩阵的特征多项式不一定是次数最低的零化多项式. 例如，对于

$$\boldsymbol{A}=\begin{pmatrix}2 & 0 & 0\\ -1 & 3 & 3\\ 1 & 0 & 2\end{pmatrix}$$

其特征多项式为$f(\lambda)=(\lambda-2)^2(\lambda-3)$，故$f(\boldsymbol{A})=\boldsymbol{O}$．但对于多项式$m(\lambda)=(\lambda-2)(\lambda-3)$，也有$m(\boldsymbol{A})=\boldsymbol{O}$．

定义 4.18 矩阵$\boldsymbol{A}$的次数最低的首项系数为 1 的零化多项式称为$\boldsymbol{A}$的最小多项式，记为$m_A(\lambda)$．

定理 4.18 任一n阶矩阵$\boldsymbol{A}$都存在最小多项式.

证 设n阶矩阵$\boldsymbol{A}=\left(a_{ij}\right)_{n\times n}$，因为$\boldsymbol{A}$含有$n^2$个数，所以可把它看作$n^2$维空间中的向量. 对于向量组$\boldsymbol{E},\boldsymbol{A},\boldsymbol{A}^2,\cdots,\boldsymbol{A}^{n^2}$，由于其中向量的个数大于维数，因此它们线性相关.

设 m 是使向量组$\boldsymbol{E},\boldsymbol{A},\boldsymbol{A}^2,\cdots,\boldsymbol{A}^t$（$t\leqslant n^2$）线性相关的最低次数，即$\boldsymbol{E},\boldsymbol{A},\boldsymbol{A}^2,\cdots,\boldsymbol{A}^m$线性相关，则存在$m+1$个不全为零的数$a_0,a_1,\cdots,a_m$，使得

$$a_0\boldsymbol{E}+a_1\boldsymbol{A}+a_2\boldsymbol{A}^2+\cdots+a_m\boldsymbol{A}^m=\boldsymbol{O}$$

其中，$a_m\neq 0$，否则$a_m\boldsymbol{A}^m=\boldsymbol{O}$，这与对$m$的假设矛盾，故

$$\boldsymbol{A}^m=-\frac{a_0}{a_m}\boldsymbol{E}-\frac{a_1}{a_m}\boldsymbol{A}-\frac{a_2}{a_m}\boldsymbol{A}^2-\cdots-\frac{a_{m-1}}{a_m}\boldsymbol{A}^{m-1}$$

令$-\dfrac{a_i}{a_m}=b_i$（$i=0,1,2,\cdots,m-1$），则

$$\boldsymbol{A}^m=b_0\boldsymbol{E}+b_1\boldsymbol{A}+b_2\boldsymbol{A}^2+\cdots+b_{m-1}\boldsymbol{A}^{m-1}$$

定义以下多项式：

$$\psi_m(\lambda)=-b_0-b_1\lambda-b_2\lambda^2-\cdots-b_{m-1}\lambda^{m-1}+\lambda^m$$

则

$$\psi_m(\boldsymbol{A})=\boldsymbol{O}$$

并且没有次数比它更低的多项式满足上式，因此，$\psi_m(\lambda)$就是$\boldsymbol{A}$的最小多项式.

定理 4.19 设$\boldsymbol{A}$为数域P上的n阶矩阵，则$\boldsymbol{A}$的最小多项式$m_A(\lambda)$能整除$\boldsymbol{A}$的任一零化多项式，且最小多项式是唯一的.

证 设$\varphi(\lambda)$为$\boldsymbol{A}$的任一零化多项式，假设$m_A(\lambda)$不能整除$\varphi(\lambda)$，则

$$\varphi(\lambda)=q(\lambda)m_A(\lambda)+r(\lambda)$$

其中，$r(\lambda)$的次数低于$m_A(\lambda)$的次数.

由$\varphi(\boldsymbol{A})=q(\boldsymbol{A})m_A(\boldsymbol{A})+r(\boldsymbol{A})$可知$r(\boldsymbol{A})=\boldsymbol{O}$．这与$m_A(\lambda)$是$\boldsymbol{A}$的最小多项式矛盾.

再证唯一性. 设$\boldsymbol{A}$有两个不同的最小多项式$m_A(\lambda)$与$\tilde{m}_A(\lambda)$，令$\psi(\lambda)=m_A(\lambda)-\tilde{m}_A(\lambda)$，则由$m_A(\lambda)$与$\tilde{m}_A(\lambda)$为首一多项式且次数相同可知，$\psi(\lambda)$是比$m_A(\lambda)$次数低的非零多项式，且

$$\psi(\boldsymbol{A})=m_A(\boldsymbol{A})-\tilde{m}_A(\boldsymbol{A})=\boldsymbol{O}$$

这与$m_A(\lambda)$是$\boldsymbol{A}$的最小多项式矛盾.

定理 4.20 相似矩阵有相同的最小多项式.

证 设方阵$\boldsymbol{A}$与$\boldsymbol{B}$相似，即存在可逆矩阵$\boldsymbol{P}$，使得$\boldsymbol{B}=\boldsymbol{P}^{-1}\boldsymbol{A}\boldsymbol{P}$．$m_A(\lambda)$和$m_B(\lambda)$分别是$\boldsymbol{A}$与$\boldsymbol{B}$的最小多项式，则

$$m_A(\boldsymbol{B})=m_A(\boldsymbol{P}^{-1}\boldsymbol{A}\boldsymbol{P})=\boldsymbol{P}^{-1}m_A(\boldsymbol{A})\boldsymbol{P}=\boldsymbol{O}$$

根据定理 4.15，可知$m_B(\lambda)\big|m_A(\lambda)$．

同理，由

$$m_B(A)=m_B(PBP^{-1})=Pm_B(B)P^{-1}=O$$

可得 $m_A(\lambda)|m_B(\lambda)$．因为 $m_A(\lambda)$ 与 $m_B(\lambda)$ 都是首一多项式，所以 $m_A(\lambda)=m_B(\lambda)$．

注　定理 4.16 的逆不成立．例如，对于矩阵

$$A=\begin{pmatrix}1 & & \\ & -3 & \\ & & -3\end{pmatrix},\quad B=\begin{pmatrix}1 & & \\ & 1 & \\ & & -3\end{pmatrix}$$

它们的特征多项式分别为

$$(\lambda-1)(\lambda+3)^2,\quad (\lambda-1)^2(\lambda+3)$$

由于它们的特征多项式不同，显然它们不相似，但它们有相同的最小多项式．

下面介绍几种求最小多项式的方法．

方法 1　利用待定系数法求最小多项式

定理 4.18 的证明过程实际上就给出了求最小多项式的待定系数法，具体步骤如下．

第一步：$m=1$，即试解 $A=\lambda_0 E$，看是否有解．若有解 λ_0，则最小多项式为

$$m_A(\lambda)=\lambda-\lambda_0$$

若无解，则进入下一步．

第二步：$m=2$，即试解 $A^2=\lambda_0 E+\lambda_1 A$，看是否有解．若有解 λ_0 和 λ_1，则最小多项式为

$$m_A(\lambda)=\lambda^2-\lambda_1\lambda-\lambda_0$$

若无解，则进入下一步．

第三步：$m=3$，即试解 $A^3=\lambda_0 E+\lambda_1 A+\lambda_2 A^2$，看是否有解．若有解 λ_0、λ_1、λ_2，则最小多项式为

$$m_A(\lambda)=\lambda^3-\lambda_2\lambda^2-\lambda_1\lambda-\lambda_0$$

若无解，则进入下一步．

依次试解，直到求出 $\lambda_i\,(0\leqslant i\leqslant n)$，使矩阵方程成立．用 A 代替 λ、E 代替 1，即得所求的最小多项式 $m_A(\lambda)$．

例 4.14　求以下矩阵的最小多项式：

$$A=\begin{pmatrix}-2 & 2 & -2 & 4\\ -1 & 2 & -1 & 1\\ 0 & 0 & 1 & 0\\ -2 & 1 & -1 & 4\end{pmatrix}$$

解　第一步：试解 $A=\lambda_0 E$．显然，此矩阵方程无解．

第二步：试解 $A^2=\lambda_0 E+\lambda_1 A$．经过计算可知，此矩阵方程也无解．

第三步：试解 $A^3=\lambda_0 E+\lambda_1 A+\lambda_2 A^2$．写出方程两端的矩阵，选择第一行来解 λ_0、λ_1、λ_2．

A^3 的第一行为

$$(-12,6,-6,20)$$

$\lambda_0 E+\lambda_1 A+\lambda_2 A^2$ 的第一行为

$$(\lambda_0-2\lambda_1-6\lambda_2,2\lambda_1+4\lambda_2,-2\lambda_1-4\lambda_2,4\lambda_1+10\lambda_2)$$

可得关于λ_0、λ_1、λ_2的方程组为

$$\begin{cases}\lambda_0-2\lambda_1-6\lambda_2=-12\\2\lambda_1+4\lambda_2=6\\-2\lambda_1-4\lambda_2=-6\\4\lambda_1+10\lambda_2=20\end{cases}$$

解得

$$\lambda_0=2，\lambda_1=-5，\lambda_2=4$$

经过验证，将上面解出的λ_0、λ_1、λ_2代入其余行也都成立．从而，矩阵方程$\boldsymbol{A}^3=2\boldsymbol{E}-5\boldsymbol{A}+4\boldsymbol{A}^2$成立．因此，$\boldsymbol{A}$的最小多项式为$m_A(\lambda)=\lambda^3-4\lambda^2+5\lambda-2$．

方法 2　由不变因子求最小多项式

定理 4.21　设$\boldsymbol{A}$为n阶矩阵，$D_{n-1}(\lambda)$是$\boldsymbol{A}$的$n-1$阶行列式因子，则$\boldsymbol{A}$的最小多项式为

$$m_A(\lambda)=\frac{|\lambda\boldsymbol{E}-\boldsymbol{A}|}{D_{n-1}(\lambda)}=\frac{D_n(\lambda)}{D_{n-1}(\lambda)}=d_n(\lambda)$$

其中，$d_n(\lambda)$是$\boldsymbol{A}$的第n个不变因子．

证明（略）．

例 4.15　求以下矩阵的最小多项式：

$$\boldsymbol{A}=\begin{pmatrix}2&-1&1&-1\\2&2&-1&-1\\1&2&-1&2\\0&0&0&3\end{pmatrix}$$

解　容易计算$\boldsymbol{A}$的特征多项式为$f(\lambda)=|\lambda\boldsymbol{E}-\boldsymbol{A}|=(\lambda-1)^3(\lambda-3)$，3 阶行列式因子为$D_3(\lambda)=1$，故

$$m_A(\lambda)=\frac{f(\lambda)}{D_3(\lambda)}=f(\lambda)$$

即$\boldsymbol{A}$的最小多项式为其特征多项式．

方法 3　由特征多项式求最小多项式

定理 4.22　方阵$\boldsymbol{A}$的最小多项式的根必是$\boldsymbol{A}$的特征值；反之，$\boldsymbol{A}$的特征值也必是$\boldsymbol{A}$的最小多项式的根．

证　因为$\boldsymbol{A}$的特征多项式$f(\lambda)=|\lambda\boldsymbol{E}-\boldsymbol{A}|$是零化多项式，所以由定理 4.15 可知，$f(\lambda)$可被$\boldsymbol{A}$的最小多项式$m_A(\lambda)$整除，即$m_A(\lambda)$是$f(\lambda)$的因式，故$m_A(\lambda)$的根都是$f(\lambda)$的根，即$\boldsymbol{A}$的最小多项式的根必是$\boldsymbol{A}$的特征值．

反之，若λ_0是$\boldsymbol{A}$的任一特征值，且

$$\boldsymbol{A}\boldsymbol{x}=\lambda_0\boldsymbol{x}\quad(\boldsymbol{x}\neq\boldsymbol{0})$$

又设$\boldsymbol{A}$的最小多项式为

$$m_A(\lambda)=\lambda^k+\beta_{k-1}\lambda^{k-1}+\cdots+\beta_1\lambda+\beta_0$$

则

$$\begin{aligned} m_A(\boldsymbol{A})\boldsymbol{x} &= \boldsymbol{A}^k\boldsymbol{x} + \beta_{k-1}\boldsymbol{A}^{k-1}\boldsymbol{x} + \cdots + \beta_1\boldsymbol{A}\boldsymbol{x} + \beta_0\boldsymbol{x} \\ &= \lambda_0{}^k\boldsymbol{x} + \beta_{k-1}\lambda_0{}^{k-1}\boldsymbol{x} + \cdots + \beta_1\lambda_0\boldsymbol{x} + \beta_0\boldsymbol{x} \\ &= m_A(\lambda_0)\boldsymbol{x} \end{aligned}$$

又因为 $m_A(\boldsymbol{A}) = \boldsymbol{O}$，$\boldsymbol{x} \neq \boldsymbol{0}$，所以有

$$m_A(\lambda_0) = 0$$

即 $\boldsymbol{A}$ 的特征值 λ_0 是 $m_A(\lambda)$ 的根.

这个定理反映了特征多项式与最小多项式之间的关系，提供了求最小多项式的又一种方法.

设 n 阶矩阵 $\boldsymbol{A}$ 的所有互异特征值为 $\lambda_1, \lambda_2, \cdots, \lambda_s$，且 $\boldsymbol{A}$ 的特征多项式为

$$f(\lambda) = |\lambda\boldsymbol{E} - \boldsymbol{A}| = (\lambda - \lambda_1)^{k_1}(\lambda - \lambda_2)^{k_2}\cdots(\lambda - \lambda_s)^{k_s}$$

则 $\boldsymbol{A}$ 的最小多项式具有如下形式：

$$m_A(\lambda) = (\lambda - \lambda_1)^{m_1}(\lambda - \lambda_2)^{m_2}\cdots(\lambda - \lambda_s)^{m_s}$$

其中，$m_i \leqslant k_i (i = 1, 2, \cdots, s)$ 是使 $(\lambda_i\boldsymbol{E} - \boldsymbol{A})^{m_i} = \boldsymbol{O}$ 的最低次数.

推论 4.2　若 $\boldsymbol{A}$ 的特征值两两互异，则它的特征多项式就是最小多项式.

例 4.16　求以下矩阵的最小多项式：

$$\boldsymbol{A} = \begin{pmatrix} -2 & -1 & 0 \\ 0 & -2 & 0 \\ 0 & 0 & -2 \end{pmatrix}$$

解　$\boldsymbol{A}$ 的特征多项式为 $f(\lambda) = |\lambda\boldsymbol{E} - \boldsymbol{A}| = (\lambda + 2)^3$，根据定理 4.18，$\boldsymbol{A}$ 的最小多项式可能是 $\lambda + 2$、$(\lambda + 2)^2$、$(\lambda + 2)^3$ 中的某个，通过计算得

$$\boldsymbol{A} + 2\boldsymbol{E} = \begin{pmatrix} 0 & -1 & 0 \\ 0 & 0 & 0 \\ 0 & 0 & 0 \end{pmatrix} \neq \boldsymbol{O}$$

$$(\boldsymbol{A} + 2\boldsymbol{E})^2 = \begin{pmatrix} 0 & 0 & 0 \\ 0 & 0 & 0 \\ 0 & 0 & 0 \end{pmatrix} = \boldsymbol{O}$$

故 $\boldsymbol{A}$ 的最小多项式为 $m_A(\lambda) = (\lambda + 2)^2$.

例 4.17　求以下矩阵的最小多项式：

$$\boldsymbol{A} = \begin{pmatrix} 3 & -3 & 2 \\ -1 & 5 & -2 \\ -1 & 3 & 0 \end{pmatrix}$$

解　$\boldsymbol{A}$ 的特征多项式为 $f(\lambda) = |\lambda\boldsymbol{E} - \boldsymbol{A}| = (\lambda - 2)^2(\lambda - 4)$，根据定理 4.18，$\boldsymbol{A}$ 的最小多项式可能是 $(\lambda - 2)(\lambda - 4)$、$(\lambda - 2)^2(\lambda - 4)$ 中的某个，通过计算可得

$$(\boldsymbol{A} - 2\boldsymbol{E})(\boldsymbol{A} - 4\boldsymbol{E}) = \boldsymbol{O}$$

故 $\boldsymbol{A}$ 的最小多项式为 $m_A(\lambda) = (\lambda - 2)(\lambda - 4)$.

方法 4　利用 Jordan 标准型求最小多项式

定理 4.23　设 $\boldsymbol{A}$ 为 n 阶矩阵，则 $\boldsymbol{A}$ 的最小多项式可由

$$m_A(\lambda)=(\lambda-\lambda_1)^{d_1}(\lambda-\lambda_2)^{d_2}\cdots(\lambda-\lambda_s)^{d_s}$$

给出，其中，λ_i（$i=1,2,\cdots,s$）是 $\boldsymbol{A}$ 的互异特征值，d_i（$i=1,2,\cdots,s$）是 $\boldsymbol{A}$ 的 Jordan 标准型中包含 λ_i 的 Jordan 块的最高阶数.

证 设与矩阵 $\boldsymbol{A}$ 相似的 Jordan 标准型 $\boldsymbol{J}$ 的特征多项式为

$$f_{\boldsymbol{J}}(\lambda)=(\lambda-\lambda_1)^{m_1}(\lambda-\lambda_2)^{m_2}\cdots(\lambda-\lambda_s)^{m_s}$$

其中，λ_i 是 $\boldsymbol{A}$（也是 $\boldsymbol{J}$）的互异特征值；m_i 是特征值 λ_i 的重数，$\sum_{i=1}^{s}m_i=n$.

根据定理 4.22，$\boldsymbol{J}$ 的最小多项式形如

$$m_{\boldsymbol{J}}(\lambda)=(\lambda-\lambda_1)^{d_1}(\lambda-\lambda_2)^{d_2}\cdots(\lambda-\lambda_s)^{d_s}$$

其中，$d_i\leqslant m_i$（$i=1,2,\cdots,s$），且 $m_{\boldsymbol{J}}(\boldsymbol{J})=\boldsymbol{O}$.

下面确定 $d_1,d_2,\cdots,d_s$. 因为

$$\boldsymbol{J}=\begin{pmatrix}\boldsymbol{J}_1 & & & \\ & \boldsymbol{J}_2 & & \\ & & \ddots & \\ & & & \boldsymbol{J}_s\end{pmatrix}$$

其中

$$\boldsymbol{J}_i=\begin{pmatrix}\lambda_i & 1 & & \\ & \lambda_i & \ddots & \\ & & \ddots & 1 \\ & & & \lambda_i\end{pmatrix}_{m_i}\quad(i=1,2,\cdots,s)$$

所以 $m_{\boldsymbol{J}}(\boldsymbol{J})$ 是以

$$(\boldsymbol{J}_i-\lambda_1\boldsymbol{E})^{d_1}(\boldsymbol{J}_i-\lambda_2\boldsymbol{E})^{d_2}\cdots(\boldsymbol{J}_i-\lambda_s\boldsymbol{E})^{d_s}$$

为主对角线元素的分块对角矩阵.

因为当 $i\neq j$ 时，$\left|\boldsymbol{J}_i-\lambda_j\boldsymbol{E}\right|\neq 0$，所以 $m_{\boldsymbol{J}}(\boldsymbol{J})=\boldsymbol{O}$ 等价于 $(\boldsymbol{J}_i-\lambda_i\boldsymbol{E})^{d_i}=\boldsymbol{O}$（$i=1,2,\cdots,s$）；又因为

$$\boldsymbol{J}_i-\lambda_i\boldsymbol{E}=\begin{pmatrix}0 & 1 & & \\ & 0 & \ddots & \\ & & \ddots & 1 \\ & & & 0\end{pmatrix}_{m_i}$$

所以，$(\boldsymbol{J}_i-\lambda_i\boldsymbol{E})^{d_i}=\boldsymbol{O}$ 必须且只需 $d_i\geqslant m_i$，从而可知，最小多项式 $m_{\boldsymbol{J}}(\lambda)$ 中有

$$d_i=\max_i\{m_i\}\quad(i=1,2,\cdots,s)$$

即 d_i 是 $\boldsymbol{J}$ 中包含 λ_i 的 Jordan 块的最高阶数.

例 4.18 已知 $\boldsymbol{A}$ 的初等因子组为

$$(\lambda-2)^2,(\lambda-2)^3,(\lambda+1),(\lambda+1)^2,(\lambda-3)^2,(\lambda-1)$$

求 $\boldsymbol{A}$ 的最小多项式.

解 根据 Jordan 标准型法寻找初等因子 $(\lambda-\lambda_0)^i$ 中阶数最高的，得 $\boldsymbol{A}$ 的最小多项式为

$$m_A(\lambda)=(\lambda-2)^3(\lambda+1)^2(\lambda-3)^2(\lambda-1)$$

➡ 习题 4

1．设线性变换 T 在基 $\boldsymbol{x}_1,\boldsymbol{x}_2,\boldsymbol{x}_3$ 下的矩阵为

$$\boldsymbol{A}=\begin{pmatrix}-1 & 1 & 0\\ -4 & 3 & 0\\ 1 & 0 & 2\end{pmatrix}$$

求 T 的特征值和特征向量．

2．给定线性空间 $P[x]_n$ 中的一个基 $1,x,\dfrac{x^2}{2!},\cdots,\dfrac{x^{n-1}}{(n-1)!}$，定义线性变换 $D:f(x)=f'(x)$，计算线性变换 D 的特征值与特征向量．

3．设 λ_1 和 λ_2 是线性变换 T 的两个不同的特征值，$\boldsymbol{\varepsilon}_1$ 和 $\boldsymbol{\varepsilon}_2$ 是分别属于 λ_1 与 λ_2 的特征向量，证明 $\boldsymbol{\varepsilon}_1+\boldsymbol{\varepsilon}_2$ 不是 T 的特征向量．

4．判别矩阵

$$\boldsymbol{A}(\lambda)=\begin{pmatrix}3\lambda+1 & \lambda & 4\lambda-1\\ 1-\lambda^2 & \lambda-1 & \lambda-\lambda^2\\ \lambda^2+\lambda+2 & \lambda & \lambda^2+2\lambda\end{pmatrix},\ \boldsymbol{B}(\lambda)=\begin{pmatrix}\lambda+1 & \lambda-2 & \lambda^2-2\lambda\\ 2\lambda & 2\lambda-3 & \lambda^2-2\lambda\\ -2 & 1 & 1\end{pmatrix}$$

是否等价．

5．求 λ-矩阵

$$\boldsymbol{A}(\lambda)=\begin{pmatrix}1-\lambda & \lambda^2 & \lambda\\ \lambda & \lambda & -\lambda\\ 1+\lambda^2 & \lambda^2 & -\lambda^2\end{pmatrix}$$

的 Smith 标准型．

6．求 λ-矩阵

$$\begin{pmatrix}\lambda & 0 & 0\\ 0 & \lambda(\lambda+1) & 0\\ 0 & 0 & \lambda(\lambda+1)^2\end{pmatrix}$$

的各阶行列式因子．

7．求 $\boldsymbol{A}(\lambda)=\begin{pmatrix}-\lambda+1 & 2\lambda-1 & \lambda\\ \lambda & \lambda^2 & -\lambda\\ \lambda^2+1 & \lambda^2+\lambda-1 & -\lambda^2\end{pmatrix}$ 的 Smith 标准型和不变因子．

8．求 λ-矩阵

$$\begin{pmatrix}\lambda^2+\lambda & 0 & 0\\ 0 & \lambda & 0\\ 0 & 0 & (\lambda+1)^2\end{pmatrix}$$

的行列式因子、不变因子和初等因子．

9．求λ-矩阵

$$\begin{pmatrix} 0 & 0 & 1 & \lambda+2 \\ 0 & 1 & \lambda+1 & 0 \\ 1 & \lambda+2 & 0 & 0 \\ \lambda+2 & 0 & 0 & 0 \end{pmatrix}$$

的初等因子和Smith 标准型.

10．判别矩阵

$$\boldsymbol{A}=\begin{pmatrix} 3 & 2 & -5 \\ 2 & 6 & -10 \\ 1 & 2 & -3 \end{pmatrix}，\boldsymbol{B}=\begin{pmatrix} 6 & 20 & -34 \\ 6 & 32 & -51 \\ 4 & 20 & -32 \end{pmatrix}$$

是否相似.

11．求矩阵$\boldsymbol{A}=\begin{pmatrix} 3 & 1 & -1 \\ 1 & 2 & -1 \\ 2 & 1 & 0 \end{pmatrix}$的行列式因子、不变因子和初等因子.

12．求矩阵$\boldsymbol{A}=\begin{pmatrix} -1 & -2 & 6 \\ -1 & 0 & 3 \\ -1 & -1 & 4 \end{pmatrix}$的 Jordan 标准型.

13．写出下列矩阵的 Jordan 标准型.

（1）$\boldsymbol{A}=\begin{pmatrix} 3 & 0 & 8 \\ 3 & -1 & 6 \\ -2 & 0 & -5 \end{pmatrix}$　　（2）$\boldsymbol{A}=\begin{pmatrix} 3 & 1 & 0 & 0 \\ -4 & -1 & 0 & 0 \\ 7 & 1 & 2 & 1 \\ -7 & -6 & -1 & 0 \end{pmatrix}$

14．求矩阵

$$\boldsymbol{A}=\begin{pmatrix} 3 & 7 & -3 \\ -2 & -5 & 2 \\ -4 & -10 & 3 \end{pmatrix}$$

的 Jordan 标准型$\boldsymbol{J}$和相似变换矩阵$\boldsymbol{P}$，使$\boldsymbol{P}^{-1}\boldsymbol{AP}=\boldsymbol{J}$.

15．设

$$\boldsymbol{A}=\begin{pmatrix} 1 & 4 & 2 \\ 0 & -3 & 4 \\ 0 & 4 & 3 \end{pmatrix}$$

求$\boldsymbol{A}^k$.

16．已知$\boldsymbol{A}=\begin{pmatrix} -2 & 1 & 1 \\ 0 & 2 & 0 \\ -4 & 1 & 3 \end{pmatrix}$，求$\boldsymbol{A}^{100}$.

17．已知矩阵$\boldsymbol{A}=\begin{pmatrix} -1 & 1 & 0 \\ -4 & 3 & 0 \\ 1 & 0 & 2 \end{pmatrix}$，试计算$\boldsymbol{A}^7-\boldsymbol{A}^5-19\boldsymbol{A}^4+28\boldsymbol{A}^3+6\boldsymbol{A}-4\boldsymbol{E}$.

18．设 $\boldsymbol{A}=\begin{pmatrix}1 & -1\\ 2 & 5\end{pmatrix}$，试求 $\left(2\boldsymbol{A}^4-12\boldsymbol{A}^3+19\boldsymbol{A}^2-29\boldsymbol{A}+37\boldsymbol{E}\right)^{-1}$．

19．求矩阵 $\boldsymbol{A}$ 的最小多项式，其中

$$\boldsymbol{A}=\begin{pmatrix}3 & 1 & -1\\ -2 & 0 & 2\\ -1 & -1 & 3\end{pmatrix}$$

20．求下列矩阵的最小多项式．

（1）$\begin{pmatrix}0 & 0 & 1\\ 0 & 1 & 0\\ 1 & 0 & 0\end{pmatrix}$　　（2）$\begin{pmatrix}3 & -1 & -3 & 1\\ -1 & 3 & 1 & -3\\ 3 & -1 & -3 & 1\\ -1 & 3 & 1 & -3\end{pmatrix}$

第 5 章　矩阵分析

我们在大学阶段的许多课程和实践中对微积分的强大作用已经深有体会. 如果矩阵能与微积分相结合，那么无疑将会产生更为巨大的作用. 如何才能将微积分引入矩阵的研究中呢？与微积分一样，矩阵分析理论的建立也是以极限理论为基础的，其内容丰富，是研究数值分析方法和其他数学分支及许多工程问题的重要工具. 在第 3 章的基础上，本章利用范数来讨论向量序列和矩阵序列的极限与矩阵级数，并利用一个特殊的矩阵级数——矩阵幂级数来定义矩阵函数，同时讨论矩阵函数的微分与积分，介绍它们在求解微分方程组中的应用.

5.1　矩阵序列与矩阵级数

5.1.1　向量序列与矩阵序列

本节把微积分中有关数域 P 上的数列极限的概念及运算推广到数域 P 上的向量空间 P^n 及 $P^{m\times n}$，主要以向量和矩阵的范数为工具来展开讨论. 若不做特殊说明，则以下讨论都是在复数域 $\mathbf{C}$ 上进行的.

定义 5.1　设向量序列

$$\boldsymbol{x}^{(k)}=(x_1^{(k)},x_2^{(k)},\cdots,x_n^{(k)})^{\mathrm{T}}\in\mathbf{C}^n\ (k=1,2,\cdots)$$

向量

$$\boldsymbol{x}=(x_1,x_2,\cdots,x_n)^{\mathrm{T}}\in\mathbf{C}^n$$

如果 $\lim\limits_{k\to\infty}x_i^{(k)}=x_i\ (i=1,2,\cdots,n)$，则称向量序列 $\{\boldsymbol{x}^{(k)}\}$ 收敛于向量 $\boldsymbol{x}$，记为

$$\lim_{k\to\infty}\boldsymbol{x}^{(k)}=\boldsymbol{x}\ 或\ \boldsymbol{x}^{(k)}\to\boldsymbol{x}\ (k\to\infty)$$

当向量序列中至少有一个分量数列发散时，称该向量序列是发散的.

由定义 5.1 可以看出，一个 n 维向量序列收敛等价于它对应的 n 个数列收敛. 要判断 n 维向量序列的收敛性，需要判断它对应的 n 个数列的收敛性，计算较为烦琐. 下面利用向量范数给出向量序列收敛的定义，这样会给判断向量序列的收敛性带来方便.

定义 5.2　设 $\{\boldsymbol{x}^{(k)}\}$ 是 $\mathbf{C}^n$ 中的向量序列，$\|\cdot\|$ 是 $\mathbf{C}^n$ 中任意一个向量范数，如果存在向量 $\boldsymbol{x}_0\in\mathbf{C}^n$，使得当 $k\to\infty$ 时，有

$$\|\boldsymbol{x}^{(k)}-\boldsymbol{x}_0\|\to 0$$

则称向量序列 $\{\boldsymbol{x}^{(k)}\}$ 依范数收敛于向量 $\boldsymbol{x}_0$.

根据向量范数的等价性，容易证明，若向量序列 $\{\boldsymbol{x}^{(k)}\}$ 在 $\mathbf{C}^n$ 中依某种向量范数收敛于向量 $\boldsymbol{x}_0$，则向量序列 $\{\boldsymbol{x}^{(k)}\}$ 在 $\mathbf{C}^n$ 中依其他向量范数也收敛于向量 $\boldsymbol{x}_0$，从而有如下定理.

定理 5.1　设 $\|\cdot\|$ 是 $\mathbf{C}^n$ 中任意一个向量范数，则 $\lim\limits_{k\to\infty}\boldsymbol{x}^{(k)}=\boldsymbol{x}_0$ 的充要条件是

$$\lim_{k\to\infty}\|\boldsymbol{x}^{(k)}-\boldsymbol{x}_0\|=0$$

证　根据向量范数的等价性，只需对某一向量范数进行证明即可. 这里取向量范数 $\|\cdot\|_\infty$.

必要性：若 $\lim\limits_{k\to\infty}\boldsymbol{x}^{(k)}=\boldsymbol{x}_0$，则 $\lim\limits_{k\to\infty}(x_i^{(k)}-x_i)=0$（$i=1,2,\cdots,n$），从而

$$\lim_{k\to\infty}\max_{1\leqslant i\leqslant n}\left|x_i^{(k)}-x_i\right|=0\quad(i=1,2,\cdots,n)$$

即

$$\lim_{k\to\infty}\left\|\boldsymbol{x}^{(k)}-\boldsymbol{x}_0\right\|_\infty=0$$

充分性：若 $\lim\limits_{k\to\infty}\left\|\boldsymbol{x}^{(k)}-\boldsymbol{x}_0\right\|_\infty=0$，则 $\lim\limits_{k\to\infty}\max\limits_{1\leqslant i\leqslant n}\left|x_i^{(k)}-x_i\right|=0$（$i=1,2,\cdots,n$）. 因为

$$\left|x_j^{(k)}-x_j\right|\leqslant\max_{1\leqslant i\leqslant n}\left|x_i^{(k)}-x_i\right|\quad(j=1,2,\cdots,n)$$

所以

$$\lim_{k\to\infty}(x_j^{(k)}-x_j)=0\quad(j=1,2,\cdots,n)$$

因此

$$\lim_{k\to\infty}\boldsymbol{x}^{(k)}=\boldsymbol{x}_0$$

定理 5.1 表明，尽管不同的向量范数可能具有不同的大小，但它们在各种向量范数下判断向量序列的收敛性时表现出明显的一致性. 换句话说，如果向量序列 $\{\boldsymbol{x}^{(k)}\}$ 对某种向量范数收敛于向量 $\boldsymbol{x}_0$，那么对其他向量范数，这个序列依然收敛，且也收敛于 $\boldsymbol{x}_0$.

定义 5.3　对于向量空间 V 中的向量序列 $\{\boldsymbol{x}^{(k)}\}$，$\|\bullet\|$ 是某种向量范数，如果对任意给定的 ε，存在正整数 $N(\varepsilon)$，当 $l,m\geqslant N(\varepsilon)$ 时，有 $\left\|\boldsymbol{x}^{(l)}-\boldsymbol{x}^{(m)}\right\|<\varepsilon$，则称 $\{\boldsymbol{x}^{(k)}\}$ 关于向量范数 $\|\bullet\|$ 为 Cauchy（柯西）序列.

在微积分中，已知数列为 Cauchy 序列是数列收敛的充要条件. 但对于向量序列，此结论不再是充要条件.

例 5.1　设向量空间 V 中的向量序列 $\{\boldsymbol{x}^{(k)}\}$ 收敛于 $\boldsymbol{x}_0$，证明 $\{\boldsymbol{x}^{(k)}\}$ 为 Cauchy 序列.

证　因为 $\{\boldsymbol{x}^{(k)}\}$ 收敛于 $\boldsymbol{x}_0$，所以对于任一向量范数 $\|\bullet\|$，有

$$\left\|\boldsymbol{x}^{(k)}-\boldsymbol{x}_0\right\|\to 0\quad(k\to\infty)$$

由于

$$\left\|\boldsymbol{x}^{(l)}-\boldsymbol{x}^{(m)}\right\|=\left\|\boldsymbol{x}^{(l)}-\boldsymbol{x}_0+\boldsymbol{x}_0-\boldsymbol{x}^{(m)}\right\|\leqslant\left\|\boldsymbol{x}^{(l)}-\boldsymbol{x}_0\right\|+\left\|\boldsymbol{x}_0-\boldsymbol{x}^{(m)}\right\|$$

且当 $l,m\to\infty$ 时，有

$$\left\|\boldsymbol{x}^{(l)}-\boldsymbol{x}_0\right\|,\left\|\boldsymbol{x}_0-\boldsymbol{x}^{(m)}\right\|\to 0$$

因此当 $l,m\to\infty$ 时，有

$$\left\|\boldsymbol{x}^{(l)}-\boldsymbol{x}^{(m)}\right\|\to 0$$

即 $\{\boldsymbol{x}^{(k)}\}$ 为 Cauchy 序列.

例 5.2　设 $R[t]$ 为由区间 $[0,1]$ 上的实系数多项式的全体构成的线性空间，向量序列 $\boldsymbol{x}^{(k)}(t)=\sum\limits_{s=0}^{k}\dfrac{t^s}{s!}$，$t\in[0,1]$. 下面证明对于 $\|\bullet\|_\infty$，$\{\boldsymbol{x}^{(k)}(t)\}$ 为 Cauchy 序列.

证　因为 $\left\|\boldsymbol{x}^{(k)}(t)\right\|_\infty=\max\limits_{t\in[0,1]}\left|x^{(k)}(t)\right|$，对 $\forall l,m\in N$，不妨设 $l>m$，则有

$$\left\|\boldsymbol{x}^{(l)}(t)-\boldsymbol{x}^{(m)}(t)\right\|_\infty=\max_{t\in[0,1]}\left|\boldsymbol{x}^{(l)}(t)-\boldsymbol{x}^{(m)}(t)\right|$$

$$
\begin{aligned}
&= \max_{t\in[0,1]}\left|\sum_{s=0}^{l}\frac{t^s}{s!}-\sum_{s=0}^{m}\frac{t^s}{s!}\right| \\
&= \max_{t\in[0,1]}\left|\frac{t^{m+1}}{(m+1)!}+\frac{t^{m+2}}{(m+2)!}+\cdots+\frac{t^l}{l!}\right| \\
&\leqslant \frac{1}{(m+1)!}+\frac{1}{(m+2)!}+\cdots+\frac{1}{l!}
\end{aligned}
$$

显然，当$l,m\to\infty$时，有

$$\left\|\boldsymbol{x}^{(l)}(t)-\boldsymbol{x}^{(m)}(t)\right\|_\infty\to 0$$

从而，$\{\boldsymbol{x}^{(k)}(t)\}$为Cauchy序列.

但是，$\lim\limits_{k\to\infty}\boldsymbol{x}^{(k)}(t)=\mathrm{e}^t$，$\mathrm{e}^t$并不是该线性空间中的向量．这说明，在一般的向量空间中，向量序列为Cauchy序列不是向量序列收敛的充分条件，即Cauchy收敛准则在一般的向量空间中不成立．但在下面所定义的完备的线性赋范空间中是成立的.

定义 5.4 定义了范数的线性空间称为线性赋范空间.若其中任一收敛的向量序列的极限均属于此线性赋范空间，则称此空间为完备的线性赋范空间或Banach空间.

定理 5.2 设$\|\cdot\|$是n维向量空间$\mathbf{C}^n$中的某一向量范数，$\{\boldsymbol{x}^{(k)}\}$是$\mathbf{C}^n$中的向量序列，则$\{\boldsymbol{x}^{(k)}\}$收敛于$\mathbf{C}^n$中的向量当且仅当$\{\boldsymbol{x}^{(k)}\}$关于$\|\cdot\|$是Canchy序列.

定义 5.5 设有矩阵序列$\{\boldsymbol{A}^{(k)}\}$和矩阵$\boldsymbol{A}$，其中$\boldsymbol{A}^{(k)}=(a_{ij}^{(k)})\in\mathbf{C}^{m\times n}$，$\boldsymbol{A}=(a_{ij})\in\mathbf{C}^{m\times n}$，如果$\lim\limits_{k\to\infty}a_{ij}^{(k)}=a_{ij}$（$i=1,2,\cdots,m$; $j=1,2,\cdots,n$），则称矩阵序列$\{\boldsymbol{A}^{(k)}\}$收敛于矩阵$\boldsymbol{A}$，记为

$$\lim_{k\to\infty}\boldsymbol{A}^{(k)}=\boldsymbol{A}\text{ 或 }\boldsymbol{A}^{(k)}\to\boldsymbol{A}\ (k\to\infty)$$

当矩阵序列不收敛时，称之为发散矩阵序列.

与定理5.1类似，矩阵序列也有如下定理.

定理 5.3 设矩阵序列$\{\boldsymbol{A}^{(k)}\}$和矩阵$\boldsymbol{A}$，$\boldsymbol{A}^{(k)}\in\mathbf{C}^{m\times n}$，$\boldsymbol{A}\in\mathbf{C}^{m\times n}$，则$\lim\limits_{k\to\infty}\boldsymbol{A}^{(k)}=\boldsymbol{A}$的充要条件为

$$\lim_{k\to\infty}\left\|\boldsymbol{A}^{(k)}-\boldsymbol{A}\right\|=0$$

其中，$\|\cdot\|$是$\mathbf{C}^{m\times n}$中的任一矩阵范数.

证明留给读者.

定理5.3中的收敛称为矩阵序列$\{\boldsymbol{A}^{(k)}\}$依矩阵范数收敛于$\boldsymbol{A}$.

推论 5.1 设矩阵序列$\{\boldsymbol{A}^{(k)}\}$和矩阵$\boldsymbol{A}$，$\boldsymbol{A}^{(k)}\in\mathbf{C}^{m\times n}$，$\boldsymbol{A}\in\mathbf{C}^{m\times n}$，$\|\cdot\|$是$\mathbf{C}^{m\times n}$中的任一矩阵范数，若$\lim\limits_{k\to\infty}\boldsymbol{A}^{(k)}=\boldsymbol{A}$，则

$$\lim_{k\to\infty}\left\|\boldsymbol{A}^{(k)}\right\|=\|\boldsymbol{A}\|$$

注 该命题的逆不成立.

定义 5.6 设矩阵序列$\{\boldsymbol{A}^{(k)}\}$，$\boldsymbol{A}^{(k)}=(a_{ij}^{(k)})\in\mathbf{C}^{m\times n}$，若存在$M>0$，使得对所有$k\in N^+$，都有

$$\left|a_{ij}^{(k)}\right|<M\ (i=1,2,\cdots,m;\ j=1,2,\cdots,n)$$

则称矩阵序列$\{\boldsymbol{A}^{(k)}\}$是有界的.

定理 5.4　收敛的矩阵序列 $\{\boldsymbol{A}^{(k)}\}$ 一定有界.

此定理的证明与收敛数列极限的有界性的证明类似，在此不再赘述.

在微积分中，我们已经知道，有界数列必有收敛的子数列. 对于矩阵序列同样有：有界的矩阵序列必有收敛的子序列. 这一结论可由数列的相应结论得到证明.

收敛的矩阵序列有如下运算性质（定理 5.5）.

定理 5.5　（1）设 $\lim\limits_{k\to\infty}\boldsymbol{A}^{(k)}=\boldsymbol{A}, \lim\limits_{k\to\infty}\boldsymbol{B}^{(k)}=\boldsymbol{B}$，$a\in\mathbf{C}$，$b\in\mathbf{C}$，则

$$\lim_{k\to\infty}(a\boldsymbol{A}^{(k)}+b\boldsymbol{B}^{(k)})=a\boldsymbol{A}+b\boldsymbol{B}$$

（2）设 $\lim\limits_{k\to\infty}\boldsymbol{A}^{(k)}=\boldsymbol{A}\in\mathbf{C}^{m\times n}$，$\lim\limits_{k\to\infty}\boldsymbol{B}^{(k)}=\boldsymbol{B}\in\mathbf{C}^{n\times s}$，则

$$\lim_{k\to\infty}\boldsymbol{A}^{(k)}\boldsymbol{B}^{(k)}=\boldsymbol{AB}$$

（3）设 $\lim\limits_{k\to\infty}\boldsymbol{A}^{(k)}=\boldsymbol{A}\in\mathbf{C}^{m\times n}$，$\boldsymbol{P}\in\mathbf{C}^{m\times m}$，$\boldsymbol{Q}\in\mathbf{C}^{n\times n}$，则矩阵序列 $\{\boldsymbol{PA}^{(k)}\boldsymbol{Q}\}$ 收敛，且

$$\lim_{k\to\infty}\boldsymbol{PA}^{(k)}\boldsymbol{Q}=\boldsymbol{PAQ}$$

（4）设 $\boldsymbol{A}^{(k)}$和$\boldsymbol{A}$ 均可逆，$\lim\limits_{k\to\infty}\boldsymbol{A}^{(k)}=\boldsymbol{A}$，则

$$\lim_{k\to\infty}(\boldsymbol{A}^{(k)})^{-1}=\boldsymbol{A}^{-1}$$

证　这里只证明性质（2）、（4），其余留给读者完成.

对于性质（2），因为 $\lim\limits_{k\to\infty}\boldsymbol{A}^{(k)}=\boldsymbol{A}\in\mathbf{C}^{m\times n}$，所以 $\{\boldsymbol{A}^{(k)}\}$ 有界，即存在 $M>0$，使得对所有 k，都有

$$\left|a_{ij}^{(k)}\right|<M\ (i=1,2,\cdots,m;\ j=1,2,\cdots,n)$$

因此

$$\begin{aligned}\left\|\boldsymbol{A}^{(k)}\boldsymbol{B}^{(k)}-\boldsymbol{AB}\right\|_{\mathrm{F}}&=\left\|\boldsymbol{A}^{(k)}\boldsymbol{B}^{(k)}-\boldsymbol{A}^{(k)}\boldsymbol{B}+\boldsymbol{A}^{(k)}\boldsymbol{B}-\boldsymbol{AB}\right\|_{\mathrm{F}}\\&\leqslant\left\|\boldsymbol{A}^{(k)}\boldsymbol{B}^{(k)}-\boldsymbol{A}^{(k)}\boldsymbol{B}\right\|_{\mathrm{F}}+\left\|\boldsymbol{A}^{(k)}\boldsymbol{B}-\boldsymbol{AB}\right\|_{\mathrm{F}}\\&\leqslant\left\|\boldsymbol{A}^{(k)}\right\|_{\mathrm{F}}\left\|\boldsymbol{B}^{(k)}-\boldsymbol{B}\right\|_{\mathrm{F}}+\left\|\boldsymbol{A}^{(k)}-\boldsymbol{A}\right\|_{\mathrm{F}}\left\|\boldsymbol{B}\right\|_{\mathrm{F}}\\&\leqslant\sqrt{mn}M\left\|\boldsymbol{B}^{(k)}-\boldsymbol{B}\right\|_{\mathrm{F}}+\left\|\boldsymbol{A}^{(k)}-\boldsymbol{A}\right\|_{\mathrm{F}}\left\|\boldsymbol{B}\right\|_{\mathrm{F}}\end{aligned}$$

故 $\lim\limits_{k\to\infty}\left\|\boldsymbol{A}^{(k)}\boldsymbol{B}^{(k)}-\boldsymbol{AB}\right\|_{\mathrm{F}}\leqslant\sqrt{mn}M\lim\limits_{k\to\infty}\left\|\boldsymbol{B}^{(k)}-\boldsymbol{B}\right\|_{\mathrm{F}}+\lim\limits_{k\to\infty}\left\|\boldsymbol{A}^{(k)}-\boldsymbol{A}\right\|_{\mathrm{F}}\left\|\boldsymbol{B}\right\|_{\mathrm{F}}=0$，从而，$\lim\limits_{k\to\infty}\left\|\boldsymbol{A}^{(k)}\boldsymbol{B}^{(k)}-\boldsymbol{AB}\right\|_{\mathrm{F}}=0$，即 $\lim\limits_{k\to\infty}\boldsymbol{A}^{(k)}\boldsymbol{B}^{(k)}=\boldsymbol{AB}$.

对于性质（4），可用数学归纳法证明 $\lim\limits_{k\to\infty}\left|\boldsymbol{A}^{(k)}\right|=\left|\boldsymbol{A}\right|, \lim\limits_{k\to\infty}\left(\boldsymbol{A}^{(k)}\right)^{*}=\boldsymbol{A}^{*}$. 因此

$$\lim_{k\to\infty}\left(\boldsymbol{A}^{(k)}\right)^{-1}=\lim_{k\to\infty}\frac{1}{\left|\boldsymbol{A}^{(k)}\right|}\left(\boldsymbol{A}^{(k)}\right)^{*}=\frac{1}{\left|\boldsymbol{A}\right|}\boldsymbol{A}^{*}=\boldsymbol{A}^{-1}$$

在矩阵序列中，最常见的是由一个方阵的幂构成的序列. 关于这样的矩阵序列，有以下概念和结论（定义 5.7、定理 5.6 和定理 5.7）.

定义 5.7　设 $\boldsymbol{A}$ 为 n 阶方阵，且当 $k\to\infty$ 时，$\boldsymbol{A}^{k}\to\boldsymbol{O}$，则称 $\boldsymbol{A}$ 为收敛矩阵；否则，称 $\boldsymbol{A}$ 为发散矩阵.

定理 5.6　设 $\boldsymbol{A}$ 为 n 阶方阵，若对某一矩阵范数$\|\bullet\|$，有$\|\boldsymbol{A}\|<1$，则 $\lim\limits_{k\to\infty}\boldsymbol{A}^{k}=\boldsymbol{O}$.

证　根据矩阵范数的相容性，有$\left\|\boldsymbol{A}^{m}\right\|\leqslant\left\|\boldsymbol{A}^{m-1}\right\|\cdot\left\|\boldsymbol{A}\right\|\leqslant\cdots\leqslant\left\|\boldsymbol{A}\right\|^{m}$. 若$\left\|\boldsymbol{A}\right\|<1$，则 $\lim\limits_{k\to\infty}\left\|\boldsymbol{A}\right\|^{k}=0$，

从而，$\lim\limits_{k\to\infty}\left\|A^k-O\right\|=0$，于是 $\lim\limits_{k\to\infty}A^k=O$.

例 5.3 设 $A=\begin{pmatrix}0.25 & 0.4 & -0.4\\ -0.35 & 0.2 & 0.3\\ 0.15 & 0.1 & 0\end{pmatrix}$，证明 $\lim\limits_{k\to\infty}A^k=O$.

证 由于 $\|A\|_1=0.75<1$，因此，根据定理 5.6 可得 $\lim\limits_{k\to\infty}A^k=O$.

定理 5.7 $\lim\limits_{k\to\infty}A^k=O$ 的充要条件是 $\rho(A)<1$.

证 设 A 的 Jordan 标准型为 J，即存在可逆矩阵 P，使得 $A=PJP^{-1}$，其中

$$J=\begin{pmatrix}J_1(\lambda_1) & & & \\ & J_2(\lambda_2) & & \\ & & \ddots & \\ & & & J_s(\lambda_s)\end{pmatrix},\quad J_i(\lambda_i)=\begin{pmatrix}\lambda_i & 1 & & \\ & \lambda_i & \ddots & \\ & & \ddots & 1\\ & & & \lambda_i\end{pmatrix}_{d_i\times d_i}$$

$$A^k=PJ^kP^{-1}=P\begin{pmatrix}J_1^k(\lambda_1) & & & \\ & J_2^k(\lambda_2) & & \\ & & \ddots & \\ & & & J_s^k(\lambda_s)\end{pmatrix}P^{-1}$$

$$J_i^k(\lambda_i)=\begin{pmatrix}\lambda_i^k & C_k^1\lambda_i^{k-1} & \cdots & C_k^{d_i-1}\lambda_i^{k-d_i+1}\\ & \lambda_i^k & \ddots & \vdots\\ & & \ddots & C_k^1\lambda_i^{k-1}\\ & & & \lambda_i^k\end{pmatrix}$$

$A^k\to O$ 等价于 $J^k\to O$，等价于 $J_i^k(\lambda_i)\to O$（$i=1,2,\cdots,s$），等价于 $\lambda_i^k\to 0$，等价于 $|\lambda_i|<1$. 而 $|\lambda_i|<1$ 等价于 $\rho(A)<1$.

例 5.4 设 $A=\begin{pmatrix}0 & c & c\\ c & 0 & c\\ c & c & 0\end{pmatrix}$，讨论 c 取何值时 A 为收敛矩阵.

解 用 A 的谱半径来讨论. 求得 A 的特征值为

$$\lambda_1=2c,\ \lambda_2=\lambda_3=-c$$

于是 $\rho(A)=\max\limits_i\{|\lambda_i|\}=2|c|$，从而，当 $\rho(A)<1$，即 $|c|<\dfrac{1}{2}$ 时，A 为收敛矩阵.

5.1.2 矩阵级数

定义 5.8 设矩阵序列为 $\{A^{(k)}\}$，其中 $A^{(k)}=(a_{ij}^{(k)})\in\mathbf{C}^{m\times n}$，称

$$A^{(0)}+A^{(1)}+\cdots+A^{(k)}+\cdots$$

为矩阵级数，记为 $\sum\limits_{k=0}^{\infty}A^{(k)}$.

定义 5.9 称 $S^{(N)}=\sum\limits_{k=0}^{N}A^{(k)}$ 为矩阵级数 $\sum\limits_{k=0}^{\infty}A^{(k)}$ 的部分和. 若 $\lim\limits_{N\to\infty}S^{(N)}$ 存在且 $\lim\limits_{N\to\infty}S^{(N)}=S$，

则称矩阵级数$\sum_{k=0}^{\infty}\boldsymbol{A}^{(k)}$收敛，且收敛于$\boldsymbol{S}$，记为$\sum_{k=0}^{\infty}\boldsymbol{A}^{(k)}=\boldsymbol{S}$；若$\lim_{N\to\infty}\boldsymbol{S}^{(N)}$不存在，则称矩阵级数$\sum_{k=0}^{\infty}\boldsymbol{A}^{(k)}$发散.

根据以上定义，矩阵级数$\sum_{k=0}^{\infty}\boldsymbol{A}^{(k)}$收敛的充要条件是其对应的$m\times n$个常数项级数$\sum_{k=0}^{\infty}a_{ij}^{(k)}$（$i=1,2,\cdots,m$；$j=1,2,\cdots,n$）收敛.

例 5.5　设$\boldsymbol{A}^{(k)}=\begin{pmatrix}\dfrac{1}{2^k} & \dfrac{\pi}{3\times 4^k}\\ 0 & \dfrac{1}{k(k+1)}\end{pmatrix}$，$k=1,2,\cdots$，讨论矩阵序列$\{\boldsymbol{A}^{(k)}\}$和矩阵级数$\sum_{k=1}^{\infty}\boldsymbol{A}^{(k)}$的收敛性.

解　显然，$\lim_{k\to\infty}\boldsymbol{A}^{(k)}=\boldsymbol{O}$，且有

$$\boldsymbol{S}^{(N)}=\sum_{k=1}^{N}\boldsymbol{A}^{(k)}=\begin{pmatrix}\sum_{k=1}^{N}\dfrac{1}{2^k} & \sum_{k=1}^{N}\dfrac{\pi}{3\times 4^k}\\ 0 & \sum_{k=1}^{N}\dfrac{1}{k(k+1)}\end{pmatrix}$$

而$\lim_{N\to\infty}\boldsymbol{S}^{(N)}=\begin{pmatrix}1 & \dfrac{\pi}{9}\\ 0 & 1\end{pmatrix}$，因此$\sum_{k=1}^{\infty}\boldsymbol{A}^{(k)}=\begin{pmatrix}1 & \dfrac{\pi}{9}\\ 0 & 1\end{pmatrix}$. 因此，两者都是收敛的.

定义 5.10　设$\boldsymbol{A}^{(k)}=(a_{ij}^{(k)})_{m\times n}$，对于矩阵级数$\sum_{k=0}^{\infty}\boldsymbol{A}^{(k)}$，若$m\times n$个常数项级数$\sum_{k=0}^{\infty}a_{ij}^{(k)}$绝对收敛，则称矩阵级数$\sum_{k=0}^{\infty}\boldsymbol{A}^{(k)}$绝对收敛.

根据定义 5.10 和常数项级数的性质，定理 5.8 显然成立.

定理 5.8　若矩阵级数$\sum_{k=0}^{\infty}\boldsymbol{A}^{(k)}$绝对收敛，则它一定收敛，并且任意调换各项的次序后所得的新级数仍然收敛，且其和不变.

定理 5.9　矩阵级数$\sum_{k=0}^{\infty}\boldsymbol{A}^{(k)}$绝对收敛的充要条件是对任一矩阵范数$\|\cdot\|$，正项级数$\sum_{k=0}^{\infty}\|\boldsymbol{A}^{(k)}\|$收敛.

证　设$\boldsymbol{A}^{(k)}=(a_{ij}^{(k)})_{m\times n}$.

必要性：由于矩阵级数$\sum_{k=0}^{\infty}\boldsymbol{A}^{(k)}$绝对收敛，因此$m\times n$个常数项级数$\sum_{k=0}^{\infty}a_{ij}^{(k)}$绝对收敛，从而存在$M>0$，使得对所有的正整数$K$，都有

$$\sum_{k=0}^{K}\left|a_{ij}^{(k)}\right|<M\quad(i=1,2,\cdots,m;\ j=1,2,\cdots,n)$$

故

$$\sum_{k=0}^{K}\left\|\boldsymbol{A}^{(k)}\right\|_{\mathrm{F}}=\sum_{k=0}^{K}\left(\sum_{j=1}^{n}\sum_{i=1}^{m}\left|a_{ij}^{(k)}\right|^{2}\right)^{\frac{1}{2}}\leqslant mnM$$

因此$\sum_{k=0}^{K}\left\|\boldsymbol{A}^{(k)}\right\|_{\mathrm{F}}$收敛．利用范数的等价性得$\sum_{k=0}^{\infty}\left\|\boldsymbol{A}^{(k)}\right\|$收敛．

充分性：因为对于任一矩阵范数$\|\bullet\|$，$\sum_{k=0}^{\infty}\left\|\boldsymbol{A}^{(k)}\right\|$都收敛，从而$\sum_{k=0}^{\infty}\left\|\boldsymbol{A}^{(k)}\right\|_{1}$收敛．因此

$$\sum_{k=0}^{K}\left|a_{ij}^{(k)}\right|\leqslant\sum_{k=0}^{\infty}\left\|\boldsymbol{A}^{(k)}\right\|_{1}\quad(\forall i=1,2,\cdots,m;\ j=1,2,\cdots,n)$$

故矩阵级数$\sum_{k=0}^{\infty}\boldsymbol{A}^{(k)}$绝对收敛．

定理 5.10 若矩阵级数$\sum_{k=0}^{\infty}\boldsymbol{A}^{(k)}$收敛（或绝对收敛），其和为$\boldsymbol{S}$，则$\sum_{k=0}^{\infty}\boldsymbol{P}\boldsymbol{A}^{(k)}\boldsymbol{Q}$收敛（或绝对收敛），其和为$\boldsymbol{PSQ}$．

证 因为矩阵级数$\sum_{k=0}^{\infty}\boldsymbol{A}^{(k)}$收敛，其和为$\boldsymbol{S}$，所以

$$\lim_{N\to\infty}\left\|\sum_{k=0}^{N}\boldsymbol{A}^{(k)}-\boldsymbol{S}\right\|=0$$

因此

$$\lim_{N\to\infty}\left\|\sum_{k=0}^{N}\boldsymbol{P}\boldsymbol{A}^{(k)}\boldsymbol{Q}-\boldsymbol{PSQ}\right\|\leqslant\|\boldsymbol{P}\|\lim_{N\to\infty}\left\|\sum_{k=0}^{N}\boldsymbol{A}^{(k)}-\boldsymbol{S}\right\|\|\boldsymbol{Q}\|=0$$

故$\sum_{k=0}^{\infty}\boldsymbol{P}\boldsymbol{A}^{(k)}\boldsymbol{Q}$收敛，其和为$\boldsymbol{PSQ}$．

同理可证绝对收敛的情况．

例 5.6 设矩阵$\boldsymbol{A}\in\mathbf{C}^{n\times n}$，讨论矩阵级数$\boldsymbol{E}+\boldsymbol{A}+\frac{\boldsymbol{A}^{2}}{2!}+\cdots+\frac{\boldsymbol{A}^{k}}{k!}+\cdots$的收敛性．

解 做相应的范数级数

$$\|\boldsymbol{E}\|+\|\boldsymbol{A}\|+\frac{\left\|\boldsymbol{A}^{2}\right\|}{2!}+\cdots+\frac{\left\|\boldsymbol{A}^{k}\right\|}{k!}+\cdots$$

因为

$$\frac{\left\|\boldsymbol{A}^{k}\right\|}{k!}\leqslant\frac{\|\boldsymbol{A}\|^{k}}{k!}\ (k=1,2,\cdots)$$

而正项级数$\sum_{k=0}^{\infty}\frac{\|\boldsymbol{A}\|^{k}}{k!}$收敛，且$\sum_{k=0}^{\infty}\frac{\|\boldsymbol{A}\|^{k}}{k!}=\mathrm{e}^{\|\boldsymbol{A}\|}$，所以正项级数$\sum_{k=0}^{\infty}\frac{\left\|\boldsymbol{A}^{k}\right\|}{k!}$收敛．根据定理 5.9，该矩阵级数绝对收敛．

5.1.3 矩阵幂级数

幂级数理论在微积分中占有重要地位．在矩阵分析理论中，矩阵幂级数是非常重要的工具，并且它是定义矩阵函数的基础．我们讨论矩阵幂级数，自然要讨论其收敛性．矩阵幂级数的收敛性不仅与其收敛半径有关，还与其谱半径有关．

定义 5.11　设矩阵 $A\in\mathbf{C}^{n\times n}$，$c_k\in\mathbf{C}$，$k=0,1,2,\cdots$，称矩阵级数

$$\sum_{k=0}^{\infty}c_k\boldsymbol{A}^k=c_0\boldsymbol{E}+c_1\boldsymbol{A}+c_2\boldsymbol{A}^2+\cdots+c_k\boldsymbol{A}^k+\cdots$$

为矩阵 $\boldsymbol{A}$ 的幂级数.

根据定理 5.9，如果正项级数 $\sum_{k=0}^{\infty}|c_k|\|\boldsymbol{A}\|^k$ 收敛，则矩阵幂级数 $\sum_{k=0}^{\infty}c_k\boldsymbol{A}^k$ 绝对收敛．而 $\sum_{k=0}^{\infty}|c_k|\|\boldsymbol{A}\|^k$ 是复变量幂级数 $\sum_{k=0}^{\infty}|c_k|z^k$ 在 $z=\|\boldsymbol{A}\|$ 时的情形. 对于复变量幂级数 $\sum_{k=0}^{\infty}c_kz^k$，究竟有哪些方阵 $\boldsymbol{A}$ 使得 $\sum_{k=0}^{\infty}c_k\boldsymbol{A}^k$ 收敛呢？这个问题既与 $\sum_{k=0}^{\infty}c_kz^k$ 的收敛半径有关，又与 $\boldsymbol{A}$ 的谱半径有关.

为了讨论复变量幂级数与相应的矩阵幂级数之间的收敛性关系，需要用到以下定理.

定理 5.11　设矩阵 $A\in\mathbf{C}^{n\times n}$，$\boldsymbol{A}$ 的谱半径为 $\rho(A)$，则对任意给定的正数 ε，都存在某种矩阵范数 $\|\cdot\|$，使得

$$\|\boldsymbol{A}\|\leqslant\rho(A)+\varepsilon$$

证　若矩阵 $A\in\mathbf{C}^{n\times n}$ 的 Jordan 标准型为 $\boldsymbol{J}$，则存在可逆矩阵 $\boldsymbol{P}\in\mathbf{C}^{n\times n}$，使得

$$\boldsymbol{P}^{-1}\boldsymbol{AP}=\boldsymbol{J}=\begin{pmatrix}\boldsymbol{J}_1&&&\\&\boldsymbol{J}_2&&\\&&\ddots&\\&&&\boldsymbol{J}_s\end{pmatrix}$$

其中，$\boldsymbol{J}_i=\begin{pmatrix}\lambda_i&1&&\\&\lambda_i&\ddots&\\&&\ddots&1\\&&&\lambda_i\end{pmatrix}$，$i=1,2,\cdots,s.$

对任意 $\varepsilon>0$，令 $\boldsymbol{D}=\begin{pmatrix}1&&&\\&\varepsilon&&\\&&\ddots&\\&&&\varepsilon^{n-1}\end{pmatrix}$，做变换 $\boldsymbol{J}\to\boldsymbol{D}^{-1}\boldsymbol{JD}$，此时，每个 Jordan 块 $\boldsymbol{J}_i$ 化为

$$\begin{pmatrix}\lambda_i&\varepsilon&&\\&\lambda_i&\ddots&\\&&\ddots&\varepsilon\\&&&\lambda_i\end{pmatrix}$$

于是，$\|(\boldsymbol{PD})^{-1}\boldsymbol{A}(\boldsymbol{PD})\|_\infty=\|\boldsymbol{D}^{-1}\boldsymbol{JD}\|_\infty\leqslant\rho(\boldsymbol{A})+\varepsilon.$

现在定义 $\|\boldsymbol{A}\|_*=\|(\boldsymbol{PD})^{-1}\boldsymbol{A}(\boldsymbol{PD})\|_\infty$，容易验证它是 $\mathbf{C}^{n\times n}$ 中的矩阵范数，从而证得

$$\|\boldsymbol{A}\|_*\leqslant\rho(\boldsymbol{A})+\varepsilon$$

将 $\boldsymbol{A}$ 的特征值按大小排序：

$$\rho(\boldsymbol{A})=|\lambda_1|=\cdots=|\lambda_t|>|\lambda_{t+1}|\geqslant\cdots\geqslant|\lambda_n|$$

因为 $\lambda_1,\lambda_2,\cdots,\lambda_t$ 对应的 Jordan 块都是一阶的，所以只要选取 $\varepsilon=\rho(\boldsymbol{A})-|\lambda_{t+1}|>0$，就有

$$\|\boldsymbol{A}\|_*=\|\boldsymbol{D}^{-1}\boldsymbol{JD}\|_\infty=\rho(\boldsymbol{A})$$

定理 5.11 说明 $\boldsymbol{A}$ 的谱半径是 $\boldsymbol{A}$ 的所有矩阵范数的下确界.

定理 5.12 若复变量幂级数 $\sum_{k=0}^{\infty} c_k z^k$ 的收敛半径为 R，方阵 $\boldsymbol{A}$ 的谱半径为 $\rho(\boldsymbol{A})$，则有以下结论.

（1）当 $\rho(\boldsymbol{A})<R$ 时，矩阵幂级数 $\sum_{k=0}^{\infty} c_k \boldsymbol{A}^k$ 绝对收敛.

（2）当 $\rho(\boldsymbol{A})>R$ 时，矩阵幂级数 $\sum_{k=0}^{\infty} c_k \boldsymbol{A}^k$ 发散.

证 （1）当 $\rho(\boldsymbol{A})<R$ 时，选取正数 ε，使得 $\rho(\boldsymbol{A})+\varepsilon<R$. 根据定理 5.11，存在矩阵范数 $\|\bullet\|$，使得

$$\|A\| \leqslant \rho(A)+\varepsilon$$

从而

$$\left\|c_k \boldsymbol{A}^k\right\| \leqslant |c_k| \|\boldsymbol{A}\|^k \leqslant |c_k| (\rho(A)+\varepsilon)^k$$

因为 $\rho(\boldsymbol{A})+\varepsilon<R$，所以 $\sum_{k=0}^{\infty} c_k[\rho(\boldsymbol{A})+\varepsilon]^k$ 绝对收敛，从而，$\sum_{k=0}^{\infty}\left\|c_k \boldsymbol{A}^k\right\|$ 收敛. 根据定理 5.9，$\sum_{k=0}^{\infty} c_k \boldsymbol{A}^k$ 绝对收敛.

（2）当 $\rho(\boldsymbol{A})>R$ 时，设 $\rho(\boldsymbol{A})=|\lambda_0|>R$，$\boldsymbol{x}_0$ 为属于 λ_0 的单位特征向量. 如果 $\sum_{k=0}^{\infty} c_k \boldsymbol{A}^k$ 收敛，则

$$\boldsymbol{x}_0^{\mathrm{H}}\left(\sum_{k=0}^{\infty} c_k \boldsymbol{A}^k\right) \boldsymbol{x}_0=\sum_{k=0}^{\infty} c_k \boldsymbol{x}_0^{\mathrm{H}} \boldsymbol{A}^k \boldsymbol{x}_0=\sum_{k=0}^{\infty} c_k \boldsymbol{x}_0^{\mathrm{H}} \lambda_0^k \boldsymbol{x}_0=\sum_{k=0}^{\infty} c_k \lambda_0^k \boldsymbol{x}_0^{\mathrm{H}} \boldsymbol{x}_0=\sum_{k=0}^{\infty} c_k \lambda_0^k$$

也收敛，这与复变量幂级数收敛性的 Abel（阿贝尔）定理矛盾. 从而，当 $\rho(\boldsymbol{A})>R$ 时，$\sum_{k=0}^{\infty} c_k \boldsymbol{A}^k$ 发散.

推论 5.2 设幂级数 $\sum_{k=0}^{\infty} c_k z^k$ 的收敛半径为 R，$\boldsymbol{A} \in \mathbf{C}^{n \times n}$，若存在 $\mathbf{C}^{n \times n}$ 中的某一矩阵范数 $\|\bullet\|$，使得 $\|\boldsymbol{A}\|<R$，则矩阵幂级数 $\sum_{k=0}^{\infty} c_k \boldsymbol{A}^k$ 绝对收敛.

根据推论 5.2，如果幂级数 $\sum_{k=0}^{\infty} c_k z^k$ 在整个复平面上都收敛，则对任意方阵 $\boldsymbol{A} \in \mathbf{C}^{n \times n}$，矩阵幂级数 $\sum_{k=0}^{\infty} c_k \boldsymbol{A}^k$ 绝对收敛.

例 5.7 设 $\boldsymbol{A}=\begin{pmatrix}0.2 & 0.5 & 0.2 \\ 0.1 & 0.5 & 0.3 \\ 0.1 & 0.4 & 0.2\end{pmatrix}$，试证明方阵幂级数 $\sum_{k=0}^{\infty} \boldsymbol{A}^k$ 绝对收敛.

证 因为复变量幂级数 $\sum_{k=0}^{\infty} c_k z^k$ 的收敛半径为 $R=1$，而 $\|\boldsymbol{A}\|_{\infty}=\max_i \sum_{j=1}^{3}|a_{ij}|=0.9<1$，所以方阵幂级数 $\sum_{k=0}^{\infty} \boldsymbol{A}^k$ 绝对收敛.

例 5.8　讨论方阵幂级数 $\sum_{k=1}^{\infty}\frac{1}{k}\begin{pmatrix}1 & 4\\-2 & -3\end{pmatrix}^k$ 的收敛性.

解　相应的复变量幂级数为 $\sum_{k=1}^{\infty}\frac{1}{k}z^k$，它的收敛半径为 $R=1$．而方阵 $\begin{pmatrix}1 & 4\\-2 & -3\end{pmatrix}$ 的特征值为 $\lambda=-1\pm 2\mathrm{i}$，谱半径为 $\rho(\boldsymbol{A})=\sqrt{5}>1$，因此，方阵幂级数 $\sum_{k=1}^{\infty}\frac{1}{k}\begin{pmatrix}1 & 4\\-2 & -3\end{pmatrix}^k$ 发散.

定义 5.12　称矩阵幂级数

$$\sum_{k=0}^{\infty}\boldsymbol{A}^k=\boldsymbol{E}+\boldsymbol{A}+\boldsymbol{A}^2+\cdots+\boldsymbol{A}^k+\cdots$$

为 Neumann（诺伊曼）级数.

定理 5.13　Neumann 级数收敛的充要条件是 $\boldsymbol{A}$ 为收敛矩阵，且在收敛时其和为 $(\boldsymbol{E}-\boldsymbol{A})^{-1}$.

证　必要性：若矩阵幂级数 $\sum_{k=0}^{\infty}\boldsymbol{A}^k$ 收敛，则由矩阵级数收敛的必要条件可知 $\lim_{k\to\infty}\boldsymbol{A}^k=\boldsymbol{O}$，即 $\boldsymbol{A}$ 为收敛矩阵．根据定理 5.7，$\rho(\boldsymbol{A})<1$.

充分性：由于幂级数 $\sum_{k=0}^{\infty}z^k$ 的收敛半径为 $R=1$，所以 $\rho(\boldsymbol{A})<R$，根据定理 5.12，矩阵幂级数 $\sum_{k=0}^{\infty}\boldsymbol{A}^k$ 收敛.

因为 $\rho(\boldsymbol{A})<1$, 1 不是特征值，所以 $\boldsymbol{E}-\boldsymbol{A}$ 可逆．又因为

$$\boldsymbol{S}^{(N)}=\boldsymbol{E}+\boldsymbol{A}+\cdots+\boldsymbol{A}^N$$

$$\boldsymbol{E}-\boldsymbol{A}^{N+1}=(\boldsymbol{E}-\boldsymbol{A})(\boldsymbol{E}+\boldsymbol{A}+\cdots+\boldsymbol{A}^N)=(\boldsymbol{E}-\boldsymbol{A})\boldsymbol{S}^{(N)}$$

所以

$$\lim_{N\to\infty}(\boldsymbol{E}-\boldsymbol{A})\boldsymbol{S}^{(N)}=\lim_{N\to\infty}(\boldsymbol{E}-\boldsymbol{A}^{N+1})=\boldsymbol{E}$$

故

$$\boldsymbol{S}=\lim_{N\to\infty}\boldsymbol{S}^N=(\boldsymbol{E}-\boldsymbol{A})^{-1}$$

例 5.9　计算矩阵幂级数 $\sum_{k=0}^{\infty}\boldsymbol{A}^k$，其中 $\boldsymbol{A}=\begin{pmatrix}0.1 & 0.7\\0.3 & 0.6\end{pmatrix}$.

解　由于 $\|\boldsymbol{A}\|_\infty=0.9<1$，因此 $\sum_{k=0}^{\infty}\boldsymbol{A}^k$ 收敛，且

$$\sum_{k=0}^{\infty}\boldsymbol{A}^k=(\boldsymbol{E}-\boldsymbol{A})^{-1}=\frac{2}{3}\begin{pmatrix}4 & 7\\3 & 9\end{pmatrix}$$

5.2　矩阵函数

5.2.1　矩阵函数的定义

根据定理 5.12，只要方阵 $\boldsymbol{A}$ 的所有特征值都在幂级数 $\sum_{k=0}^{\infty}c_k z^k$ 的收敛圆内，矩阵幂级数

$\sum_{k=0}^{\infty} c_k \boldsymbol{A}^k$ 就绝对收敛，它的和仍然是一个矩阵．现在给出矩阵函数的解析定义．

矩阵函数的概念与通常函数的概念类似，不同的是，这里的自变量和因变量都是 n 阶方阵．

定义 5.13 设幂级数 $\sum_{k=0}^{\infty} c_k z^k$ 的收敛半径为 R，且当 $|z| < R$ 时，幂级数收敛于函数 $f(z)$，即

$$f(z) = \sum_{k=0}^{\infty} c_k z^k,\ |z| < R$$

若 $\boldsymbol{A} \in \mathbf{C}^{n \times n}$，$\rho(\boldsymbol{A}) < R$，则称收敛的矩阵幂级数 $\sum_{k=0}^{\infty} c_k \boldsymbol{A}^k$ 的和为矩阵函数，记为 $f(\boldsymbol{A})$，即

$$f(\boldsymbol{A}) = \sum_{k=0}^{\infty} c_k \boldsymbol{A}^k$$

特殊地，当 $R = +\infty$ 时，对任意 $\boldsymbol{A} \in \mathbf{C}^{n \times n}$，$f(\boldsymbol{A}) = \sum_{k=0}^{\infty} c_k \boldsymbol{A}^k$．

根据这个定义，我们可以形式地得到与微积分中的一些函数类似的矩阵函数．已知

$$\mathrm{e}^z = \sum_{k=0}^{\infty} \frac{1}{k!} z^k \quad (|z| < +\infty)$$

$$\sin z = \sum_{k=0}^{\infty} \frac{(-1)^k}{(2k+1)!} z^{2k+1} \quad (|z| < +\infty)$$

$$\cos z = \sum_{k=0}^{\infty} \frac{(-1)^k}{(2k)!} z^{2k} \quad (|z| < +\infty)$$

$$(1-z)^{-1} = \sum_{k=0}^{\infty} z^k \quad (|z| < 1)$$

$$\ln(1+z) = \sum_{k=0}^{\infty} \frac{(-1)^k}{k+1} z^{k+1} \quad (|z| < 1)$$

在各自的收敛域内均收敛，因此，对于 $\boldsymbol{A} \in \mathbf{C}^{n \times n}$，有

$$\mathrm{e}^{\boldsymbol{A}} = \sum_{k=0}^{\infty} \frac{1}{k!} \boldsymbol{A}^k \quad (\forall \boldsymbol{A} \in \mathbf{C}^{n \times n})$$

$$\sin \boldsymbol{A} = \sum_{k=0}^{\infty} \frac{(-1)^k}{(2k+1)!} \boldsymbol{A}^{2k+1} \quad (\forall \boldsymbol{A} \in \mathbf{C}^{n \times n})$$

$$\cos \boldsymbol{A} = \sum_{k=0}^{\infty} \frac{(-1)^k}{(2k)!} \boldsymbol{A}^{2k} \quad (\forall \boldsymbol{A} \in \mathbf{C}^{n \times n})$$

$$(\boldsymbol{E} - \boldsymbol{A})^{-1} = \sum_{k=0}^{\infty} \boldsymbol{A}^k \quad (\rho(\boldsymbol{A}) < 1)$$

$$\ln(\boldsymbol{E} + \boldsymbol{A}) = \sum_{k=0}^{\infty} \frac{(-1)^k}{k+1} \boldsymbol{A}^{k+1} \quad (\rho(\boldsymbol{A}) < 1)$$

其中，$\mathrm{e}^{\boldsymbol{A}}$、$\sin \boldsymbol{A}$、$\cos \boldsymbol{A}$ 分别称为矩阵指数函数、矩阵正弦函数、矩阵余弦函数，它们均绝对收敛．

若将矩阵函数中 $f(\boldsymbol{A})$ 的变量换成 $\boldsymbol{A}t$，t 为参数，则 $f(\boldsymbol{A})$ 相应地变为

$$f(\boldsymbol{A}t) = \sum_{k=0}^{\infty} c_k (\boldsymbol{A}t)^k,\ |t| \rho(\boldsymbol{A}) < R$$

在理论与工程应用中，经常用到以上含参数的矩阵函数．

值得注意的是，在微积分中，指数函数具有的运算规律 $e^{z_1}e^{z_2}=e^{z_2}e^{z_1}=e^{z_1+z_2}$，在矩阵分析中，$e^{A}e^{B}=e^{B}e^{A}=e^{A+B}$ 一般不再成立．例如，令 $\boldsymbol{A}=\begin{pmatrix}1&1\\0&0\end{pmatrix}$，$\boldsymbol{B}=\begin{pmatrix}1&-1\\0&0\end{pmatrix}$，则 $\boldsymbol{A}^2=\boldsymbol{A}$，$\boldsymbol{B}^2=\mathbf{B}$，从而

$$\boldsymbol{A}=\boldsymbol{A}^2=\boldsymbol{A}^3=\cdots,\ \ \boldsymbol{B}=\boldsymbol{B}^2=\boldsymbol{B}^3=\cdots$$

因此

$$e^{\boldsymbol{A}}=\boldsymbol{E}+(e-1)\boldsymbol{A}=\begin{pmatrix}e&e-1\\0&1\end{pmatrix}$$

$$e^{\boldsymbol{B}}=\boldsymbol{E}+(e-1)\boldsymbol{B}=\begin{pmatrix}e&1-e\\0&1\end{pmatrix}$$

$$e^{\boldsymbol{A}}e^{\boldsymbol{B}}=\begin{pmatrix}e^2&-(e-1)^2\\0&1\end{pmatrix}$$

$$e^{\boldsymbol{B}}e^{\boldsymbol{A}}=\begin{pmatrix}e^2&(e-1)^2\\0&1\end{pmatrix}$$

又由 $\boldsymbol{A}+\boldsymbol{B}=\begin{pmatrix}2&0\\0&0\end{pmatrix}$ 可得 $(\boldsymbol{A}+\boldsymbol{B})^2=2(\boldsymbol{A}+\boldsymbol{B})$，进而得到

$$(\boldsymbol{A}+\boldsymbol{B})^k=2^{k-1}(\boldsymbol{A}+\boldsymbol{B}),\ \ k=1,2,\cdots$$

由此容易推出

$$e^{\boldsymbol{A}+\boldsymbol{B}}=\boldsymbol{E}+\frac{1}{2}(e^2-1)(\boldsymbol{A}+\boldsymbol{B})=\begin{pmatrix}e^2&0\\0&1\end{pmatrix}$$

可见，$e^{\boldsymbol{A}}e^{\boldsymbol{B}}$、$e^{\boldsymbol{B}}e^{\boldsymbol{A}}$、$e^{\boldsymbol{A}+\boldsymbol{B}}$ 互不相等．

如果 $\boldsymbol{A}$ 和 $\boldsymbol{B}$ 可交换，则有 $e^{\boldsymbol{A}}e^{\boldsymbol{B}}=e^{\boldsymbol{B}}e^{\boldsymbol{A}}=e^{\boldsymbol{A}+\boldsymbol{B}}$．事实上

$$\begin{aligned}e^{\boldsymbol{A}}e^{\boldsymbol{B}}&=\left(\sum_{k=0}^{\infty}\frac{1}{k!}\boldsymbol{A}^k\right)\left(\sum_{k=0}^{\infty}\frac{1}{k!}\boldsymbol{B}^k\right)\\&=\boldsymbol{E}+(\boldsymbol{A}+\boldsymbol{B})+\left(\frac{1}{2!}\boldsymbol{A}^2+\boldsymbol{A}\boldsymbol{B}+\frac{1}{2!}\boldsymbol{B}^2\right)+\cdots\end{aligned}$$

$$\begin{aligned}e^{\boldsymbol{A}+\boldsymbol{B}}&=\sum_{k=0}^{\infty}\frac{1}{k!}(\boldsymbol{A}+\boldsymbol{B})^k\\&=\boldsymbol{E}+(\boldsymbol{A}+\boldsymbol{B})+\frac{1}{2!}(\boldsymbol{A}+\boldsymbol{B})^2+\cdots\end{aligned}$$

因为 $\boldsymbol{AB}=\boldsymbol{BA}$，所以 $e^{\boldsymbol{A}}e^{\boldsymbol{B}}=e^{\boldsymbol{A}+\boldsymbol{B}}$．同理可证 $e^{\boldsymbol{B}}e^{\boldsymbol{A}}=e^{\boldsymbol{A}+\boldsymbol{B}}$.

特殊地，$e^{\boldsymbol{A}}e^{-\boldsymbol{A}}=e^{-\boldsymbol{A}}e^{\boldsymbol{A}}=e^{\boldsymbol{O}}=\boldsymbol{E}$，$(e^{\boldsymbol{A}})^{-1}=e^{-\boldsymbol{A}}$，$(e^{\boldsymbol{A}})^m=e^{m\boldsymbol{A}}$（$m$是整数）.

对于 $\boldsymbol{A}\in\mathbf{C}^{n\times n}$，下面再列出一些常见的矩阵指数函数及矩阵三角函数的性质.

（1）$\sin(-\boldsymbol{A})=-\sin\boldsymbol{A}$，$\cos(-\boldsymbol{A})=\cos\boldsymbol{A}$.

（2）$\sin^2\boldsymbol{A}+\cos^2\boldsymbol{A}=\boldsymbol{E}$.

（3）$e^{i\boldsymbol{A}}=\cos\boldsymbol{A}+i\sin\boldsymbol{A}$，$\cos\boldsymbol{A}=\frac{1}{2}(e^{i\boldsymbol{A}}+e^{-i\boldsymbol{A}})$，$\sin\boldsymbol{A}=\frac{1}{2}(e^{i\boldsymbol{A}}-e^{-i\boldsymbol{A}})$.

（4）$\cos 2\boldsymbol{A}=\cos^2\boldsymbol{A}-\sin^2\boldsymbol{A}$，$\sin 2\boldsymbol{A}=2\sin\boldsymbol{A}\cos\boldsymbol{A}$.

（5）当 $\boldsymbol{AB}=\boldsymbol{BA}$ 时，有

$$\sin(\boldsymbol{A}+\boldsymbol{B})=\sin\boldsymbol{A}\cos\boldsymbol{B}+\cos\boldsymbol{A}\sin\boldsymbol{B},\ \ \cos(\boldsymbol{A}+\boldsymbol{B})=\cos\boldsymbol{A}\cos\boldsymbol{B}-\sin\boldsymbol{A}\sin\boldsymbol{B}$$

5.2.2 矩阵函数的计算

矩阵的计算本来就很复杂，根据定义计算矩阵函数显然更加复杂．因此，需要寻求计算矩阵函数的其他方法．本节主要介绍计算矩阵函数的两种主要方法．

方法 1　利用矩阵的 Jordan 标准型计算矩阵函数

引理 5.1　设 $\boldsymbol{J}_0$ 是对角线元素为 λ_0 的 m 阶 Jordan 块，幂级数 $f(z)=\sum\limits_{k=0}^{\infty}c_k z^k$ ，其收敛半径为 R ，则当 $|\lambda_0|<R$ 时，矩阵幂级数 $\sum\limits_{k=0}^{\infty}c_k\boldsymbol{J}_0^k$ 收敛，且其和为矩阵

$$\begin{pmatrix} f(\lambda_0) & f'(\lambda_0) & \frac{1}{2!}f''(\lambda_0) & \cdots & \frac{1}{(m-1)!}f^{(m-1)}(\lambda_0) \\ & f(\lambda_0) & f'(\lambda_0) & \cdots & \frac{1}{(m-2)!}f^{(m-2)}(\lambda_0) \\ & & \ddots & \ddots & \vdots \\ & & & \ddots & f'(\lambda_0) \\ & & & & f(\lambda_0) \end{pmatrix}$$

证　令 $\boldsymbol{S}^{(N)}=\sum\limits_{k=0}^{N}c_k\boldsymbol{J}_0^k$，$S^{(N)}(\lambda_0)=\sum\limits_{k=0}^{N}c_k\lambda_0^k$ ，则容易算得

$$\boldsymbol{J}_0^k=\begin{pmatrix} \lambda_0^k & \mathrm{C}_k^1\lambda_0^{k-1} & \mathrm{C}_k^2\lambda_0^{k-2} & \cdots & \mathrm{C}_k^{m-1}\lambda_0^{k-m+1} \\ & \lambda_0^k & \mathrm{C}_k^1\lambda_0^{k-1} & \cdots & \mathrm{C}_k^{m-2}\lambda_0^{k-m+2} \\ & & \ddots & \ddots & \vdots \\ & & & \ddots & \mathrm{C}_k^1\lambda_0^{k-1} \\ & & & & \lambda_0^k \end{pmatrix}$$

其中，若 $l>k$ ，则 $\mathrm{C}_k^l=0$. 因此

$$\boldsymbol{S}^{(N)}=\begin{pmatrix} \sum\limits_{k=0}^{N}c_k\lambda_0^k & \sum\limits_{k=0}^{N}c_k\mathrm{C}_k^1\lambda_0^{k-1} & \sum\limits_{k=0}^{N}c_k\mathrm{C}_k^2\lambda_0^{k-2} & \cdots & \sum\limits_{k=0}^{N}c_k\mathrm{C}_k^{m-1}\lambda_0^{k-m+1} \\ & \sum\limits_{k=0}^{N}c_k\lambda_0^k & \sum\limits_{k=0}^{N}c_k\mathrm{C}_k^1\lambda_0^{k-1} & \cdots & \sum\limits_{k=0}^{N}c_k\mathrm{C}_k^{m-2}\lambda_0^{k-m+2} \\ & & \ddots & \ddots & \vdots \\ & & & \ddots & \sum\limits_{k=0}^{N}c_k\mathrm{C}_k^1\lambda_0^{k-1} \\ & & & & \sum\limits_{k=0}^{N}c_k\lambda_0^k \end{pmatrix}$$

$$=\begin{pmatrix} S^{(N)}(\lambda_0) & [S^{(N)}(\lambda_0)]' & \frac{1}{2!}[S^{(N)}(\lambda_0)]'' & \cdots & \frac{1}{(m-1)!}[S^{(N)}(\lambda_0)]^{(m-1)} \\ & S^{(N)}(\lambda_0) & [S^{(N)}(\lambda_0)]' & \cdots & \frac{1}{(m-2)!}[S^{(N)}(\lambda_0)]^{(m-2)} \\ & & \ddots & \ddots & \vdots \\ & & & \ddots & [S^{(N)}(\lambda_0)]' \\ & & & & S^{(N)}(\lambda_0) \end{pmatrix}.$$

因为 $S^{(N)}(z)=\sum_{k=0}^{N}c_k z^k$ 的收敛半径为 R，且 $|\lambda_0|<R$，所以

$$S^{(N)}(\lambda_0),[S^{(N)}(\lambda_0)]',\cdots,[S^{(N)}(\lambda_0)]^{(m-1)}$$

收敛，且

$$\lim_{N\to\infty}S^{(N)}(\lambda_0)=f(\lambda_0),\lim_{N\to\infty}[S^{(N)}(\lambda_0)]^{(k)}=f^{(k)}(\lambda_0),\ \ k=1,2,\cdots,m-1$$

因此

$$\lim_{N\to\infty}\boldsymbol{S}^{(N)}=\sum_{k=0}^{\infty}c_k\boldsymbol{J}_0^k=\begin{pmatrix} f(\lambda_0) & f'(\lambda_0) & \frac{1}{2!}f''(\lambda_0) & \cdots & \frac{1}{(m-1)!}f^{(m-1)}(\lambda_0) \\ & f(\lambda_0) & f'(\lambda_0) & \cdots & \frac{1}{(m-2)!}f^{(m-2)}(\lambda_0) \\ & & \ddots & \ddots & \vdots \\ & & & \ddots & f'(\lambda_0) \\ & & & & f(\lambda_0) \end{pmatrix}$$

定理 5.14（Lagrange-Sylvester 定理） 设幂级数 $f(z)=\sum_{k=0}^{\infty}c_k z^k$，其收敛半径为 R，矩阵 $\boldsymbol{A}$ 的 Jordan 标准型为

$$\boldsymbol{J}=\begin{pmatrix} \boldsymbol{J}_1 & & & \\ & \boldsymbol{J}_2 & & \\ & & \ddots & \\ & & & \boldsymbol{J}_s \end{pmatrix}$$

其中，$\boldsymbol{J}_i=\begin{pmatrix} \lambda_i & 1 & & \\ & \lambda_i & \ddots & \\ & & \ddots & 1 \\ & & & \lambda_i \end{pmatrix}$，$i=1,2,\cdots,s$，其相似变换矩阵为 $\boldsymbol{P}$，即 $\boldsymbol{A}=\boldsymbol{PJP}^{-1}$.

若 $|\lambda_i|<R$（$i=1,2,\cdots,s$），则矩阵幂级数 $\sum_{k=0}^{\infty}c_k\boldsymbol{A}^k$ 收敛，其和为

$$f(\boldsymbol{A})=\sum_{k=0}^{\infty}c_k\boldsymbol{A}^k=\boldsymbol{P}\begin{pmatrix} f(\boldsymbol{J}_1) & & & \\ & f(\boldsymbol{J}_2) & & \\ & & \ddots & \\ & & & f(\boldsymbol{J}_s) \end{pmatrix}\boldsymbol{P}^{-1}$$

其中

$$f(\boldsymbol{J}_i)=\begin{pmatrix} f(\lambda_i) & f'(\lambda_i) & \frac{1}{2!}f''(\lambda_i) & \cdots & \frac{1}{(n_i-1)!}f^{(n_i-1)}(\lambda_i) \\ & f(\lambda_i) & f'(\lambda_i) & \cdots & \frac{1}{(n_i-2)!}f^{(n_i-2)}(\lambda_i) \\ & & f(\lambda_i) & \ddots & \vdots \\ & & & \ddots & f'(\lambda_i) \\ & & & & f(\lambda_i) \end{pmatrix},\ \ i=1,2,\cdots,s$$

根据引理 5.1 即可得证.

根据定理 5.14，将利用 Jordan 标准型计算矩阵函数的步骤总结如下.

第一步：求 $\boldsymbol{A}$ 的 Jordan 标准型 $\boldsymbol{J}$ 及相似变换矩阵 $\boldsymbol{P}$ 和 $\boldsymbol{P}^{-1}$.

第二步：求 $f(\boldsymbol{J})$.

第三步：计算 $f(\boldsymbol{A})=\boldsymbol{P}f(\boldsymbol{J})\boldsymbol{P}^{-1}$.

例 5.10 证明 $\det(\mathrm{e}^{\boldsymbol{A}})=\mathrm{e}^{\mathrm{tr}\boldsymbol{A}}$.

证 设 $\boldsymbol{J}$ 是 $\boldsymbol{A}$ 的 Jordan 标准型，$\lambda_1,\lambda_2,\cdots,\lambda_n$ 是 $\boldsymbol{A}$ 的特征值，则存在非奇异矩阵 $\boldsymbol{P}$，使得 $\boldsymbol{A}=\boldsymbol{PJP}^{-1}$. 因此

$$\det(\mathrm{e}^{\boldsymbol{A}})=\det(\mathrm{e}^{\boldsymbol{J}})=\mathrm{e}^{\lambda_1+\lambda_2+\cdots+\lambda_n}=\mathrm{e}^{\mathrm{tr}\boldsymbol{A}}$$

例 5.11 已知矩阵 $\boldsymbol{A}=\begin{pmatrix}2&0&0\\1&1&1\\1&-1&3\end{pmatrix}$，计算 $\mathrm{e}^{\boldsymbol{A}}$，$\mathrm{e}^{\boldsymbol{A}t}$，$\sin\boldsymbol{A}$.

解 $\boldsymbol{A}$ 的 Jordan 标准型为

$$\boldsymbol{J}=\begin{pmatrix}2&0&0\\0&2&1\\0&0&2\end{pmatrix}$$

其相似变换矩阵 $\boldsymbol{P}$ 和 $\boldsymbol{P}^{-1}$ 分别为

$$\boldsymbol{P}=\begin{pmatrix}1&0&1\\1&1&0\\0&1&0\end{pmatrix},\quad \boldsymbol{P}^{-1}=\begin{pmatrix}0&1&-1\\0&0&1\\1&-1&1\end{pmatrix}$$

且

$$f(\boldsymbol{J})=\begin{pmatrix}f(2)&0&0\\0&f(2)&f'(2)\\0&0&f(2)\end{pmatrix}$$

从而

$$\begin{aligned}f(\boldsymbol{A})&=\boldsymbol{P}f(\boldsymbol{J})\boldsymbol{P}^{-1}\\&=\begin{pmatrix}1&0&1\\1&1&0\\0&1&0\end{pmatrix}\begin{pmatrix}f(2)&0&0\\0&f(2)&f'(2)\\0&0&f(2)\end{pmatrix}\begin{pmatrix}0&1&-1\\0&0&1\\1&-1&1\end{pmatrix}\\&=\begin{pmatrix}f(2)&0&0\\f'(2)&f(2)-f'(2)&f'(2)\\f'(2)&-f'(2)&f(2)+f'(2)\end{pmatrix}\end{aligned}$$

当 $f(\lambda)=\mathrm{e}^{\lambda}$ 时，$f(2)=\mathrm{e}^2$，$f'(2)=\mathrm{e}^2$，从而

$$\mathrm{e}^{\boldsymbol{A}}=\begin{pmatrix}\mathrm{e}^2&0&0\\\mathrm{e}^2&0&\mathrm{e}^2\\\mathrm{e}^2&-\mathrm{e}^2&2\mathrm{e}^2\end{pmatrix}$$

当 $f(\lambda)=\sin\lambda$ 时，$f(2)=\sin 2$，$f'(2)=\cos 2$，从而

$$\sin\boldsymbol{A}=\begin{pmatrix}\sin 2&0&0\\\cos 2&\sin 2-\cos 2&\cos 2\\\cos 2&-\cos 2&\sin 2+\cos 2\end{pmatrix}$$

当 $f(\lambda)=\mathrm{e}^{\lambda t}$ 时，$f(2)=\mathrm{e}^{2t}$，$f'(2)=t\mathrm{e}^{2t}$，从而

$$\mathrm{e}^{At}=\begin{pmatrix} \mathrm{e}^{2t} & 0 & 0 \\ t\mathrm{e}^{2t} & (1-t)\mathrm{e}^{2t} & t\mathrm{e}^{2t} \\ t\mathrm{e}^{2t} & -t\mathrm{e}^{2t} & (1+t)\mathrm{e}^{2t} \end{pmatrix}$$

定理 5.14 提供了计算矩阵函数的一种方法. 用这种方法必须先计算出 Jordan 标准型 $\boldsymbol{J}$ 和相似变换矩阵 $\boldsymbol{P}$. 从例 5.10 中可以看出，其计算过程还是比较烦琐的. 下面介绍的待定系数法相比较而言要简单一些. 但这种方法的理论推导非常复杂，因此这里只将方法和结果介绍给读者.

方法 2　待定系数法

设 $\boldsymbol{A}\in \mathbf{C}^{n\times n}$，其最小多项式为

$$m_A(\lambda)=(\lambda-\lambda_1)^{r_1}(\lambda-\lambda_2)^{r_2}\cdots(\lambda-\lambda_s)^{r_s}$$

其中，$\lambda_1,\lambda_2,\cdots,\lambda_s$ 为 $\boldsymbol{A}$ 的互异特征值；$r_1+r_2+\cdots+r_s=m$. 为了计算矩阵函数 $f(\boldsymbol{A}t)=\sum\limits_{k=0}^{\infty}c_k(\boldsymbol{A}t)^k$ ，记 $f(\lambda t)=\sum\limits_{k=0}^{\infty}c_k(\lambda t)^k$. 将 $f(\lambda t)$ 形式地写为

$$f(\lambda t)=q(\lambda,t)m_A(\lambda)+r(\lambda,t) \tag{5.1}$$

其中，$q(\lambda,t)$ 为含有参数 t 的 λ 的表达式；$r(\lambda,t)$ 为含有参数 t 的次数不超过 $m-1$ 的 λ 的多项式，即

$$r(\lambda,t)=b_{m-1}(t)\lambda^{m-1}+\cdots+b_1(t)\lambda+b_0(t)$$

因为 $m_A(\lambda)$ 是最小多项式，所以

$$\begin{aligned} f(\boldsymbol{A}t)&=q(\boldsymbol{A},t)m_A(\boldsymbol{A})+r(\boldsymbol{A},t) \\ &=b_{m-1}(t)\boldsymbol{A}^{m-1}+\cdots+b_1(t)\boldsymbol{A}+b_0(t)\boldsymbol{E} \end{aligned}$$

因此，只要求出 $b_k(t)$（$k=1,2,\cdots,m-1$），便可得到 $f(\boldsymbol{A}t)$. 注意到

$$m_A^{(l)}(\lambda_i)=0\,(l=0,1,\cdots,r_i-1;\ i=1,2,\cdots,s) \tag{5.2}$$

对式（5.1）两端关于 λ 求导，并利用式（5.2），可得

$$\left.\frac{\mathrm{d}^l}{\mathrm{d}\lambda^l}f(\lambda t)\right|_{\lambda=\lambda_i}=\left.\frac{\mathrm{d}^l}{\mathrm{d}\lambda^l}r(\lambda,t)\right|_{\lambda=\lambda_i} \tag{5.3}$$

由式（5.3）即可得到以 $b_0(t),b_1(t),\cdots,b_{m-1}(t)$ 为未知量的线性方程组. 解之，即得.

综合以上分析，现将用待定系数法计算矩阵函数 $f(\boldsymbol{A}t)$ 或 $f(\boldsymbol{A})$ 的步骤总结如下.

第一步：求矩阵的最小多项式 $m_A(\lambda)$.

第二步：设 $r(\lambda)=b_{m-1}\lambda^{m-1}+\cdots+b_1\lambda+b_0$ ，根据

$$r^{(l)}(\lambda_i)=t^l f^{(l)}(\lambda_i t)\quad(l=0,1,\cdots,r_i-1;\ i=1,2,\cdots,s)$$

或

$$r^{(l)}(\lambda_i)=f^{(l)}(\lambda_i)\quad(l=0,1,\cdots,r_i-1;\ i=1,2,\cdots,s)$$

列方程组，求解 $b_0,b_1,\cdots,b_{m-1}$.

第三步：计算 $f(\boldsymbol{A}t)$（或 $f(\boldsymbol{A})$）$=r(\boldsymbol{A})=b_{m-1}\boldsymbol{A}^{m-1}+\cdots+b_1\boldsymbol{A}+b_0\boldsymbol{E}$.

需要指出的是，如果第一步求出的是特征多项式，那么也可以按此步骤继续计算下去，只是计算量稍微大一些.

例 5.12 已知矩阵 $\boldsymbol{A}=\begin{pmatrix}3 & 1 & -1\\ -2 & 0 & 2\\ -1 & -1 & 3\end{pmatrix}$，计算 $\mathrm{e}^{\boldsymbol{A}t}$，$\sin\boldsymbol{A}$.

解 容易求得 $\boldsymbol{A}$ 的最小多项式为 $m_A(\lambda)=(\lambda-2)^2$，因此可设 $r(\lambda)=b_1\lambda+b_0$，由

$$\begin{cases}f(2)=r(2)\\ f'(2)=r'(2)\end{cases}$$

得

$$\begin{cases}2b_1+b_0=\mathrm{e}^{2t}\\ b_1=t\mathrm{e}^{2t}\end{cases}$$

解得 $b_1=t\mathrm{e}^{2t}$，$b_0=(1-2t)\mathrm{e}^{2t}$，因此，$\mathrm{e}^{\boldsymbol{A}t}=b_1\boldsymbol{A}+b_0\boldsymbol{E}=\mathrm{e}^{2t}\begin{pmatrix}1+t & t & -t\\ -2t & 1-2t & 2t\\ -t & -t & 1+t\end{pmatrix}$. 再由

$$\begin{cases}r(2)=2b_1+b_0=\sin 2\\ r'(2)=b_1=\cos 2\end{cases}$$

解得 $b_1-\cos 2$，$b_0=\sin 2-2\cos 2$，因此

$$\sin\boldsymbol{A}=b_1\boldsymbol{A}+b_0\boldsymbol{E}=\begin{pmatrix}\sin 2+\cos 2 & \cos 2 & -\cos 2\\ -2\cos 2 & \sin 2-2\cos 2 & 2\cos 2\\ -\cos 2 & -\cos 2 & \sin 2+\cos 2\end{pmatrix}$$

需要指出的是，矩阵函数的计算不仅仅局限于以上两种方法. 针对矩阵的不同特点，可以有不同的计算方法.

例 5.13 设 $\boldsymbol{A}=\begin{pmatrix}0 & 1\\ -1 & 0\end{pmatrix}$，求 $\mathrm{e}^{\boldsymbol{A}t}$.

解 $|\lambda\boldsymbol{E}-\boldsymbol{A}|=\lambda^2+1$，根据凯莱-哈密顿定理，$\boldsymbol{A}^2+\boldsymbol{E}=\boldsymbol{O}$.因此，$\boldsymbol{A}^2=-\boldsymbol{E},\boldsymbol{A}^3=-\boldsymbol{A},\boldsymbol{A}^4=\boldsymbol{E},\boldsymbol{A}^5=\boldsymbol{A},\cdots$，即有递推公式

$$\boldsymbol{A}^{2k}=(-1)^k\boldsymbol{E},\ \boldsymbol{A}^{2k+1}=(-1)^k\boldsymbol{A},\ k=1,2,\cdots$$

所以

$$\begin{aligned}\mathrm{e}^{\boldsymbol{A}t}&=\sum_{k=0}^{\infty}\frac{1}{k!}(\boldsymbol{A}t)^k\\ &=\left(1-\frac{t^2}{2!}+\frac{t^4}{4!}-\cdots\right)\boldsymbol{E}+\left(t-\frac{t^3}{3!}+\frac{t^5}{5!}-\cdots\right)\boldsymbol{A}\\ &=(\cos t)\boldsymbol{E}+(\sin t)\boldsymbol{A}\\ &=\begin{pmatrix}\cos t & \sin t\\ -\sin t & \cos t\end{pmatrix}\end{aligned}$$

例 5.14 设 $\boldsymbol{A}\in\mathbf{C}^{4\times4}$，其特征值为 $\pi,-\pi,0,0$，求 $\mathrm{e}^{\boldsymbol{A}}$，$\cos\boldsymbol{A}$，$\sin\boldsymbol{A}$.

解 因为其特征值为 $\pi,-\pi,0,0$，所以 $|\lambda\boldsymbol{E}-\boldsymbol{A}|=\lambda^2(\lambda-\pi)(\lambda+\pi)=\lambda^4-\pi^2\lambda^2$，根据凯莱-哈密顿定理，$\boldsymbol{A}^4=\pi^2\boldsymbol{A}^2$. 因此

$$\begin{aligned}\sin \boldsymbol{A} &= \boldsymbol{A}-\frac{1}{3!}\boldsymbol{A}^3+\frac{1}{5!}\boldsymbol{A}^5-\frac{1}{7!}\boldsymbol{A}^7+\cdots \\ &= \boldsymbol{A}-\frac{1}{3!}\boldsymbol{A}^3+\frac{\pi^2}{5!}\boldsymbol{A}^3-\frac{\pi^4}{7!}\boldsymbol{A}^3+\cdots \\ &= \boldsymbol{A}+\left(-\frac{1}{3!}+\frac{\pi^2}{5!}-\frac{\pi^4}{7!}+\cdots\right)\boldsymbol{A}^3 \\ &= \boldsymbol{A}+\frac{\sin\pi-\pi}{\pi^3}\boldsymbol{A}^3 \\ &= \boldsymbol{A}-\frac{1}{\pi^2}\boldsymbol{A}^3\end{aligned}$$

同理，可求得 $\cos \boldsymbol{A}=\boldsymbol{E}-\frac{2}{\pi^2}\boldsymbol{A}^2$，$\mathrm{e}^{\boldsymbol{A}}=\boldsymbol{E}+\boldsymbol{A}+\frac{\mathrm{ch}\pi-1}{\pi^2}\boldsymbol{A}^2+\frac{\mathrm{sh}\pi-\pi}{\pi^3}\boldsymbol{A}^3$.

5.3　函数矩阵

在研究微分方程组时，为了简化对问题的表述及求解过程，需要考虑以函数为元素的矩阵的微分和积分. 矩阵微分方程是优化理论、系统工程和自动控制理论的重要数学基础. 本节首先介绍函数矩阵的微分与积分，然后介绍数量函数和函数矩阵对矩阵变量的导数.

5.3.1　函数矩阵的微分与积分

定义 5.14　以变量 t 的函数为元素的矩阵 $\boldsymbol{A}(t)=(a_{ij}(t))_{m\times n}$ 称为函数矩阵. 若每个 $a_{ij}(t)$（$i=1,2,\cdots,m$; $j=1,2,\cdots,n$）在 $[a,b]$ 上连续、可微、可积，则称 $\boldsymbol{A}(t)$ 在 $[a,b]$ 上连续、可微、可积.

当 $\boldsymbol{A}(t)$ 在 $[a,b]$ 上可微时，定义

$$\boldsymbol{A}'(t)=\frac{\mathrm{d}}{\mathrm{d}t}\boldsymbol{A}(t)=(a_{ij}'(t))_{m\times n}$$

当 $\boldsymbol{A}(t)$ 在 $[a,b]$ 上可积时，定义

$$\int_a^b \boldsymbol{A}(t)\mathrm{d}t==(\int_a^b a_{ij}'(t)\mathrm{d}t)_{m\times n}$$

可微的函数矩阵有以下简单的运算性质.

定理 5.15　设 $\boldsymbol{A}(t)$ 与 $\boldsymbol{B}(t)$ 是适当阶的可微函数矩阵，$u(t)$ 与 $f(t)$ 为可微的数量函数，α 与 β 为常数，则有以下结论.

（1）数字矩阵的导数为零矩阵.

（2）$[\alpha\boldsymbol{A}(t)+\beta\boldsymbol{B}(t)]'=\alpha\boldsymbol{A}'(t)+\beta\boldsymbol{B}'(t)$.

（3）$[u(t)\boldsymbol{A}(t)]'=u'(t)\boldsymbol{A}(t)+u(t)\boldsymbol{A}'(t)$.

（4）$[\boldsymbol{A}(t)\boldsymbol{B}(t)]'=\boldsymbol{A}'(t)\boldsymbol{B}(t)+\boldsymbol{A}(t)\boldsymbol{B}'(t)$.

（5）$[\boldsymbol{A}(f(t))]'=\boldsymbol{A}'(f(t))\cdot f'(t)$.

（6）若 $\boldsymbol{A}(t)$ 可逆且 $\boldsymbol{A}^{-1}(t)$ 可微，则 $[\boldsymbol{A}^{-1}(t)]'=-\boldsymbol{A}^{-1}(t)\boldsymbol{A}'(t)\boldsymbol{A}^{-1}(t)$.

证　这里只证明性质（6）.

由于 $\boldsymbol{A}(t)$ 可逆，因此 $\boldsymbol{A}(t)\boldsymbol{A}^{-1}(t)=\boldsymbol{E}$. 两端对 t 求导，根据性质（4）可得

$$A'(t)A^{-1}(t)+A(t)[A^{-1}(t)]'=O$$

从而

$$[A^{-1}(t)]'=-A^{-1}(t)A'(t)A^{-1}(t)$$

例 5.15 设 $A\in \mathbf{C}^{n\times n}$，证明 $\dfrac{\mathrm{d}}{\mathrm{d}t}\mathrm{e}^{At}=A\mathrm{e}^{At}=\mathrm{e}^{At}A$.

证 因为

$$\mathrm{e}^{At}=\sum_{k=0}^{\infty}\frac{1}{k!}(At)^k=\sum_{k=0}^{\infty}\frac{1}{k!}A^kt^k$$

所以

$$(\mathrm{e}^{At})_{ij}=\sum_{k=0}^{\infty}\frac{1}{k!}(A^kt^k)_{ij}=\sum_{k=0}^{\infty}\frac{t^k}{k!}(A^k)_{ij}$$

对任意 t 都收敛，从而可以逐项求导，于是有

$$\frac{\mathrm{d}}{\mathrm{d}t}(\mathrm{e}^{At})_{ij}=\sum_{k=1}^{\infty}\frac{t^{k-1}}{(k-1)!}(A^k)_{ij}$$

从而

$$\frac{\mathrm{d}}{\mathrm{d}t}\mathrm{e}^{At}=\sum_{k=1}^{\infty}\frac{t^{k-1}}{(k-1)!}A^k=A\left(\sum_{k=1}^{\infty}\frac{1}{(k-1)!}(tA)^{k-1}\right)=A\left(\sum_{k=0}^{\infty}\frac{1}{k!}(tA)^k\right)=A\mathrm{e}^{At}$$

同理可证 $\dfrac{\mathrm{d}}{\mathrm{d}t}\mathrm{e}^{At}=\mathrm{e}^{At}A$.

注 （1）本例说明 A 与 e^{At} 乘积可交换.

（2）同理可得

$$\frac{\mathrm{d}}{\mathrm{d}t}\sin(At)=A\cos(At)=\cos(At)A$$

$$\frac{\mathrm{d}}{\mathrm{d}t}\cos(At)=-A\sin(At)=-\sin(At)A$$

例 5.16 设 $A(t)=\begin{pmatrix} t & 0\\ 1 & t^2\end{pmatrix}$，求 $[A^2(t)]'$ 和 $2A(t)\cdot A'(t)$.

解 容易计算 $A^2(t)=\begin{pmatrix} t^2 & 0\\ t+t^2 & t^4\end{pmatrix}$，$A'(t)=\begin{pmatrix} 1 & 0\\ 0 & 2t\end{pmatrix}$. 因此

$$[A^2(t)]'=\begin{pmatrix} 2t & 0\\ 1+2t & 4t^3\end{pmatrix},\ 2A(t)\cdot A'(t)=\begin{pmatrix} 2t & 0\\ 2 & 4t^3\end{pmatrix}$$

本例说明，一般地，$[A^2(t)]'\neq 2A(t)\cdot A'(t)$，但可以证明

$$[A^2(t)]'=[A(t)\cdot A(t)]'=A'(t)\cdot A(t)+A(t)\cdot A'(t)$$

因此，虽然微积分中关于微分和积分的许多运算性质对函数矩阵仍然成立，但是，因为矩阵乘法一般不可交换，所以有些性质不可照搬.

例 5.17 设数字矩阵 $A\in \mathbf{R}^{n\times n}$，$A=A^{\mathrm{T}}$，$P=[p_1(x),p_2(x),\cdots,p_n(x)]^{\mathrm{T}}\in \mathbf{R}^n$，求二次型 $P^{\mathrm{T}}AP$ 对变量 x 的导数.

解 根据求导公式，有

$$\frac{\mathrm{d}}{\mathrm{d}x}(\boldsymbol{P}^{\mathrm{T}}\boldsymbol{AP})=\frac{\mathrm{d}}{\mathrm{d}x}[\boldsymbol{P}^{\mathrm{T}}(\boldsymbol{AP})]=\frac{\mathrm{d}\boldsymbol{P}^{\mathrm{T}}}{\mathrm{d}x}(\boldsymbol{AP})+\boldsymbol{P}^{\mathrm{T}}\frac{\mathrm{d}(\boldsymbol{AP})}{\mathrm{d}x}$$
$$=\frac{\mathrm{d}\boldsymbol{P}^{\mathrm{T}}}{\mathrm{d}x}(\boldsymbol{AP})+\boldsymbol{P}^{\mathrm{T}}\left(\frac{\mathrm{d}\boldsymbol{A}}{\mathrm{d}x}\boldsymbol{P}+\boldsymbol{A}\frac{\mathrm{d}\boldsymbol{P}}{\mathrm{d}x}\right)$$

因为 $\boldsymbol{A}$ 为数字矩阵，所以 $\frac{\mathrm{d}\boldsymbol{A}}{\mathrm{d}x}=\boldsymbol{O}$. 又因为 $\frac{\mathrm{d}\boldsymbol{P}^{\mathrm{T}}}{\mathrm{d}x}(\boldsymbol{AP})\in\mathbf{R}$，$\boldsymbol{A}=\boldsymbol{A}^{\mathrm{T}}$，所以

$$\frac{\mathrm{d}\boldsymbol{P}^{\mathrm{T}}}{\mathrm{d}x}(\boldsymbol{AP})=\left[\frac{\mathrm{d}\boldsymbol{P}^{\mathrm{T}}}{\mathrm{d}x}(\boldsymbol{AP})\right]^{\mathrm{T}}=(\boldsymbol{AP})^{\mathrm{T}}\left(\frac{\mathrm{d}\boldsymbol{P}^{T}}{\mathrm{d}x}\right)^{\mathrm{T}}=\boldsymbol{P}^{\mathrm{T}}\boldsymbol{A}\frac{\mathrm{d}\boldsymbol{P}}{\mathrm{d}x}$$

因此，所求二次型的导数为

$$\frac{\mathrm{d}}{\mathrm{d}x}(\boldsymbol{P}^{\mathrm{T}}\boldsymbol{AP})=2\boldsymbol{P}^{\mathrm{T}}\boldsymbol{A}\frac{\mathrm{d}\boldsymbol{P}}{\mathrm{d}x}$$

可积的函数矩阵有以下简单的运算性质.

定理 5.16　设 $\boldsymbol{A}(t)$ 与 $\boldsymbol{B}(t)$ 是 $[a,b]$ 上适当阶的可积函数矩阵，$\boldsymbol{P}$ 与 $\boldsymbol{Q}$ 为数字矩阵，α 与 β 为常数，则有以下结论.

（1）$\int_a^b[\alpha\boldsymbol{A}(t)+\beta\boldsymbol{B}(t)]\mathrm{d}t=\alpha\int_a^b\boldsymbol{A}(t)\mathrm{d}t+\beta\int_a^b\boldsymbol{B}(t)\mathrm{d}t$.

（2）$\int_a^b\boldsymbol{PA}(t)\mathrm{d}t=\boldsymbol{P}(\int_a^b\boldsymbol{A}(t)\mathrm{d}t)$，$\int_a^b\boldsymbol{A}(t)\boldsymbol{Q}\mathrm{d}t=(\int_a^b\boldsymbol{A}(t)\mathrm{d}t)\boldsymbol{Q}$.

（3）当 $\boldsymbol{A}(t)$ 在 $[a,b]$ 上连续时，$\forall t\in[a,b]$，有 $\frac{\mathrm{d}}{\mathrm{d}t}\int_a^t\boldsymbol{A}(u)\mathrm{d}u=\boldsymbol{A}(t)$.

（4）当 $\boldsymbol{A}(t)$ 在 $[a,b]$ 上的导数连续时，有 $\int_a^b\boldsymbol{A}(t)\mathrm{d}t=\boldsymbol{A}(b)-\boldsymbol{A}(a)$.

（5）当 $\boldsymbol{A}(t)$ 和 $\boldsymbol{B}(t)$ 在 $[a,b]$ 上的导数连续时，有

$$\int_a^b\boldsymbol{A}(t)\boldsymbol{B}'(t)\mathrm{d}t=\boldsymbol{A}(t)\boldsymbol{B}(t)\Big|_a^b-\int_a^b\boldsymbol{A}'(t)\boldsymbol{B}(t)\mathrm{d}t$$

（6）$\int_a^b\boldsymbol{A}^{\mathrm{T}}(t)\mathrm{d}t=\left(\int_a^b\boldsymbol{A}(t)\mathrm{d}t\right)^{\mathrm{T}}$.

5.3.2　数量函数对矩阵变量的导数

5.3.1 节讨论的是函数矩阵对单变量的导数，实质上是把数量函数的求导运算推广到了函数矩阵. 在很多具体应用中，还需要数量函数对矩阵变量的导数，以及函数矩阵对矩阵变量的导数. 下面来研究这两个更一般的函数矩阵求导问题.

在微积分的场论部分，数量函数 $u(x,y,z)$ 的梯度定义为

$$\mathrm{grad}\,u=\nabla u=\left(\frac{\partial u}{\partial x},\frac{\partial u}{\partial y},\frac{\partial u}{\partial z}\right)^{\mathrm{T}}$$

可以理解为数量函数 $u(x,y,z)$ 对向量变量的导数. 现将这一概念推广到数量函数对矩阵变量的导数.

定义 5.15　设 $\boldsymbol{x}=(x_1,x_2,\cdots,x_n)^{\mathrm{T}}$ 为向量变量，$y=f(\boldsymbol{x})=f(x_1,x_2,\cdots,x_n)$ 为可微的数量函数，则称以 $\frac{\partial f}{\partial x_i}$ $(i=1,2,\cdots,n)$ 为元素的 n 维向量为数量函数 $y=f(\boldsymbol{x})$ 对向量变量 $\boldsymbol{x}$ 的导数，记为 $\frac{\mathrm{d}f}{\mathrm{d}\boldsymbol{x}}$，即

$$\frac{\mathrm{d}f}{\mathrm{d}\boldsymbol{x}}=\left(\frac{\partial f}{\partial x_1},\frac{\partial f}{\partial x_2},\cdots,\frac{\partial f}{\partial x_n}\right)^{\mathrm{T}}$$

而 $y=f(\boldsymbol{x})$ 对向量变量 $\boldsymbol{x}^{\mathrm{T}}=(x_1,x_2,\cdots,x_n)$ 的导数定义为

$$\frac{\mathrm{d}f}{\mathrm{d}\boldsymbol{x}^{\mathrm{T}}}=\left(\frac{\partial f}{\partial x_1},\frac{\partial f}{\partial x_2},\cdots,\frac{\partial f}{\partial x_n}\right)$$

显然

$$\left(\frac{\mathrm{d}f}{\mathrm{d}\boldsymbol{x}^{\mathrm{T}}}\right)^{\mathrm{T}}=\frac{\mathrm{d}f}{\mathrm{d}\boldsymbol{x}}$$

将定义 5.15 进行推广，可得如下定义.

定义 5.16 设 $\boldsymbol{X}=(x_{ij})_{m\times n}\in\mathbf{R}^{m\times n}$ 为矩阵变量，$y=f(\boldsymbol{X})=f(x_{11},x_{12},\cdots,x_{1n},x_{21},x_{22},\cdots,x_{2n},\cdots,x_{m1},x_{m2},\cdots,x_{mn})$ 为可微的数量函数，则以 $\dfrac{\partial f}{\partial x_{ij}}(i=1,2,\cdots,m;\ j=1,2,\cdots,n)$ 为元素的 $m\times n$ 阶矩阵称为数量函数 $y=f(\boldsymbol{X})$ 对矩阵变量 $\boldsymbol{X}$ 的导数，记为 $\dfrac{\mathrm{d}f}{\mathrm{d}\boldsymbol{X}}$，即

$$\frac{\mathrm{d}f}{\mathrm{d}\boldsymbol{X}}=\left(\frac{\partial f}{\partial x_{ij}}\right)_{m\times n}=\begin{pmatrix}\dfrac{\partial f}{\partial x_{11}} & \dfrac{\partial f}{\partial x_{12}} & \cdots & \dfrac{\partial f}{\partial x_{1n}}\\ \dfrac{\partial f}{\partial x_{21}} & \dfrac{\partial f}{\partial x_{22}} & \cdots & \dfrac{\partial f}{\partial x_{2n}}\\ \vdots & \vdots & & \vdots\\ \dfrac{\partial f}{\partial x_{m1}} & \dfrac{\partial f}{\partial x_{m2}} & \cdots & \dfrac{\partial f}{\partial x_{mn}}\end{pmatrix}$$

例 5.18 设 $\boldsymbol{\alpha}=(a_1,a_2,\cdots,a_n)^{\mathrm{T}}$ 为数字向量，$\boldsymbol{x}=(x_1,x_2,\cdots,x_n)^{\mathrm{T}}$ 为向量变量，数量函数 $f(\boldsymbol{x})=a_1x_1+a_2x_2+\cdots+a_nx_n$，计算 $\dfrac{\mathrm{d}f(\boldsymbol{x})}{\mathrm{d}\boldsymbol{x}}$.

解 因为 $\dfrac{\partial f}{\partial x_i}=a_i\quad(i=1,2,\cdots,n)$，所以 $\dfrac{\mathrm{d}f(\boldsymbol{x})}{\mathrm{d}\boldsymbol{x}}=(a_1,a_2,\cdots,a_n)^{\mathrm{T}}=\boldsymbol{\alpha}$.

例 5.19 设 $\boldsymbol{X}=\begin{pmatrix}x_{11} & x_{12} & \cdots & x_{1n}\\ x_{21} & x_{22} & \cdots & x_{2n}\\ \vdots & \vdots & & \vdots\\ x_{m1} & x_{m2} & \cdots & x_{mn}\end{pmatrix}$，$y=\sum\limits_{i=1}^{m}\sum\limits_{j=1}^{n}x_{ij}^2$，求 $\dfrac{\mathrm{d}y}{\mathrm{d}\boldsymbol{X}}$.

解 $\dfrac{\mathrm{d}y}{\mathrm{d}\boldsymbol{X}}=\left(\dfrac{\partial y}{\partial x_{ij}}\right)_{m\times n}=\begin{pmatrix}2x_{11} & 2x_{12} & \cdots & 2x_{1n}\\ 2x_{21} & 2x_{22} & \cdots & 2x_{2n}\\ \vdots & \vdots & & \vdots\\ 2x_{m1} & 2x_{m2} & \cdots & 2x_{mn}\end{pmatrix}=2\boldsymbol{X}$.

例 5.20 求二次型 $\boldsymbol{x}^{\mathrm{T}}\boldsymbol{A}\boldsymbol{x}$ 对 $\boldsymbol{A}$ 的导数，其中，$\boldsymbol{A}=(a_{ij})\in\mathbf{R}^{n\times n}$，$\boldsymbol{x}\in\mathbf{R}^n$，与 $\boldsymbol{A}$ 无关.

解 因为 $\boldsymbol{x}^{\mathrm{T}}\boldsymbol{A}\boldsymbol{x}=\sum\limits_{i=1}^{n}\sum\limits_{j=1}^{n}a_{ij}x_ix_j$，所以

$$\frac{\mathrm{d}\boldsymbol{x}^{\mathrm{T}}\boldsymbol{A}\boldsymbol{x}}{\mathrm{d}\boldsymbol{A}}=\left(\frac{\partial\boldsymbol{x}^{\mathrm{T}}\boldsymbol{A}\boldsymbol{x}}{\partial a_{ij}}\right)_{n\times n}=(x_ix_j)_{n\times n}=\boldsymbol{x}\boldsymbol{x}^{\mathrm{T}}$$

例 5.21　设 $\boldsymbol{X}=(x_{ij})_{n\times n}$ 是矩阵变量，且 $\det\boldsymbol{X}\neq 0$，证明

$$\frac{\mathrm{d}}{\mathrm{d}\boldsymbol{X}}\det\boldsymbol{X}=(\det\boldsymbol{X})(\boldsymbol{X}^{-1})^{\mathrm{T}}$$

证　设 x_{ij} 的代数余子式为 X_{ij}，把 $\boldsymbol{X}$ 按第 i 行展开得

$$\det\boldsymbol{X}=\sum_{k=1}^{n}x_{ik}X_{ik}$$

因此

$$\frac{\partial}{\partial x_{ij}}\det\boldsymbol{X}=X_{ij}$$

故

$$\frac{\mathrm{d}}{\mathrm{d}\boldsymbol{X}}\det\boldsymbol{X}=\left(\frac{\partial}{\partial x_{ij}}\det\boldsymbol{X}\right)_{n\times n}=(X_{ij})_{n\times n}=(\boldsymbol{X}^{*})^{\mathrm{T}}$$
$$=\left((\det\boldsymbol{X})\boldsymbol{X}^{-1}\right)^{\mathrm{T}}=(\det\boldsymbol{X})(\boldsymbol{X}^{-1})^{\mathrm{T}}$$

设 $\boldsymbol{X}=(x_{ij})_{m\times n}$ 为矩阵变量，$\boldsymbol{A}=(a_{ij})_{m\times m}$ 与 $\boldsymbol{B}=(b_{ij})_{n\times m}$ 为数字矩阵，结合例 5.17 和例 5.19，请读者证明以下几个有关矩阵的迹的导数公式.

（1）$\dfrac{\mathrm{d}}{\mathrm{d}\boldsymbol{X}}\mathrm{tr}(\boldsymbol{X}\boldsymbol{X}^{\mathrm{T}})=2\boldsymbol{X}$.

（2）$\dfrac{\mathrm{d}}{\mathrm{d}\boldsymbol{X}}\mathrm{tr}(\boldsymbol{B}\boldsymbol{X})=\dfrac{\mathrm{d}}{\mathrm{d}\boldsymbol{X}}\mathrm{tr}(\boldsymbol{X}^{\mathrm{T}}\boldsymbol{B}^{\mathrm{T}})=\boldsymbol{B}^{\mathrm{T}}$.

（3）$\dfrac{\mathrm{d}}{\mathrm{d}\boldsymbol{X}}\mathrm{tr}(\boldsymbol{X}^{\mathrm{T}}\boldsymbol{A}\boldsymbol{X})=(\boldsymbol{A}+\boldsymbol{A}^{\mathrm{T}})\boldsymbol{X}$.

5.3.3　函数矩阵对矩阵变量的导数

定义 5.17　设函数矩阵 $\boldsymbol{A}=(a_{ij})_{m\times n}$ 的每个元素都是矩阵变量 $\boldsymbol{X}=(x_{kl})_{p\times q}$ 的元素的函数，即 $a_{ij}=f_{ij}(x_{kl})$（$k=1,2,\cdots,p$；$l=1,2,\cdots,q$），若 a_{ij} 为可微函数，则定义 $\boldsymbol{A}$ 对 $\boldsymbol{X}$ 的导数为

$$\frac{\mathrm{d}\boldsymbol{A}}{\mathrm{d}\boldsymbol{X}}=\begin{pmatrix}\dfrac{\partial\boldsymbol{A}}{\partial x_{11}} & \dfrac{\partial\boldsymbol{A}}{\partial x_{12}} & \cdots & \dfrac{\partial\boldsymbol{A}}{\partial x_{1q}}\\ \dfrac{\partial\boldsymbol{A}}{\partial x_{21}} & \dfrac{\partial\boldsymbol{A}}{\partial x_{22}} & \cdots & \dfrac{\partial\boldsymbol{A}}{\partial x_{2q}}\\ \vdots & \vdots & & \vdots\\ \dfrac{\partial\boldsymbol{A}}{\partial x_{p1}} & \dfrac{\partial\boldsymbol{A}}{\partial x_{p2}} & \cdots & \dfrac{\partial\boldsymbol{A}}{\partial x_{pq}}\end{pmatrix}=\left(\frac{\partial\boldsymbol{A}}{\partial x_{kl}}\right)$$

其中，$\dfrac{\partial\boldsymbol{A}}{\partial x_{kl}}=\begin{pmatrix}\dfrac{\partial a_{11}}{\partial x_{kl}} & \dfrac{\partial a_{12}}{\partial x_{kl}} & \cdots & \dfrac{\partial a_{1n}}{\partial x_{kl}}\\ \dfrac{\partial a_{21}}{\partial x_{kl}} & \dfrac{\partial a_{22}}{\partial x_{kl}} & \cdots & \dfrac{\partial a_{2n}}{\partial x_{kl}}\\ \vdots & \vdots & & \vdots\\ \dfrac{\partial a_{m1}}{\partial x_{kl}} & \dfrac{\partial a_{m2}}{\partial x_{kl}} & \cdots & \dfrac{\partial a_{mn}}{\partial x_{kl}}\end{pmatrix}$，$k=1,2,\cdots,p$，$l=1,2,\cdots,q$.

显然，$\dfrac{\mathrm{d}\boldsymbol{A}}{\mathrm{d}\boldsymbol{X}}$是$p\times q$分块矩阵，且每块都是$m\times n$矩阵，因此$\dfrac{\mathrm{d}\boldsymbol{A}}{\mathrm{d}\boldsymbol{X}}$是$mp\times nq$矩阵.

为了表达方便，利用矩阵的 Kronecker 积定义算子矩阵$\nabla_{\boldsymbol{X}}$：

$$\nabla_{\boldsymbol{X}}=\left(\frac{\partial}{\partial x_{kl}}\right)=\begin{pmatrix}\dfrac{\partial}{\partial x_{11}} & \dfrac{\partial}{\partial x_{12}} & \cdots & \dfrac{\partial}{\partial x_{1q}}\\ \dfrac{\partial}{\partial x_{21}} & \dfrac{\partial}{\partial x_{22}} & \cdots & \dfrac{\partial}{\partial x_{2q}}\\ \vdots & \vdots & & \\ \dfrac{\partial}{\partial x_{p1}} & \dfrac{\partial}{\partial x_{p2}} & \cdots & \dfrac{\partial}{\partial x_{pq}}\end{pmatrix}$$

则$\dfrac{\mathrm{d}\boldsymbol{A}}{\mathrm{d}\boldsymbol{X}}$可简单记为$\dfrac{\mathrm{d}\boldsymbol{A}}{\mathrm{d}\boldsymbol{X}}=\left(\dfrac{\partial\boldsymbol{A}}{\partial x_{kl}}\right)=\nabla_{\boldsymbol{X}}\otimes\boldsymbol{A}$.

函数矩阵对矩阵变量的导数满足如下运算规则.

（1）$\dfrac{\mathrm{d}(\alpha\boldsymbol{A}+\beta\boldsymbol{B})}{\mathrm{d}\boldsymbol{X}}=\alpha\dfrac{\mathrm{d}\boldsymbol{A}}{\mathrm{d}\boldsymbol{X}}+\beta\dfrac{\mathrm{d}\boldsymbol{B}}{\mathrm{d}\boldsymbol{X}}$.

（2）$\dfrac{\mathrm{d}(\boldsymbol{AB})}{\mathrm{d}\boldsymbol{X}}=\dfrac{\mathrm{d}\boldsymbol{A}}{\mathrm{d}\boldsymbol{X}}(\boldsymbol{E}_q\otimes\boldsymbol{B})+(\boldsymbol{E}_p\otimes\boldsymbol{A})\dfrac{\mathrm{d}\boldsymbol{B}}{\mathrm{d}\boldsymbol{X}}$，其中$p$、$q$分别为$\boldsymbol{X}$的行数和列数.

规则（1）可由定义，以及矩阵的运算规则证明. 现在证明规则（2）：

$$\begin{aligned}\frac{\mathrm{d}(\boldsymbol{AB})}{\mathrm{d}\boldsymbol{X}}&=\left(\frac{\partial(\boldsymbol{AB})}{\partial x_{ij}}\right)=\left(\frac{\partial\boldsymbol{A}}{\partial x_{ij}}\boldsymbol{B}+\boldsymbol{A}\frac{\partial\boldsymbol{B}}{\partial x_{ij}}\right)=\left(\frac{\partial\boldsymbol{A}}{\partial x_{ij}}\boldsymbol{B}\right)+\left(\boldsymbol{A}\frac{\partial\boldsymbol{B}}{\partial x_{ij}}\right)\\&=\left(\frac{\partial\boldsymbol{A}}{\partial x_{ij}}\right)(\boldsymbol{E}_q\otimes\boldsymbol{B})+(\boldsymbol{E}_p\otimes\boldsymbol{A})\left(\frac{\partial\boldsymbol{B}}{\partial x_{ij}}\right)=\frac{\mathrm{d}\boldsymbol{A}}{\mathrm{d}\boldsymbol{X}}(\boldsymbol{E}_q\otimes\boldsymbol{B})+(\boldsymbol{E}_p\otimes\boldsymbol{A})\frac{\mathrm{d}\boldsymbol{B}}{\mathrm{d}\boldsymbol{X}}\end{aligned}$$

显然，当$\boldsymbol{A}$为数量函数时，$\dfrac{\mathrm{d}\boldsymbol{A}}{\mathrm{d}\boldsymbol{X}}$便成为 5.3.2 节中的数量函数对矩阵变量的导数.

例 5.22 求函数向量$\boldsymbol{y}=\boldsymbol{Ax}$对向量变量$\boldsymbol{x}^{\mathrm{T}}$的导数，其中

$$\boldsymbol{x}=(x_1,x_2,\cdots,x_n)^{\mathrm{T}},\ \boldsymbol{A}=\begin{pmatrix}a_{11} & a_{12} & \cdots & a_{1n}\\ a_{21} & a_{22} & \cdots & a_{2n}\\ \vdots & \vdots & & \vdots\\ a_{m1} & a_{m2} & \cdots & a_{mn}\end{pmatrix}$$

解 记$\boldsymbol{y}=(y_1,y_2,\cdots,y_m)$，则$y_i=\sum\limits_{j=1}^{n}a_{ij}$，$i=1,2,\cdots,m$. 根据定义 5.17，有

$$\frac{\mathrm{d}\boldsymbol{y}}{\mathrm{d}\boldsymbol{x}^{\mathrm{T}}}=\nabla_{\boldsymbol{x}^{\mathrm{T}}}\boldsymbol{y}=\left(\frac{\partial\boldsymbol{y}}{x_1},\frac{\partial\boldsymbol{y}}{x_2},\cdots,\frac{\partial\boldsymbol{y}}{x_n}\right)=\begin{pmatrix}\dfrac{\partial y_1}{\partial x_1} & \dfrac{\partial y_1}{\partial x_2} & \cdots & \dfrac{\partial y_1}{\partial x_n}\\ \dfrac{\partial y_2}{\partial x_1} & \dfrac{\partial y_2}{\partial x_2} & \cdots & \dfrac{\partial y_2}{\partial x_n}\\ \vdots & \vdots & & \vdots\\ \dfrac{\partial y_m}{\partial x_1} & \dfrac{\partial y_m}{\partial x_2} & \cdots & \dfrac{\partial y_m}{\partial x_n}\end{pmatrix}$$

$$=\begin{pmatrix} a_{11} & a_{12} & \cdots & a_{1n} \\ a_{21} & a_{22} & \cdots & a_{2n} \\ \vdots & \vdots & & \vdots \\ a_{m1} & a_{m2} & \cdots & a_{mn} \end{pmatrix}=\boldsymbol{A}$$

其中，矩阵$\begin{pmatrix} \frac{\partial y_1}{\partial x_1} & \frac{\partial y_1}{\partial x_2} & \cdots & \frac{\partial y_1}{\partial x_n} \\ \frac{\partial y_2}{\partial x_1} & \frac{\partial y_2}{\partial x_2} & \cdots & \frac{\partial y_2}{\partial x_n} \\ \vdots & \vdots & & \vdots \\ \frac{\partial y_m}{\partial x_1} & \frac{\partial y_m}{\partial x_2} & \cdots & \frac{\partial y_m}{\partial x_n} \end{pmatrix}$称为 Jacobi（雅可比）矩阵．特殊地，当$m=n$时，Jacobi 矩阵的行列式称为 Jacobi 行列式，这是我们所熟知的多元函数微分学中的行列式.

根据题目的已知条件，请读者自行计算$\frac{\mathrm{d}\boldsymbol{y}}{\mathrm{d}\boldsymbol{x}}$.

例 5.23　设$\boldsymbol{x}=(x_1,x_2,\cdots,x_n)^{\mathrm{T}}$，$\boldsymbol{p}(\boldsymbol{x})=(p_1(x),p_2(x),\cdots,p_m(x))^{\mathrm{T}}$，求$\frac{\mathrm{d}\boldsymbol{p}^{\mathrm{T}}}{\mathrm{d}\boldsymbol{x}}$，$\frac{\mathrm{d}\boldsymbol{p}}{\mathrm{d}\boldsymbol{x}^{\mathrm{T}}}$.

解

$$\frac{\mathrm{d}\boldsymbol{p}^{\mathrm{T}}}{\mathrm{d}\boldsymbol{x}}=\nabla_{\boldsymbol{x}}\otimes\boldsymbol{p}^{\mathrm{T}}=\begin{pmatrix} \frac{\partial \boldsymbol{p}^{\mathrm{T}}}{\partial x_1} \\ \frac{\partial \boldsymbol{p}^{\mathrm{T}}}{\partial x_2} \\ \vdots \\ \frac{\partial \boldsymbol{p}^{\mathrm{T}}}{\partial x_n} \end{pmatrix}=\begin{pmatrix} \frac{\partial p_1}{\partial x_1} & \frac{\partial p_2}{\partial x_1} & \cdots & \frac{\partial p_m}{\partial x_1} \\ \frac{\partial p_1}{\partial x_2} & \frac{\partial p_2}{\partial x_2} & \cdots & \frac{\partial p_m}{\partial x_2} \\ \vdots & \vdots & & \vdots \\ \frac{\partial p_1}{\partial x_n} & \frac{\partial p_2}{\partial x_n} & \cdots & \frac{\partial p_m}{\partial x_n} \end{pmatrix}$$

$$\frac{\mathrm{d}\boldsymbol{p}}{\mathrm{d}\boldsymbol{x}^{\mathrm{T}}}=\nabla_{\boldsymbol{x}^{\mathrm{T}}}\otimes\boldsymbol{p}=\left(\frac{\partial \boldsymbol{p}}{\partial x_1},\frac{\partial \boldsymbol{p}}{\partial x_2},\cdots,\frac{\partial \boldsymbol{p}}{\partial x_n}\right)=\begin{pmatrix} \frac{\partial p_1}{\partial x_1} & \frac{\partial p_1}{\partial x_2} & \cdots & \frac{\partial p_1}{\partial x_n} \\ \frac{\partial p_2}{\partial x_1} & \frac{\partial p_2}{\partial x_2} & \cdots & \frac{\partial p_2}{\partial x_n} \\ \vdots & \vdots & & \vdots \\ \frac{\partial p_m}{\partial x_1} & \frac{\partial p_m}{\partial x_2} & \cdots & \frac{\partial p_m}{\partial x_n} \end{pmatrix}=\left(\frac{\mathrm{d}\boldsymbol{p}^{\mathrm{T}}}{\mathrm{d}\boldsymbol{x}}\right)^{\mathrm{T}}$$

例 5.24　求$\boldsymbol{y}^{\mathrm{T}}\boldsymbol{A}^{\mathrm{T}}\boldsymbol{A}\boldsymbol{y}$对$\boldsymbol{A}$的导数，其中，$\boldsymbol{A}\in\mathbf{R}^{m\times n}$和$\boldsymbol{y}\in\mathbf{R}^{m}$是常向量.

解

$$\begin{aligned}\frac{\mathrm{d}(\boldsymbol{y}^{\mathrm{T}}\boldsymbol{A}^{\mathrm{T}}\boldsymbol{A}\boldsymbol{y})}{\mathrm{d}\boldsymbol{A}}&=\frac{\partial(\boldsymbol{y}^{\mathrm{T}}\boldsymbol{A}^{\mathrm{T}}\boldsymbol{A}\boldsymbol{y})}{\partial a_{ij}}\\&=\frac{\partial(\boldsymbol{y}^{\mathrm{T}}\boldsymbol{A}^{\mathrm{T}})}{\partial a_{ij}}\boldsymbol{A}\boldsymbol{y}+\boldsymbol{y}^{\mathrm{T}}\boldsymbol{A}^{\mathrm{T}}\frac{\partial(\boldsymbol{A}\boldsymbol{y})}{\partial a_{ij}}\\&=\boldsymbol{y}^{\mathrm{T}}\frac{\partial(\boldsymbol{A}^{\mathrm{T}})}{\partial a_{ij}}\boldsymbol{A}\boldsymbol{y}+\boldsymbol{y}^{\mathrm{T}}\boldsymbol{A}^{\mathrm{T}}\frac{\partial(\boldsymbol{A}\boldsymbol{y})}{\partial a_{ij}}\end{aligned}$$

$$=\sum_{k=1}^{n}a_{ik}y_k y_j+\sum_{k=1}^{n}a_{ki}y_k y_j$$
$$=\boldsymbol{Ayy}^{\mathrm{T}}+\boldsymbol{Ayy}^{\mathrm{T}}=2\boldsymbol{Ayy}^{\mathrm{T}}$$

由此可得

$$\frac{\mathrm{d}(\boldsymbol{Ay}-\boldsymbol{x})^{\mathrm{T}}(\boldsymbol{Ay}-\boldsymbol{x})}{\mathrm{d}\boldsymbol{A}}=2(\boldsymbol{Ay}-\boldsymbol{x})\boldsymbol{y}^{\mathrm{T}}$$

事实上

$$(\boldsymbol{Ay}-\boldsymbol{x})^{\mathrm{T}}(\boldsymbol{Ay}-\boldsymbol{x})=\boldsymbol{y}^{\mathrm{T}}\boldsymbol{A}^{\mathrm{T}}\boldsymbol{Ay}-\boldsymbol{x}^{\mathrm{T}}\boldsymbol{Ay}-\boldsymbol{y}^{\mathrm{T}}\boldsymbol{A}^{\mathrm{T}}\boldsymbol{x}+\boldsymbol{x}^{\mathrm{T}}\boldsymbol{x}$$

由例 5.20 可知

$$\frac{\mathrm{d}\boldsymbol{x}^{\mathrm{T}}\boldsymbol{Ay}}{\mathrm{d}\boldsymbol{A}}=\boldsymbol{xy}^{\mathrm{T}}$$

又因为 $\boldsymbol{y}^{\mathrm{T}}\boldsymbol{A}^{\mathrm{T}}\boldsymbol{x}=(\boldsymbol{x}^{\mathrm{T}}\boldsymbol{Ay})$，所以 $\dfrac{\mathrm{d}\boldsymbol{x}^{\mathrm{T}}\boldsymbol{Ay}}{\mathrm{d}\boldsymbol{A}}=\boldsymbol{xy}^{\mathrm{T}}$，因此有上述结果.

例 5.25 设 $\boldsymbol{x}=(x_1,x_2,\cdots,x_n)$，$y=f(\boldsymbol{x})$ 为 n 元二次连续可微函数，则

$$\frac{\mathrm{d}f}{\mathrm{d}\boldsymbol{x}}=\nabla_{\boldsymbol{x}}f=\left(\frac{\partial f}{\partial x_1},\frac{\partial f}{\partial x_2},\cdots,\frac{\partial f}{\partial x_n}\right)$$

即我们所熟知的梯度. 进一步，若记 $\boldsymbol{G}(f)=\dfrac{\mathrm{d}f}{\mathrm{d}\boldsymbol{x}}$，则

$$\frac{\mathrm{d}\boldsymbol{G}}{\mathrm{d}\boldsymbol{x}^{\mathrm{T}}}=\nabla_{\boldsymbol{x}^{\mathrm{T}}}\boldsymbol{G}=\begin{pmatrix}\dfrac{\partial \boldsymbol{G}}{\partial x_1}\\ \dfrac{\partial \boldsymbol{G}}{\partial x_2}\\ \vdots\\ \dfrac{\partial \boldsymbol{G}}{\partial x_n}\end{pmatrix}=\begin{pmatrix}\dfrac{\partial^2 f}{\partial x_1^2} & \dfrac{\partial^2 f}{\partial x_1\partial x_2} & \cdots & \dfrac{\partial^2 f}{\partial x_1\partial x_n}\\ \dfrac{\partial^2 f}{\partial x_2\partial x_1} & \dfrac{\partial^2 f}{\partial x_2^2} & \cdots & \dfrac{\partial^2 f}{\partial x_2\partial x_n}\\ \vdots & \vdots & & \vdots\\ \dfrac{\partial^2 f}{\partial x_n\partial x_1} & \dfrac{\partial^2 f}{\partial x_n\partial x_2} & \cdots & \dfrac{\partial^2 f}{\partial x_n^2}\end{pmatrix}$$

称此矩阵为 f 的 Hessian（黑塞）矩阵，记为 $\boldsymbol{H}(f)$. 因为 f 二次连续可微，所以 $\boldsymbol{H}(f)$ 是对称的. Hessian 矩阵在机器学习、深度学习和优化理论中都有广泛的应用，在此不再赘述.

5.4 矩阵分析的应用

矩阵微分方程是系统工程及控制理论的重要数学基础，利用矩阵表示线性微分方程组，形式比较简单. 而矩阵函数，特别是矩阵指数函数可使线性微分方程组的求解问题得到简化. 本节主要研究利用矩阵函数求解一阶常系数线性微分方程组及 n 阶常系数线性微分方程.

5.4.1 一阶常系数线性微分方程组

给定变量 t 的 n 个未知函数 $x_1(t),x_2(t),\cdots,x_n(t)$ 的一阶常系数齐次线性微分方程组为

$$\begin{cases} x_1'(t) = a_{11}x_1(t) + a_{12}x_2(t) + \cdots + a_{1n}x_n(t) \\ x_2'(t) = a_{21}x_1(t) + a_{22}x_2(t) + \cdots + a_{2n}x_n(t) \\ \qquad \vdots \\ x_n'(t) = a_{n1}x_1(t) + a_{n2}x_2(t) + \cdots + a_{nn}x_n(t) \end{cases}$$

且 $x_1(t), x_2(t), \cdots, x_n(t)$ 满足以下初始条件：

$$x_1(0) = x_1^0, x_2(0) = x_2^0, \cdots, x_n(0) = x_n^0$$

若记 $\boldsymbol{x}(t) = (x_1(t), x_2(t), \cdots, x_n(t))^{\mathrm{T}}$，$\boldsymbol{A} = (a_{ij})_{n\times n}$，$\boldsymbol{x}^0 = (x_1^0, x_2^0, \cdots, x_n^0)^{\mathrm{T}}$，则此微分方程组满足初始条件的定解问题可简单地表示为

$$\begin{cases} \boldsymbol{x}'(t) = \boldsymbol{A}\boldsymbol{x}(t) \\ \boldsymbol{x}(0) = \boldsymbol{x}^0 \end{cases} \tag{5.4}$$

定理 5.17　定解问题，即式（5.4）有唯一解 $\boldsymbol{x}(t) = \mathrm{e}^{\boldsymbol{A}t}\boldsymbol{x}^0$.

证　对 $\boldsymbol{x}(t) = \mathrm{e}^{\boldsymbol{A}t}\boldsymbol{x}^0$ 求导数，可得

$$\boldsymbol{x}'(t) = \boldsymbol{A}\mathrm{e}^{\boldsymbol{A}t}\boldsymbol{x}^0 = \boldsymbol{A}\boldsymbol{x}(t)$$

且 $\boldsymbol{x}(0) = \mathrm{e}^{\boldsymbol{A}0}\boldsymbol{x}^0 = \boldsymbol{E}\boldsymbol{x}^0 = \boldsymbol{x}^0$，因此，$\boldsymbol{x}(t) = \mathrm{e}^{\boldsymbol{A}t}\boldsymbol{x}^0$ 是式（5.4）的解.

下面证明唯一性.

假设式（5.4）存在另一个解 $\boldsymbol{p}(t)$，即 $\boldsymbol{p}(t)$ 满足 $\boldsymbol{p}'(t) = \boldsymbol{A}\boldsymbol{p}(t)$，$\boldsymbol{p}(0) = \boldsymbol{x}^0$. 令 $\boldsymbol{y}(t) = \mathrm{e}^{-\boldsymbol{A}t}\boldsymbol{p}(t)$，则

$$\boldsymbol{y}'(t) = (\mathrm{e}^{-\boldsymbol{A}t}\boldsymbol{p}(t))' = -\boldsymbol{A}\mathrm{e}^{-\boldsymbol{A}t}\boldsymbol{p}(t) + \mathrm{e}^{-\boldsymbol{A}t}\boldsymbol{A}\boldsymbol{p}(t) = \boldsymbol{0}$$

故 $\boldsymbol{y}(t)$ 为常向量．令 $t = 0$，则 $\boldsymbol{y}(t) = \boldsymbol{x}^0$，于是 $\boldsymbol{p}(t) = \mathrm{e}^{\boldsymbol{A}t}\boldsymbol{x}^0$.

因此，$\boldsymbol{x}(t) = \mathrm{e}^{\boldsymbol{A}t}\boldsymbol{x}^0$ 是式（5.4）的唯一解.

如果初始条件为 $\boldsymbol{x}(t_0) = \boldsymbol{x}^0$，则利用变量代换 $u = t - t_0$，可得式（5.4）的唯一解为

$$\boldsymbol{x}(t) = \mathrm{e}^{\boldsymbol{A}(t-t_0)}\boldsymbol{x}^0$$

如果定解问题，即式（5.4）中的 $\boldsymbol{x}(t)$ 不是 n 维列向量，而是 $n\times m$ 矩阵，则定理 5.17 仍然成立.

如果在定解问题，即式（5.4）中的方程 $\boldsymbol{x}'(t) = \boldsymbol{A}\boldsymbol{x}(t)$ 后面加上一项 $\boldsymbol{B}\boldsymbol{u}(t)$，$\boldsymbol{B}$ 为已知的 $n\times m$ 矩阵，$\boldsymbol{u}(t)$ 为已知的 m 维函数列向量，则得一阶常系数非齐次线性微分方程组的定解问题为

$$\begin{cases} \boldsymbol{x}'(t) = \boldsymbol{A}\boldsymbol{x}(t) + \boldsymbol{B}\boldsymbol{u}(t) \\ \boldsymbol{x}(0) = \boldsymbol{x}^0 \end{cases} \tag{5.5}$$

在控制理论中，式（5.5）中的微分方程称为线性系统的状态方程，函数向量 $\boldsymbol{x}(t)$ 和 $\boldsymbol{u}(t)$ 分别称为状态变量与输入变量，矩阵 $\boldsymbol{A}$ 和 $\boldsymbol{B}$ 分别称为系统矩阵与控制矩阵．掌握线性系统运行状态的关键在于求解式（5.5）中的状态变量 $\boldsymbol{x}(t)$．显然，式（5.4）是式（5.5）在 $\boldsymbol{B} = \boldsymbol{O}$ 时的特例.

现在用常数变易法来求式（5.5）的解.

式（5.5）中的非齐次微分方程对应的齐次方程为

$$\boldsymbol{x}'(t) = \boldsymbol{A}\boldsymbol{x}(t)$$

其解为 $\boldsymbol{x}(t) = \mathrm{e}^{\boldsymbol{A}t}\boldsymbol{c}$，其中 $\boldsymbol{c}$ 为常数向量.

设 $\boldsymbol{x}(t) = \mathrm{e}^{\boldsymbol{A}t}\boldsymbol{c}(t)$ 为式（5.5）的解，则

$$x'(t) = Ae^{At}c(t) + e^{At}c'(t)$$

将其代入式（5.5）中的第一个方程，可得

$$c'(t) = e^{-At}Bu(t)$$

从而

$$c(t) = \int_0^t e^{-A\tau}Bu(\tau)d\tau + c$$

因此

$$x(t) = e^{At}\left(\int_0^t e^{-A\tau}Bu(\tau)d\tau + c\right)$$

将 $t=0$ 代入可得 $c = x^0$，代入上式得

$$x(t) = e^{At}x^0 + \int_0^t e^{A(t-\tau)}Bu(\tau)d\tau$$

定理 5.18 $x(t) = e^{At}x^0 + \int_0^t e^{A(t-\tau)}Bu(\tau)d\tau$ 是式（5.5）的唯一解.

证 因为

$$\begin{aligned} x'(t) &= \left(e^{At}x^0 + \int_0^t e^{A(t-\tau)}Bu(\tau)d\tau\right)' = \left(e^{At}x^0 + e^{At}\int_0^t e^{-A\tau}Bu(\tau)d\tau\right)' \\ &= Ae^{At}x^0 + Ae^{At}\int_0^t e^{-A\tau}Bu(\tau)d\tau + e^{At}e^{-At}Bu(t) \\ &= Ax(t) + Bu(t) \end{aligned}$$

$$x(0) = e^{A0}x^0 + \int_0^0 e^{A(0-\tau)}Bu(\tau)d\tau = x^0$$

所以 $x(t) = e^{At}x^0 + \int_0^t e^{A(t-\tau)}Bu(\tau)d\tau$ 是式（5.5）的解．下面证明唯一性.

假设式（5.5）还有一个解 $p(t)$，即 $p'(t) = Ap(t) + Bu(t)$，$p(0) = x^0$．令 $v(t) = p(t) - x(t)$，则 $v(t)$ 满足式（5.4）．根据定理 5.17，$v(t) = e^{At}\mathbf{0} = \mathbf{0}$，即 $p(t) = x(t)$. 唯一性得证.

例 5.26 设 $A = \begin{pmatrix} 4 & 6 & 0 \\ -3 & -5 & 0 \\ -3 & -6 & 1 \end{pmatrix}$，求微分方程组 $\dfrac{dx(t)}{dt} = Ax(t)$ 满足初始条件 $x(0) = (1,1,1)^T$ 的解.

解 根据第 4 章的方法，容易求得

$$e^{At} = \begin{pmatrix} 2e^t - e^{-2t} & 2e^t - 2e^{-2t} & 0 \\ e^{-2t} - e^t & 2e^{-2t} - e^t & 0 \\ e^{-2t} - e^t & 2e^{-2t} - 2e^t & e^t \end{pmatrix}$$

故所求的解为

$$x(t) = e^{At}x(0) = \begin{pmatrix} 2e^t - e^{-2t} & 2e^t - 2e^{-2t} & 0 \\ e^{-2t} - e^t & 2e^{-2t} - e^t & 0 \\ e^{-2t} - e^t & 2e^{-2t} - 2e^t & e^t \end{pmatrix}\begin{pmatrix} 1 \\ 1 \\ 1 \end{pmatrix} = \begin{pmatrix} -3e^{-2t} + 4e^t \\ 3e^{-2t} - 2e^t \\ 3e^{-2t} - 2e^t \end{pmatrix}$$

例 5.27 设 $A = \begin{pmatrix} 2 & 0 & 0 \\ 1 & 1 & 1 \\ 1 & -1 & 3 \end{pmatrix}$，$f(t) = (e^{2t}, e^{2t}, 0)$，求微分方程组 $\dfrac{dx(t)}{dt} = Ax(t) + f(t)$ 满足初始条件 $x(0) = (-1,1,0)^T$ 的解.

解　同样，根据第 4 章的方法，容易求得

$$e^{At}=e^{2t}\begin{pmatrix}1&0&0\\t&1-t&-t\\t&-t&1+t\end{pmatrix}$$

因此

$$e^{-A\tau}f(\tau)=e^{-2\tau}\begin{pmatrix}1&0&0\\-\tau&1+\tau&-\tau\\-\tau&\tau&1-\tau\end{pmatrix}\begin{pmatrix}e^{2\tau}\\e^{2\tau}\\0\end{pmatrix}$$

故所求的解为

$$\boldsymbol{x}(t)=e^{At}\begin{pmatrix}-1\\1\\0\end{pmatrix}+e^{At}\begin{pmatrix}t\\t\\0\end{pmatrix}=e^{2t}\begin{pmatrix}1&0&0\\t&1-t&-t\\t&-t&1+t\end{pmatrix}\begin{pmatrix}t-1\\t+1\\0\end{pmatrix}=\begin{pmatrix}(t-1)e^{2t}\\(1-t)e^{2t}\\-2te^{2t}\end{pmatrix}$$

5.4.2　*n* 阶常系数线性微分方程

设 $a_1,a_2,\cdots,a_n$ 为常数，$u(t)$ 为已知的函数，方程

$$y^{(n)}+a_1y^{(n-1)}+\cdots+a_ny=u(t)$$

为 n 阶常系数线性微分方程，当 $u(t)\neq 0$ 时，方程为非齐次的，否则为齐次的. 在微积分中求解此类方程可以用特征值法. 但是，一阶常系数线性微分方程组的矩阵形式的解已经得到. 下面将这个方程化成一阶常系数线性微分方程组来求解.

对于如下初值问题：

$$\begin{cases}y^{(n)}+a_1y^{(n-1)}+\cdots+a_ny=u(t)\\y^{(k)}(0)=y_0^{(k)},\ k=0,1,2,\cdots,n-1\end{cases}\tag{5.6}$$

令

$$\begin{cases}x_1(t)=y(t)\\x_2(t)=y'(t)=x_1'(t)\\\qquad\vdots\\x_n(t)=y^{(n-1)}(t)=x_{n-1}'(t)\end{cases}$$

则

$$\begin{cases}x_1'(t)=x_2(t)\\x_2'(t)=x_3(t)\\\qquad\vdots\\x_{n-1}'(t)=x_n(t)\\x_n'(t)=-a_nx_1(t)-a_{n-1}x_2(t)-\cdots-a_1x_n(t)+u(t)\end{cases}$$

若记 $\boldsymbol{x}(t)=(x_1(t),x_2(t),\cdots,x_n(t))^{\mathrm T}=(y(t),y'(t),\cdots,y^{(n-1)}(t))^{\mathrm T}$，$\boldsymbol{x}^0=(x_1(0),x_2(0),\cdots,x_n(0))^{\mathrm T}=(y_0,y_0',\cdots,y_0^{(n-1)})^{\mathrm T}$，则初值问题式（5.6）可化为如下定解问题：

$$\begin{cases}\dfrac{\mathrm{d}\boldsymbol{x}(t)}{\mathrm{d}t}=\boldsymbol{A}\boldsymbol{x}(t)+\boldsymbol{B}\boldsymbol{u}(t)\\ \boldsymbol{x}(t)\big|_{t=0}=\boldsymbol{x}^0\end{cases} \tag{5.7}$$

其中

$$\boldsymbol{A}=\begin{pmatrix}0&1&0&\cdots&0\\0&0&1&\cdots&0\\\vdots&\vdots&&&\vdots\\0&0&\cdots&0&1\\-a_n&-a_{n-1}&\cdots&-a_2&-a_1\end{pmatrix},\ \boldsymbol{B}=\begin{pmatrix}0\\0\\\vdots\\0\\1\end{pmatrix}$$

前面已经得到形如式（5.7）的解为

$$\boldsymbol{x}(t)=\mathrm{e}^{\boldsymbol{A}t}\boldsymbol{x}^0+\int_0^t\mathrm{e}^{\boldsymbol{A}(t-\tau)}\boldsymbol{B}\boldsymbol{u}(\tau)\mathrm{d}\tau$$

从而，初值问题式（5.6）的解为

$$y^0=(1,0,\cdots,0)\boldsymbol{x}(t)=(1,0,\cdots,0)[\mathrm{e}^{\boldsymbol{A}t}\boldsymbol{x}^0+\int_0^t\mathrm{e}^{\boldsymbol{A}(t-\tau)}\boldsymbol{B}\boldsymbol{u}(\tau)\mathrm{d}\tau]$$

例 5.28 求如下常系数线性微分方程满足初始条件的解：

$$\begin{cases}y'''+7y''+14y'+8y=t\\y(0)=0,y'(0)=1,y''(0)=2\end{cases}$$

解 令

$$\begin{cases}x_1=y\\x_2=y'\\x_3=y''\end{cases},\ \boldsymbol{A}=\begin{pmatrix}0&1&0\\0&0&1\\-8&-14&-7\end{pmatrix},\ \boldsymbol{B}=\begin{pmatrix}0\\0\\1\end{pmatrix}$$

则定解问题转化为

$$\begin{cases}\boldsymbol{x}'=\boldsymbol{A}\boldsymbol{x}+\boldsymbol{B}t\\ \boldsymbol{x}(t)\big|_{t=0}=\boldsymbol{x}(0)\end{cases}$$

由 $\boldsymbol{A}$ 的特征多项式 $f(\lambda)=(\lambda+1)(\lambda+2)(\lambda+4)$ 得特征值为 $\lambda_1=-1$，$\lambda_2=-2$，$\lambda_3=-4$．容易求得

$$\boldsymbol{P}=\begin{pmatrix}8&6&1\\4&5&1\\2&3&1\end{pmatrix},\ \boldsymbol{P}^{-1}=\begin{pmatrix}\frac{1}{3}&-\frac{1}{2}&\frac{1}{6}\\-\frac{1}{3}&1&-\frac{2}{3}\\\frac{1}{3}&-2&\frac{8}{3}\end{pmatrix},\ \boldsymbol{J}=\begin{pmatrix}-1&0&0\\0&-2&0\\0&0&-4\end{pmatrix}$$

使得 $\boldsymbol{A}=\boldsymbol{P}^{-1}\boldsymbol{J}\boldsymbol{P}$，从而

$$\mathrm{e}^{\boldsymbol{A}t}=\boldsymbol{P}^{-1}\mathrm{e}^{\boldsymbol{J}t}\boldsymbol{P}=\begin{pmatrix}\frac{1}{3}&-\frac{1}{2}&\frac{1}{6}\\-\frac{1}{3}&1&-\frac{2}{3}\\\frac{1}{3}&-2&\frac{8}{3}\end{pmatrix}\begin{pmatrix}\mathrm{e}^{-t}&0&0\\0&\mathrm{e}^{-2t}&0\\0&0&\mathrm{e}^{-4t}\end{pmatrix}\begin{pmatrix}8&6&1\\4&5&1\\2&3&1\end{pmatrix}$$

将其代入 $y^0=(1,0,\cdots,0)\boldsymbol{x}(t)=(1,0,\cdots,0)[\mathrm{e}^{\boldsymbol{A}t}\boldsymbol{x}^0+\int_0^t \mathrm{e}^{\boldsymbol{A}(t-\tau)}\boldsymbol{Bu}(\tau)\mathrm{d}\tau]$ 得

$$\begin{aligned} y(t)&=(1,0,0)\boldsymbol{x}(t)\\ &=(1,0,0)\mathrm{e}^{\boldsymbol{A}t}\boldsymbol{x}(0)+(1,0,0)\int_0^t \mathrm{e}^{\boldsymbol{A}(t-\tau)}\boldsymbol{Bu}(\tau)\mathrm{d}\tau \end{aligned}$$

利用矩阵乘法的结合律，可简化上述计算过程．首先

$$\begin{aligned} (1,0,0)\mathrm{e}^{\boldsymbol{A}t}\boldsymbol{x}(0)&=(1,0,0)\boldsymbol{P}^{-1}\mathrm{e}^{\boldsymbol{J}t}\boldsymbol{Px}(0)\\ &=(1,0,0)\begin{pmatrix} \frac{1}{3} & -\frac{1}{2} & \frac{1}{6}\\ -\frac{1}{3} & 1 & -\frac{2}{3}\\ \frac{1}{3} & -2 & \frac{8}{3} \end{pmatrix}\begin{pmatrix} \mathrm{e}^{-t} & 0 & 0\\ 0 & \mathrm{e}^{-2t} & 0\\ 0 & 0 & \mathrm{e}^{-4t} \end{pmatrix}\begin{pmatrix} 8 & 6 & 1\\ 4 & 5 & 1\\ 2 & 3 & 1 \end{pmatrix}\begin{pmatrix} 0\\ 1\\ 2 \end{pmatrix}\\ &=\left(\frac{1}{3},-\frac{1}{2},\frac{1}{6}\right)\begin{pmatrix} \mathrm{e}^{-t} & 0 & 0\\ 0 & \mathrm{e}^{-2t} & 0\\ 0 & 0 & \mathrm{e}^{-4t} \end{pmatrix}\begin{pmatrix} 8\\ 7\\ 5 \end{pmatrix}\\ &=\frac{8}{3}\mathrm{e}^{-t}-\frac{7}{2}\mathrm{e}^{-2t}+\frac{5}{6}\mathrm{e}^{-4t} \end{aligned}$$

再计算积分部分：

$$\begin{aligned} (1,0,0)\mathrm{e}^{\boldsymbol{A}(t-\tau)}\boldsymbol{Bu}(\tau)&=(1,0,0)\boldsymbol{P}^{-1}\mathrm{e}^{\boldsymbol{J}(t-\tau)}\boldsymbol{PBu}(\tau)\\ &=(1,0,0)\begin{pmatrix} \frac{1}{3} & -\frac{1}{2} & \frac{1}{6}\\ -\frac{1}{3} & 1 & -\frac{2}{3}\\ \frac{1}{3} & -2 & \frac{8}{3} \end{pmatrix}\begin{pmatrix} \mathrm{e}^{-(t-\tau)} & 0 & 0\\ 0 & \mathrm{e}^{-2(t-\tau)} & 0\\ 0 & 0 & \mathrm{e}^{-4(t-\tau)} \end{pmatrix}\begin{pmatrix} 8 & 6 & 1\\ 4 & 5 & 1\\ 2 & 3 & 1 \end{pmatrix}\begin{pmatrix} 0\\ 0\\ \tau \end{pmatrix}\\ &=\left(\frac{1}{3},-\frac{1}{2},\frac{1}{6}\right)\begin{pmatrix} \mathrm{e}^{-(t-\tau)} & 0 & 0\\ 0 & \mathrm{e}^{-2(t-\tau)} & 0\\ 0 & 0 & \mathrm{e}^{-4(t-\tau)} \end{pmatrix}\begin{pmatrix} \tau\\ \tau\\ \tau \end{pmatrix}\\ &=\frac{1}{3}\tau\mathrm{e}^{-(t-\tau)}-\frac{1}{2}\tau\mathrm{e}^{-2(t-\tau)}+\frac{1}{6}\tau\mathrm{e}^{-4(t-\tau)} \end{aligned}$$

因此

$$\begin{aligned} &\int_0^t (1,0,0)\mathrm{e}^{\boldsymbol{A}(t-\tau)}\boldsymbol{Bu}(\tau)\mathrm{d}\tau\\ &=\int_0^t\left(\frac{1}{3}\tau\mathrm{e}^{-(t-\tau)}-\frac{1}{2}\tau\mathrm{e}^{-2(t-\tau)}+\frac{1}{6}\tau\mathrm{e}^{-4(t-\tau)}\right)\mathrm{d}\tau\\ &=-\frac{7}{32}+\frac{1}{8}t+\frac{1}{3}\mathrm{e}^{-t}-\frac{1}{8}\mathrm{e}^{-2t}+\frac{1}{96}\mathrm{e}^{-4t} \end{aligned}$$

故所求的解为

$$y(t)=\frac{8}{3}\mathrm{e}^{-t}-\frac{7}{2}\mathrm{e}^{-2t}+\frac{5}{6}\mathrm{e}^{-4t}-\frac{7}{32}+\frac{1}{8}t+\frac{1}{3}\mathrm{e}^{-t}-\frac{1}{8}\mathrm{e}^{-2t}+\frac{1}{96}\mathrm{e}^{-4t}$$

$$=-\frac{7}{32}+\frac{1}{8}t+3\mathrm{e}^{-t}-\frac{29}{8}\mathrm{e}^{-2t}+\frac{27}{32}\mathrm{e}^{-4t}$$

在很多问题中，我们还会遇到变系数微分方程（组）的求解问题．由于变系数微分方程（组）的求解一般比较复杂，限于篇幅，在此不再详细展开介绍．有需要的读者可以参阅相关图书．

➠习题 5

1．判断下列矩阵是否为收敛矩阵．

（1）$\boldsymbol{A}=\begin{pmatrix}0.1 & -0.1 & 0.2\\ 0.2 & 0.3 & 0.3\\ 0.1 & 0.5 & 0.1\end{pmatrix}$ （2）$\boldsymbol{A}=\begin{pmatrix}\frac{1}{6} & -\frac{4}{3}\\ -\frac{1}{3} & \frac{1}{6}\end{pmatrix}$

2．设 $\boldsymbol{A}=\begin{pmatrix}0 & c & c\\ c & 0 & c\\ c & c & 0\end{pmatrix}$，讨论 c 取何值时，$\boldsymbol{A}$ 为收敛矩阵．

3．证明若 $\boldsymbol{A}^{(k)}\in\mathbf{C}^{m\times n}$，且 $\sum\limits_{k=0}^{+\infty}\boldsymbol{A}^{(k)}$ 收敛，则 $\lim\limits_{k\to+\infty}\boldsymbol{A}^{(k)}=\boldsymbol{O}$．但它的逆命题不成立，试举反例．

4．判断矩阵幂级数 $\sum\limits_{k=0}^{+\infty}\begin{pmatrix}0.1 & 0.7\\ 0.3 & 0.6\end{pmatrix}^k$ 的收敛性．若收敛，试求其和．

5．已知 $\boldsymbol{A}=\begin{pmatrix}0 & 1\\ 0 & 2\end{pmatrix}$，求 $\mathrm{e}^{\boldsymbol{A}}$，$\sin\boldsymbol{A}$，$\cos\boldsymbol{A}$．

6．已知 $\boldsymbol{A}=\begin{pmatrix}2 & 1 & 0\\ 0 & 0 & 1\\ 0 & 1 & 0\end{pmatrix}$，求 $\mathrm{e}^{\boldsymbol{A}t}$，$\sin\boldsymbol{A}$．

7．已知 $\boldsymbol{A}=\begin{pmatrix}1 & 1 & 0\\ 0 & 0 & 1\\ 0 & 0 & 1\end{pmatrix}$，求 $\mathrm{e}^{\boldsymbol{A}t}$，$\cos\boldsymbol{A}t$．

8．设 $\boldsymbol{A}=\begin{pmatrix}2 & 2 & 1\\ -2 & 6 & 1\\ 0 & 0 & 4\end{pmatrix}$，求矩阵函数 $\mathrm{e}^{\boldsymbol{A}t}$，$\sin\boldsymbol{A}$．

9．设 $\boldsymbol{A}\in\mathbf{C}^{n\times n}$，$f(\boldsymbol{A})$ 是矩阵函数，证明 $f(\boldsymbol{A}^{\mathrm{T}})=(f(\boldsymbol{A}))^{\mathrm{T}}$．

10．（1）已知 $\mathrm{e}^{\boldsymbol{A}t}=\begin{pmatrix}1+t & t & -t\\ -2t & 1-2t & 2t\\ -t & -t & 1+t\end{pmatrix}\mathrm{e}^{2t}$，求 $\boldsymbol{A}$．

（2）已知 $\sin\boldsymbol{A}t=\begin{pmatrix}\sin 2t & 0 & 0\\ 0 & \sin t & t\cos t\\ 0 & 0 & \sin t\end{pmatrix}$，求 $\boldsymbol{A}$．

11．证明若 $\boldsymbol{A}$ 为实反对称矩阵，则 $\mathrm{e}^{\boldsymbol{A}}$ 是正交矩阵.

12．证明若 $\boldsymbol{A}$ 为 Hermite 矩阵，则 $\mathrm{e}^{\mathrm{i}\boldsymbol{A}}$ 是酉矩阵.

13．设 $\boldsymbol{A}=\begin{pmatrix} 1 & t^3 & 0 \\ \sin t & t & \cos t \\ \dfrac{\sin t}{t} & t^2 & \mathrm{e}^t \end{pmatrix}$，$t\neq 0$，求 $\lim\limits_{t\to 0}\boldsymbol{A}(t)$，$\dfrac{\mathrm{d}}{\mathrm{d}t}\boldsymbol{A}(t)$，$\dfrac{\mathrm{d}^2}{\mathrm{d}t^2}\boldsymbol{A}(t)$，$\dfrac{\mathrm{d}}{\mathrm{d}t}\left|\boldsymbol{A}(t)\right|$，$\left|\dfrac{\mathrm{d}}{\mathrm{d}t}\boldsymbol{A}(t)\right|$.

14．设 $\boldsymbol{A}(t)=\begin{pmatrix} \cos t & \sin t \\ -\sin t & \cos t \end{pmatrix}$，求

（1）$\dfrac{\mathrm{d}}{\mathrm{d}t}\boldsymbol{A}(t)$，$\left|\dfrac{\mathrm{d}}{\mathrm{d}t}\boldsymbol{A}(t)\right|$，$\dfrac{\mathrm{d}}{\mathrm{d}t}\left|\boldsymbol{A}(t)\right|$，$\dfrac{\mathrm{d}}{\mathrm{d}t}\boldsymbol{A}^{-1}(t)$.

（2）$\int_0^{\frac{\pi}{2}}\boldsymbol{A}(t)\mathrm{d}t$，$\dfrac{\mathrm{d}}{\mathrm{d}t}\int_0^{\frac{\pi}{2}}\boldsymbol{A}(t)\mathrm{d}t$.

15．设 $\boldsymbol{A}$ 是 n 阶实对称矩阵，$\boldsymbol{x},\boldsymbol{b}\in\mathbf{R}^n$，$f(\boldsymbol{x})=\dfrac{1}{2}\boldsymbol{x}^{\mathrm{T}}\boldsymbol{A}\boldsymbol{x}-\boldsymbol{b}^{\mathrm{T}}\boldsymbol{x}$，求 $\dfrac{\mathrm{d}f}{\mathrm{d}\boldsymbol{x}}$.

16．设 $\boldsymbol{A}$ 是 $n\times m$ 常数矩阵，$\boldsymbol{x}=(\xi_1,\xi_2,\cdots,\xi_n)^{\mathrm{T}}$ 是向量变量，且 $F(\boldsymbol{x})=\boldsymbol{x}^{\mathrm{T}}\boldsymbol{A}$，求 $\dfrac{\mathrm{d}F}{\mathrm{d}\boldsymbol{x}}$.

17．求解以下一阶线性常系数齐次微分方程组：

$$\begin{cases} \dfrac{\mathrm{d}\boldsymbol{x}}{\mathrm{d}t}=\boldsymbol{A}\boldsymbol{x} \\ x(0)=(1,1,3)^{\mathrm{T}} \end{cases}$$

其中，$\boldsymbol{A}=\begin{pmatrix} 2 & 2 & -1 \\ -1 & -1 & 1 \\ -1 & -2 & 2 \end{pmatrix}$.

18．解以下一阶线性常系数非齐次微分方程组：

$$\begin{cases} \dfrac{\mathrm{d}\boldsymbol{x}}{\mathrm{d}t}=\boldsymbol{A}\boldsymbol{x}+f(t) \\ \boldsymbol{x}(0)=(1,1,1)^{\mathrm{T}} \end{cases}$$

其中，$\boldsymbol{A}=\begin{pmatrix} 3 & -1 & 1 \\ 2 & 0 & -1 \\ 1 & -1 & 2 \end{pmatrix}$；$f(t)=\left(0,0,\mathrm{e}^{2t}\right)^{\mathrm{T}}$.

19．求解以下微分方程的初值问题：

$$\begin{cases} \dfrac{\mathrm{d}x_1}{\mathrm{d}t}=3x_1+8x_3 \\ \dfrac{\mathrm{d}x_2}{\mathrm{d}t}=3x_1-x_2+6x_3 \\ \dfrac{\mathrm{d}x_3}{\mathrm{d}t}=-2x_1-5x_3 \\ x_1(0)=x_2(0)=x_3(0)=1 \end{cases}$$

20．求解以下微分方程的初值问题：

$$\begin{cases} \dfrac{\mathrm{d}x_1}{\mathrm{d}t} = -x_1 + x_3 + 1 \\ \dfrac{\mathrm{d}x_2}{\mathrm{d}t} = x_1 + 2x_2 - 1 \\ \dfrac{\mathrm{d}x_3}{\mathrm{d}t} = -4x_1 + 3x_3 + 2 \\ x_1(0) = 1,\ x_2(0) = 0,\ x_3(0) = 1 \end{cases}$$

第 6 章　矩阵分解

矩阵分解是矩阵理论中非常重要的内容，在理论分析、计算和应用等方面有着广泛的应用. 所谓矩阵分解，就是指把一个矩阵写成几个矩阵乘积的形式.

本章首先由 Gauss（高斯）消元法推导出矩阵的三角分解（或 LU 分解），然后介绍满秩分解、QR 分解、奇异值分解. 这些分解在数值代数理论和最优化问题的求解中起着非常关键的作用，在控制理论和系统分析等领域也有广泛的应用. 因此，研究矩阵分解是非常有必要的.

6.1　矩阵的三角分解

6.1.1　Gauss 消元法的矩阵表述

设有 n 元线性方程组

$$\begin{cases} a_{11}x_1+\dots+a_{1n}x_n=b_1 \\ a_{21}x_1+\dots+a_{2n}x_n=b_2 \\ \quad\vdots \\ a_{n1}x_1+\dots+a_{nn}x_n=b_n \end{cases} \tag{6.1}$$

写成矩阵形式为

$$\boldsymbol{Ax}=\boldsymbol{b}$$

其中

$$\boldsymbol{A}=(a_{ij})_{n\times n},\quad \boldsymbol{x}=\begin{pmatrix} x_1 \\ x_2 \\ \vdots \\ x_n \end{pmatrix},\quad \boldsymbol{b}=\begin{pmatrix} b_1 \\ b_2 \\ \vdots \\ b_n \end{pmatrix}$$

如果 $\boldsymbol{A}$ 非奇异，则 $\boldsymbol{x}=\boldsymbol{A}^{-1}\boldsymbol{b}$. 但当 n 充分大时，用公式计算 $\boldsymbol{A}^{-1}$ 的元素是非常困难的. 因此，寻求式（6.1）的直接解法是很有价值的，这就是解线性方程组的 Gauss 消元法出现的原因，而 Gauss 消元法又与矩阵分解有着密切的关系，为了建立矩阵的三角分解理论，下面使用矩阵语言来描述 Gauss 消元法的消元过程.

设 $\boldsymbol{A}^{(0)}=\boldsymbol{A}$，其元素 $a_{ij}^{(0)}=a_{ij}$，记 $\boldsymbol{A}$ 的 k 阶顺序主子式为 $\Delta_k(k=1,2,\cdots,n)$. 如果 $\Delta_1=a_{11}^{(0)}\neq 0$，则令 $c_{i1}=\dfrac{a_{i1}^{(0)}}{a_{11}^{(0)}}(i=2,3,\cdots,n)$，将第 1 行乘以 $-c_{i1}$（$i=2,3,\cdots,n$）加到第 i 行上，如此进行可将 $\boldsymbol{A}^{(0)}$ 第 1 列 $a_{11}^{(0)}$ 下方的元素都化为零. 为了用矩阵描述 Gauss 消元法的消元过程，构造以下消元矩阵：

$$\boldsymbol{L}_1=\begin{pmatrix} 1 & 0 & \cdots & 0 \\ -c_{21} & 1 & \cdots & 0 \\ \vdots & \vdots & & \vdots \\ -c_{n1} & 0 & \cdots & 1 \end{pmatrix}$$

计算可得

$$A^{(1)}=L_1A^{(0)}=\begin{pmatrix}a_{11}^{(0)} & a_{12}^{(0)} & \cdots & a_{1n}^{(0)}\\ 0 & a_{22}^{(1)} & \cdots & a_{2n}^{(1)}\\ \vdots & \vdots & & \vdots\\ 0 & a_{n2}^{(1)} & \cdots & a_{nn}^{(1)}\end{pmatrix},\quad L_1^{-1}=\begin{pmatrix}1 & 0 & \cdots & 0\\ c_{21} & 1 & \cdots & 0\\ \vdots & \vdots & & \vdots\\ c_{n1} & 0 & \cdots & 1\end{pmatrix}$$

则

$$A^{(0)}=L_1^{-1}A^{(1)}$$

由于$|A|=|A^{(0)}|=|L_1A^{(0)}|$，因此由$A^{(1)}$得$A$的2阶顺序主子式$\Delta_2=a_{11}^{(0)}a_{22}^{(1)}$．类似地，如果$\Delta_2\neq 0$，则$a_{22}^{(1)}\neq 0$，令$c_{i2}=\dfrac{a_{i2}^{(1)}}{a_{22}^{(1)}}$（$i=3,4,\cdots,n$），同样可构造以下消元矩阵：

$$L_2=\begin{pmatrix}1 & 0 & 0 & \cdots & 0\\ 0 & 1 & 0 & \cdots & 0\\ 0 & -c_{32} & 1 & \cdots & 0\\ \vdots & \vdots & \vdots & & \vdots\\ 0 & -c_{n2} & 0 & \cdots & 1\end{pmatrix}$$

于是

$$A^{(2)}=L_2A^{(1)}=\begin{pmatrix}a_{11}^{(0)} & a_{12}^{(0)} & a_{13}^{(0)} & \cdots & a_{1n}^{(0)}\\ 0 & a_{22}^{(1)} & a_{23}^{(1)} & \cdots & a_{2n}^{(1)}\\ 0 & 0 & a_{33}^{(2)} & \cdots & a_{3n}^{(2)}\\ \vdots & \vdots & \vdots & & \vdots\\ 0 & 0 & a_{n3}^{(2)} & \cdots & a_{nn}^{(2)}\end{pmatrix},\quad L_2^{-1}=\begin{pmatrix}1 & 0 & 0 & \cdots & 0\\ 0 & 1 & 0 & \cdots & 0\\ 0 & c_{32} & 1 & \cdots & 0\\ \vdots & \vdots & \vdots & & \vdots\\ 0 & c_{n2} & 0 & \cdots & 1\end{pmatrix}$$

则

$$A^{(1)}=L_1^{-1}A^{(2)}$$

同理，由$A^{(2)}$得A的3阶顺序主子式为$\Delta_3=a_{11}^{(0)}a_{22}^{(1)}a_{33}^{(2)}$.如果$\Delta_3\neq 0$，则$a_{33}^{(2)}\neq 0$，依次继续下去，直到第$r$步，这时$\Delta_r\neq 0$，$a_{rr}^{(r-1)}\neq 0$，且有

$$A^{(r)}=L_rA^{(r-1)}=\begin{pmatrix}a_{11}^{(0)} & \cdots & a_{1r}^{(0)} & a_{1r+1}^{(0)} & \cdots & a_{1n}^{(0)}\\ \vdots & & \vdots & \vdots & & \vdots\\ 0 & \cdots & a_{rr}^{(r-1)} & a_{rr+1}^{(r-1)} & \cdots & a_{rn}^{(r-1)}\\ 0 & \cdots & 0 & a_{r+1r+1}^{(r)} & \cdots & a_{r+1n}^{(r)}\\ \vdots & & \vdots & \vdots & & \vdots\\ 0 & \cdots & 0 & a_{nr+1}^{(r)} & \cdots & a_{nn}^{(r)}\end{pmatrix}$$

其中

$$L_r=\begin{pmatrix}1 & \cdots & 0 & 0 & \cdots & 0\\ \vdots & & \vdots & \vdots & & \vdots\\ 0 & \cdots & 1 & 0 & \cdots & 0\\ 0 & \cdots & -c_{r+1,r} & 1 & \cdots & 0\\ \vdots & & \vdots & \vdots & & \vdots\\ 0 & \cdots & -c_{nr} & 0 & \cdots & 1\end{pmatrix},\quad L_r^{-1}=\begin{pmatrix}1 & \cdots & 0 & 0 & \cdots & 0\\ \vdots & & \vdots & \vdots & & \vdots\\ 0 & \cdots & 1 & 0 & \cdots & 0\\ 0 & \cdots & c_{r+1,r} & 1 & \cdots & 0\\ \vdots & & \vdots & \vdots & & \vdots\\ 0 & \cdots & c_{nr} & 0 & \cdots & 1\end{pmatrix}$$

如果这时$\Delta_r=0$，即$a_{r+1,r+1}^{(r)}=0$，则Gauss消元法过程中断；否则可以一直进行下去，直

到第 $n-1$ 步，当 $\Delta_{n-1}\neq 0$，即 $a_{n-1,n-1}^{(n-2)}\neq 0$ 时，有

$$A^{(n-1)}=L_{n-1}A^{(n-2)}=\begin{pmatrix} a_{11}^{(0)} & a_{12}^{(0)} & \cdots & a_{13}^{(0)} & a_{1n}^{(0)} \\ 0 & a_{22}^{(1)} & \cdots & a_{23}^{(1)} & a_{2n}^{(1)} \\ \vdots & \vdots & & \vdots & \vdots \\ 0 & 0 & \cdots & a_{n-1,n-1}^{(n-2)} & a_{n-1,n}^{(n-2)} \\ 0 & 0 & \cdots & 0 & a_{nn}^{(n-1)} \end{pmatrix}$$

其中

$$L_{n-1}=\begin{pmatrix} 1 & \cdots & 0 & 0 \\ \vdots & & \vdots & \vdots \\ 0 & \cdots & 1 & 0 \\ 0 & \cdots & -c_{n,n-1} & 1 \end{pmatrix},\quad L_{n-1}^{-1}=\begin{pmatrix} 1 & \cdots & 0 & 0 \\ \vdots & & \vdots & \vdots \\ 0 & \cdots & 1 & 0 \\ 0 & \cdots & c_{n,n-1} & 1 \end{pmatrix},\quad c_{n,n-1}=\frac{a_{n,n-1}^{(n-2)}}{a_{n-1,n-1}^{(n-2)}}$$

综上可知，对矩阵 A 的 Gauss 消元程序能够进行到最后一行的充要条件是 $a_{11}^{(0)},a_{22}^{(1)},\cdots,a_{n-1,n-1}^{(n-2)}$ 均不为零，即 A 的前 $n-1$ 个顺序主子式满足

$$\Delta_k\neq 0\ (k=1,2,\cdots,n-1) \tag{6.2}$$

因为 Gauss 消元法的上述过程用到行、列交换，所以附加条件式（6.2）式是合理的.

当条件式（6.2）得到满足时，有 $L_{n-1}\cdots L_2L_1A^{(0)}=A^{(n-1)}$，即 $A=A^{(0)}=L_1^{-1}L_2^{-1}\cdots L_{n-1}^{-1}A^{(n-1)}$，令 $L=L_1^{-1}L_2^{-1}\cdots L_{n-1}^{-1}A^{(n-1)}$，容易得到

$$L=\begin{pmatrix} 1 & 0 & \cdots & 0 & 0 \\ c_{21} & 1 & \cdots & 0 & 0 \\ \vdots & \vdots & & \vdots & \vdots \\ c_{n-1,1} & c_{n-1,2} & \cdots & 1 & 0 \\ c_{n,1} & c_{n,2} & \cdots & c_{n,n-1} & 1 \end{pmatrix}$$

即 L 是一个对角线元素均为 1 的下三角矩阵，称为单位下三角矩阵. 令 $U=A^{(n-1)}$，则 U 是上三角矩阵，且

$$A=LU$$

这样，A 就分解为一个单位下三角矩阵与一个上三角矩阵的乘积，以上这种将 A 分解为一个单位下三角矩阵与一个上三角矩阵的乘积的过程称为 A 的三角分解.

6.1.2　矩阵的三角分解

定义 6.1　设矩阵 $A\in\mathbf{C}^{n\times n}$，则有以下结论.

（1）如果 A 可以分解成一个下三角矩阵 L 与一个上三角矩阵 U 的乘积，即 $A=LU$，则称 A 可以三角分解或 LU 分解.

（2）如果 A 可以写成 $A=LDU$ 的形式，其中，L 是单位下三角矩阵，D 是对角矩阵，U 是单位上三角矩阵，则称 A 可以进行 LDU 分解.

注　一般来说，矩阵的三角分解是不唯一的. 这是因为，若 $A=LU$ 是 A 的一个三角分解，令 D 是对角线元素都不为零的对角矩阵，则 $A=LU=LDD^{-1}U=\tilde{L}\tilde{U}$. 由于上（下）三角矩阵的乘积仍是上（下）三角矩阵，即 $\tilde{L}=LD$ 和 $\tilde{U}=D^{-1}U$ 也分别是下三角矩阵与上三角矩阵，因此 $A=\tilde{L}\tilde{U}$ 也是 A 的一个三角分解.

定理 6.1 设$A\in \mathbf{C}^{n\times n}$，则$\boldsymbol{A}$可唯一分解为$\boldsymbol{A}=\boldsymbol{LDU}$的充要条件是$\boldsymbol{A}$的前$n-1$个顺序主子式皆不为零，即$\Delta_k\neq 0$（$k=1,2,\cdots,n-1$）时，其中，$\boldsymbol{L}$是单位下三角矩阵，$\boldsymbol{U}$是单位上三角矩阵，$\boldsymbol{D}$=diag$(d_1,d_2,\cdots,d_n)$是对角矩阵，且$d_k=\dfrac{\Delta_k}{\Delta_{k-1}}$，$\Delta_1=1$，$k=1,2,3,\cdots,n$．

定理 6.2 设$\boldsymbol{A}\in \mathbf{C}^{n\times n}$，且$\operatorname{rank}(\boldsymbol{A})=k$（$k\leqslant n$），如果$\boldsymbol{A}$的前$k$阶顺序主子式都不为零，即

$$\Delta_j\neq 0,\ j=1,2,\cdots,k$$

则$\boldsymbol{A}$可以分解为$\boldsymbol{A}=\boldsymbol{LU}$．

注 在定理 6.2 中，$\Delta_j\neq 0$是$\boldsymbol{A}$有三角分解的充分条件，但不是必要条件．例如，$\boldsymbol{A}=\begin{pmatrix}0&0\\1&2\end{pmatrix}=\begin{pmatrix}0&0\\1&1\end{pmatrix}\begin{pmatrix}1&1\\0&1\end{pmatrix}$，$\boldsymbol{A}$有三角分解，但$\Delta_1=0$．

推论 6.1 n阶非奇异矩阵$\boldsymbol{A}$有三角分解，即$\boldsymbol{A}=\boldsymbol{LU}$的充要条件是$\boldsymbol{A}$的前$n-1$个顺序主子式皆不为零，即

$$\Delta_k\neq 0,\ k=1,2,\cdots,n-1$$

证 充分性显然，因为当$\Delta_k\neq 0$（$k=1,2,\cdots,n-1$）时，有$\boldsymbol{A}=\boldsymbol{LU}$，即三角分解．

必要性：已知$\boldsymbol{A}=\boldsymbol{KU}$，因为$\boldsymbol{A}$非奇异，所以下三角矩阵$\boldsymbol{K}=(k_{ij})_{n\times n}$及上三角矩阵$\boldsymbol{U}=(u_{ij})_{n\times n}$都非奇异，从而，$k_{ii}\neq 0$，$u_{ii}\neq 0$（$i=1,2,\cdots,n$），对任意$i\leqslant t\leqslant n-1$，都有

$$\begin{pmatrix}\boldsymbol{A}_t&\boldsymbol{A}_{12}\\\boldsymbol{A}_{21}&\boldsymbol{A}_{22}\end{pmatrix}=\begin{pmatrix}\boldsymbol{K}_t&0\\\boldsymbol{K}_{21}&\boldsymbol{K}_{22}\end{pmatrix}\begin{pmatrix}\boldsymbol{U}_t&\boldsymbol{U}_{12}\\0&\boldsymbol{U}_{22}\end{pmatrix}$$

其中，$\boldsymbol{A}_t$、$\boldsymbol{K}_t$、$\boldsymbol{U}_t$分别是$\boldsymbol{A}$、$\boldsymbol{K}$、$\boldsymbol{U}$的左上角t阶子方阵，并且$\boldsymbol{K}_t$和$\boldsymbol{U}_t$分别是下三角矩阵与上三角矩阵．由分块乘法得到$\boldsymbol{A}_t=\boldsymbol{K}_t\boldsymbol{U}_t$，因而推得

$$\Delta_t=\det\boldsymbol{A}_t=\det\boldsymbol{K}_t\det\boldsymbol{U}_t=k_{11}k_{22}\cdots k_{tt}u_{11}u_{22}\cdots u_{tt}\ (t=1,2,\cdots,n-1)$$

例 6.1 求矩阵$\boldsymbol{A}=\begin{pmatrix}2&-1&3\\1&2&1\\2&4&2\end{pmatrix}$的LDU分解．

解 因为$\Delta_1=2$，$\Delta_2=5$，所以$\boldsymbol{A}$有唯一的LDU分解．下面利用 Gauss 消元法的计算步骤得到$\boldsymbol{A}$的LDU分解．构造以下消元矩阵：

$$\boldsymbol{L}_1=\begin{pmatrix}1&0&0\\\dfrac{1}{2}&1&0\\1&0&1\end{pmatrix},\quad \boldsymbol{L}_1^{-1}=\begin{pmatrix}1&0&0\\-\dfrac{1}{2}&1&0\\-1&0&1\end{pmatrix}$$

则

$$\boldsymbol{L}_1^{-1}\boldsymbol{A}^{(0)}=\begin{pmatrix}2&-1&3\\0&\dfrac{5}{2}&-\dfrac{1}{2}\\0&5&-1\end{pmatrix}=\boldsymbol{A}^{(1)}$$

对$\boldsymbol{A}^{(1)}$构造以下消元矩阵：

$$L_2=\begin{pmatrix}1&0&0\\0&1&0\\0&2&1\end{pmatrix},\ L_2^{-1}=\begin{pmatrix}1&0&0\\0&1&0\\0&-2&1\end{pmatrix}$$

则

$$L_2^{-1}A^{(1)}=\begin{pmatrix}2&-1&3\\0&\frac{5}{2}&-\frac{1}{2}\\0&0&0\end{pmatrix}=A^{(2)}$$

令

$$L=L_1L_2=\begin{pmatrix}1&0&0\\\frac{1}{2}&1&0\\1&2&1\end{pmatrix}$$

于是 $A=A^{(0)}$ 的 LDU 分解为

$$A=L_1L_2A^{(2)}=\begin{pmatrix}1&0&0\\\frac{1}{2}&1&0\\1&2&1\end{pmatrix}\begin{pmatrix}2&0&0\\0&\frac{5}{2}&0\\0&0&0\end{pmatrix}\begin{pmatrix}1&-\frac{1}{2}&\frac{3}{2}\\0&1&-\frac{1}{5}\\0&0&1\end{pmatrix}$$

从解线性方程组的观点来看，由 Gauss 消元法可以得到一个简单的非奇异矩阵，即单位下三角矩阵 L，使得 $L^{-1}A=U$ 是一个上三角矩阵．如果令 $y=L^{-1}b$，则线性方程组 $Ax=b$ 化为

$$Ux=y \tag{6.3}$$

它的第 n 个方程只含 x_n，第 $n-1$ 个方程只含 x_n 和 x_{n-1}，依次类推．因而可以依次求出 $x_n,x_{n-1},\cdots,x_1$，从而解出式（6.3），即通常所说的向后回代的方法，而对于 $y=L^{-1}b$，则有以下下三角方程组：

$$Ly=b \tag{6.4}$$

其第 1 个方程只含 y_1，第 2 个方程只含 y_1 和 y_2，依次类推，也可以逐一求出 $y_1,y_2,\cdots,y_n$，这个步骤通常称为向前消元．因此，当 $A=LU$ 时，解线性方程组 $Ax=b$ 等价于解以下方程组：

$$\begin{cases}Ly=b\\Ux=y\end{cases}$$

具体地说，就是先用向前消元法解 $Ly=b$，再用向后回代的方法解 $Ux=y$，即可求得 $Ax=b$ 的解．

例 6.2　设矩阵 $A=\begin{pmatrix}1&-3&7\\2&4&-3\\-3&7&2\end{pmatrix}$，$b=\begin{pmatrix}2\\-1\\3\end{pmatrix}$，用三角分解求解线性方程组 $Ax=b$．

解　易求得矩阵 A 的三角分解为

$$A=LU=\begin{pmatrix}1&0&0\\2&1&0\\-3&-\frac{1}{5}&1\end{pmatrix}\begin{pmatrix}1&-3&7\\0&10&-17\\0&0&\frac{98}{5}\end{pmatrix}$$

则 $\boldsymbol{L}\boldsymbol{y}=\boldsymbol{b}$ 的方程组形式为

$$\begin{cases} y_1 = 2 \\ 2y_1 + y_2 = -1 \\ -3y_1 - \dfrac{1}{5}y_2 + y_3 = 3 \end{cases}$$

自上往下用向后回代的方法，可得

$$y_1 = 2,\ y_2 = -1 - 2y_1 = -5,\ y_3 = 3 + 3y_1 + \frac{1}{5}y_2 = 8$$

$\boldsymbol{U}\boldsymbol{x}=\boldsymbol{y}$ 的具体形式为

$$\begin{cases} x_1 - 3x_2 + 7x_3 = 2 \\ 10x_2 - 17x_3 = -5 \\ \dfrac{98}{5}x_3 = 8 \end{cases}$$

自下往上用向后回代的方法，可得

$$x_3 = \frac{20}{49},\ x_2 = \frac{1}{10}(-5 + 17x_3) = \frac{19}{98},\ x_1 = -\frac{27}{98}$$

这样就求得线性方程组 $\boldsymbol{A}\boldsymbol{x}=\boldsymbol{b}$ 的解向量为

$$\boldsymbol{x} = \left(-\frac{27}{98}, \frac{19}{98}, \frac{20}{49}\right)$$

矩阵 $\boldsymbol{A}$ 的 LDU 分解与三角分解都需要假设 $\boldsymbol{A}$ 的前 $n-1$ 阶顺序主子式非零．如果这个条件不满足，则可以将 $\boldsymbol{A}$ 左乘（或右乘）置换矩阵 $\boldsymbol{P}$，把 $\boldsymbol{A}$ 的行（或列）的次序重新排列，使之满足这个条件，从而有如下行交换的矩阵分解定理．

定理 6.3 设 n 阶方阵 $\boldsymbol{A}$ 非奇异，则存在置换矩阵 $\boldsymbol{P}$，使得 $\boldsymbol{PA}$ 的 n 个顺序主子式均非零．

证 如果 $a_{11} \neq 0$，则 $\Delta_1 = a_{11} \neq 0$；如果 $a_{11} = 0$，则由 $\boldsymbol{A}$ 非奇异可知存在 $a_{i1} \neq 0$，交换 $\boldsymbol{A}$ 的第 1 行与第 i 行，即有置换矩阵 $\boldsymbol{P}_1$，使得 $\boldsymbol{P}_1\boldsymbol{A} = (a_{ij}^{(1)})$ 的元素 $a_{11}^{(1)} = a_{i1} \neq 0$，即 $\Delta_1 \neq 0$．如此继续下去，存在置换矩阵 $\boldsymbol{P}_{n-1}$，使得 $\boldsymbol{P}_{n-1}\cdots\boldsymbol{P}_2\boldsymbol{P}_1\boldsymbol{A} = (a_{ij}^{(n-1)})$，有 $\Delta_{n-1} \neq 0$，且

$$\Delta_n = |\boldsymbol{P}_{n-1}|\cdots|\boldsymbol{P}_2||\boldsymbol{P}_1||\boldsymbol{A}| = \pm|\boldsymbol{A}| \neq 0$$

令 $\boldsymbol{P} = \boldsymbol{P}_{n-1}\cdots\boldsymbol{P}_2\boldsymbol{P}_1$，则 $\boldsymbol{PA}$ 的 n 个顺序主子式皆不为零．

推论 6.2 设 n 阶方阵 $\boldsymbol{A}$ 非奇异，则存在置换矩阵 $\boldsymbol{P}$，使得

$$\boldsymbol{PA} = \boldsymbol{KU} = \boldsymbol{LDU}$$

其中，$\boldsymbol{K}$和$\boldsymbol{U}$ 分别是下三角矩阵与上三角矩阵；$\boldsymbol{L}$ 是单位下三角矩阵；$\boldsymbol{D}$ 是对角矩阵．

6.1.3 分块矩阵的三角分解

在处理高阶矩阵 $\boldsymbol{A}$ 的三角分解时，考虑 $\boldsymbol{A}$ 的分块矩阵的分解将会带来方便．设 $\boldsymbol{A} \in \mathbf{C}^{n\times n}$，若已知 $\boldsymbol{A}$ 的左上角 n_1 阶子块 $\boldsymbol{A}_{11}$ 非奇异，则将 $\boldsymbol{A}$ 写成如下分块形式：

$$\boldsymbol{A} = \begin{pmatrix} \boldsymbol{A}_{11} & \boldsymbol{A}_{12} \\ \boldsymbol{A}_{21} & \boldsymbol{A}_{22} \end{pmatrix}$$

其中，$\boldsymbol{A}_{22}$ 是 n_2 阶方阵且 $n_1 + n_2 = n$，则

$$\begin{pmatrix} E_{n_1} & O \\ -A_{21}A_{11}^{-1} & I_{n_2} \end{pmatrix}\begin{pmatrix} A_{11} & A_{12} \\ A_{21} & A_{22} \end{pmatrix}=\begin{pmatrix} A_{11} & A_{12} \\ O & A_{22}-A_{21}A_{11}^{-1}A_{12} \end{pmatrix}$$

于是，由矩阵的分块运算可得

$$\begin{pmatrix} A_{11} & A_{12} \\ A_{21} & A_{22} \end{pmatrix}=\begin{pmatrix} E_{n_1} & O \\ A_{21}A_{11}^{-1} & E_{n_2} \end{pmatrix}\begin{pmatrix} A_{11} & O \\ O & A_{22}-A_{21}A_{11}^{-1}A_{12} \end{pmatrix}\begin{pmatrix} E_{n_1} & A_{11}^{-1}A_{12} \\ O & E_{n_2} \end{pmatrix}$$

因此，要求 A 的三角分解可对低阶矩阵 A_{11} 及 $A_{22}-A_{21}A_{11}^{-1}A_{12}$ 进行分解，这就减少了工作量，这时 A 非奇异当且仅当 $A_{22}-A_{21}A_{11}^{-1}A_{12}$ 非奇异.

例 6.3　设 A 是 $m\times n$ 矩阵，B 是 $n\times m$ 矩阵，则有 $|E_m-AB|=|E_n-BA|$.

证

$$\begin{pmatrix} E_m & O \\ -B & E_n \end{pmatrix}\begin{pmatrix} E_m & A \\ B & E_n \end{pmatrix}=\begin{pmatrix} E_m & A \\ O & E_n-BA \end{pmatrix}$$

$$\begin{pmatrix} E_m & -A \\ O & E_n \end{pmatrix}\begin{pmatrix} E_m & A \\ B & E_n \end{pmatrix}=\begin{pmatrix} E_m-AB & O \\ B & E_n \end{pmatrix}$$

两边取行列式，即得 $|E_m-AB|=|E_n-BA|$.

6.2　矩阵的满秩分解

矩阵的满秩分解就是将矩阵分解为一个列满秩矩阵与一个行满秩矩阵的乘积，这在后面的广义逆的问题中也非常重要.

任意一个 $m\times n$ 矩阵 A，$\text{rank}(A)=r$，都可以经过有限次初等变换化为它的等价标准型：

$$A\to\begin{pmatrix} E_r & O \\ O & O \end{pmatrix}_{m\times n}$$

即总存在 m 阶可逆方阵 P 和 n 阶可逆方阵 Q，使得

$$PAQ=\begin{pmatrix} E_r & O \\ O & O \end{pmatrix}$$

即矩阵 A 可以分解为

$$A=P^{-1}\begin{pmatrix} E_r & O \\ O & O \end{pmatrix}Q^{-1}$$

6.2.1　矩阵的满秩分解的定义

定义 6.2　设 $A\in \mathbf{C}^{m\times n}$，$\text{rank}(A)=r$，若存在秩为 r 的矩阵 $F\in \mathbf{C}^{m\times r}$ 和 $G\in \mathbf{C}^{r\times n}$，使得

$$A=FG$$

则称其为 A 的一个满秩分解.

说明（1）F 为列满秩矩阵，即列数等于其秩；G 为行满秩矩阵，即行数等于其秩.

（2）矩阵 A 的满秩分解不唯一，对任意 r 阶可逆方阵 D，都有

$$A=FG=FDD^{-1}G=(FD)(D^{-1}G)=F_1G_1$$

$\text{rank}(F_1)=\text{rank}(G_1)=r$，$F_1\in \mathbf{C}^{m\times r}$，$G_1\in \mathbf{C}^{r\times n}$，且 $\text{rank}(F_1)=\text{rank}(G_1)=r$.

定理 6.4 任何非零矩阵 $\boldsymbol{A}\in\mathbf{C}^{m\times n}$ 都存在满秩分解.

证 设 $\operatorname{rank}(\boldsymbol{A})=r$，采用构造性证明方法．由矩阵的初等变换理论可知，存在 m 阶初等方阵 $\boldsymbol{E}_1,\boldsymbol{E}_2,\cdots,\boldsymbol{E}_k$，使

$$\boldsymbol{B}=\boldsymbol{E}_k\cdots\boldsymbol{E}_2\boldsymbol{E}_1\boldsymbol{A}=\begin{pmatrix}\boldsymbol{G}\\ -\\ \boldsymbol{O}\end{pmatrix}\begin{matrix}r\text{行}\\ \\ m-r\text{行}\end{matrix},\quad \operatorname{rank}(\boldsymbol{G})=r$$

即 $\boldsymbol{G}$ 是行满秩矩阵.

记 $\boldsymbol{P}=\boldsymbol{E}_k\cdots\boldsymbol{E}_2\boldsymbol{E}_1$，则 $\boldsymbol{P}$ 可逆，于是 $\boldsymbol{A}=\boldsymbol{P}^{-1}\boldsymbol{B}$，并把 $\boldsymbol{P}^{-1}$ 写成下面的分块形式：

$$\boldsymbol{P}^{-1}=(\underset{\substack{\uparrow\\ r\text{列}}}{\boldsymbol{F}}\quad\underset{\substack{\uparrow\\ m-r\text{列}}}{\boldsymbol{S}})$$

其中，$\operatorname{rank}(\boldsymbol{F})=r$，即 $\boldsymbol{F}$ 是列满秩矩阵．因此可得 $\boldsymbol{A}$ 的一个满秩分解为

$$\boldsymbol{A}=(\boldsymbol{F}\quad\boldsymbol{S})\begin{pmatrix}\boldsymbol{G}\\ \boldsymbol{O}\end{pmatrix}=\boldsymbol{FG}$$

定理 6.4 给出了求解矩阵 $\boldsymbol{A}$ 的满秩分解的方法，具体总结如下.

因为 $\operatorname{rank}(\boldsymbol{A})=r$，所以有可逆矩阵 $\boldsymbol{P}$，使得

$$\boldsymbol{PA}=\begin{pmatrix}\boldsymbol{G}\\ \boldsymbol{O}\end{pmatrix}$$

从而

$$\boldsymbol{A}=\boldsymbol{P}^{-1}\begin{pmatrix}\boldsymbol{G}\\ \boldsymbol{O}\end{pmatrix}=(\boldsymbol{F}\mid\boldsymbol{S})\begin{pmatrix}\boldsymbol{G}\\ \boldsymbol{O}\end{pmatrix}=\boldsymbol{FG}$$

可通过下面的初等变换求得行满秩矩阵 $\boldsymbol{G}$ 和可逆矩阵 $\boldsymbol{P}$：

$$(\boldsymbol{A}\vdots\boldsymbol{E})\xrightarrow{\text{行变换}}\begin{pmatrix}\boldsymbol{G}\vdots & \\ & \vdots\boldsymbol{P}\\ \boldsymbol{O}\vdots & \end{pmatrix}$$

其中，$\boldsymbol{F}$ 为 $\boldsymbol{P}^{-1}$ 的前 r 列；$\boldsymbol{G}$ 为矩阵 $\boldsymbol{A}$ 化为阶梯形矩阵中的非零行，$\boldsymbol{A}=\boldsymbol{FG}$.

例 6.4 求矩阵 $\boldsymbol{A}=\begin{pmatrix}-1&0&1&2\\1&2&-1&1\\2&2&-2&-1\\-2&-4&2&-2\end{pmatrix}$ 的满秩分解.

解

$$(\boldsymbol{A}\vdots\boldsymbol{E})=\left(\begin{array}{cccc:cccc}-1&0&1&2&1&0&0&0\\1&2&-1&1&0&1&0&0\\2&2&-2&-1&0&0&1&0\\-2&-4&2&-2&0&0&0&1\end{array}\right)\to$$

$$\left(\begin{array}{cccc:cccc}-1&0&1&2&1&0&0&0\\0&2&0&3&1&1&0&0\\0&0&0&0&1&-1&1&0\\0&0&0&0&0&2&0&1\end{array}\right)$$

求得

$$G=\begin{pmatrix}-1&0&1&2\\0&2&0&3\end{pmatrix},\quad P=\begin{pmatrix}1&0&0&0\\1&1&0&0\\1&-1&1&0\\0&2&0&1\end{pmatrix},\quad P^{-1}=\begin{pmatrix}1&0&0&0\\-1&1&0&0\\-2&1&1&0\\2&-2&0&1\end{pmatrix}$$

取 $\boldsymbol{P}^{-1}$ 的前两列构成 $\boldsymbol{F}$，则

$$A=FG=\begin{pmatrix}1&0\\-1&1\\-2&1\\2&-2\end{pmatrix}\begin{pmatrix}-1&0&1&2\\0&2&0&3\end{pmatrix}$$

6.2.2　用矩阵行最简形求满秩分解

定理 6.4 虽然能够求出 $\boldsymbol{A}$ 的满秩分解，但只有由 $\boldsymbol{P}$ 求出 $\boldsymbol{P}^{-1}$，才能得到 $\boldsymbol{F}$，而求逆矩阵有时是比较麻烦的，为此，下面介绍另一种求满秩分解的方法.

设 $\boldsymbol{A}\in \mathbf{C}^{m\times n}$，$\text{rank}(\boldsymbol{A})=r$，则 $\boldsymbol{A}$ 有 r 个线性无关的列向量，不妨设前 r 个列向量线性无关．于是后 $n-r$ 个列向量均可以表示为前 r 个列向量的线性组合．用分块矩阵表示为

$$A=(F\vdots A_2)=(F\vdots FQ)\tag{6.5}$$

其中，$\boldsymbol{F}$ 是 $\boldsymbol{A}$ 的前 r 个列向量构成的 $m\times r$ 列满秩矩阵；$\boldsymbol{Q}$ 是一个 $r\times(n-r)$ 矩阵，于是

$$A=F(E_r\vdots Q)=FG\tag{6.6}$$

其中，$\boldsymbol{G}=(\boldsymbol{E}_r,\boldsymbol{Q})$ 是 $r\times n$ 行满秩矩阵.

由此得到求矩阵满秩分解的另一种方法如下.

首先，对 $\boldsymbol{A}$ 进行初等行变换，将其化为行最简形矩阵 $\begin{pmatrix}G\\O\end{pmatrix}$；接着去掉全为零的 $m-r$ 行，即得 $\boldsymbol{G}$；然后根据 $\boldsymbol{G}$ 中的单位矩阵 $\boldsymbol{E}_r$ 对应的列找出矩阵 $\boldsymbol{A}$ 中对应的列向量 $\boldsymbol{\alpha}_{j_1},\boldsymbol{\alpha}_{j_2},\cdots,\boldsymbol{\alpha}_{j_n}$，令 $\boldsymbol{F}=(\boldsymbol{\alpha}_{j_1},\boldsymbol{\alpha}_{j_2},\cdots,\boldsymbol{\alpha}_{j_n})$，$\boldsymbol{F}$ 列满秩，满足 $\boldsymbol{A}=\boldsymbol{FG}$，就是 $\boldsymbol{A}$ 的一个满秩分解.

例 6.5　求矩阵 $\boldsymbol{A}$ 的一个满秩分解，其中

$$A=\begin{pmatrix}1&2&-1&1\\2&3&3&-2\\3&5&2&-1\\-1&-3&6&-5\end{pmatrix}$$

解

$$A=\begin{pmatrix}1&2&-1&1\\2&3&3&-2\\3&5&2&-1\\-1&-3&6&-5\end{pmatrix}\xrightarrow[r_4+r_1]{\substack{r_2-2r_1\\r_3-3r_1}}\begin{pmatrix}1&2&-1&1\\0&-1&5&-4\\0&-1&5&-4\\0&-1&5&-4\end{pmatrix}\xrightarrow[r_1+2r_2]{\substack{r_3-r_2\\r_4-r_2}}$$

$$\begin{pmatrix}1&0&9&-7\\0&-1&5&-4\\0&0&0&0\\0&0&0&0\end{pmatrix}\xrightarrow{r_2\times(-1)}\begin{pmatrix}1&0&9&-7\\0&1&-5&4\\0&0&0&0\\0&0&0&0\end{pmatrix}$$

故$\boldsymbol{G}=\begin{pmatrix}1&0&9&-7\\0&1&5&-4\end{pmatrix}$，$\boldsymbol{G}$ 的前两列构成单位矩阵，因此 $\boldsymbol{A}$ 的前两列构成矩阵 $\boldsymbol{F}$，即取

$$\boldsymbol{F}=\begin{pmatrix}1&2\\2&3\\3&5\\-1&-3\end{pmatrix}$$

因此 $\boldsymbol{A}$ 的满秩分解为

$$\boldsymbol{A}=\boldsymbol{FG}=\begin{pmatrix}1&2\\2&3\\3&5\\-1&-3\end{pmatrix}\begin{pmatrix}1&0&9&-7\\0&1&5&-4\end{pmatrix}$$

6.2.3 行满秩矩阵或列满秩矩阵的性质

行满秩矩阵或列满秩矩阵有特殊性质，下面列举几个.

定理 6.5 设 $\boldsymbol{A}\in\mathbf{C}^{m\times n}$，$\operatorname{rank}(\boldsymbol{A})=r$，则有以下结论.

（1）$\boldsymbol{AA}^{\mathrm{H}}$ 与 $\boldsymbol{A}^{\mathrm{H}}\boldsymbol{A}$ 都是半正定 Hermite 矩阵.

（2）$\operatorname{rank}(\boldsymbol{AA}^{\mathrm{H}})=\operatorname{rank}(\boldsymbol{A}^{\mathrm{H}}\boldsymbol{A})=\operatorname{rank}(\boldsymbol{A})=r$.

证 （1）因为$(\boldsymbol{A}^{\mathrm{H}}\boldsymbol{A})^{\mathrm{H}}=\boldsymbol{A}^{\mathrm{H}}\boldsymbol{A}$，所以 $\boldsymbol{A}^{\mathrm{H}}\boldsymbol{A}$ 是 Hermite 矩阵，并且 $\forall\boldsymbol{x}\in\mathbf{C}^n$，都有

$$\boldsymbol{x}^{\mathrm{H}}(\boldsymbol{A}^{\mathrm{H}}\boldsymbol{A})\boldsymbol{x}=(\boldsymbol{Ax})^{\mathrm{H}}(\boldsymbol{Ax})=\|\boldsymbol{Ax}\|_2^2\geqslant 0$$

故 $\boldsymbol{A}^{\mathrm{H}}\boldsymbol{A}$ 是半正定 Hermite 矩阵.

同理可证 $\boldsymbol{AA}^{\mathrm{H}}$ 也是半正定 Hermite 矩阵.

（2）只要证明 $\operatorname{rank}(\boldsymbol{A}^{\mathrm{H}}\boldsymbol{A})=\operatorname{rank}(\boldsymbol{A})$ 即可. 这只需证明线性方程组 $\boldsymbol{Ax}=\boldsymbol{0}$ 与 $\boldsymbol{A}^{\mathrm{H}}\boldsymbol{Ax}=\boldsymbol{0}$ 同解即可. 事实上，设 $\boldsymbol{x}_0\in\mathbf{C}^n$ 是 $\boldsymbol{Ax}=\boldsymbol{0}$ 的解，显然，它也是 $\boldsymbol{A}^{\mathrm{H}}\boldsymbol{Ax}=\boldsymbol{0}$ 的解. 反之，设 $\boldsymbol{x}_0\in\mathbf{C}^n$ 是 $\boldsymbol{A}^{\mathrm{H}}\boldsymbol{Ax}=\boldsymbol{0}$ 的解，则 $\boldsymbol{A}^{\mathrm{H}}\boldsymbol{Ax}_0=\boldsymbol{0}$，从而 $\boldsymbol{x}_0^{\mathrm{H}}\boldsymbol{A}^{\mathrm{H}}\boldsymbol{Ax}_0=\boldsymbol{0}$，即 $(\boldsymbol{Ax}_0)^{\mathrm{H}}\boldsymbol{Ax}_0=0$，故 $\boldsymbol{Ax}_0=\boldsymbol{0}$，即 $\boldsymbol{x}_0$ 是 $\boldsymbol{Ax}=\boldsymbol{0}$ 的解. 因此，线性方程组 $\boldsymbol{Ax}=\boldsymbol{0}$ 与 $\boldsymbol{A}^{\mathrm{H}}\boldsymbol{Ax}=\boldsymbol{0}$ 的基础解系所含向量的个数相等，即 $n-\operatorname{rank}(\boldsymbol{A})=n-\operatorname{rank}(\boldsymbol{A}^{\mathrm{H}}\boldsymbol{A})$，从而，$\operatorname{rank}(\boldsymbol{A}^{\mathrm{H}}\boldsymbol{A})=\operatorname{rank}(\boldsymbol{A})=r$.

同理可证另一个等式成立.

推论 6.3 设 $\boldsymbol{A}\in\mathbf{C}^{m\times n}$，则 $\boldsymbol{A}^{\mathrm{H}}\boldsymbol{A}=\boldsymbol{O}$ 当且仅当 $\boldsymbol{A}=\boldsymbol{O}$.

证 充分性显然.

必要性：因为 $\boldsymbol{A}^{\mathrm{H}}\boldsymbol{A}=\boldsymbol{O}$，所以由定理 6.5 中的（2）可得 $\operatorname{rank}(\boldsymbol{A}^{\mathrm{H}}\boldsymbol{A})=\operatorname{rank}(\boldsymbol{A})=0$，故 $\boldsymbol{A}=\boldsymbol{O}$.

推论 6.4 设 $\boldsymbol{A}\in\mathbf{C}^{m\times n}$，则下列结论成立.

（1）若 $\boldsymbol{A}$ 列满秩，则 $\boldsymbol{A}^{\mathrm{H}}\boldsymbol{A}$ 可逆，从而方程组 $\boldsymbol{AX}=\boldsymbol{b}$ 有唯一解 $\boldsymbol{X}=(\boldsymbol{A}^{\mathrm{H}}\boldsymbol{A})^{-1}\boldsymbol{A}^{\mathrm{H}}\boldsymbol{b}$.

（2）若 $\boldsymbol{A}$ 行满秩，则 $\boldsymbol{AA}^{\mathrm{H}}$ 可逆.

证 （1）由定理 6.5 可知 $\operatorname{rank}(\boldsymbol{A}^{\mathrm{H}}\boldsymbol{A})=\operatorname{rank}(\boldsymbol{A})=n$，故 $\boldsymbol{A}^{\mathrm{H}}\boldsymbol{A}$ 可逆.

同理可证明（2）.

6.2.4　长方矩阵的左、右逆

定义 6.3　设 $\boldsymbol{A}\in\mathbf{C}^{m\times n}$，如果存在矩阵 $\boldsymbol{B}\in\mathbf{C}^{n\times m}$，使得

$$\boldsymbol{AB}=\boldsymbol{E}_m$$

则称矩阵 $\boldsymbol{B}$ 为矩阵 $\boldsymbol{A}$ 的右逆矩阵（右逆），记为 $\boldsymbol{A}_{\mathrm{R}}^{-1}$. 如果存在 $\boldsymbol{G}\in\mathbf{C}^{n\times m}$，使得

$$\boldsymbol{GA}=\boldsymbol{E}_n$$

则称矩阵 $\boldsymbol{G}$ 为矩阵 $\boldsymbol{A}$ 的左逆矩阵（左逆），记为 $\boldsymbol{A}_{\mathrm{L}}^{-1}$.

由定义易证明，对于 n 阶方阵 $\boldsymbol{A}$，它存在右逆 $\boldsymbol{A}_{\mathrm{R}}^{-1}$（或左逆 $\boldsymbol{A}_{\mathrm{L}}^{-1}$）的充要条件是 $\boldsymbol{A}$ 非奇异，并且 $\boldsymbol{A}_{\mathrm{L}}^{-1}=\boldsymbol{A}^{-1}=\boldsymbol{A}_{\mathrm{R}}^{-1}$. 下面考察对于长方矩阵，其左逆或右逆的存在性.

定理 6.6　设 $\boldsymbol{A}\in\mathbf{C}^{m\times n}$，则有以下结论.

（1）当 $m<n$ 时，$\boldsymbol{A}$ 存在右逆 $\boldsymbol{A}_{\mathrm{R}}^{-1}$ 的充要条件是 $\boldsymbol{A}$ 为行满秩矩阵.

（2）当 $m>n$ 时，$\boldsymbol{A}$ 存在左逆 $\boldsymbol{A}_{\mathrm{L}}^{-1}$ 的充要条件是 $\boldsymbol{A}$ 为列满秩矩阵.

证　这里只证明（1），（2）同法可证.

必要性：设存在矩阵 $\boldsymbol{B}=\boldsymbol{A}_{\mathrm{R}}^{-1}$，则 $\boldsymbol{AB}=\boldsymbol{E}_m$，于是

$$m=\operatorname{rank}(\boldsymbol{I}_m)=\operatorname{rank}(\boldsymbol{AB})\leqslant\operatorname{rank}(\boldsymbol{A})\leqslant m$$

故 $\operatorname{rank}(\boldsymbol{A})=m$，即 $\boldsymbol{A}$ 为行满秩矩阵.

充分性：因为 $\boldsymbol{A}$ 为行满秩矩阵，所以 $\operatorname{rank}(\boldsymbol{A})=m$，又因为 $\boldsymbol{AA}^{\mathrm{H}}$ 是 m 阶方阵，所以由定理 6.5 中的（2）有 $\operatorname{rank}(\boldsymbol{AA}^{\mathrm{H}})=\operatorname{rank}(\boldsymbol{A})=m$，即 $\boldsymbol{AA}^{\mathrm{H}}$ 是 m 阶可逆方阵. 令 $\boldsymbol{B}=\boldsymbol{A}^{\mathrm{H}}(\boldsymbol{AA}^{\mathrm{H}})^{-1}$，则

$$\boldsymbol{AB}=\boldsymbol{AA}^{\mathrm{H}}(\boldsymbol{AA}^{\mathrm{H}})^{-1}=\boldsymbol{E}_m$$

故行满秩矩阵 $\boldsymbol{A}$ 存在右逆 $\boldsymbol{A}_{\mathrm{R}}^{-1}=\boldsymbol{A}^{\mathrm{H}}(\boldsymbol{AA}^{\mathrm{H}})^{-1}$.

由定理证明过程可得求矩阵的左、右逆的计算公式.

（1）若 $\boldsymbol{A}$ 是行满秩矩阵，则 $\boldsymbol{A}$ 存在右逆 $\boldsymbol{A}_{\mathrm{R}}^{-1}=\boldsymbol{A}^{\mathrm{H}}(\boldsymbol{AA}^{\mathrm{H}})^{-1}$.

（2）若 $\boldsymbol{A}$ 是列满秩矩阵，则 $\boldsymbol{A}$ 存在左逆 $\boldsymbol{A}_{\mathrm{L}}^{-1}=(\boldsymbol{A}^{\mathrm{H}}\boldsymbol{A})^{-1}\boldsymbol{A}^{\mathrm{H}}$.

注　对于一个矩阵 $\boldsymbol{A}$，如果它存在左（右）逆 $\boldsymbol{A}_{\mathrm{L}}^{-1}$（$\boldsymbol{A}_{\mathrm{R}}^{-1}$），那么其并不是唯一的.

例 6.6　设 $\boldsymbol{A}=\begin{pmatrix}1&2&-1\\0&-1&2\end{pmatrix}$，问 $\boldsymbol{A}$ 是否存在右逆，若存在，求出一个右逆.

解　因为 $\operatorname{rank}(\boldsymbol{A})=2<3$，所以 $\boldsymbol{A}$ 是行满秩矩阵，由定理 6.6 可知，$\boldsymbol{A}$ 存在右逆，利用上述公式可以求出其中一个右逆为 $\boldsymbol{A}_{\mathrm{R}}^{-1}=\boldsymbol{A}^{\mathrm{H}}(\boldsymbol{AA}^{\mathrm{H}})^{-1}=\begin{pmatrix}1&0\\2&-1\\-1&2\end{pmatrix}\dfrac{1}{14}\begin{pmatrix}5&4\\4&6\end{pmatrix}=\dfrac{1}{14}\begin{pmatrix}5&4\\6&2\\3&8\end{pmatrix}$.

注　由矩阵方程 $\begin{pmatrix}1&2&-1\\0&-1&2\end{pmatrix}\begin{pmatrix}x_1&y_1\\x_2&y_2\\x_3&y_3\end{pmatrix}=\begin{pmatrix}1&0\\0&1\end{pmatrix}$ 可知，对任意复数 a 和 b，矩阵

$$\begin{pmatrix}1-3a&2-3b\\2a&-1+2b\\a&b\end{pmatrix}$$

都是上述 $\boldsymbol{A}$ 的一个右逆，如 $\boldsymbol{A}_{\mathrm{R}}^{-1}=\begin{pmatrix}1 & 2\\ 0 & -1\\ 0 & 0\end{pmatrix}$ 就是 $\boldsymbol{A}$ 的一个右逆.

例 6.7 设 $\boldsymbol{A}=\begin{pmatrix}2\mathrm{i} & 0\\ 0 & -3\\ 2 & 1\end{pmatrix}$，求 $\boldsymbol{A}$ 的一个左逆.

解 因为

$$\boldsymbol{A}^{\mathrm{H}}\boldsymbol{A}=\begin{pmatrix}2\mathrm{i} & 0 & 2\\ 0 & -3 & 1\end{pmatrix}\begin{pmatrix}2\mathrm{i} & 0\\ 0 & -3\\ 2 & 1\end{pmatrix}=\begin{pmatrix}8 & 2\\ 2 & 10\end{pmatrix}$$

所以

$$\boldsymbol{A}_{\mathrm{L}}^{-1}=(\boldsymbol{A}^{\mathrm{H}}\boldsymbol{A})^{-1}\boldsymbol{A}^{\mathrm{H}}=\frac{1}{38}\begin{pmatrix}5 & -1\\ -1 & 4\end{pmatrix}\begin{pmatrix}-2\mathrm{i} & 0 & 2\\ 0 & -3 & 1\end{pmatrix}=\frac{1}{38}\begin{pmatrix}-10\mathrm{i} & 3 & 9\\ 2\mathrm{i} & -12 & 2\end{pmatrix}$$

6.3 矩阵的 QR 分解

在 6.1 节中，已用初等矩阵研究了矩阵的三角分解，这种三角分解对数值代数算法的发展起了重要的作用. 然而，这种以初等变换为工具的三角分解并不能消除病态方程组不稳定的问题，因而人们又以酉变换为工具，给出了矩阵 $\boldsymbol{A}$ 的 QR 分解，它为计算特征值的数值方法提供了理论依据，并且是求解线性方程组的一个重要工具，因此，它在数值代数中起着重要的作用.

6.3.1 用 Schmidt 正交化求矩阵的 QR 分解

定义 6.4 如果方阵 $\boldsymbol{A}$ 可以分解为一个酉（正交）矩阵 $\boldsymbol{Q}$ 与一个复（实）上三角矩阵 $\boldsymbol{R}$ 的乘积，即

$$\boldsymbol{A}=\boldsymbol{QR}$$

则称上式为 $\boldsymbol{A}$ 的一个 QR 分解.

定理 6.7 如果 n 阶方阵 $\boldsymbol{A}\in\mathbf{C}^{n\times n}$（$\mathbf{R}^{n\times n}$）非奇异，则存在酉矩阵 $\boldsymbol{Q}$ 与一个复（实）上三角矩阵 $\boldsymbol{R}$，使得 $\boldsymbol{A}=\boldsymbol{QR}$，且除去相差一个对角线元素的模（绝对值）全为1的对角因子外，上述分解是唯一的.

证明 把矩阵 $\boldsymbol{A}$ 按列分块为 $\boldsymbol{A}=(\boldsymbol{\alpha}_1,\boldsymbol{\alpha}_2,\cdots,\boldsymbol{\alpha}_n)$，因为 $\boldsymbol{A}$ 非奇异，所以向量组 $\boldsymbol{\alpha}_1,\boldsymbol{\alpha}_2,\cdots,\boldsymbol{\alpha}_n$ 线性无关. 由向量组的 Schmidt 正交化方法可得

$$\begin{cases}\boldsymbol{\beta}_1=\boldsymbol{\alpha}_1\\ \boldsymbol{\beta}_2=\boldsymbol{\alpha}_2-k_{21}\boldsymbol{\beta}_1\\ \quad\vdots\\ \boldsymbol{\beta}_n=\boldsymbol{\alpha}_n-k_{n,n-1}\boldsymbol{\beta}_{n-1}-\cdots-k_{n1}\boldsymbol{\beta}_1\end{cases}$$

其中，$k_{ij}=\dfrac{(\boldsymbol{\alpha}_i,\boldsymbol{\beta}_j)}{(\boldsymbol{\beta}_j,\boldsymbol{\beta}_j)}$（$j<i$）．上式等价于

$$\begin{cases}\boldsymbol{\alpha}_1=\boldsymbol{\beta}_1\\ \boldsymbol{\alpha}_2=k_{21}\boldsymbol{\beta}_1+\boldsymbol{\beta}_2\\ \qquad\vdots\\ \boldsymbol{\alpha}_n=k_{n,1}\boldsymbol{\beta}_1+k_{n,2}\boldsymbol{\beta}_2+\cdots+k_{n,n-1}\boldsymbol{\beta}_{n-1}+\boldsymbol{\beta}_n\end{cases}$$

写成矩阵形式为

$$(\boldsymbol{\alpha}_1,\boldsymbol{\alpha}_2,\cdots,\boldsymbol{\alpha}_n)=(\boldsymbol{\beta}_1,\boldsymbol{\beta}_2,\cdots,\boldsymbol{\beta}_n)\begin{pmatrix}1 & k_{21} & \cdots & k_{n1}\\ & 1 & \ddots & \vdots\\ & & \ddots & k_{n,n-1}\\ & & & 1\end{pmatrix}$$

对 $\boldsymbol{\beta}_1,\boldsymbol{\beta}_2,\cdots,\boldsymbol{\beta}_n$ 进行单位化可得

$$\boldsymbol{\gamma}_i=\frac{1}{\|\boldsymbol{\beta}_i\|}\boldsymbol{\beta}_i\ （i=1,2,\cdots,n）$$

于是

$$\boldsymbol{A}=(\boldsymbol{\gamma}_1,\boldsymbol{\gamma}_2,\cdots,\boldsymbol{\gamma}_n)\begin{pmatrix}\|\boldsymbol{\beta}_1\| & & & \\ & \|\boldsymbol{\beta}_2\| & & \\ & & \ddots & \\ & & & \|\boldsymbol{\beta}_n\|\end{pmatrix}\begin{pmatrix}1 & k_{21} & \cdots & k_{n1}\\ & 1 & \ddots & \vdots\\ & & \ddots & k_{n,n-1}\\ & & & 1\end{pmatrix}$$

记 $\boldsymbol{Q}=(\boldsymbol{\gamma}_1,\boldsymbol{\gamma}_2,\cdots,\boldsymbol{\gamma}_n)$，则 $\boldsymbol{Q}$ 是酉矩阵，令

$$\begin{aligned}\boldsymbol{R}&=\begin{pmatrix}\|\boldsymbol{\beta}_1\| & & & \\ & \|\boldsymbol{\beta}_2\| & & \\ & & \ddots & \\ & & & \|\boldsymbol{\beta}_n\|\end{pmatrix}\begin{pmatrix}1 & k_{21} & \cdots & k_{n1}\\ & 1 & \ddots & \vdots\\ & & \ddots & k_{n,n-1}\\ & & & 1\end{pmatrix}\\ &=\begin{pmatrix}\|\boldsymbol{\beta}_1\| & \dfrac{(\boldsymbol{\alpha}_2,\boldsymbol{\beta}_1)}{\|\boldsymbol{\beta}_1\|} & \cdots & \dfrac{(\boldsymbol{\alpha}_{n-1},\boldsymbol{\beta}_1)}{\|\boldsymbol{\beta}_1\|} & \dfrac{(\boldsymbol{\alpha}_n,\boldsymbol{\beta}_1)}{\|\boldsymbol{\beta}_1\|}\\ 0 & \|\boldsymbol{\beta}_2\| & \cdots & \dfrac{(\boldsymbol{\alpha}_{n-1},\boldsymbol{\beta}_2)}{\|\boldsymbol{\beta}_2\|} & \dfrac{(\boldsymbol{\alpha}_n,\boldsymbol{\beta}_2)}{\|\boldsymbol{\beta}_2\|}\\ \vdots & \vdots & & \vdots & \vdots\\ 0 & 0 & \cdots & \|\boldsymbol{\beta}_{n-1}\| & \dfrac{(\boldsymbol{\alpha}_n,\boldsymbol{\beta}_{n-1})}{\|\boldsymbol{\beta}_{n-1}\|}\\ 0 & 0 & \cdots & 0 & \|\boldsymbol{\beta}_n\|\end{pmatrix}\end{aligned}$$

由于 $\|\boldsymbol{\beta}_i\|>0$（$i=1,2,\cdots,n$）为正实数，$\boldsymbol{R}$ 是对角线元素为正数的上三角矩阵，因此 $\boldsymbol{A}$ 有以下 QR 分解：

$$\boldsymbol{A}=\boldsymbol{QR}$$

证明唯一性：反证法．设还存在另一个 QR 分解，即

$$\boldsymbol{A}=\boldsymbol{QR}=\boldsymbol{Q}_1\boldsymbol{R}_1$$

则

$$Q = Q_1 R_1 R^{-1} = Q_1 D$$

又因为 $D = R_1 R^{-1}$ 为上三角矩阵，所以

$$E = Q^H Q = (Q_1 D)^H Q_1 D = D^H D$$

表明 D 为酉矩阵，而且是对角线元素的模（绝对值）全等于1的对角矩阵，从而

$$R_1 = DR,\ \ Q_1 = QD^{-1}$$

这种分解方法称为Schmidt 正交化方法.

推论 6.5　设矩阵 $A \in \mathbf{C}^{n\times r}$（$\mathbf{R}^{n\times r}$）且 $\operatorname{rank} A = r$，则存在 n 阶酉（正交）方阵 Q 和 r 阶对角线为正数的复（实）上三角矩阵 R，使得

$$A = Q\begin{pmatrix} R \\ O \end{pmatrix}$$

证　设 $A = (\alpha_1, \alpha_2, \cdots, \alpha_r)$，则 n 维列向量组 $\alpha_1, \alpha_2, \cdots, \alpha_r$ 线性无关，将其扩展成 $\mathbf{C}^n$（$\mathbf{R}^n$）的基 $\alpha_1, \alpha_2, \cdots, \alpha_r, \alpha_{r+1}, \cdots, \alpha_n$，并将它标准化、正交化为 $\gamma_1, \gamma_2, \cdots, \gamma_n$，由定理 6.7 可知，存在对角线为正数的复（实）上三角矩阵 R_1，使得

$$(\alpha_1, \alpha_2, \cdots, \alpha_r, \alpha_{r+1}, \cdots, \alpha_n) = (\gamma_1, \gamma_2, \cdots, \gamma_n) R_1 = (\gamma_1, \gamma_2, \cdots, \gamma_n)\begin{pmatrix} R & C \\ O & R_0 \end{pmatrix}$$

其中，r 阶方阵 R 和 $n-r$ 阶方阵 R_0 都是对角线为正数的复（实）上三角矩阵.

令

$$Q = (\gamma_1, \gamma_2, \cdots, \gamma_n)$$

则由分块矩阵的乘法性质得

$$A = Q\begin{pmatrix} R \\ O \end{pmatrix}$$

推论 6.6　设 A 是 n 阶实对称正定矩阵，则存在对角线元素为正数的实上三角矩阵 R，使得 $A = R^T R$.

证　因为 A 是 n 阶实对称正定矩阵，所以存在 n 阶实可逆矩阵 P，使得 $A = P^T P$. 由定理 6.7 可得，存在酉矩阵 Q 和对角线元素为正实数的实上三角矩阵 R，使得 $P = QR$，于是

$$A = P^T P = (QR)^T (QR) = R^T R$$

例 6.8　用Schmidt 正交化方法求 $A = \begin{pmatrix} 0 & 3 & 1 \\ 0 & 4 & -2 \\ 2 & 1 & 2 \end{pmatrix}$ 的QR 分解.

解　A 的列向量分别为 $\alpha_1 = \begin{pmatrix} 0 \\ 0 \\ 2 \end{pmatrix}$，$\alpha_2 = \begin{pmatrix} 3 \\ 4 \\ 1 \end{pmatrix}$，$\alpha_3 = \begin{pmatrix} 1 \\ -2 \\ 2 \end{pmatrix}$，将其正交化得

$$\beta_1 = \alpha_1 = \begin{pmatrix} 0 \\ 0 \\ 2 \end{pmatrix},\ \ \beta_2 = \alpha_2 - \frac{1}{2}\beta_1 = \begin{pmatrix} 3 \\ 4 \\ 0 \end{pmatrix}$$

$$\boldsymbol{\beta}_3 = \boldsymbol{\alpha}_3 + \frac{1}{5}\boldsymbol{\beta}_2 - \boldsymbol{\beta}_1 = \frac{1}{5}\begin{pmatrix} 8 \\ -6 \\ 0 \end{pmatrix}$$

并将其单位化得

$$\boldsymbol{\gamma}_1 = \frac{1}{2}\boldsymbol{\beta}_1 = \begin{pmatrix} 0 \\ 0 \\ 1 \end{pmatrix}，\ \boldsymbol{\gamma}_2 = \frac{1}{5}\boldsymbol{\beta}_2 = \frac{1}{5}\begin{pmatrix} 3 \\ 4 \\ 0 \end{pmatrix}，\ \boldsymbol{\gamma}_3 = \frac{1}{2}\boldsymbol{\beta}_3 = \frac{1}{5}\begin{pmatrix} 4 \\ -3 \\ 0 \end{pmatrix}$$

于是

$$\boldsymbol{\alpha}_1 = \boldsymbol{\beta}_1 = 2\boldsymbol{\gamma}_1,\ \ \boldsymbol{\alpha}_2 = \frac{1}{2}\boldsymbol{\beta}_1 + \boldsymbol{\beta}_2 = \boldsymbol{\gamma}_1 + 5\boldsymbol{\gamma}_2$$

$$\boldsymbol{\alpha}_3 = \boldsymbol{\beta}_1 - \frac{1}{5}\boldsymbol{\beta}_2 + \boldsymbol{\beta}_3 = 2\boldsymbol{\gamma}_1 - \boldsymbol{\gamma}_2 + 2\boldsymbol{\gamma}_3$$

故

$$\boldsymbol{A} = (\boldsymbol{\gamma}_1, \boldsymbol{\gamma}_2, \boldsymbol{\gamma}_3)\begin{pmatrix} 2 & 1 & 2 \\ 0 & 5 & -1 \\ 0 & 0 & 2 \end{pmatrix} = \begin{pmatrix} 0 & \frac{3}{5} & \frac{4}{5} \\ 0 & \frac{4}{5} & -\frac{3}{5} \\ 1 & 0 & 0 \end{pmatrix}\begin{pmatrix} 2 & 1 & 2 \\ 0 & 5 & -1 \\ 0 & 0 & 2 \end{pmatrix}$$

6.3.2* 用初等旋转矩阵求矩阵的 QR 分解

如果不要求分解中的上三角矩阵 $\boldsymbol{R}$ 的对角线元素皆为正数，则用初等旋转矩阵求矩阵 $\boldsymbol{A}$ 的 QR 分解是比较方便的. 下面只介绍利用实初等旋转矩阵求实矩阵 $\boldsymbol{A}$ 的 QR 分解，利用复初等旋转矩阵求复矩阵的分解方法与之类似，此处不再赘述.

定义 6.5　设实数 c 和 s 满足 $c^2 + s^2 = 1$，则称 n 阶方阵

$$\boldsymbol{T}_{ij} = \begin{pmatrix} 1 & & & & & & & & \\ & \ddots & & & & & & & \\ & & 1 & & & & & & \\ & & & c & \cdots & s & & & \\ & & & & 1 & & & & \\ & & & \vdots & \ddots & \vdots & & & \\ & & & & & 1 & & & \\ & & & -s & \cdots & c & & & \\ & & & & & & 1 & & \\ & & & & & & & \ddots & \\ & & & & & & & & 1 \end{pmatrix} \begin{matrix} \\ \\ \\ i\text{行} \\ \\ \\ \\ j\text{行} \\ \\ \\ \\ \end{matrix}$$

$$\qquad\qquad i\text{列} \qquad\qquad j\text{列}$$

为一个初等旋转矩阵，记为 $\boldsymbol{T}_{ij}(c,s)$.

容易验证，当 $c^2 + s^2 = 1$ 时，存在角度 θ，使得 $c = \cos\theta$，$s = \sin\theta$. 因为 $\boldsymbol{T}_{ij}$ 的 n 个列向量两两正交，所以 $\boldsymbol{T}_{ij}$ 是正交矩阵. 由于 $|\boldsymbol{T}_{ij}| = 1$，因此

$$\left(\boldsymbol{T}_{ij}(c,s)\right)^{-1}=\left(\boldsymbol{T}_{ij}(c,s)\right)^{\mathrm{T}}=\boldsymbol{T}_{ij}(c,-s)$$

设 $\boldsymbol{x}=\begin{pmatrix}x_1\\x_2\\\vdots\\x_n\end{pmatrix}$，若 $\boldsymbol{T}_{ij}\boldsymbol{x}=\begin{pmatrix}y_1\\y_2\\\vdots\\y_n\end{pmatrix}$，则当 $k\neq i,j$ 时，有 $y_k=x_k$；当 $k=i$ 或 j 时，有

$$y_i=cx_i+sx_j,\quad y_j=-sx_i+cx_j$$

因此，当 $x_i^2+x_j^2\neq 0$ 时，特别取

$$c=\frac{x_i}{\sqrt{x_i^2+x_j^2}},\quad s=\frac{x_j}{\sqrt{x_i^2+x_j^2}}$$

可以使 $y_i=\sqrt{x_i^2+x_j^2}>0,\ y_j=0$，其余分量 $y_k=x_k(k\neq i,j)$.

引理 6.1 设非零向量 $\boldsymbol{x}=\begin{pmatrix}x_1\\x_2\\\vdots\\x_n\end{pmatrix}\in\mathbf{R}^n$，$\boldsymbol{e}_1=\begin{pmatrix}1\\0\\\vdots\\0\end{pmatrix}$，则存在有限个初等旋转矩阵的乘积，记为 $\boldsymbol{T}$，使得

$$\boldsymbol{T}\boldsymbol{x}=\|\boldsymbol{x}\|\boldsymbol{e}_1=\begin{pmatrix}\|\boldsymbol{x}\|\\0\\\vdots\\0\end{pmatrix}$$

证 设 $\boldsymbol{x}$ 的分量 $x_2\neq 0$，构造初等旋转矩阵 $\boldsymbol{T}_{12}(c,s)$，这里取

$$c=\frac{x_1}{\sqrt{x_1^2+x_2^2}},\quad s=\frac{x_2}{\sqrt{x_1^2+x_2^2}}$$

则

$$\boldsymbol{T}_{12}\boldsymbol{x}=\left(\sqrt{x_1^2+x_2^2},0,x_3,\cdots,x_n\right)^{\mathrm{T}}$$

继续对 $\boldsymbol{T}_{12}\boldsymbol{x}$ 构造初等旋转矩阵 $\boldsymbol{T}_{13}(c,s)$，取

$$c=\frac{x_1}{\sqrt{x_1^2+x_2^2+x_3^2}},\quad s=\frac{x_2}{\sqrt{x_1^2+x_2^2+x_3^2}}$$

则

$$\boldsymbol{T}_{13}(\boldsymbol{T}_{12}\boldsymbol{x})=\left(\sqrt{x_1^2+x_2^2+x_3^2},0,0,x_4,\cdots,x_n\right)^{\mathrm{T}}$$

继续下去，对 $\boldsymbol{T}_{1,n-1}\cdots\boldsymbol{T}_{12}\boldsymbol{x}$ 构造初等旋转矩阵 $\boldsymbol{T}_{1n}(c,s)$：

$$\boldsymbol{T}_{1n}\left(\boldsymbol{T}_{1,n-1}\cdots\boldsymbol{T}_{12}x\right)=\left(\sqrt{x_1^2+x_2^2+\cdots+x_n^2},0,\cdots,0\right)^{\mathrm{T}}$$

如果 $x_2=0$ 或某个 $x_k=0$，则上述过程从构造 $\boldsymbol{T}_{13}$ 或 $\boldsymbol{T}_{1,k+1}$ 开始. 现在令

$$\boldsymbol{T}=\boldsymbol{T}_{1n}\boldsymbol{T}_{1,n-1}\cdots\boldsymbol{T}_{12}$$

就证明了

$$\boldsymbol{T}\boldsymbol{x}=\|\boldsymbol{x}\|\boldsymbol{e}_1$$

从引理 6.1 的证明过程中可以看到，对于 n 阶方阵 $\boldsymbol{A}$，存在有限个初等旋转矩阵的乘积 $\boldsymbol{T}$，使得 $\boldsymbol{TA}=\boldsymbol{R}$ 为上三角矩阵，即存在正交矩阵 $\boldsymbol{Q}=\boldsymbol{T}^{-1}=\boldsymbol{T}^{\mathrm{H}}$，使得 $\boldsymbol{A}=\boldsymbol{QR}$，即有如下定理.

定理 6.8 设 $\boldsymbol{A}$ 是 n 阶非奇异实矩阵，则存在由有限个初等旋转矩阵的乘积构成的正交矩阵 $\boldsymbol{Q}$ 和一个上三角矩阵 $\boldsymbol{R}$，使得

$$\boldsymbol{A}=\boldsymbol{QR}$$

例 6.9 设 $\boldsymbol{A}=\begin{pmatrix}0&1&1\\1&1&0\\1&0&1\end{pmatrix}$，求 $\boldsymbol{A}$ 的 QR 分解.

解 （1）对 $\boldsymbol{A}$ 的第一列 $\boldsymbol{\alpha}_1=\begin{pmatrix}0\\1\\1\end{pmatrix}$，首先取 $c=\dfrac{x_1}{\sqrt{x_1^2+x_2^2}}=0$，$s=\dfrac{x_2}{\sqrt{x_1^2+x_2^2}}=1$，构造

$$\boldsymbol{T}_{12}=\begin{pmatrix}0&1&0\\-1&0&0\\0&0&1\end{pmatrix}$$

则

$$\boldsymbol{T}_{12}\boldsymbol{\alpha}_1=\begin{pmatrix}0&1&0\\-1&0&0\\0&0&1\end{pmatrix}\begin{pmatrix}0\\1\\1\end{pmatrix}=\begin{pmatrix}1\\0\\1\end{pmatrix}$$

再取 $c=\dfrac{\sqrt{x_1^2+x_2^2}}{\sqrt{x_1^2+x_2^2+x_3^2}}=\dfrac{1}{\sqrt{2}}$，$s=\dfrac{x_3}{\sqrt{x_1^2+x_2^2+x_3^2}}=\dfrac{1}{\sqrt{2}}$，构造

$$\boldsymbol{T}_{13}=\begin{pmatrix}\frac{1}{\sqrt{2}}&0&\frac{1}{\sqrt{2}}\\0&1&0\\-\frac{1}{\sqrt{2}}&0&\frac{1}{\sqrt{2}}\end{pmatrix}$$

则

$$\boldsymbol{T}_{13}(\boldsymbol{T}_{12}\boldsymbol{\alpha}_1)=\begin{pmatrix}\sqrt{2}\\0\\0\end{pmatrix}$$

令 $\boldsymbol{T}_1=\boldsymbol{T}_{13}\boldsymbol{T}_{12}=\begin{pmatrix}0&\frac{1}{\sqrt{2}}&\frac{1}{\sqrt{2}}\\-1&0&0\\0&-\frac{1}{\sqrt{2}}&\frac{1}{\sqrt{2}}\end{pmatrix}$，且 $\boldsymbol{T}_1\boldsymbol{A}=\begin{pmatrix}\sqrt{2}&\frac{1}{\sqrt{2}}&\frac{1}{\sqrt{2}}\\0&-1&-1\\0&-\frac{1}{\sqrt{2}}&\frac{1}{\sqrt{2}}\end{pmatrix}$.

（2）对 $\boldsymbol{T}_1\boldsymbol{A}$ 的右下角子矩阵 $\boldsymbol{A}^{(1)}=\begin{pmatrix}-1&-1\\-\frac{1}{\sqrt{2}}&\frac{1}{\sqrt{2}}\end{pmatrix}$ 的第一列 $\boldsymbol{\alpha}_1^{(1)}=\begin{pmatrix}-1\\-\frac{1}{\sqrt{2}}\end{pmatrix}$，取

$c=\dfrac{x_1}{\sqrt{x_1^{\ 2}+x_2^{\ 2}}}=-\dfrac{2}{\sqrt{6}}$，$s=\dfrac{x_2}{\sqrt{x_1^{\ 2}+x_2^{\ 2}}}=-\dfrac{1}{\sqrt{3}}$，构造 $\boldsymbol{T}_{23}=\begin{pmatrix}-\dfrac{2}{\sqrt{6}} & -\dfrac{1}{\sqrt{3}}\\ \dfrac{1}{\sqrt{3}} & -\dfrac{2}{\sqrt{6}}\end{pmatrix}$，则 $\boldsymbol{T}_{23}\boldsymbol{\alpha}_1^{(1)}=\begin{pmatrix}\dfrac{3}{\sqrt{6}}\\ 0\end{pmatrix}$，令

$\boldsymbol{T}_2=\boldsymbol{T}_{23}$，于是

$$\boldsymbol{T}_2\boldsymbol{A}^{(1)}=\begin{pmatrix}\dfrac{3}{\sqrt{6}} & \dfrac{1}{\sqrt{6}}\\ 0 & -\dfrac{2}{\sqrt{3}}\end{pmatrix}$$

（3）令

$$\boldsymbol{T}=\begin{pmatrix}1 & 0\\ 0 & \boldsymbol{T}_2\end{pmatrix}\boldsymbol{T}_1=\begin{pmatrix}0 & \dfrac{1}{\sqrt{2}} & \dfrac{1}{\sqrt{2}}\\ \dfrac{2}{\sqrt{6}} & \dfrac{1}{\sqrt{6}} & -\dfrac{1}{\sqrt{6}}\\ -\dfrac{1}{\sqrt{3}} & \dfrac{1}{\sqrt{3}} & -\dfrac{1}{\sqrt{3}}\end{pmatrix}$$

于是得到

$$\boldsymbol{R}=\boldsymbol{T}\boldsymbol{A}=\begin{pmatrix}0 & \dfrac{1}{\sqrt{2}} & \dfrac{1}{\sqrt{2}}\\ \dfrac{2}{\sqrt{6}} & \dfrac{1}{\sqrt{6}} & -\dfrac{1}{\sqrt{6}}\\ -\dfrac{1}{\sqrt{3}} & \dfrac{1}{\sqrt{3}} & -\dfrac{1}{\sqrt{3}}\end{pmatrix}\begin{pmatrix}0 & 1 & 1\\ 1 & 1 & 0\\ 1 & 0 & 1\end{pmatrix}=\begin{pmatrix}\sqrt{2} & \dfrac{1}{\sqrt{2}} & \dfrac{1}{\sqrt{2}}\\ 0 & \dfrac{3}{\sqrt{6}} & \dfrac{1}{\sqrt{6}}\\ 0 & 0 & -\dfrac{2}{\sqrt{3}}\end{pmatrix}$$

$$\boldsymbol{Q}(\text{正交矩阵})=\boldsymbol{T}^{-1}=\begin{pmatrix}0 & \dfrac{2}{\sqrt{6}} & -\dfrac{1}{\sqrt{3}}\\ \dfrac{1}{\sqrt{2}} & \dfrac{1}{\sqrt{6}} & \dfrac{1}{\sqrt{3}}\\ \dfrac{1}{\sqrt{2}} & -\dfrac{1}{\sqrt{6}} & -\dfrac{1}{\sqrt{3}}\end{pmatrix}$$

使得

$$\boldsymbol{A}=\boldsymbol{Q}\boldsymbol{R}=\begin{pmatrix}0 & \dfrac{2}{\sqrt{6}} & -\dfrac{1}{\sqrt{3}}\\ \dfrac{1}{\sqrt{2}} & \dfrac{1}{\sqrt{6}} & \dfrac{1}{\sqrt{3}}\\ \dfrac{1}{\sqrt{2}} & -\dfrac{1}{\sqrt{6}} & -\dfrac{1}{\sqrt{3}}\end{pmatrix}\begin{pmatrix}\sqrt{2} & \dfrac{1}{\sqrt{2}} & \dfrac{1}{\sqrt{2}}\\ 0 & \dfrac{3}{\sqrt{6}} & \dfrac{1}{\sqrt{6}}\\ 0 & 0 & -\dfrac{2}{\sqrt{3}}\end{pmatrix}$$

6.3.3* 用初等反射矩阵求矩阵的 QR 分解

下面仍然只介绍利用实数的初等反射矩阵求实矩阵 $\boldsymbol{A}$ 的 QR 分解，对利用复初等旋转矩

阵求复矩阵的QR分解的情形不做介绍．并且这里求出的实上三角矩阵 $\boldsymbol{R}$ 的对角线元素除最后一个外都是正数，即 $\boldsymbol{R}$ 也不一定是正线上三角矩阵．

定义 6.6　设单位向量 $\boldsymbol{u}\in\mathbf{R}^n$，则称 n 阶方阵

$$\boldsymbol{H}=\boldsymbol{E}_n-2\boldsymbol{u}\boldsymbol{u}^{\mathrm{T}}$$

为初等反射矩阵．

容易验证初等反射矩阵 $\boldsymbol{H}$ 是正交矩阵，$\boldsymbol{H}^2=\boldsymbol{E}_n$ 且 $|\boldsymbol{H}|=-1$．

引理 6.2　设非零向量 $\boldsymbol{x}=\begin{pmatrix}x_1\\x_2\\\vdots\\x_n\end{pmatrix}\in\mathbf{R}^n$，$\boldsymbol{e}_1=\begin{pmatrix}1\\0\\\vdots\\0\end{pmatrix}$，则存在单位向量 $\boldsymbol{u}\in\mathbf{R}^n$，以及相应的初等反射矩阵 $\boldsymbol{H}=\boldsymbol{E}_n-2\boldsymbol{u}\boldsymbol{u}^{\mathrm{T}}$，使得

$$\boldsymbol{H}\boldsymbol{x}=\|\boldsymbol{x}\|\boldsymbol{e}_1=\begin{pmatrix}\|\boldsymbol{x}\|\\0\\\vdots\\0\end{pmatrix}$$

证　当 $\boldsymbol{x}\neq\|\boldsymbol{x}\|\boldsymbol{e}_1$ 时，取单位向量 $\boldsymbol{u}=\dfrac{\boldsymbol{x}-\|\boldsymbol{x}\|\boldsymbol{e}_1}{\|\boldsymbol{x}-\|\boldsymbol{x}\|\boldsymbol{e}_1\|}$，则

$$\begin{aligned}\boldsymbol{H}\boldsymbol{x}&=(\boldsymbol{E}_n-2\boldsymbol{u}\boldsymbol{u}^{\mathrm{T}})\boldsymbol{x}=[\boldsymbol{E}_n-2\frac{(\boldsymbol{x}-\|\boldsymbol{x}\|\boldsymbol{e}_1)(\boldsymbol{x}-\|\boldsymbol{x}\|\boldsymbol{e}_1)^{\mathrm{T}}}{\|\boldsymbol{x}-\|\boldsymbol{x}\|\boldsymbol{e}_1\|}]\boldsymbol{x}\\&=\boldsymbol{x}-2(\boldsymbol{x}-\|\boldsymbol{x}\|\boldsymbol{e}_1,\boldsymbol{x})\frac{\boldsymbol{x}-\|\boldsymbol{x}\|\boldsymbol{e}_1}{\|\boldsymbol{x}-\|\boldsymbol{x}\|\boldsymbol{e}_1\|}\end{aligned}$$

由于

$$\begin{aligned}2(\boldsymbol{x}-\|\boldsymbol{x}\|\boldsymbol{e}_1,\boldsymbol{x})&=(\boldsymbol{x},\boldsymbol{x})-2(\|\boldsymbol{x}\|\boldsymbol{e}_1,\boldsymbol{x})+(\boldsymbol{x},\boldsymbol{x})\\&=(\boldsymbol{x},\boldsymbol{x})-2(\|\boldsymbol{x}\|\boldsymbol{e}_1,\boldsymbol{x})+\|\boldsymbol{x}\|^2(\boldsymbol{e}_1,\boldsymbol{e}_1)\\&=(\boldsymbol{x}-\|\boldsymbol{x}\|\boldsymbol{e}_1,\boldsymbol{x}-\|\boldsymbol{x}\|\boldsymbol{e}_1)\\&=\|\boldsymbol{x}-\|\boldsymbol{x}\|\boldsymbol{e}_1\|^2\end{aligned}$$

因此

$$\boldsymbol{H}\boldsymbol{x}=\boldsymbol{x}-(\boldsymbol{x}-\|\boldsymbol{x}\|\boldsymbol{e}_1)=\|\boldsymbol{x}\|\boldsymbol{e}_1$$

当 $\boldsymbol{x}=\|\boldsymbol{x}\|\boldsymbol{e}_1$ 时，取单位向量 $\boldsymbol{u}\in\mathbf{R}^n$ 满足 $\boldsymbol{u}^{\mathrm{T}}\boldsymbol{x}=0$，则

$$\boldsymbol{H}\boldsymbol{x}=\left(\boldsymbol{E}_n-2\boldsymbol{u}\boldsymbol{u}^{\mathrm{T}}\right)\boldsymbol{x}=\boldsymbol{x}=\|\boldsymbol{x}\|\boldsymbol{e}_1$$

与 6.3.2 节一样，由引理 6.2 可知，先对非奇异矩阵 $\boldsymbol{A}$ 的第一列 $\boldsymbol{\alpha}_1$ 构造 n 阶初等反射矩阵 $\boldsymbol{H}_1$，使得

$$\boldsymbol{H}_1\boldsymbol{\alpha}_1=\left(\|\boldsymbol{\alpha}_1\|,0,\cdots,0\right)^{\mathrm{T}}$$

再对 $\boldsymbol{H}_1\boldsymbol{A}$ 的右下方 $n-1$ 阶矩阵 $\boldsymbol{A}^{(1)}$ 的第一列 $\boldsymbol{\alpha}_1^{(1)}$ 构造 $n-1$ 阶初等反射矩阵 $\boldsymbol{H}_2$，使得 $\boldsymbol{H}_2\boldsymbol{\alpha}_1^{(1)}=\left(\|\boldsymbol{\alpha}_1^{(1)}\|,0,\cdots,0\right)^{\mathrm{T}}$，一直进行下去，就可以得到如下定理．

定理 6.9 设 $\boldsymbol{A}$ 是 n 阶非奇异实矩阵，则存在由有限个初等反射矩阵的乘积构成的正交矩阵 $\boldsymbol{Q}$ 和一个实上三角矩阵 $\boldsymbol{R}$，使得

$$\boldsymbol{A}=\boldsymbol{QR}$$

例 6.10 设 $\boldsymbol{A}=\begin{pmatrix}3&14&9\\6&43&3\\6&22&15\end{pmatrix}$，用初等反射矩阵求 $\boldsymbol{A}$ 的 QR 分解.

解 （1）对于 $\boldsymbol{A}$ 的第一列 $\boldsymbol{\alpha}_1=\begin{pmatrix}3\\6\\6\end{pmatrix}$，$\|\boldsymbol{\alpha}_1\|=9$，取单位向量

$$\boldsymbol{u}=\frac{\boldsymbol{\alpha}_1-\|\boldsymbol{\alpha}_1\|\boldsymbol{e}_1}{\left\|\boldsymbol{\alpha}_1-\|\boldsymbol{\alpha}_1\|\boldsymbol{e}_1\right\|}=\frac{1}{\sqrt{3}}\begin{pmatrix}-1\\1\\1\end{pmatrix}$$

于是

$$\boldsymbol{H}_1=\boldsymbol{E}_3-2\boldsymbol{uu}^{\mathrm{T}}=\frac{1}{3}\begin{pmatrix}1&2&2\\2&1&-2\\2&-2&1\end{pmatrix}$$

故

$$\boldsymbol{H}_1\boldsymbol{A}=\begin{pmatrix}9&48&15\\0&9&-3\\0&-12&9\end{pmatrix}$$

（2）对于 $\boldsymbol{A}^{(1)}=\begin{pmatrix}9&-3\\-12&9\end{pmatrix}$ 的第一列 $\boldsymbol{\alpha}_1^{(1)}=\begin{pmatrix}9\\-12\end{pmatrix}$，$\|\boldsymbol{\alpha}_1^{(1)}\|=15$，取单位向量

$$\boldsymbol{u}=\frac{\boldsymbol{\alpha}_1^{(1)}-\|\boldsymbol{\alpha}_1^{(1)}\|\boldsymbol{e}_1}{\left\|\boldsymbol{\alpha}_1^{(1)}-\|\boldsymbol{\alpha}_1^{(1)}\|\boldsymbol{e}_1\right\|}=-\frac{1}{\sqrt{5}}\begin{pmatrix}1\\2\end{pmatrix}$$

于是

$$\hat{\boldsymbol{H}}_2=\boldsymbol{E}_2-2\boldsymbol{uu}^{\mathrm{T}}=\frac{1}{5}\begin{pmatrix}3&-4\\-4&-3\end{pmatrix}$$

令

$$\boldsymbol{H}_2=\begin{pmatrix}1&\boldsymbol{O}\\\boldsymbol{O}&\hat{\boldsymbol{H}}_2\end{pmatrix}=\begin{pmatrix}1&0&0\\0&\frac{3}{5}&-\frac{4}{5}\\0&-\frac{4}{5}&-\frac{3}{5}\end{pmatrix}$$

从而

$$\boldsymbol{H}_2\boldsymbol{H}_1\boldsymbol{A}=\begin{pmatrix}9&48&15\\0&15&-9\\0&0&-3\end{pmatrix}=\boldsymbol{R}$$

而

$$Q=(H_2H_1)^{\mathrm{T}}=\frac{1}{15}\begin{pmatrix}5 & -2 & -14\\ 10 & 11 & 2\\ 10 & -10 & 5\end{pmatrix}$$

故 A 有以下 QR 分解

$$A=QR=\frac{1}{15}\begin{pmatrix}5 & -2 & -14\\ 10 & 11 & 2\\ 10 & -10 & 5\end{pmatrix}\begin{pmatrix}9 & 48 & 15\\ 0 & 15 & -9\\ 0 & 0 & -3\end{pmatrix}$$

6.4　矩阵的奇异值分解

本节介绍奇异值分解定理，它在最优化问题、特征值问题、广义逆计算及许多应用领域中都有重要的应用.

定义 6.7　设 $A\in\mathbf{C}^{m\times n}$，$\mathrm{rank}(A)=r$，则 n 阶 Hermite 矩阵 $A^{\mathrm{H}}A$ 是半正定的，因而特征值 λ_i（$i=1,2,\cdots,n$）均为非负实数，可以表示为 $\lambda_1\geqslant\lambda_2\geqslant\cdots\geqslant\lambda_r>0$，$\lambda_{r+1}=\lambda_{r+2}=\cdots=\lambda_n=0$，称其算术平方根 $\sigma_i=\sqrt{\lambda_i}$（$i=1,2,\cdots,n$）为矩阵 A 的奇异值.

定理 6.10　设 $A\in\mathbf{C}^{m\times n}$，$\mathrm{rank}(A)=r$，则存在 m 阶酉矩阵 U 及 n 阶酉矩阵 V，使得

$$A=U\begin{pmatrix}\boldsymbol{\Sigma} & O\\ O & O\end{pmatrix}V^{\mathrm{H}}\tag{6.7}$$

其中，$\boldsymbol{\Sigma}=\mathrm{diag}(\sigma_1,\sigma_2,\cdots,\sigma_r)$，且 $\sigma_1\geqslant\sigma_2\geqslant\cdots\geqslant\sigma_r>0$，$\sigma_i$（$i=1,2,\cdots,r$）是矩阵 A 的正奇异值. 这时，式（6.7）称为矩阵 A 的奇异值分解式.

证　由定理 6.5 可知，n 阶矩阵 $A^{\mathrm{H}}A$ 是半正定 Hermite 矩阵，且 $\mathrm{rank}\left(A^{\mathrm{H}}A\right)=\mathrm{rank}\left(AA^{\mathrm{H}}\right)=\mathrm{rank}(A)=r$，因而，不妨设 $A^{\mathrm{H}}A$ 的特征值为

$$\lambda_1\geqslant\lambda_2\geqslant\cdots\geqslant\lambda_r>0,\ \lambda_{r+1}=\lambda_{r+2}=\cdots=\lambda_n=0$$

由定义令 $\sigma_i=\sqrt{\lambda_i}$（$i=1,2,\cdots,n$）均为 A 的奇异值，且满足

$$\sigma_1\geqslant\sigma_2\geqslant\cdots\geqslant\sigma_r>0,\sigma_{r+1}=\cdots=\sigma_n=0$$

由于 $A^{\mathrm{H}}A$ 为半正定 Hermite 矩阵，因此存在 n 阶酉矩阵 V，使得

$$V^{\mathrm{H}}\left(A^{\mathrm{H}}A\right)V=\begin{pmatrix}\sigma_1^2 & & & & 0\\ & \sigma_2^2 & & & \\ & & \ddots & & \\ & & & \sigma_r^2 & \\ 0 & & & & 0\end{pmatrix}_{n\times n}=\begin{pmatrix}\boldsymbol{\Sigma}^2 & O\\ O & O\end{pmatrix}$$

其中，$\boldsymbol{\Sigma}=\mathrm{diag}(\sigma_1,\sigma_2,\cdots,\sigma_r)$. 将酉矩阵 V 写成分块形式 $V=\left(V_1,V_2\right)$，其中 V_1 是 V 的前 r 列组成的矩阵，则

$$V^{\mathrm{H}}\left(A^{\mathrm{H}}A\right)V=\begin{pmatrix}V_1^{\mathrm{H}}\\ V_2^{\mathrm{H}}\end{pmatrix}\left(A^{\mathrm{H}}A\right)\left(V_1,V_2\right)$$

$$=\begin{pmatrix} V_1^{\mathrm{H}}A^{\mathrm{H}}AV_1 & V_1^{\mathrm{H}}A^{\mathrm{H}}AV_2 \\ V_2^{\mathrm{H}}A^{\mathrm{H}}AV_1 & V_2^{\mathrm{H}}A^{\mathrm{H}}AV_2 \end{pmatrix}$$

$$=\begin{pmatrix} \Sigma^2 & O \\ O & O \end{pmatrix}$$

比较上式左右两边的矩阵，可得

$$V_1^{\mathrm{H}}\left(A^{\mathrm{H}}A\right)V_1=\Sigma^2，\ V_1^{\mathrm{H}}(A^{\mathrm{H}}A)V_2=O_{r\times(n-r)}$$

$$V_2^{\mathrm{H}}(A^{\mathrm{H}}A)V_1=O_{(n-r)\times r}，\ V_2^{\mathrm{H}}\left(A^{\mathrm{H}}A\right)V_2=O_{(n-r)\times(n-r)}$$

又因为

$$(AV_2)^{\mathrm{H}}AV_2=O$$

所以

$$AV_2=O$$

令

$$U_1=AV_1\Sigma^{-1}$$

则

$$U_1^{\mathrm{H}}U_1=E_r$$

即U_1为$m\times r$阶矩阵且其列向量是两两正交的单位向量，记为

$$U_1=\left(\gamma_1,\gamma_2,\cdots,\gamma_r\right)$$

将其扩展成酉空间$\mathbf{C}^m$的一个标准正交基$\gamma_1,\gamma_2,\cdots,\gamma_r,\gamma_{r+1},\cdots,\gamma_m$，令$U_2=\left(\gamma_{r+1},\gamma_{r+2},\cdots,\gamma_m\right)$，则

$$U=\left(U_1,U_2\right)$$

是m阶酉矩阵，且有$U_1^{\mathrm{H}}U_1=E_r$，$U_2^{\mathrm{H}}U_1=O$，故

$$U^{\mathrm{H}}AV=\begin{pmatrix} U_1^{\mathrm{H}} \\ U_2^{\mathrm{H}} \end{pmatrix}A\left(V_1,V_2\right)=\begin{pmatrix} U_1^{\mathrm{H}}AV_1 & U_1^{\mathrm{H}}AV_2 \\ U_2^{\mathrm{H}}AV_1 & U_2^{\mathrm{H}}AV_2 \end{pmatrix}$$

$$=\begin{pmatrix} U_1^{\mathrm{H}}AV_1 & O \\ U_2^{\mathrm{H}}AV_2 & O \end{pmatrix}=\begin{pmatrix} \Sigma & O \\ O & O \end{pmatrix}$$

定理 6.11 设A为n阶非奇异矩阵，则存在n阶酉矩阵U和V，使得

$$U^{\mathrm{H}}AV=\Sigma=\begin{pmatrix} \sigma_1 & & & 0 \\ & \sigma_2 & & \\ & & \ddots & \\ 0 & & & \sigma_n \end{pmatrix}，\ \sigma_i>0，\ i=1,2,\cdots,n \tag{6.8}$$

若将U和V分别写成$U=\left(u_1,u_2,\cdots,u_n\right)$，$V=\left(v_1,v_2,\cdots,v_n\right)$，则$A=\sum_{i=1}^{n}\sigma_i u_i v_i^{\mathrm{H}}$.

证 由A非奇异可知$A^{\mathrm{H}}A$为n阶正定 Hermite 矩阵，故存在n阶酉矩阵V，使得

$$V^{\mathrm{H}}\left(A^{\mathrm{H}}A\right)V=\begin{pmatrix} \sigma_1^2 & & & 0 \\ & \sigma_2^2 & & \\ & & \ddots & \\ 0 & & & \sigma_n^2 \end{pmatrix}$$

其中，σ_i^2为$A^{\mathrm{H}}A$的特征值．令

$$\boldsymbol{\Sigma}=\begin{pmatrix}\sigma_1 & & & 0\\ & \sigma_2 & & \\ & & \ddots & \\ 0 & & & \sigma_n\end{pmatrix}$$

则

$$\boldsymbol{V}^{\mathrm{H}}\left(\boldsymbol{A}^{\mathrm{H}}\boldsymbol{A}\right)\boldsymbol{V}=\boldsymbol{\Sigma}^2,\ \ \boldsymbol{\Sigma}^{-1}\boldsymbol{V}^{\mathrm{H}}\left(\boldsymbol{A}^{\mathrm{H}}\boldsymbol{A}\right)\boldsymbol{V}\boldsymbol{\Sigma}^{-1}=\boldsymbol{E}_n$$

令

$$\boldsymbol{U}^{\mathrm{H}}=\boldsymbol{\Sigma}^{-1}\boldsymbol{V}^{\mathrm{H}}\boldsymbol{A}^{\mathrm{H}}$$

则

$$\boldsymbol{U}=\boldsymbol{A}\boldsymbol{V}\boldsymbol{\Sigma}^{-1}$$

故

$$\boldsymbol{U}^{\mathrm{H}}\boldsymbol{U}=\boldsymbol{E}_n$$

而且

$$\boldsymbol{U}^{\mathrm{H}}\boldsymbol{A}\boldsymbol{V}=\boldsymbol{\Sigma}^{-1}\boldsymbol{V}^{\mathrm{H}}\boldsymbol{A}^{\mathrm{H}}\boldsymbol{A}\boldsymbol{V}=\boldsymbol{\Sigma}^{-1}\boldsymbol{\Sigma}^2=\boldsymbol{\Sigma}$$

酉对角分解的求法正如证明中所给：先对 $\boldsymbol{A}^{\mathrm{H}}\boldsymbol{A}$ 进行对角化（酉对角化），求出变换酉矩阵 $\boldsymbol{V}$，再令 $\boldsymbol{U}=\boldsymbol{A}\boldsymbol{V}\boldsymbol{\Sigma}^{-1}$ 即可.

例 6.11　求矩阵 $\boldsymbol{A}=\begin{pmatrix}1 & 0 & 1\\ 0 & 1 & 1\\ 0 & 0 & 0\end{pmatrix}$ 的奇异值分解.

解　$\boldsymbol{A}^{\mathrm{H}}\boldsymbol{A}=\begin{pmatrix}1 & 0 & 1\\ 0 & 1 & 1\\ 1 & 1 & 2\end{pmatrix}$，则 $\left|\lambda\boldsymbol{E}_3-\boldsymbol{A}^{\mathrm{H}}\boldsymbol{A}\right|=(\lambda-3)(\lambda-1)\lambda$，可得 $\boldsymbol{A}^{\mathrm{H}}\boldsymbol{A}$ 的特征值为 $\lambda_1=3$，$\lambda_2=1$，$\lambda_3=0$，$\operatorname{rank}(\boldsymbol{A})=2$. 由此可得

$$\sigma_1=\sqrt{3},\ \ \sigma_2=1,\ \ \sigma_3=0,\ \ \boldsymbol{\Sigma}=\begin{pmatrix}\sqrt{3} & 0\\ 0 & 1\end{pmatrix}$$

又因为 $\boldsymbol{A}^{\mathrm{H}}\boldsymbol{A}$ 的特征值对应的特征向量分别为

$$\boldsymbol{\alpha}_1=\begin{pmatrix}1\\ 1\\ 2\end{pmatrix},\ \ \boldsymbol{\alpha}_2=\begin{pmatrix}1\\ -1\\ 0\end{pmatrix},\ \ \boldsymbol{\alpha}_3=\begin{pmatrix}1\\ 1\\ -1\end{pmatrix}$$

所以，由 $\boldsymbol{A}^{\mathrm{H}}\boldsymbol{A}$ 是 Hermite 矩阵可知 $\boldsymbol{\alpha}_1$、$\boldsymbol{\alpha}_2$、$\boldsymbol{\alpha}_3$ 两两正交，将其单位化得

$$\boldsymbol{\gamma}_1=\begin{pmatrix}\dfrac{1}{\sqrt{6}}\\ \dfrac{1}{\sqrt{6}}\\ \dfrac{2}{\sqrt{6}}\end{pmatrix},\ \ \boldsymbol{\gamma}_2=\begin{pmatrix}\dfrac{1}{\sqrt{2}}\\ -\dfrac{1}{\sqrt{2}}\\ 0\end{pmatrix},\ \ \boldsymbol{\gamma}_3=\begin{pmatrix}\dfrac{1}{\sqrt{3}}\\ \dfrac{1}{\sqrt{3}}\\ -\dfrac{1}{\sqrt{3}}\end{pmatrix}$$

得正交矩阵

$$V=\begin{pmatrix}\frac{1}{\sqrt{6}} & \frac{1}{\sqrt{2}} & \frac{1}{\sqrt{3}}\\ \frac{1}{\sqrt{6}} & -\frac{1}{\sqrt{2}} & \frac{1}{\sqrt{3}}\\ \frac{2}{\sqrt{6}} & 0 & -\frac{1}{\sqrt{3}}\end{pmatrix}$$

取

$$U_1=AV_1\Sigma^{-1}=\begin{pmatrix}\frac{1}{\sqrt{2}} & \frac{1}{\sqrt{2}}\\ \frac{1}{\sqrt{2}} & -\frac{1}{\sqrt{2}}\\ 0 & 0\end{pmatrix}$$

取 U_1 的列向量生成子空间的正交补的基 $\begin{pmatrix}0\\0\\1\end{pmatrix}$，得 $U_2=\begin{pmatrix}0\\0\\1\end{pmatrix}$，从而

$$U=(U_1,U_2)=\begin{pmatrix}\frac{1}{\sqrt{2}} & \frac{1}{\sqrt{2}} & 0\\ \frac{1}{\sqrt{2}} & -\frac{1}{\sqrt{2}} & 0\\ 0 & 0 & 1\end{pmatrix}$$

因此，A 的奇异值分解为

$$A=U\begin{pmatrix}\sqrt{3} & 0 & 0\\ 0 & 1 & 0\\ 0 & 0 & 0\end{pmatrix}V^{\mathrm{T}}=\begin{pmatrix}\frac{1}{\sqrt{2}} & \frac{1}{\sqrt{2}} & 0\\ \frac{1}{\sqrt{2}} & -\frac{1}{\sqrt{2}} & 0\\ 0 & 0 & 1\end{pmatrix}\begin{pmatrix}\sqrt{3} & 0 & 0\\ 0 & 1 & 0\\ 0 & 0 & 0\end{pmatrix}\begin{pmatrix}\frac{1}{\sqrt{6}} & \frac{1}{\sqrt{6}} & \frac{2}{\sqrt{6}}\\ \frac{1}{\sqrt{2}} & -\frac{1}{\sqrt{2}} & 0\\ \frac{1}{\sqrt{3}} & \frac{1}{\sqrt{3}} & -\frac{1}{\sqrt{3}}\end{pmatrix}$$

例 6.12 设矩阵 $A\in \mathbf{C}^{m\times n}$，$\mathrm{rank}(A)=r$，且 A 的奇异值分解为

$$A=U\begin{pmatrix}\Sigma & O\\ O & O\end{pmatrix}V^{\mathrm{H}}$$

其中

$$\Sigma=\begin{pmatrix}\sigma_1 & & & \\ & \sigma_2 & & \\ & & \ddots & \\ & & & \sigma_r\end{pmatrix}$$

证明 U 的列向量是 AA^{H} 的特征向量，而 V 的列向量是 $A^{\mathrm{H}}A$ 的特征向量.

证 由 A 的奇异值分解式可得

$$AA^{\mathrm{H}}=U\begin{pmatrix}\Sigma & O\\ O & O\end{pmatrix}V^{\mathrm{H}}V\begin{pmatrix}\Sigma & O\\ O & O\end{pmatrix}U^{\mathrm{H}}=U\begin{pmatrix}\Sigma^2 & O\\ O & O\end{pmatrix}U^{\mathrm{H}}$$

故

$$AA^{H}U = U\begin{pmatrix} \boldsymbol{\Sigma}^2 & O \\ O & O \end{pmatrix}$$

令 $U = (\gamma_1, \gamma_2, \cdots, \gamma_m)$，代入上式得

$$AA^{H}\gamma_i = \sigma_i^2 \gamma_i \quad (i = 1, 2, \cdots, r)$$

$$AA^{H}\gamma_j = 0 = 0\gamma_j \quad (j = r+1, r+2, \cdots, m)$$

故 U 的列向量是 AA^{H} 标准正交的特征向量.

同理可证 $A^{H}A = V\begin{pmatrix} \boldsymbol{\Sigma}^2 & O \\ O & O \end{pmatrix}V^{H}$，从而

$$A^{H}AV = V\begin{pmatrix} \boldsymbol{\Sigma}^2 & O \\ O & O \end{pmatrix}$$

令 $V = (\alpha_1, \alpha_2, \cdots, \alpha_n)$，代入上式得

$$A^{H}A\alpha_i = \sigma_i^2 \alpha_i \quad (i = 1, 2, \cdots, r)$$

$$A^{H}A\alpha_j = 0 = 0\alpha_j \quad (j = r+1, r+2, \cdots, n)$$

故 V 的列向量是 $A^{H}A$ 标准正交的特征向量.

例 6.13　求矩阵 $A = \begin{pmatrix} 1 & 0 & 1 \\ 0 & 1 & -1 \end{pmatrix}$ 的奇异值分解.

解　因为 $A^{H}A = \begin{pmatrix} 1 & 0 & 1 \\ 0 & 1 & -1 \end{pmatrix}\begin{pmatrix} 1 & 0 \\ 0 & 1 \\ 1 & -1 \end{pmatrix} = \begin{pmatrix} 2 & -1 \\ -1 & 2 \end{pmatrix}$，所以

$$\left|\lambda E_2 - A^{H}A\right| = (\lambda - 1)(\lambda - 3)$$

因此，可计算 $A^{H}A$ 的特征值为 $\lambda_1 = 1$，$\lambda_2 = 3$，它们对应的单位特征向量分别为

$$\alpha_1 = \frac{1}{\sqrt{2}}\begin{pmatrix} 1 \\ 1 \end{pmatrix},\quad \alpha_2 = \frac{1}{\sqrt{2}}\begin{pmatrix} 1 \\ -1 \end{pmatrix}$$

又因为 $AA^{H} = \begin{pmatrix} 1 & 0 \\ 0 & 1 \\ 1 & -1 \end{pmatrix}\begin{pmatrix} 1 & 0 & 1 \\ 0 & 1 & -1 \end{pmatrix} = \begin{pmatrix} 1 & 0 & 1 \\ 0 & 1 & -1 \\ 1 & -1 & 2 \end{pmatrix}$，所以可得 AA^{H} 的 3 个特征值分别为 $\lambda_1 = 1$，$\lambda_2 = 3$，$\lambda_3 = 0$，属于它们的单位特征向量分别为

$$\gamma_1 = \frac{1}{\sqrt{2}}\begin{pmatrix} 1 \\ 1 \\ 0 \end{pmatrix},\quad \gamma_2 = \frac{1}{\sqrt{6}}\begin{pmatrix} 1 \\ -1 \\ 2 \end{pmatrix},\quad \gamma_3 = \frac{1}{\sqrt{3}}\begin{pmatrix} 1 \\ -1 \\ -1 \end{pmatrix}$$

且它们是正交的.

令

$$V = (\gamma_1, \gamma_2, \gamma_3),\quad U = (\alpha_1, \alpha_2), \boldsymbol{\Sigma} = \begin{pmatrix} 1 & 0 & 0 \\ 0 & \sqrt{3} & 0 \end{pmatrix}$$

则 A 的奇异值分解为

$$A=U\Sigma V^{\mathrm{T}}=\begin{pmatrix}\frac{1}{\sqrt{2}} & \frac{1}{\sqrt{2}}\\ \frac{1}{\sqrt{2}} & -\frac{1}{\sqrt{2}}\end{pmatrix}\begin{pmatrix}1 & 0 & 0\\ 0 & \sqrt{3} & 0\end{pmatrix}\begin{pmatrix}\frac{1}{\sqrt{2}} & \frac{1}{\sqrt{2}} & 0\\ \frac{1}{\sqrt{6}} & -\frac{1}{\sqrt{6}} & \frac{2}{\sqrt{6}}\\ \frac{1}{\sqrt{3}} & -\frac{1}{\sqrt{3}} & -\frac{1}{\sqrt{3}}\end{pmatrix}$$

习题 6

1．求下列矩阵的三角分解．

（1）$A=\begin{pmatrix}2 & 3 & 4\\ 1 & 1 & 9\\ 1 & 2 & -6\end{pmatrix}$　　（2）$A=\begin{pmatrix}2 & 3 & 4\\ 3 & 5 & 2\\ 4 & 3 & 20\end{pmatrix}$

2．求下列矩阵的三角分解和 LDU 分解．

（1）$A=\begin{pmatrix}2 & -1 & 3\\ 4 & 2 & 5\\ 2 & 0 & 2\end{pmatrix}$　　（2）$A=\begin{pmatrix}2 & -1 & 3\\ 1 & 2 & 1\\ 2 & 4 & 3\end{pmatrix}$

3．设向量 $\boldsymbol{x}=(1,0,1)^{\mathrm{T}}$，用初等旋转矩阵将 $\boldsymbol{x}$ 变为与 $\boldsymbol{e}_1=(0,1,0)^{\mathrm{T}}$ 同方向的向量．

4．设向量 $\boldsymbol{x}=(2,2,1)^{\mathrm{T}}$，$\boldsymbol{y}=(0,3,0)^{\mathrm{T}}$，求一个初等反射矩阵，将 $\boldsymbol{x}$ 变换到 $\boldsymbol{y}$．

5．求下列矩阵的满秩分解．

（1）$A=\begin{pmatrix}1 & 0 & 1\\ 0 & 1 & 1\\ 2 & 1 & 3\end{pmatrix}$　　（2）$A=\begin{pmatrix}1 & 3 & 2 & 1 & 4\\ 2 & 6 & 1 & 0 & 7\\ 3 & 9 & 3 & 1 & 11\end{pmatrix}$

（3）$A=\begin{pmatrix}1 & -1 & 1 & 1\\ -1 & 1 & -1 & -1\\ 1 & 1 & -1 & -1\\ -1 & -1 & 1 & 1\end{pmatrix}$　　（4）$A=\begin{pmatrix}1 & 1 & 1 & 1 & 1\\ 3 & 2 & 1 & 1 & -3\\ 0 & 1 & 2 & 2 & 6\\ 5 & 4 & 3 & 3 & -1\end{pmatrix}$

6．用三角分解法求解下列线性方程组：

$$\begin{cases}2x_1+x_2+x_3=1\\ 4x_1+2x_2=0\\ 6x_1+3x_2+2x_3+x_4=2\\ x_1+x_2=-1\end{cases}$$

7．设矩阵 $\boldsymbol{A}$ 满足 $\boldsymbol{A}^2=\boldsymbol{A}$，且 $\boldsymbol{A}$ 的满秩分解为 $\boldsymbol{A}=\boldsymbol{BC}$，证明 $\boldsymbol{CB}=\boldsymbol{E}$．

8．用 Schmidt 正交化求下列矩阵的 QR 分解．

（1）$A=\begin{pmatrix}0 & 1 & 1\\ 1 & 1 & 0\\ 1 & 0 & 1\end{pmatrix}$　　（2）$A=\begin{pmatrix}1 & 2 & 2\\ 2 & 1 & 2\\ 1 & 2 & 1\end{pmatrix}$

9．用初等旋转矩阵求下列矩阵的 QR 分解.

（1）$A=\begin{pmatrix}0 & 3 & 1\\ 0 & 4 & -2\\ 2 & 1 & 2\end{pmatrix}$　　（2）$A=\begin{pmatrix}2 & 2 & 1\\ 0 & 2 & 2\\ 2 & 1 & 2\end{pmatrix}$

10．用初等反射矩阵求下列矩阵的 QR 分解.

（1）$A=\begin{pmatrix}0 & 4 & 1\\ 1 & 1 & 1\\ 0 & 3 & 2\end{pmatrix}$　　（2）$A=\begin{pmatrix}1 & 0 & 0\\ 2 & 2 & 0\\ 2 & 1 & 6\end{pmatrix}$

11．求下列矩阵的奇异值分解.

（1）$A=\begin{pmatrix}1 & 0\\ 0 & 1\\ 1 & 1\end{pmatrix}$　　（2）$A=\begin{pmatrix}1 & 1 & 2\\ 1 & -2 & 1\end{pmatrix}$

（3）$A=\begin{pmatrix}1 & 0 & 1\\ 0 & 1 & 1\\ 0 & 0 & 0\end{pmatrix}$　　（4）$A=\begin{pmatrix}1 & 0 & 0 & -1\\ 0 & 1 & 0 & 1\\ 0 & 0 & 0 & 0\end{pmatrix}$

12．设 $\boldsymbol{A}$ 是实矩阵可逆，证明 $\boldsymbol{A}$ 可以表示为一个正交矩阵 $\boldsymbol{Q}$ 与一个正定矩阵 $\boldsymbol{S}$ 的乘积.

13．设 $\boldsymbol{A}$ 是正规矩阵，证明 $\boldsymbol{A}$ 的奇异值是 $\boldsymbol{A}$ 的特征值的模.

14. 证明：若 $\boldsymbol{A}\in \mathbf{R}^{m\times n}$ 的满秩分解为 $\boldsymbol{A}=\boldsymbol{BC}$，则齐次方程组 $\boldsymbol{AX}=\boldsymbol{O}$ 与齐次方程组 $\boldsymbol{CX}=\boldsymbol{O}$ 同解.

第 7 章 矩阵的广义逆

广义逆是通常意义下的逆矩阵的推广，这种推广是求解线性方程组问题的实际需要．设有以下线性方程组：

$$\boldsymbol{Ax}=\boldsymbol{b}$$

当 $\boldsymbol{A}$ 是 n 阶方阵，且 $|\boldsymbol{A}|\neq 0$ 时，方程组有唯一解且其解可表示为

$$\boldsymbol{x}=\boldsymbol{A}^{-1}\boldsymbol{b}$$

当 $\boldsymbol{A}$ 是奇异方阵或非方阵（$\boldsymbol{A}$ 是任意的 $m\times n$ 矩阵且 $m\neq n$)时，通常意义下的逆矩阵 $\boldsymbol{A}^{-1}$ 不存在．能否将逆矩阵的概念推广到这种情形，找到某种具有普通逆矩阵类似性质的矩阵 $\boldsymbol{G}$，使上述方程组的解可表示为

$$\boldsymbol{x}=\boldsymbol{Gb}$$

20 世纪 20 年代，美国数学家穆尔（Moore）就提出了广义逆的概念，也许是他提出的广义逆的定义形式过于复杂，此研究成果在此后的 30 年内未引起人们的重视．直到 1955 年，另一位数学家彭罗斯（Penrose）利用 4 个矩阵方程以更简便的形式给出了新的广义逆的定义，这之后，对广义逆的研究才进入一个新时期．由于广义逆在数理统计、数字图像处理、最优化理论、控制理论等许多领域都有重要应用，因此大大推动了对广义逆的研究，使之得到迅速发展并成为矩阵论的一个重要分支．

本章着重介绍几种常用的广义逆及其在解线性方程组中的应用．

7.1 广义逆矩阵的基本概念

定义 7.1 设 $\boldsymbol{A}\in\mathbf{C}^{m\times n}$ 为任意复矩阵，若存在复矩阵 $\boldsymbol{G}\in\mathbf{C}^{n\times m}$，满足下面 4 个穆尔–彭罗斯（Moore-Penrose）方程

$$\boldsymbol{AGA}=\boldsymbol{A} \tag{7.1}$$

$$\boldsymbol{GAG}=\boldsymbol{G} \tag{7.2}$$

$$(\boldsymbol{AG})^{\mathrm{H}}=\boldsymbol{AG} \tag{7.3}$$

$$(\boldsymbol{GA})^{\mathrm{H}}=\boldsymbol{GA} \tag{7.4}$$

中的某几个或全部，则称 $\boldsymbol{G}$ 为 $\boldsymbol{A}$ 的一个广义逆矩阵（广义逆）．进一步，若 $\boldsymbol{G}$ 满足全部 4 个方程，则称 $\boldsymbol{G}$ 为 $\boldsymbol{A}$ 的 Moore-Penrose 广义逆．

显然，如果 $\boldsymbol{A}$ 是可逆矩阵，则 $\boldsymbol{A}$ 在通常意义下的逆 $\boldsymbol{A}^{-1}$ 满足式（7.1）～式（7.4）．

定义 7.2 设 $\boldsymbol{A}\in\mathbf{C}^{m\times n}$，若存在 $\boldsymbol{G}\in\mathbf{C}^{n\times m}$，满足 Moore-Penrose 方程中的第 $i_1,i_2,\cdots,i_k$ ($1\leqslant k\leqslant 4$) 等方程，则称 $\boldsymbol{G}$ 为 $\boldsymbol{A}$ 的 $\{i_1,i_2,\cdots,i_k\}$ 逆，其全体记为 $\boldsymbol{A}\{i_1,i_2,\cdots,i_k\}$．

由定义 7.1、定义 7.2 可知，按照满足 1 个、2 个、3 个、4 个 Moore-Penrose 方程来分，$\boldsymbol{A}$ 的广义逆一共有 $\mathrm{C}_4^1+\mathrm{C}_4^2+\mathrm{C}_4^3+\mathrm{C}_4^4=15$ 类，应用较多的是以下 5 类：

$$\boldsymbol{A}\{1\},\ \boldsymbol{A}\{1,2\},\ \boldsymbol{A}\{1,3\},\ \boldsymbol{A}\{1,4\},\ \boldsymbol{A}\{1,2,3,4\}$$

具体分析如下．

（1）满足式（7.1）的广义逆类记为 $\boldsymbol{A}\{1\}$，其中任意一个确定的广义逆称为减号逆，记为 $\boldsymbol{A}^{-}$．

（2）满足式（7.1）和式（7.2）的广义逆类记为 $A\{1,2\}$，其中任意一个确定的广义逆称为自反减号逆，记为 A_r^-.

（3）满足式（7.1）和式（7.3）的广义逆类记为 $A\{1,3\}$，其中任意一个确定的广义逆称为最小范数广义逆，记为 A_m^-.

（4）满足式（7.1）和式（7.4）的广义逆类记为 $A\{1,4\}$，其中任意一个确定的广义逆称为最小二乘广义逆，记为 A_l^-.

（5）满足全部 4 个方程的广义逆类记为 $A\{1,2,3,4\}$，又称为 Moore-Penrose 广义逆或加号逆，记为 A^+.

由于 A^- 是最基本的，而 A^+ 唯一且同时包含在 15 种广义逆的集合中，因此 A^- 与 A^+ 在广义逆中占有十分重要的地位. 以下主要讨论这两种广义逆的性质、计算与应用.

7.2　减号逆 A^-

7.2.1　减号逆 A^- 的定义及性质

定义 7.3　对任意复矩阵 $A \in \mathbf{C}^{m\times n}$，若存在 $G \in \mathbf{C}^{n\times m}$，满足式（7.1），即

$$AGA = A$$

则称 G 为 A 的一个减号逆，记为 A^-.

显然，当 A^{-1} 存在时，A^{-1} 满足定义 7.3，因此减号逆 A^- 是通常逆矩阵 A^{-1} 的推广. 容易证明，当 A^{-1} 存在时，A 有唯一的减号逆，即 $A^- = A^{-1}$.

例 7.1　设 $A=\begin{pmatrix}1&0\\1&0\\1&0\end{pmatrix}$，$B=\begin{pmatrix}1&0&0\\0&0&1\end{pmatrix}$，$C=\begin{pmatrix}1&0&0\\0&1&0\end{pmatrix}$，容易验证

$$ABA = A,\ ACA = A$$

因此，矩阵 B 与 C 均为矩阵 A 的减号逆.

例 7.2　证明：若 $A=\begin{pmatrix}E_r&O\\O&O\end{pmatrix}_{m\times n}$，则 $A^-=\begin{pmatrix}E_r&G_1\\G_2&G_3\end{pmatrix}_{n\times m}$，其中，$G_1$、$G_2$、$G_3$ 任意选取.

证　因为对任意 $\begin{pmatrix}E_r&G_1\\G_2&G_3\end{pmatrix}_{n\times m}$，都有

$$\begin{pmatrix}E_r&O\\O&O\end{pmatrix}_{m\times n}\begin{pmatrix}E_r&G_1\\G_2&G_3\end{pmatrix}_{n\times m}\begin{pmatrix}E_r&O\\O&O\end{pmatrix}_{m\times n}=\begin{pmatrix}E_r&O\\O&O\end{pmatrix}_{m\times n}$$

所以

$$A^-=\begin{pmatrix}E_r&G_1\\G_2&G_3\end{pmatrix}_{n\times m}$$

例 7.1 和例 7.2 表明减号逆不唯一.

定理 7.1　若 G 为 A 的一个减号逆，则 G^{H} 为 A^{H} 的一个减号逆.

证　因为 G 为 A 的一个减号逆，由定义可知 $AGA = A$，所以 $(AGA)^{\mathrm{H}} = A^{\mathrm{H}}$，即

$$A^{\mathrm{H}}G^{\mathrm{H}}A^{\mathrm{H}} = A^{\mathrm{H}}$$

因此，G^{H} 为 A^{H} 的一个减号逆.

定理 7.2 设$A\in \mathbf{C}^{m\times n}$，$\lambda\in \mathbf{C}$，则$A^-$满足以下性质.

（1）$\operatorname{rank}(A)\leqslant \operatorname{rank}(A^-)$.

（2）AA^-与A^-A都是幂等矩阵，且

$$\operatorname{rank}(A)=\operatorname{rank}(AA^-)=\operatorname{rank}(A^-A)$$

证 （1）$\operatorname{rank}(A)=\operatorname{rank}(AA^-A)\leqslant \operatorname{rank}(A^-)$.

（2）因为$A=AA^-A$，所以$(AA^-)^2=AA^-$，$(A^-A)^2=A^-A$，即AA^-与A^-A都是幂等矩阵. 又因为$\operatorname{rank}(A)=\operatorname{rank}(AA^-A)\leqslant \operatorname{rank}(AA^-)\leqslant \operatorname{rank}(A)$，所以

$$\operatorname{rank}(A)=\operatorname{rank}(AA^-)$$

同理可证

$$\operatorname{rank}(A)=\operatorname{rank}(A^-A)$$

7.2.2 A^-的计算

下面讨论当A为非零矩阵时，如何用初等变换方法来构造A^-.

引理 7.1 设$B_{m\times n}=P_{m\times m}A_{m\times n}Q_{n\times n}$，其中，$P$和$Q$都是满秩矩阵，若$B$的减号逆为$B^-$，则$A$的减号逆存在且可表示为

$$A^-=QB^-P$$

证 因为B的减号逆为B^-，所以

$$BB^-B=B$$

即

$$(PAQ)B^-(PAQ)=PAQ$$

而P和Q都是满秩矩阵，故有

$$A(QB^-P)A=A$$

因此

$$A^-=QB^-P$$

此引理表明，对于两个等价的矩阵，若其中一个矩阵的减号逆可求出来，则另一个矩阵的减号逆也可求出来.

定理 7.3 设复矩阵$A\in \mathbf{C}^{m\times n}$，$\operatorname{rank}(A)=r$，若存在非奇异矩阵$P,Q\in \mathbf{C}^{m\times n}$，使得

$$PAQ=\begin{pmatrix} E_r & O \\ O & O \end{pmatrix}$$

则A的减号逆存在，且

$$A^-=Q\begin{pmatrix} E_r & G_1 \\ G_2 & G_3 \end{pmatrix}P$$

其中，G_1、G_2、G_3分别是$r\times(m-r)$、$(n-r)\times r$、$(n-r)\times(m-r)$维的任意矩阵.

证 由引理 7.1 可知

$$A^-=Q\begin{pmatrix} E_r & O \\ O & O \end{pmatrix}^- P$$

又由例 7.2 可知

$$\begin{pmatrix} \boldsymbol{E}_r & \boldsymbol{O} \\ \boldsymbol{O} & \boldsymbol{O} \end{pmatrix}^- = \begin{pmatrix} \boldsymbol{E}_r & \boldsymbol{G}_1 \\ \boldsymbol{G}_2 & \boldsymbol{G}_3 \end{pmatrix}_{n\times m}$$

故结论成立.

定理 7.3 不仅给出了 $\boldsymbol{A}^-$ 的存在性，而且给出了 $\boldsymbol{A}^-$ 的表示形式与求解方法——初等变换法. 具体步骤如下.

（1）通过初等变换法求非奇异矩阵 $\boldsymbol{P}$ 和 $\boldsymbol{Q}$，使得 $\boldsymbol{PAQ} = \begin{pmatrix} \boldsymbol{E}_r & \boldsymbol{O} \\ \boldsymbol{O} & \boldsymbol{O} \end{pmatrix}$.

（2）写出 $\boldsymbol{A}$ 的减号逆 $\boldsymbol{A}^- = \boldsymbol{Q}\begin{pmatrix} \boldsymbol{E}_r & \boldsymbol{G}_1 \\ \boldsymbol{G}_2 & \boldsymbol{G}_3 \end{pmatrix}\boldsymbol{P}$.

例 7.3　设 $\boldsymbol{A} = \begin{pmatrix} 1 & -1 & 2 \\ 2 & 2 & 3 \end{pmatrix}$，求 $\boldsymbol{A}^-$.

解 先将 $\boldsymbol{A}$ 通过初等行变换和列变换化为等价标准型. 构造分块矩阵，在 $\boldsymbol{A}$ 的右边放一个 $\boldsymbol{E}_2$，在 $\boldsymbol{A}$ 的下边放一个 $\boldsymbol{E}_3$，当 $\boldsymbol{A}$ 通过初等变换化为等价标准型时，$\boldsymbol{E}_2$ 将同时化为 $\boldsymbol{P}$，$\boldsymbol{E}_3$ 将同时化为 $\boldsymbol{Q}$.

$$\begin{pmatrix} \boldsymbol{A} & \boldsymbol{E}_2 \\ \boldsymbol{E}_3 & \boldsymbol{O} \end{pmatrix} = \left(\begin{array}{ccc|cc} 1 & -1 & 2 & 1 & 0 \\ 2 & 2 & 3 & 0 & 1 \\ \hline 1 & 0 & 0 & & \\ 0 & 1 & 0 & & \\ 0 & 0 & 1 & & \end{array}\right) \xrightarrow[(-2)c_1+c_3]{c_1+c_2} \left(\begin{array}{ccc|cc} 1 & 0 & 0 & 1 & 0 \\ 2 & 4 & -1 & 0 & 1 \\ \hline 1 & 1 & -2 & & \\ 0 & 1 & 0 & & \\ 0 & 0 & 1 & & \end{array}\right)$$

$$\xrightarrow[4c_3+c_2]{2c_3+c_1} \left(\begin{array}{ccc|cc} 1 & 0 & 0 & 1 & 0 \\ 0 & 0 & -1 & 0 & 1 \\ \hline -3 & -7 & -2 & & \\ 0 & 1 & 0 & & \\ 2 & 4 & 1 & & \end{array}\right) \xrightarrow{c_3 \leftrightarrow c_2} \left(\begin{array}{ccc|cc} 1 & 0 & 0 & 1 & 0 \\ 0 & -1 & 0 & 0 & 1 \\ \hline -3 & -2 & -7 & & \\ 0 & 0 & 1 & & \\ 2 & 1 & 4 & & \end{array}\right)$$

$$\xrightarrow{(-1)\times r_2} \left(\begin{array}{ccc|cc} 1 & 0 & 0 & 1 & 0 \\ 0 & 1 & 0 & 0 & -1 \\ \hline -3 & -2 & -7 & & \\ 0 & 0 & 1 & & \\ 2 & 1 & 4 & & \end{array}\right)$$

因此有

$$\begin{pmatrix} 1 & 0 \\ 0 & -1 \end{pmatrix} \boldsymbol{A} \begin{pmatrix} -3 & -2 & -7 \\ 0 & 0 & 1 \\ 2 & 1 & 4 \end{pmatrix} = \begin{pmatrix} 1 & 0 & 0 \\ 0 & 1 & 0 \end{pmatrix}$$

即

$$\boldsymbol{P} = \begin{pmatrix} 1 & 0 \\ 0 & -1 \end{pmatrix},\ \boldsymbol{Q} = \begin{pmatrix} -3 & -2 & -7 \\ 0 & 0 & 1 \\ 2 & 1 & 4 \end{pmatrix}$$

由例 7.2 可知标准型 $\boldsymbol{B}=\begin{pmatrix}1&0&0\\0&1&0\end{pmatrix}$ 的减号逆为

$$\boldsymbol{B}^{-}=\begin{pmatrix}1&0\\0&1\\g_1&g_2\end{pmatrix}\text{（其中 }g_1\text{和}g_2\text{ 为任意选取的实数）}$$

故 $\boldsymbol{A}$ 的减号广义逆为

$$\boldsymbol{A}^{-}=\boldsymbol{Q}\begin{pmatrix}1&0\\0&1\\g_1&g_2\end{pmatrix}\boldsymbol{P}$$

若取 $g_1=g_2=0$，则可求得一个减号广义逆 $\boldsymbol{A}^{-}=\boldsymbol{Q}\begin{pmatrix}1&0\\0&1\\0&0\end{pmatrix}\boldsymbol{P}=\begin{pmatrix}-3&2\\0&0\\2&-1\end{pmatrix}$.

例 7.4 设 $\boldsymbol{A}=\begin{pmatrix}1&0&3\\2&3&0\\1&1&1\end{pmatrix}$，求 $\boldsymbol{A}^{-}$.

解

$$\begin{pmatrix}\boldsymbol{A}&\boldsymbol{E}_3\\\boldsymbol{E}_3&\boldsymbol{O}\end{pmatrix}=\left(\begin{array}{ccc|ccc}1&0&3&1&0&0\\2&3&0&0&1&0\\1&1&1&0&0&1\\\hline1&0&0&&&\\0&1&0&&&\\0&0&1&&&\end{array}\right)\xrightarrow[r_3-r_1]{r_2-2r_1}\left(\begin{array}{ccc|ccc}1&0&3&1&0&0\\0&3&-6&-2&1&0\\0&1&-2&-1&0&1\\\hline1&0&0&&&\\0&1&0&&&\\0&0&1&&&\end{array}\right)$$

$$\xrightarrow[r_3-3r_2]{r_2\leftrightarrow r_3}\left(\begin{array}{ccc|ccc}1&0&3&1&0&0\\0&1&-2&-1&0&1\\0&0&0&1&1&-3\\\hline1&0&0&&&\\0&1&0&&&\\0&0&1&&&\end{array}\right)\xrightarrow[c_3+2c_2]{c_3-3c_1}\left(\begin{array}{ccc|ccc}1&0&0&1&0&0\\0&1&0&-1&0&1\\0&0&0&1&1&-3\\\hline1&0&-3&&&\\0&1&2&&&\\0&0&1&&&\end{array}\right)$$

因此有

$$\begin{pmatrix}1&0&0\\-1&0&1\\1&1&-3\end{pmatrix}\boldsymbol{A}\begin{pmatrix}1&0&-3\\0&1&2\\0&0&1\end{pmatrix}=\begin{pmatrix}1&0&0\\0&1&0\\0&0&0\end{pmatrix}$$

即

$$\boldsymbol{P}=\begin{pmatrix}1&0&0\\-1&0&1\\1&1&-3\end{pmatrix},\quad\boldsymbol{Q}=\begin{pmatrix}1&0&-3\\0&1&2\\0&0&1\end{pmatrix}$$

由例 7.2 可知标准型 $\boldsymbol{B}=\begin{pmatrix}1&0&0\\0&1&0\\0&0&0\end{pmatrix}$ 的减号逆为

$$B^- = \begin{pmatrix} E_2 & G_1 \\ G_2 & G_3 \end{pmatrix} = \begin{pmatrix} 1 & 0 & g_{13} \\ 0 & 1 & g_{23} \\ g_{31} & g_{32} & g_{33} \end{pmatrix}$$

其中，g_{13}、g_{23}、g_{31}、g_{32}、g_{33} 为任意选取的实数．故 A 的减号逆为

$$A^- = Q\begin{pmatrix} 1 & 0 & g_{13} \\ 0 & 1 & g_{23} \\ g_{31} & g_{32} & g_{33} \end{pmatrix}P$$

若取 $g_{13} = g_{23} = g_{31} = g_{32} = g_{33} = 0$，则可求得一个减号逆

$$A^- = Q\begin{pmatrix} 1 & 0 & 0 \\ 0 & 1 & 0 \\ 0 & 0 & 0 \end{pmatrix}P = \begin{pmatrix} 1 & 0 & 0 \\ -1 & 0 & 1 \\ 0 & 0 & 0 \end{pmatrix}$$

由定理 7.3 可知，任意矩阵都存在减号逆，进一步有下面的定理．

定理 7.4　设复矩阵 $A \in \mathbf{C}^{m\times n}$，则 A 的减号逆唯一的充要条件是 $m = n$ 且 A^{-1} 存在．

7.3　加号逆 A^+

7.3.1　加号逆 A^+ 的定义及性质

定义 7.4 对任意复矩阵 $A \in \mathbf{C}^{m\times n}$，若存在 $G \in \mathbf{C}^{n\times m}$，满足式（7.1）～式（7.4），即

$$AGA = A,\quad GAG = G,\quad (AG)^{\mathrm{H}} = AG,\quad (GA)^{\mathrm{H}} = GA$$

则称 G 为 A 的 Moore-Penrose 广义逆，简称 A 的 M-P 逆，也称 G 为 A 的加号逆或伪逆，记为 A^+．

由定义 7.4 易知，A^+A和AA^+都是 Hermite 矩阵．另外，当 A^{-1} 存在时，$A^+ = A^{-1}$．

对于任意复矩阵 $A \in \mathbf{C}^{m\times n}$，是否均存在加号逆 A^+？若存在，其加号逆 A^+ 是否唯一？下面的定理回答了该问题．

定理 7.5　对任意复矩阵 $A \in \mathbf{C}^{m\times n}$，$A$ 的加号逆 A^+ 存在且唯一．

证　先证明存在性．设 $\mathrm{rank}(A) = r$，若 $r = 0$，则 A 是 $m\times n$ 零矩阵，可以验证 $n\times m$ 零矩阵满足 4 个 M-P（Moore-Penrose）方程；若 $r > 0$，则由定理 6.10 可知，存在 m 阶酉矩阵 U 和 n 阶酉矩阵 V，使得

$$A = U\begin{pmatrix} \Sigma & O \\ O & O \end{pmatrix}V^{\mathrm{H}}$$

其中，$\Sigma = \mathrm{diag}(\sigma_1, \sigma_2, \cdots, \sigma_r)$，$\sigma_i$（$i = 1, 2, \cdots, r$）是 A 的非零奇异值．令

$$G = V\begin{pmatrix} \Sigma^{-1} & O \\ O & O \end{pmatrix}U^{\mathrm{H}}$$

易证矩阵 G 满足 4 个 M-P 方程，故 A 的加号逆存在．

下面证明唯一性．设 G_1和G_2 都是 A 的加号逆，则 G_1 和 G_2 都满足加号逆定义中的 4 个方程，于是

$$\begin{aligned} G_1 &= G_1AG_1 = G_1(AG_1)^{\mathrm{H}} = G_1((AG_2A)G_1)^{\mathrm{H}} = G_1(AG_1)^{\mathrm{H}}(AG_2)^{\mathrm{H}} = G_1AG_1AG_2 = G_1AG_2 \\ &= G_1A(G_2AG_2) = (G_1A)^{\mathrm{H}}(G_2A)^{\mathrm{H}}G_2 = (G_2AG_1A)^{\mathrm{H}}G_2 = (G_2A)^{\mathrm{H}}G_2 = G_2AG_2 = G_2 \end{aligned}$$

因此 $\boldsymbol{A}$ 的加号逆是唯一的.

由于 $\boldsymbol{A}^+$ 的唯一性，它所具有的一些性质与通常意义下的逆矩阵的性质类似，归纳如下.

定理 7.6 设 $\boldsymbol{A}\in\mathbf{C}^{m\times n}$，$a\in\mathbf{R}$，则 $\boldsymbol{A}^+$ 满足以下条件.

（1）$(a\boldsymbol{A})^+=\dfrac{1}{a}\boldsymbol{A}^+$，其中 $a^+=\begin{cases}\dfrac{1}{a}, & a\neq 0\\ 0, & a=0\end{cases}$.

（2）$(\boldsymbol{A}^+)^+=\boldsymbol{A}$.

（3）$(\boldsymbol{A}^+)^+=(\boldsymbol{A}^+)^{\mathrm{H}}$.

（4）$(\boldsymbol{A}^{\mathrm{H}}\boldsymbol{A})^+=\boldsymbol{A}^+(\boldsymbol{A}^{\mathrm{H}})^+$；$(\boldsymbol{A}\boldsymbol{A}^{\mathrm{H}})^+=(\boldsymbol{A}^{\mathrm{H}})^+\boldsymbol{A}^+$.

（5）$\boldsymbol{A}^+=\boldsymbol{A}^{\mathrm{H}}(\boldsymbol{A}\boldsymbol{A}^{\mathrm{H}})^+=(\boldsymbol{A}^{\mathrm{H}}\boldsymbol{A})^+\boldsymbol{A}^{\mathrm{H}}$.

（6）$\mathrm{rank}(\boldsymbol{A})=\mathrm{rank}(\boldsymbol{A}^+)=\mathrm{rank}(\boldsymbol{A}^+\boldsymbol{A})=\mathrm{rank}(\boldsymbol{A}\boldsymbol{A}^+)$.

证 性质（1）～性质（3）的证明可由定义直接推得.

对于性质（4）. $(\boldsymbol{A}^{\mathrm{H}}\boldsymbol{A})^+=(\boldsymbol{A}^{\mathrm{H}}\boldsymbol{A})^+\boldsymbol{A}^{\mathrm{H}}\boldsymbol{A}(\boldsymbol{A}^{\mathrm{H}}\boldsymbol{A})^+=\boldsymbol{A}^+[\boldsymbol{A}(\boldsymbol{A}^{\mathrm{H}}\boldsymbol{A})^+]=\boldsymbol{A}^+(\boldsymbol{A}^+)^{\mathrm{H}}=\boldsymbol{A}^+(\boldsymbol{A}^{\mathrm{H}})^+$.

对于性质（5）. $\boldsymbol{A}^{\mathrm{H}}(\boldsymbol{A}\boldsymbol{A}^{\mathrm{H}})^+=\boldsymbol{A}^{\mathrm{H}}(\boldsymbol{A}^{\mathrm{H}})^+\boldsymbol{A}^+=\boldsymbol{A}^{\mathrm{H}}(\boldsymbol{A}^+)^{\mathrm{H}}\boldsymbol{A}^+=(\boldsymbol{A}^+\boldsymbol{A})^{\mathrm{H}}\boldsymbol{A}^+=\boldsymbol{A}^+\boldsymbol{A}\boldsymbol{A}^+=\boldsymbol{A}^+$. 类似可证 $(\boldsymbol{A}^{\mathrm{H}}\boldsymbol{A})^+\boldsymbol{A}^{\mathrm{H}}=\boldsymbol{A}^+$.

对于性质(6)，首先，由 $\boldsymbol{A}=\boldsymbol{A}\boldsymbol{A}^+\boldsymbol{A}$ 可知 $\mathrm{rank}(\boldsymbol{A})=\mathrm{rank}(\boldsymbol{A}\boldsymbol{A}^+\boldsymbol{A})\leqslant\mathrm{rank}(\boldsymbol{A}^+)$，由 $\boldsymbol{A}^+=\boldsymbol{A}^+\boldsymbol{A}\boldsymbol{A}^+$ 可知 $\mathrm{rank}(\boldsymbol{A}^+)=\mathrm{rank}(\boldsymbol{A}^+\boldsymbol{A}\boldsymbol{A}^+)\leqslant\mathrm{rank}(\boldsymbol{A})$，故 $\mathrm{rank}(\boldsymbol{A})=\mathrm{rank}(\boldsymbol{A}^+)$.

其次，一方面，$\mathrm{rank}(\boldsymbol{A}^+\boldsymbol{A})\leqslant\mathrm{rank}(\boldsymbol{A})$；另一方面，由 $\boldsymbol{A}=\boldsymbol{A}\boldsymbol{A}^+\boldsymbol{A}$ 可知 $\mathrm{rank}(\boldsymbol{A})=\mathrm{rank}(\boldsymbol{A}\boldsymbol{A}^+\boldsymbol{A})\leqslant\mathrm{rank}(\boldsymbol{A}^+\boldsymbol{A})$，故 $\mathrm{rank}(\boldsymbol{A})=\mathrm{rank}(\boldsymbol{A}^+\boldsymbol{A})$. 同理可证 $\mathrm{rank}(\boldsymbol{A})=\mathrm{rank}(\boldsymbol{A}\boldsymbol{A}^+)$. 因此 $\mathrm{rank}(\boldsymbol{A})=\mathrm{rank}(\boldsymbol{A}^+)=\mathrm{rank}(\boldsymbol{A}^+\boldsymbol{A})=\mathrm{rank}(\boldsymbol{A}\boldsymbol{A}^+)$.

注 同阶可逆方阵 $\boldsymbol{A}$ 和 $\boldsymbol{B}$ 满足 $(\boldsymbol{A}\boldsymbol{B})^{-1}=\boldsymbol{B}^{-1}\boldsymbol{A}^{-1}$，但是对于加号逆，一般有 $(\boldsymbol{A}\boldsymbol{B})^+\neq\boldsymbol{B}^+\boldsymbol{A}^+$.

例如，设 $\boldsymbol{A}=\begin{pmatrix}1&-1\\0&0\end{pmatrix}$，$\boldsymbol{B}=\begin{pmatrix}1&1\\0&1\end{pmatrix}$，则

$$\boldsymbol{A}\boldsymbol{B}=\begin{pmatrix}1&0\\0&0\end{pmatrix},\ \boldsymbol{A}^+=\frac{1}{2}\begin{pmatrix}1&0\\-1&0\end{pmatrix}$$

$$\boldsymbol{B}^+=\boldsymbol{B}^{-1}=\begin{pmatrix}1&-1\\0&1\end{pmatrix},\ (\boldsymbol{A}\boldsymbol{B})^+=\begin{pmatrix}1&0\\0&0\end{pmatrix}$$

但

$$\boldsymbol{B}^+\boldsymbol{A}^+=\begin{pmatrix}1&0\\-\dfrac{1}{2}&1\end{pmatrix}\neq(\boldsymbol{A}\boldsymbol{B})^+$$

另外，$(\boldsymbol{A}^2)^+$ 与 $(\boldsymbol{A}^+)^2$ 也不一定相等. 例如，$\boldsymbol{A}=\begin{pmatrix}1&-1\\0&0\end{pmatrix}$，$(\boldsymbol{A}^2)^+=\begin{pmatrix}\dfrac{1}{2}&0\\-\dfrac{1}{2}&0\end{pmatrix}$，而

$$(\boldsymbol{A}^+)^2=\begin{pmatrix}\dfrac{1}{4}&0\\-\dfrac{1}{4}&0\end{pmatrix}\neq(\boldsymbol{A}^2)^+$$

7.3.2　A^+ 的计算

定理 7.7　设复矩阵 $A\in C^{m\times n}$，$\text{rank}(A)=r$，且 A 的一个满秩分解为 $A=FG$，$F\in C^{m\times r}$，$G\in C^{r\times n}$，$\text{rank}(F)=\text{rank}(G)=r$，则

$$A^+=G^H(GG^H)^{-1}(F^HF)^{-1}F^H$$

证　由于 $\text{rank}(GG^H)=\text{rank}(G)=r$，$\text{rank}(F^HF)=\text{rank}(F)=r$，因此 GG^H 和 F^HF 都是 r 阶可逆矩阵．记 $X=G^H(GG^H)^{-1}(F^HF)^{-1}F^H$，易证 X 满足定义 7.4 的 4 个 M-P 方程，故 X 是 A 的加号逆．又因为 A 的加号逆是唯一的，可以 $A^+=G^H(GG^H)^{-1}(F^HF)^{-1}F^H$．

推论 7.1　（1）设 $A\in C^{m\times n}$ 为列满矩阵，即 $\text{rank}(A)=n$，则 $A^+=(A^HA)^{-1}A^H$．

（2）设 $A\in C^{m\times n}$ 为行满矩阵，即 $\text{rank}(A)=m$，则 $A^+=A^H(AA^H)^{-1}$．

证　（1）取 $F=A$，$G=E_n$，由定理 7.7 可得 $A^+=(A^HA)^{-1}A^H$．

（2）取 $F=E_m$，$G=A$，由定理 7.7 可得 $A^+=A^H(AA^H)^{-1}$．

例 7.5　设 $A=\begin{pmatrix}2&4&1&1\\1&2&-1&2\\-1&-2&-2&1\end{pmatrix}$，求 A 的加号逆 A^+．

解　对 A 进行满秩分解，首先做初等行变换得

$$A\to\begin{pmatrix}1&2&0&1\\0&0&1&-1\\0&0&0&0\end{pmatrix}$$

故 A 的满秩分解为

$$A=FG=\begin{pmatrix}2&1\\1&-1\\-1&-2\end{pmatrix}\begin{pmatrix}1&2&0&1\\0&0&1&-1\end{pmatrix}$$

因此

$$\begin{aligned}A^+&=G^T(GG^T)^{-1}(F^TF)^{-1}F^T\\&=\begin{pmatrix}1&0\\2&0\\0&1\\1&-1\end{pmatrix}\begin{pmatrix}6&-1\\-1&2\end{pmatrix}^{-1}\begin{pmatrix}6&3\\3&6\end{pmatrix}^{-1}\begin{pmatrix}2&1&-1\\1&-1&-2\end{pmatrix}\\&=\frac{1}{33}\begin{pmatrix}2&1&-1\\4&2&-2\\1&-5&-6\\1&6&5\end{pmatrix}\end{aligned}$$

例 7.6　设 $A=\begin{pmatrix}2&1&0\\-4&-1&2\\3&2&1\end{pmatrix}$，求 A 的加号逆 A^+．

解 对 $\boldsymbol{A}$ 进行初等行变换得

$$\boldsymbol{A}=\begin{pmatrix}2&1&0\\-4&-1&2\\3&2&1\end{pmatrix}\rightarrow\begin{pmatrix}1&0&-1\\0&1&2\\0&0&0\end{pmatrix}$$

故 $\boldsymbol{A}$ 的满秩分解为

$$\boldsymbol{A}=\boldsymbol{F}\boldsymbol{G}=\begin{pmatrix}2&1\\-4&-1\\3&2\end{pmatrix}\begin{pmatrix}1&0&-1\\0&1&2\end{pmatrix}$$

因此

$$\begin{aligned}\boldsymbol{A}^{+}&=\boldsymbol{G}^{\mathrm{T}}(\boldsymbol{G}\boldsymbol{G}^{\mathrm{T}})^{-1}(\boldsymbol{F}^{\mathrm{T}}\boldsymbol{F})^{-1}\boldsymbol{F}^{\mathrm{T}}\\&=\begin{pmatrix}1&0\\0&1\\-1&2\end{pmatrix}\begin{pmatrix}2&-2\\-2&5\end{pmatrix}^{-1}\begin{pmatrix}29&12\\12&6\end{pmatrix}^{-1}\begin{pmatrix}1&1&-1\\0&1&2\end{pmatrix}\\&=\begin{pmatrix}1/18&-11/90&7/90\\1/18&7/90&8/45\\1/18&5/18&5/18\end{pmatrix}\end{aligned}$$

定理 7.8 设复矩阵 $\boldsymbol{A}\in\mathbf{C}^{m\times n}$，$\operatorname{rank}(\boldsymbol{A})=r$，$\boldsymbol{A}$ 的奇异值分解为

$$\boldsymbol{A}=\boldsymbol{U}\begin{pmatrix}\boldsymbol{\Sigma}_r&\boldsymbol{O}\\\boldsymbol{O}&\boldsymbol{O}\end{pmatrix}\boldsymbol{V}^{\mathrm{H}}$$

则

$$\boldsymbol{A}^{+}=\boldsymbol{V}\begin{pmatrix}\boldsymbol{\Sigma}^{-1}&\boldsymbol{O}\\\boldsymbol{O}&\boldsymbol{O}\end{pmatrix}\boldsymbol{U}^{\mathrm{H}}$$

其中，$\boldsymbol{U}$ 为 m 阶酉矩阵；$\boldsymbol{V}$ 为 n 阶酉矩阵；$\boldsymbol{\Sigma}^{-1}=\begin{pmatrix}\boldsymbol{\Sigma}_r^{-1}&\boldsymbol{O}\\\boldsymbol{O}&\boldsymbol{O}\end{pmatrix}$，$\boldsymbol{\Sigma}_r$ 为对角线元素由 $\boldsymbol{A}$ 的正奇异值构成的对角矩阵.

例 7.7 设 $\boldsymbol{A}=\begin{pmatrix}1&1&0\\0&0&1\end{pmatrix}$，求 $\boldsymbol{A}$ 的加号逆 $\boldsymbol{A}^{+}$.

解 由 $\boldsymbol{A}^{\mathrm{T}}\boldsymbol{A}=\begin{pmatrix}1&1&0\\1&1&0\\0&0&1\end{pmatrix}$ 可计算得到 $\boldsymbol{A}^{\mathrm{T}}\boldsymbol{A}$ 的特征值为 $\lambda_1=2$，$\lambda_2=1$，$\lambda_3=0$，其相应的标准正交特征向量分别为

$$\boldsymbol{v}_1=\begin{pmatrix}\frac{1}{\sqrt{2}}\\\frac{1}{\sqrt{2}}\\0\end{pmatrix},\quad\boldsymbol{v}_2=\begin{pmatrix}0\\0\\1\end{pmatrix},\quad\boldsymbol{v}_3=\begin{pmatrix}-\frac{1}{\sqrt{2}}\\\frac{1}{\sqrt{2}}\\0\end{pmatrix}$$

则 $\boldsymbol{A}$ 的奇异值为 $\sigma_1=\sqrt{2}$，$\sigma_2=1$，$\sigma_3=0$，又因为 $\operatorname{rank}(\boldsymbol{A})=2$，所以

$$\boldsymbol{V}=\begin{pmatrix}\frac{1}{\sqrt{2}} & 0 & -\frac{1}{\sqrt{2}}\\ \frac{1}{\sqrt{2}} & 0 & \frac{1}{\sqrt{2}}\\ 0 & 1 & 0\end{pmatrix},\quad \boldsymbol{\Sigma}=\begin{pmatrix}\sqrt{2} & 0 & 0\\ 0 & 1 & 0\end{pmatrix}$$

下面计算 $\boldsymbol{U}$．由于

$$\boldsymbol{u}_1=\frac{1}{\sigma_1}\boldsymbol{B}\boldsymbol{v}_1=\frac{1}{\sqrt{2}}\begin{pmatrix}1 & 1 & 0\\ 0 & 0 & 1\end{pmatrix}\begin{pmatrix}\frac{1}{\sqrt{2}}\\ \frac{1}{\sqrt{2}}\\ 0\end{pmatrix}=\begin{pmatrix}1\\ 0\end{pmatrix}$$

$$\boldsymbol{u}_2=\frac{1}{\sigma_2}\boldsymbol{B}\boldsymbol{v}_2=\begin{pmatrix}1 & 1 & 0\\ 0 & 0 & 1\end{pmatrix}\begin{pmatrix}0\\ 0\\ 1\end{pmatrix}=\begin{pmatrix}0\\ 1\end{pmatrix}$$

显然，$\boldsymbol{u}_1$ 与 $\boldsymbol{u}_2$ 是标准正交基，因此

$$\boldsymbol{U}=\begin{pmatrix}1 & 0\\ 0 & 1\end{pmatrix}$$

于是 $\boldsymbol{A}$ 的奇异值分解为

$$\boldsymbol{A}=\begin{pmatrix}1 & 0\\ 0 & 1\end{pmatrix}\begin{pmatrix}\sqrt{2} & 0 & 0\\ 0 & 1 & 0\end{pmatrix}\begin{pmatrix}\frac{1}{\sqrt{2}} & \frac{1}{\sqrt{2}} & 0\\ 0 & 0 & 1\\ -\frac{1}{\sqrt{2}} & \frac{1}{\sqrt{2}} & 0\end{pmatrix}$$

故

$$\boldsymbol{A}^{+}=\begin{pmatrix}\frac{1}{\sqrt{2}} & 0 & -\frac{1}{\sqrt{2}}\\ \frac{1}{\sqrt{2}} & 0 & \frac{1}{\sqrt{2}}\\ 0 & 1 & 0\end{pmatrix}\begin{pmatrix}\frac{1}{\sqrt{2}} & 0\\ 0 & 1\\ 0 & 0\end{pmatrix}\begin{pmatrix}1 & 0\\ 0 & 1\end{pmatrix}=\begin{pmatrix}\frac{1}{2} & 0\\ \frac{1}{2} & 0\\ 0 & 1\end{pmatrix}$$

例 7.8　设 $\boldsymbol{A}=\begin{pmatrix}0 & 1\\ -1 & 0\\ 0 & 2\\ 1 & 0\end{pmatrix}$，求 $\boldsymbol{A}$ 的加号逆 $\boldsymbol{A}^{+}$．

解　首先求得 $\boldsymbol{A}$ 的奇异值分解为

$$A=\begin{pmatrix}\frac{1}{\sqrt5}&0&-\frac{2}{\sqrt5}&0\\0&-\frac{1}{\sqrt2}&0&\frac{1}{\sqrt2}\\\frac{2}{\sqrt5}&0&\frac{1}{\sqrt5}&0\\0&\frac{1}{\sqrt2}&0&\frac{1}{\sqrt2}\end{pmatrix}\begin{pmatrix}\sqrt5&0\\0&\sqrt2\\0&0\\0&0\end{pmatrix}\begin{pmatrix}1&0\\0&1\end{pmatrix}$$

故

$$A^{+}=\begin{pmatrix}1&0\\0&1\end{pmatrix}\begin{pmatrix}\frac{1}{\sqrt5}&0&0&0\\0&\frac{1}{\sqrt2}&0&0\end{pmatrix}\begin{pmatrix}\frac{1}{\sqrt5}&0&\frac{2}{\sqrt5}&0\\0&-\frac{1}{\sqrt2}&0&\frac{1}{\sqrt2}\\-\frac{2}{\sqrt5}&0&\frac{1}{\sqrt5}&0\\0&\frac{1}{\sqrt2}&0&\frac{1}{\sqrt2}\end{pmatrix}$$

即

$$A^{+}=\begin{pmatrix}\frac{1}{5}&0&\frac{2}{5}&0\\0&-\frac{1}{2}&0&\frac{1}{2}\end{pmatrix}$$

下面将 A^{+} 的计算总结如下.

（1）若 A 为满秩矩阵，则 $A^{+}=A^{-1}$.

（2）若 $A=\mathrm{diag}(a_1,a_2,\cdots,a_n)$， $a_i\in\mathbf{R}$（$i=1,2,\cdots,n$），则

$$A^{+}=\mathrm{diag}(a_1^{+},a_2^{+},\cdots,a_n^{+})$$

其中

$$a_i^{+}=\begin{cases}\frac{1}{a_i}, & a_i\neq 0\\0, & a_i=0\end{cases}$$

（3）若 A 为行满秩矩阵，则 $A^{+}=A^{\mathrm{H}}(AA^{\mathrm{H}})^{-1}$.

（4）若 A 为列满秩矩阵，则 $A^{+}=(A^{\mathrm{H}}A)^{-1}A^{\mathrm{H}}$.

（5）若 A 为降秩矩阵，且 A 的满秩分解为 $A=FG$，其中，F 为列满秩矩阵，G 为行满秩矩阵，则

$$A^{+}=G^{\mathrm{H}}(GG^{\mathrm{H}})^{-1}(F^{\mathrm{H}}F)^{-1}F^{\mathrm{H}}$$

（6）若 $A\in\mathbf{C}^{m\times n}$， $\mathrm{rank}(A)=r$， A 的奇异值分解为 $A=U\begin{pmatrix}\boldsymbol{\Sigma}_r&O\\O&O\end{pmatrix}V^{\mathrm{H}}$，其中，$U$ 为 m 阶酉矩阵，V 为 n 阶酉矩阵，$\boldsymbol{\Sigma}_r$ 为对角线元素由 A 的正奇异值构成的对角矩阵，则

$$A^{+}=V\begin{pmatrix}\boldsymbol{\Sigma}^{-1}&O\\O&O\end{pmatrix}U^{\mathrm{H}}$$

7.4　两种广义逆在解线性方程组中的应用

通过本节，可以看到广义逆理论能够把相容线性方程组的一般解、极小范数解，以及矛盾方程组的最小二乘解、极小范数最小二乘解（最佳逼近解）全部概括和统一起来，从而以线性代数的古典理论所不曾有的姿态解决一般线性方程组的求解问题.

7.4.1　线性方程组的求解问题

考虑以下非齐次线性方程组：

$$\boldsymbol{Ax}=\boldsymbol{b} \tag{7.5}$$

其中，系数矩阵 $\boldsymbol{A}\in\mathbf{C}^{m\times n}$ 和 $\boldsymbol{b}\in\mathbf{C}^{m}$ 已知，而 $\boldsymbol{x}\in\mathbf{C}^{n}$ 为未知向量. 若 $\operatorname{rank}(\boldsymbol{A})=\operatorname{rank}(\boldsymbol{A}\,|\,\boldsymbol{b})$，则式（7.5）有解，则称该方程组是相容的；若 $\operatorname{rank}(\boldsymbol{A})\neq\operatorname{rank}(\boldsymbol{A}\,|\,\boldsymbol{b})$，则式（7.5）无解，则称该方程组是不相容的或矛盾方程组.

关于线性方程组的求解问题，常见的有以下几种情形.

（1）在式（7.5）相容时，求唯一解. 若系数矩阵 $\boldsymbol{A}\in\mathbf{C}^{n\times n}$，且可逆（$\det\boldsymbol{A}\neq0$），则式（7.5）对任意 $\boldsymbol{b}$ 都是相容的，且式（7.5）有唯一解：

$$\boldsymbol{x}=\boldsymbol{A}^{-1}\boldsymbol{b}$$

（2）在式（7.5）相容时，求无穷多个解与极小范数解. 若系数矩阵 $\boldsymbol{A}$ 是奇异方阵或长方矩阵，则式（7.5）对任意 $\boldsymbol{b}$ 都是相容的. 此时，式（7.5）的解不是唯一的，$\boldsymbol{A}$ 不可逆. 我们自然会想到，能否找到某个矩阵 $\boldsymbol{G}$，把式（7.5）的一般解表示成

$$\boldsymbol{x}=\boldsymbol{Gb}$$

的形式？

（3）在式（7.5）相容且其解有无穷多个时，在这无穷多个解中，可进一步求其极小范数解 $\boldsymbol{x}_0$，即 $\boldsymbol{x}_0$ 满足下式：

$$\|\boldsymbol{x}_0\|=\min_{\boldsymbol{Ax}=\boldsymbol{b}}\|\boldsymbol{x}\|$$

其中，$\|\cdot\|$ 是向量 2-范数. 后面可以进一步证明极小范数解是唯一的.

（4）在式（7.5）不相容时，求最小二乘解. 此时，方程组虽不存在通常意义下的解，但在许多实际问题中，要求出式（7.5）的最小二乘解 $\boldsymbol{x}_0$，即 $\boldsymbol{x}_0$ 满足下式：

$$\|\boldsymbol{Ax}_0-\boldsymbol{b}\|=\min_{\boldsymbol{x}\in\mathbf{C}^n}\|\boldsymbol{Ax}-\boldsymbol{b}\|$$

一般来说，式（7.5）的最小二乘解是不唯一的.

（5）在式（7.5）不相容时，求极小范数最小二乘解. 一般来说，式（7.5）的最小二乘解是不唯一的，但在由所有最小二乘解构成的集合 L 中，具有极小范数最小二乘解，即若 $X_0\in L$，且

$$\|\boldsymbol{x}_0\|=\min_{\boldsymbol{x}\in L}\|\boldsymbol{x}\|$$

则称 $\boldsymbol{x}_0$ 为式（7.5）的极小范数最小二乘解或最佳逼近解. 后面可以进一步证明极小范数最小二乘解是唯一的.

7.4.2　相容线性方程组的通解与减号逆 $\boldsymbol{A}^{-}$

定理 7.9　线性方程组 $\boldsymbol{Ax}=\boldsymbol{b}$ 是相容的充要条件是 $\boldsymbol{AA}^{-}\boldsymbol{b}=\boldsymbol{b}$.

证 若 $AA^-b=b$ 成立，则 $x=A^-b$ 是方程组 $Ax=b$ 的解，故 $Ax=b$ 是相容的；反之，若 $Ax=b$ 有解，则 $b=Ax=AA^-Ax=AA^-b$.

定理 7.10 齐次线性方程组

$$Ax=O$$

的通解为

$$x=(E-A^-A)z \text{（其中 } z \text{ 是与 } x \text{ 同维的任意向量）}$$

证 由等式 $A-AA^-A=O$ 可推得下面的等式：

$$A(E-A^-A)z=O$$

其对任意 $z\in\mathbf{C}^n$ 都成立，即对任意 $z\in\mathbf{C}^n$，$(E-A^-A)z$ 一定是 $Ax=O$ 的解．要证明 $Ax=O$ 的解均可以表示成这种形式，只需证明矩阵 $E-A^-A$ 的秩为 $n-r$，其中 $r=\operatorname{rank}(A)$. 由定理 7.2 可得

$$A^-=Q\begin{pmatrix}E_r & G_1\\ G_2 & G_3\end{pmatrix}P$$

而

$$E-A^-A=E-A^-Q\begin{pmatrix}E_r & G_1\\ G_2 & G_3\end{pmatrix}PA$$

故

$$\begin{aligned}\operatorname{rank}(E-A^-A)&=\operatorname{rank}(Q^-(E-A^-A)Q)\\&=\operatorname{rank}\left(E-\begin{pmatrix}E_r & G_1\\ G_2 & G_3\end{pmatrix}\begin{pmatrix}E_r & \\ & O\end{pmatrix}\right)\\&=\operatorname{rank}\begin{pmatrix}O & O\\ G_2 & E_{n-r}\end{pmatrix}=n-r\end{aligned}$$

定理 7.11 设 A^- 是 $A\in\mathbf{C}^{m\times n}$ 的减号逆，则当线性方程组 $Ax=b$ 相容时，有以下结论.

（1）它的通解可以表示成 $x=A^-b+(E-A^-A)z$.

（2）当 $(A^-A)^{\mathrm{H}}=A^-A$ 时，对任意 $b\in\mathbf{C}^m$，其极小范数解都是 $x=A^-b$.

证 （1）易证 $x=A^-b$ 是相容线性方程组 $Ax=b$ 的一个特解．根据非齐次线性方程组的解的结构，可知其通解是由它的一个特解和其导出组 $Ax=O$ 的通解之和表示的．故由定理 7.10 可知，相容线性方程组 $Ax=b$ 的通解为

$$x=A^-b+(E-A^-A)z$$

（2）因为对任意 $b\in\mathbf{C}^m$，$z\in\mathbf{C}^n$，都有

$$\begin{aligned}(A^-b)^{\mathrm{H}}(E-A^-A)z&=x^{\mathrm{H}}(A^-A)^{\mathrm{H}}(E-A^-A)z\\&=x^{\mathrm{H}}(A^-A)(E-A^-A)z\\&=x^{\mathrm{H}}(A^-A-A^-AA^-A)z\\&=x^{\mathrm{H}}(A^-A-A^-A)z\\&=O\end{aligned}$$

同理可证 $[(E-A^-A)z]^{\mathrm{H}}(A^-b)=O$. 所以

$$\begin{aligned}\|x\|^2&=\|A^-b+(E-A^-A)z\|^2\\&=[A^-b+(E-A^-A)z]^{\mathrm{H}}[A^-b+(E-A^-A)z]\end{aligned}$$

$$
\begin{aligned}
&=(A^-b)^{\mathrm H}(A^-b)+[(E-A^-A)z]^{\mathrm H}[(E-A^-A)z]+\\
&\quad (A^-b)^{\mathrm H}[(E-A^-A)z]+[(E-A^-A)z]^{\mathrm H}(A^-b)\\
&=(A^-b)^{\mathrm H}(A^-b)+[(E-A^-A)z]^{\mathrm H}[(E-A^-A)z]\\
&=\|A^-b\|^2+\|(E-A^-A)z\|^2\\
&\geqslant\|A^-b\|^2
\end{aligned}
$$

即 A^-b 是 $Ax=b$ 的极小范数解.

例 7.9　求线性方程组 $\begin{cases}x_1-x_2+2x_3=1\\2x_1+2x_2+3x_3=2\end{cases}$ 的通解.

解　方程组的系数矩阵与常数列分别为 $A=\begin{pmatrix}1&-1&2\\2&2&3\end{pmatrix}$，$b=\begin{pmatrix}1\\2\end{pmatrix}$. 因为 $\operatorname{rank}(A)=\operatorname{rank}(A\,|\,b)=2$，所以方程组是相容的，由例 7.3 可知

$$
A^-=\begin{pmatrix}-3&2\\0&0\\2&-1\end{pmatrix}
$$

故所求方程组的通解为

$$
x=A^-b+(E-A^-A)z=\begin{pmatrix}1\\0\\0\end{pmatrix}+c\begin{pmatrix}-7\\1\\4\end{pmatrix}
$$

其中，c 为任意常数.

7.4.3　矛盾方程组的求解问题与加号逆 A^+

引理 7.2　$x_0\in\mathbf{C}^n$ 是矛盾方程组 $Ax=b$ 的最小二乘解的充要条件是 x_0 是方程组 $A^{\mathrm H}Ax=A^{\mathrm H}b$ 的解.

证　首先注意到方程组 $A^{\mathrm H}Ax=A^{\mathrm H}b$ 是相容的. 这是因为，若取 $x=A^+b$，则满足方程组 $A^{\mathrm H}Ax=A^{\mathrm H}b$，即

$$
A^{\mathrm H}A(A^+b)=A^{\mathrm H}(AA^+)b=A^{\mathrm H}(AA^+)^{\mathrm H}b=(AA^+A)^{\mathrm H}b=A^{\mathrm H}b
$$

充分性：设 x_0 是方程组 $A^{\mathrm H}Ax=A^{\mathrm H}b$ 的解，即有 $A^{\mathrm H}Ax_0=A^{\mathrm H}b$，则对 $\forall x$，都有

$$
\begin{aligned}
\|Ax-b\|^2&=\|Ax_0-b+A(x-x_0)\|^2\\
&=\|Ax_0-b\|^2+\|A(x-x_0)\|^2+2(x-x_0)^{\mathrm H}A^{\mathrm H}(Ax_0-b)\\
&=\|Ax_0-b\|^2+\|A(x-x_0)\|^2\\
&\geqslant\|Ax_0-b\|^2
\end{aligned}
$$

必要性：

$$
\begin{aligned}
\|Ax-b\|^2&=(Ax-b)^{\mathrm H}(Ax-b)\\
&=x^{\mathrm H}A^{\mathrm H}Ax-2x^{\mathrm H}A^{\mathrm H}b+\|b\|^2
\end{aligned}
$$

令函数 $f(x)=x^{\mathrm H}A^{\mathrm H}Ax-2x^{\mathrm H}A^{\mathrm H}b+\|b\|^2$，因为 x_0 是矛盾方程组 $Ax=b$ 的最小二乘解，即 $\|Ax_0-b\|=\min\limits_{x\in\mathbf{R}^n}\|Ax-b\|$. 可见，函数 $f(x)$ 在 x_0 处取极小值. 由纯量函数 $y=f(x)$ 对向量变量 x 的导数的定义可知

$$\text{grad}f(\boldsymbol{x})\Big|_{x=x_0} = 2\boldsymbol{A}^{\mathrm{H}}\boldsymbol{A}\boldsymbol{x} - 2\boldsymbol{A}^{\mathrm{H}}\boldsymbol{b}\Big|_{x=x_0} = 2(\boldsymbol{A}^{\mathrm{H}}\boldsymbol{A}\boldsymbol{x}_0 - \boldsymbol{A}^{\mathrm{H}}\boldsymbol{b}) = 0$$

所以 $\boldsymbol{x}_0$ 是方程组 $\boldsymbol{A}^{\mathrm{H}}\boldsymbol{A}\boldsymbol{x} = \boldsymbol{A}^{\mathrm{H}}\boldsymbol{b}$ 的解.

注 该引理的意义在于将矛盾方程组的最小二乘解的问题转化为相容线性方程组的求解问题.

定理 7.12 若非齐次线性方程组 $\boldsymbol{A}\boldsymbol{x} = \boldsymbol{b}$ 是不相容的，则有以下结论.

（1）最小二乘解的通解为 $\boldsymbol{x} = \boldsymbol{A}^{+}\boldsymbol{b} + (\boldsymbol{E} - \boldsymbol{A}^{+}\boldsymbol{A})\boldsymbol{z}$.

（2）唯一的极小范数最小二乘解为 $\boldsymbol{x} = \boldsymbol{A}^{+}\boldsymbol{b}$.

证 由引理 7.2 可知，$\boldsymbol{A}\boldsymbol{x} = \boldsymbol{b}$ 的最小二乘解等价于方程组 $\boldsymbol{A}^{\mathrm{H}}\boldsymbol{A}\boldsymbol{x} = \boldsymbol{A}^{\mathrm{H}}\boldsymbol{b}$ 的解；而由定理 7.10 和定理 7.11 可知，方程组 $\boldsymbol{A}^{\mathrm{H}}\boldsymbol{A}\boldsymbol{x} = \boldsymbol{A}^{\mathrm{H}}\boldsymbol{b}$ 的通解为

$$\boldsymbol{x} = (\boldsymbol{A}^{\mathrm{H}}\boldsymbol{A})^{+}\boldsymbol{A}^{\mathrm{H}}\boldsymbol{b} + (\boldsymbol{E} - (\boldsymbol{A}^{\mathrm{H}}\boldsymbol{A})^{+}\boldsymbol{A}^{\mathrm{H}}\boldsymbol{A})\boldsymbol{z} = \boldsymbol{A}^{+}\boldsymbol{b} + (\boldsymbol{E} - \boldsymbol{A}^{+}\boldsymbol{A})\boldsymbol{z} \text{（因为}(\boldsymbol{A}^{\mathrm{H}}\boldsymbol{A})^{+}\boldsymbol{A}^{\mathrm{H}} = \boldsymbol{A}^{+}\text{）}$$

因而，$\boldsymbol{A}\boldsymbol{x} = \boldsymbol{b}$ 的最小二乘解的通解为 $\boldsymbol{x} = \boldsymbol{A}^{+}\boldsymbol{b} + (\boldsymbol{E} - \boldsymbol{A}^{+}\boldsymbol{A})\boldsymbol{z}$.

证明 $\boldsymbol{x} = \boldsymbol{A}^{+}\boldsymbol{b}$ 为 $\boldsymbol{A}\boldsymbol{x} = \boldsymbol{b}$ 的唯一极小范数最小二乘解可仿定理 7.11 中的有关证明，这里从略.

例 7.10 用广义逆的方法判断线性方程组

$$\begin{cases} x_1 + 2x_2 + x_4 = 1 \\ x_1 + 2x_2 + x_3 + x_4 = 1 \\ 2x_1 + 4x_2 + x_3 + 2x_4 = 1 \end{cases}$$

是否有解. 如果有解，则求其极小范数解；如果无解，则求其极小范数最小二乘解.

解 由方程组可知

$$\boldsymbol{A} = \begin{pmatrix} 1 & 2 & 0 & 1 \\ 1 & 2 & 1 & 1 \\ 2 & 4 & 1 & 2 \end{pmatrix}, \quad \boldsymbol{b} = \begin{pmatrix} 1 \\ 1 \\ 1 \end{pmatrix}$$

因为 $\text{rank}(\boldsymbol{A}) = \text{rank}(\boldsymbol{A} \mid \boldsymbol{b}) = 3$，所以方程组无解. 对 $\boldsymbol{A}$ 施行初等行变换得

$$\boldsymbol{A} = \begin{pmatrix} 1 & 2 & 0 & 1 \\ 1 & 2 & 1 & 1 \\ 2 & 4 & 1 & 2 \end{pmatrix} \to \begin{pmatrix} 1 & 2 & 0 & 1 \\ 0 & 0 & 1 & 0 \\ 0 & 0 & 0 & 0 \end{pmatrix}$$

即 $\boldsymbol{A}$ 的满秩分解为

$$\boldsymbol{A} = \boldsymbol{F}\boldsymbol{G} = \begin{pmatrix} 1 & 0 \\ 1 & 1 \\ 2 & 1 \end{pmatrix} \begin{pmatrix} 1 & 2 & 0 & 1 \\ 0 & 0 & 1 & 0 \end{pmatrix}$$

故

$$\begin{aligned} \boldsymbol{A}^{+} &= \boldsymbol{G}^{\mathrm{T}}(\boldsymbol{G}\boldsymbol{G}^{\mathrm{T}})^{-1}(\boldsymbol{F}^{\mathrm{T}}\boldsymbol{F})^{-1}\boldsymbol{F}^{\mathrm{T}} \\ &= \begin{pmatrix} 1 & 0 \\ 2 & 0 \\ 0 & 1 \\ 1 & 0 \end{pmatrix} \begin{pmatrix} 6 & 0 \\ 0 & 1 \end{pmatrix}^{-1} \begin{pmatrix} 6 & 3 \\ 3 & 2 \end{pmatrix}^{-1} \begin{pmatrix} 1 & 1 & 2 \\ 0 & 1 & 1 \end{pmatrix} \\ &= \frac{1}{18} \begin{pmatrix} 2 & -1 & 1 \\ 4 & -2 & 2 \\ -18 & 18 & 0 \\ 2 & -1 & 1 \end{pmatrix} \end{aligned}$$

因此方程组的极小范数最小二乘解是 $\boldsymbol{x}=\boldsymbol{A}^{+}\boldsymbol{b}=\frac{1}{9}(1,2,0,1)^{\mathrm{T}}$.

例 7.11　用广义逆的方法判断线性方程组

$$\begin{cases}2x_1+4x_2+x_3+x_4=10\\x_1+2x_2-x_3+2x_4=6\\-x_1-2x_2-2x_3+x_4=-7\end{cases}$$

是否有解．如果有解，则求其通解和极小范数解；如果无解，则求其最小二乘解的通解和极小范数最小二乘解．

解　由方程组可知

$$\boldsymbol{A}=\begin{pmatrix}2&4&1&1\\1&2&-1&2\\-1&-2&-2&1\end{pmatrix},\ \boldsymbol{b}=\begin{pmatrix}10\\6\\-7\end{pmatrix}$$

由例 7.5 已求得

$$\boldsymbol{A}^{+}=\frac{1}{33}\begin{pmatrix}2&1&-1\\4&2&-2\\1&-5&-6\\1&6&5\end{pmatrix}$$

因为

$$\boldsymbol{A}\boldsymbol{A}^{+}\boldsymbol{b}=(11,5,-6)^{\mathrm{T}}\neq\boldsymbol{b}$$

所以方程组 $\boldsymbol{A}\boldsymbol{x}=\boldsymbol{b}$ 无解，其最小二乘解的通解为

$$\boldsymbol{x}=\boldsymbol{A}^{+}\boldsymbol{b}+(\boldsymbol{E}-\boldsymbol{A}^{+}\boldsymbol{A})\boldsymbol{z}=\begin{pmatrix}1\\2\\2/3\\1/3\end{pmatrix}+\frac{1}{11}\begin{pmatrix}9&-4&-1&-1\\-4&3&-2&-2\\-1&-2&5&5\\-1&-2&5&5\end{pmatrix}\begin{pmatrix}z_1\\z_2\\z_3\\z_4\end{pmatrix}$$

其唯一的极小范数最小二乘解为

$$\boldsymbol{x}=\boldsymbol{A}^{+}\boldsymbol{b}=\left(1,2,\frac{2}{3},\frac{1}{3}\right)^{\mathrm{T}}$$

习题 7

1．已知矩阵 $\boldsymbol{A}=\begin{pmatrix}1&0&0&1\\1&1&0&0\\0&1&1&0\\0&0&1&1\end{pmatrix}$.

（1）当 $\boldsymbol{b}=(1,1,1,1)^{\mathrm{T}}$ 时，方程组 $\boldsymbol{A}\boldsymbol{x}=\boldsymbol{b}$ 是否相容？

（2）当 $\boldsymbol{b}=(1,0,1,0)^{\mathrm{T}}$ 时，方程组 $\boldsymbol{A}\boldsymbol{x}=\boldsymbol{b}$ 是否相容？

若方程组相容，则求其通解和极小范数解；若方程组不相容，则求其极小范数最小二乘解.

2．求下列矩阵的减号逆 $\boldsymbol{A}^-$．

（1）$\boldsymbol{A}=\begin{pmatrix}1&0&3\\2&3&0\\1&1&1\end{pmatrix}$　　（2）$\boldsymbol{A}=\begin{pmatrix}0&-1&3&0\\-2&-4&1&5\\4&5&7&-10\end{pmatrix}$

（3）$\boldsymbol{A}=\begin{pmatrix}0&1&-1&-1&1\\0&-2&2&-2&6\\0&1&-1&-2&3\end{pmatrix}$　　（4）$\boldsymbol{A}=\begin{pmatrix}2&3&1&-1\\5&8&0&1\\1&2&-2&3\end{pmatrix}$

3．求下列矩阵的加号逆．

（1）$\boldsymbol{A}=\begin{pmatrix}1&0&3\\2&3&0\\1&1&1\end{pmatrix}$　　（2）$\boldsymbol{A}=\begin{pmatrix}2&3&1&-1\\5&8&0&1\\1&2&-2&3\end{pmatrix}$　　（3）$\boldsymbol{A}=\begin{pmatrix}0&0&2\\1&1&0\\0&0&1\\1&1&1\end{pmatrix}$

4．求下列线性方程组的极小范数解．

（1）$\begin{pmatrix}2&3&1&3\\1&1&1&2\\3&5&1&4\end{pmatrix}\boldsymbol{X}=\begin{pmatrix}14\\6\\22\end{pmatrix}$　　（2）$\begin{pmatrix}1&0&-1&1\\0&2&2&2\\-1&4&5&3\end{pmatrix}\boldsymbol{X}=\begin{pmatrix}4\\1\\-2\end{pmatrix}$

5．对于下面的矛盾方程组 $\boldsymbol{Ax}=\boldsymbol{b}$：

$$\begin{cases}x_3=1\\x_1+x_2+x_3=1\\x_1+x_2=1\end{cases}$$

（1）求 $\boldsymbol{A}$ 的满秩分解，计算 $\boldsymbol{A}^+$．

（2）求该方程组的极小范数最小二乘解．

6．证明 $\boldsymbol{A}^+\boldsymbol{AB}=\boldsymbol{A}^+\boldsymbol{AC}$ 的充要条件是 $\boldsymbol{AB}=\boldsymbol{AC}$．

7．设 $\boldsymbol{A}$ 是一个正规矩阵，证明 $\boldsymbol{AA}^+=\boldsymbol{A}^+\boldsymbol{A}$．

8．设 $\boldsymbol{A}=\begin{pmatrix}-1&0&1\\0&1&0\\1&0&-1\end{pmatrix}$，$\boldsymbol{b}=\begin{pmatrix}1\\2\\2\end{pmatrix}$．

（1）求 $\boldsymbol{A}$ 的满秩分解，计算 $\boldsymbol{A}^+$．

（2）应用广义逆判定线性方程组 $\boldsymbol{Ax}=\boldsymbol{b}$ 是否相容．若相容，则求其通解；若不相容，则求其极小范数最小二乘解．

（3）设 $\boldsymbol{A}$ 是 $m\times n$ 实矩阵，$\boldsymbol{b}$ 是 m 维实向量，证明不相容线性方程组 $\boldsymbol{Ax}=\boldsymbol{b}$ 的最小二乘解唯一当且仅当 $\boldsymbol{A}$ 列满秩．

参考文献

[1] 李秀丽，张新丽，苏鸿雁．线性代数[M]．北京：机械工业出版社，2023．
[2] 程林凤，胡建华．矩阵论[M]．2 版．徐州：中国矿业大学出版社，2017．
[3] 许立炜，赵礼峰．矩阵论[M]．北京：科学出版社，2011．
[4] 徐仲，张凯院，陆全，等．矩阵论简明教程[M]．3 版．北京：科学出版社，2014．
[5] 黄有度，朱士信，殷明．矩阵理论及其应用[M]．3 版．合肥：合肥工业大学出版社，2020．
[6] 顾桂定，张振宇．矩阵论[M]．上海：上海财经大学出版社，2017．
[7] 张跃辉．矩阵理论与应用[M]．北京：科学出版社，2011．
[8] 吴昌悫，刘向丽，尤彦玲．矩阵理论与方法[M]．2 版．北京：电子工业出版社，2013．
[9] 吴昌悫，魏洪增，刘向丽．矩阵理论与方法学习指导[M]．北京：电子工业出版社，2013．
[10] 方保镕．矩阵论[M]．3 版．北京：清华大学出版社，2021．
[11] 庞晶，周凤玲，张余．矩阵论[M]．北京：化学工业出版社，2013．
[12] 谢冬秀，雷纪刚，陈桂芝．矩阵理论及方法[M]．北京：科学出版社，2012．
[13] 尚有林．矩阵论[M]．北京：科学出版社，2013．
[14] 杨明，刘先忠．矩阵论[M]．2 版．武汉：华中科技大学出版社，2005．
[15] 张绍飞，赵迪．矩阵论教程[M]．2 版．北京：机械工业出版社，2012．

反侵权盗版声明